高等学校设计模式课程系列教材

设计模式（第2版）

◎ 刘伟 主编
　夏莉 于俊洋 黄辛迪 副主编

清华大学出版社

北京

内 容 简 介

本书系统介绍了设计模式。全书共分 27 章,内容包括统一建模语言基础知识、面向对象设计原则、设计模式概述、简单工厂模式、工厂方法模式、抽象工厂模式、建造者模式、原型模式、单例模式、适配器模式、桥接模式、组合模式、装饰模式、外观模式、享元模式、代理模式、职责链模式、命令模式、解释器模式、迭代器模式、中介者模式、备忘录模式、观察者模式、状态模式、策略模式、模板方法模式和访问者模式。

本书结合大量实例介绍 GoF 设计模式,针对每个设计模式均提供了一或两个实例,并对每个模式进行了详尽的讲解,每章最后均配有一定量的习题。

本书既可作为高等院校计算机相关专业本科生和研究生"设计模式""软件体系结构"等课程教材,也可作为各软件培训机构的培训教材及全国计算机技术与软件专业技术资格(水平)考试的辅导教材,还可作为软件架构师、软件工程师等开发人员的参考用书。

图书在版编目(CIP)数据

设计模式/刘伟主编.—2 版.—北京:清华大学出版社,2018(2024.6 重印)

(高等学校设计模式课程系列教材)

ISBN 978-7-302-51105-2

Ⅰ. ①设… Ⅱ. ①刘… Ⅲ. ①面向对象语言—程序设计 Ⅳ. ①TP312.8

中国版本图书馆 CIP 数据核字(2018)第 195620 号

责任编辑:魏江江
封面设计:刘　键
责任校对:徐俊伟
责任印制:沈　露

出版发行:清华大学出版社
　　　　　网　　　址:https://www.tup.com.cn,https://www.wqxuetang.com
　　　　　地　　　址:北京清华大学学研大厦 A 座　　　　邮　　编:100084
　　　　　社 总 机:010-83470000　　　　邮　　购:010-62786544
　　　　　投稿与读者服务:010-62776969,c-service@tup.tsinghua.edu.cn
　　　　　质量反馈:010-62772015,zhiliang@tup.tsinghua.edu.cn
　　　　　课件下载:https://www.tup.com.cn,010-83470236
印 装 者:三河市龙大印装有限公司
经　　　销:全国新华书店
开　　　本:185mm×260mm　　　印　张:28.25　　　字　数:709 千字
版　　　次:2011 年 10 月第 1 版　　2018 年 12 月第 2 版　　印　次:2024 年 6 月第 14 次印刷
印　　　数:47501～49500
定　　　价:79.80 元

产品编号:077682-01

　　鲁迅先生曾说过："其实地上本没有路,走的人多了,也便成了路"。模式与之同理,它是人类在工程应用领域经验的总结与传承,是人类在具体环境下解决特定现实问题所积累和整理的解决方案。模式的概念来自于建筑领域,模式之父 Christopher Alexander 博士将模式定义为"在具体环境中解决问题的方法",它可以用于人类所从事的各个领域,这其中也包括软件工程领域。

　　设计模式开创者之一、敏捷开发方法的创始人 Erich Gamma 曾说过："设计和开发面向对象软件是非常困难的,而设计和开发可复用的面向对象软件则更加困难"。在软件开发过程中,有经验的设计者往往会重复使用他们在以前设计工作中曾经用到的一些解决方案,这些解决方案可以提高设计者的开发效率与软件质量,并使所设计的软件更加灵活,易于扩展,可复用性也更高。设计模式为实现可维护性复用而诞生。

　　设计模式已经成功应用于很多软件的设计中。设计模式、重构、UML 等已成为一个优秀的面向对象软件开发人员所必须掌握的知识和技能。无论是面向对象编程的初学者还是有一定编程经验的程序员,都可以从设计模式的学习和使用中深入理解面向对象思想的精华,开发出可扩展性和复用性俱佳的软件。本书编者在十多年的软件开发和多年的教学工作中积累了丰富的设计模式使用经验和教学经验,也深刻体会到学习设计模式的意义。目前,国内越来越多的高校在软件工程研究生和本科生教学中开设了"软件体系结构""面向对象分析和设计"等课程,而设计模式是这些课程的核心组成部分之一,还有的学校将设计模式作为一门单独的课程开设,而很多软件培训机构在软件工程师培训课程中也包含了设计模式相关内容。

　　本书的目的在于让广大学生和学员更快、更好地理解和掌握每一个设计模式。本书在整理时参考了目前市面上已有的设计模式书籍,集各家所长,并在此基础上进行扩展与整理,适用于高校和培训教学,将一些原本深奥并难以理解的设计思想通过一些简单实例进行解析,让读者能够轻松掌握面向对象设计思想的精髓。本书以"实例驱动教学"为整体编写原则,每一个模式的学习均基于一或两个实例,通过实例来加深对模式的理解,并结合实例学习如何在实际开发中运用所学模式。对于每一个模式,所学内容包括模式动机与定义、模式结构与分析、模式实例与解析、模式效果与应用和模式扩展,内容丰富,讲解透彻,并提供了模式结构和实例的 UML 类图和 Java 实现代码,所有类图均严格按照 UML 2.X 标准绘制,所有代码均在 JDK 1.8 环境下通过测试且运行无误。

　　本书一共有 27 章,可分为四个部分。

　　第一部分包含第 1～3 章,介绍面向对象设计的一些基本知识,包括 UML 基础知识、面向对象设计原则和设计模式概述,作为后续设计模式学习的知识基础。

第二部分包含第 4~9 章,介绍 6 种常用的创建型设计模式,包括简单工厂模式、工厂方法模式、抽象工厂模式、建造者模式、原型模式和单例模式。

第三部分包含第 10~16 章,介绍 7 种常用的结构型设计模式,包括适配器模式、桥接模式、组合模式、装饰模式、外观模式、享元模式和代理模式。

第四部分包含第 17~27 章,介绍 11 种常用的行为型设计模式,包括职责链模式、命令模式、解释器模式、迭代器模式、中介者模式、备忘录模式、观察者模式、状态模式、策略模式、模板方法模式和访问者模式。

本书提供了完整的配套教学资料,包括实例源代码和电子课件。在每一章后面均配有一定量的习题,读者可以通过这些习题对所学知识进行巩固,加深理解,并学会在项目中运用所学知识来解决实际问题。本书提供了对应的教学视频,并配有《设计模式实验及习题解析》,作为本书的题解和实验教程。这些教学资料将形成一个完整的体系,为教学和学习提供便利。

本书既可作为高等院校软件工程专业研究生和本科生设计模式、软件体系结构、面向对象分析与设计等相关课程的教材,也可以作为各软件培训机构的软件工程师培训、软件架构师培训教材,还可以作为广大软件爱好者和软件开发人员的自学和参考用书。

本书第 1 版于 2011 年 10 月由清华大学出版社出版,本书修订了第 1 版中存在的一些错误和问题,并更新了部分内容。本书的最大特点是提供了配套的教学视频,供广大师生参考学习所需。本书由刘伟(中南大学软件学院)担任主编,胡志刚(中南大学软件学院)和于俊洋(河南大学软件学院)担任副主编。在编写过程中参考和引用了国内外很多书籍和网站的相关内容,部分图片的素材和个别实例的初始原型也来源于网络,由于涉及的网站和网页太多,没有一一列举,在此一并予以感谢。本书第 1 版已被多所高校所使用,编者也收到了很多意见和建议,在此向所有帮助和支持我们的朋友表示感谢。最后特别感谢清华大学出版社为本书的改版所付出的努力。

设计模式是无数人经验的积累,希望通过这本书的学习,读者能够从一些生活实例中领悟这些模式的精髓,并能够在合适的项目场景下使用它们。有了设计模式,我们的软件将变得更像一个艺术品,而不是一堆难以维护和重用的代码。

由于时间仓促、学识有限,书中不足和疏漏之处难免,恳请广大读者将意见和建议反馈给我们,以便在后续版本中不断改进和完善。

编　者

2018 年 8 月 30 日

CONTENTS ◢ 目 >> 录

第 1 章　统一建模语言基础知识 🎥◀ ··· 1

1.1　UML 简介 ··· 1
　　1.1.1　UML 的诞生 ·· 1
　　1.1.2　UML 的结构 ·· 2
　　1.1.3　UML 的特点 ·· 4
1.2　类图 ··· 5
　　1.2.1　类与类图 ·· 5
　　1.2.2　类之间的关系 ·· 7
　　1.2.3　类图实例 ·· 15
1.3　顺序图 ·· 16
　　1.3.1　顺序图定义 ·· 17
　　1.3.2　顺序图组成元素与绘制 ·· 17
　　1.3.3　顺序图实例 ·· 19
1.4　状态图 ·· 20
　　1.4.1　状态图定义 ·· 20
　　1.4.2　状态图组成元素与绘制 ·· 21
　　1.4.3　状态图实例 ·· 21
1.5　本章小结 ··· 22
思考与练习 ·· 23

第 2 章　面向对象设计原则 🎥◀ ··· 24

2.1　面向对象设计原则概述 ·· 24
　　2.1.1　软件的可维护性和可复用性 ·· 24
　　2.1.2　面向对象设计原则简介 ·· 26
2.2　单一职责原则 ·· 27
　　2.2.1　单一职责原则定义 ·· 27
　　2.2.2　单一职责原则分析 ·· 27
　　2.2.3　单一职责原则实例 ·· 27
2.3　开闭原则 ··· 29

2.3.1 开闭原则定义 ······················· 29

2.3.2 开闭原则分析 ······················· 29

2.3.3 开闭原则实例 ······················· 29

2.4 里氏代换原则 ·························· 31

2.4.1 里氏代换原则定义 ··················· 31

2.4.2 里氏代换原则分析 ··················· 31

2.4.3 里氏代换原则实例 ··················· 32

2.5 依赖倒转原则 ·························· 34

2.5.1 依赖倒转原则定义 ··················· 34

2.5.2 依赖倒转原则分析 ··················· 34

2.5.3 依赖倒转原则实例 ··················· 37

2.6 接口隔离原则 ·························· 39

2.6.1 接口隔离原则定义 ··················· 39

2.6.2 接口隔离原则分析 ··················· 39

2.6.3 接口隔离原则实例 ··················· 40

2.7 合成复用原则 ·························· 41

2.7.1 合成复用原则定义 ··················· 41

2.7.2 合成复用原则分析 ··················· 41

2.7.3 合成复用原则实例 ··················· 42

2.8 迪米特法则 ··························· 43

2.8.1 迪米特法则定义 ······················· 43

2.8.2 迪米特法则分析 ······················· 44

2.8.3 迪米特法则实例 ······················· 45

2.9 本章小结 ····························· 46

思考与练习 ······························ 46

第 3 章 设计模式概述 ······················ 48

3.1 设计模式的诞生与发展 ··················· 48

3.1.1 模式的诞生与定义 ··················· 48

3.1.2 软件模式 ··························· 50

3.1.3 设计模式的发展 ····················· 50

3.2 设计模式的定义与分类 ··················· 52

3.2.1 设计模式的定义 ····················· 52

3.2.2 设计模式的基本要素 ················· 52

3.2.3 设计模式的分类 ····················· 53

3.3 GoF 设计模式简介 ······················· 54

3.4 设计模式的优点 ························ 56

3.5 本章小结 ····························· 56

思考与练习 ··· 57

第 4 章 简单工厂模式 🎥 ·· 58

4.1 创建型模式 ··· 58
　　4.1.1 创建型模式概述 ······································ 58
　　4.1.2 创建型模式简介 ······································ 59
4.2 简单工厂模式动机与定义 ···································· 60
　　4.2.1 模式动机 ·· 60
　　4.2.2 模式定义 ·· 61
4.3 简单工厂模式结构与分析 ···································· 61
　　4.3.1 模式结构 ·· 61
　　4.3.2 模式分析 ·· 62
4.4 简单工厂模式实例与解析 ···································· 64
　　4.4.1 简单工厂模式实例之简单电视机工厂 ·················· 64
　　4.4.2 简单工厂模式实例之权限管理 ························ 69
4.5 简单工厂模式效果与应用 ···································· 73
　　4.5.1 模式优缺点 ·· 73
　　4.5.2 模式适用环境 ·· 74
　　4.5.3 模式应用 ·· 74
4.6 简单工厂模式扩展 ·· 75
4.7 本章小结 ·· 75
思考与练习 ··· 76

第 5 章 工厂方法模式 🎥 ·· 77

5.1 工厂方法模式动机与定义 ···································· 77
　　5.1.1 简单工厂模式的不足 ·································· 77
　　5.1.2 模式动机 ·· 78
　　5.1.3 模式定义 ·· 78
5.2 工厂方法模式结构与分析 ···································· 79
　　5.2.1 模式结构 ·· 79
　　5.2.2 模式分析 ·· 80
5.3 工厂方法模式实例与解析 ···································· 83
　　5.3.1 工厂方法模式实例之电视机工厂 ······················ 83
　　5.3.2 工厂方法模式实例之日志记录器 ······················ 87
5.4 工厂方法模式效果与应用 ···································· 88
　　5.4.1 模式优缺点 ·· 88
　　5.4.2 模式适用环境 ·· 88
　　5.4.3 模式应用 ·· 89
5.5 工厂方法模式扩展 ·· 90

5.6 本章小结 ……………………………………………………………………………… 91

思考与练习 ………………………………………………………………………………… 91

第 6 章 抽象工厂模式 🎥 ……………………………………………………………… 92

6.1 抽象工厂模式动机与定义 …………………………………………………………… 92

6.1.1 模式动机 ……………………………………………………………………… 92

6.1.2 模式定义 ……………………………………………………………………… 94

6.2 抽象工厂模式结构与分析 …………………………………………………………… 94

6.2.1 模式结构 ……………………………………………………………………… 94

6.2.2 模式分析 ……………………………………………………………………… 94

6.3 抽象工厂模式实例与解析 …………………………………………………………… 97

6.3.1 抽象工厂模式实例之电器工厂 ……………………………………………… 97

6.3.2 抽象工厂模式实例之数据库操作工厂 ……………………………………… 102

6.4 抽象工厂模式效果与应用 …………………………………………………………… 102

6.4.1 模式优缺点 …………………………………………………………………… 102

6.4.2 模式适用环境 ………………………………………………………………… 103

6.4.3 模式应用 ……………………………………………………………………… 103

6.5 抽象工厂模式扩展 …………………………………………………………………… 104

6.6 本章小结 ……………………………………………………………………………… 104

思考与练习 ………………………………………………………………………………… 105

第 7 章 建造者模式 🎥 ………………………………………………………………… 106

7.1 建造者模式动机与定义 ……………………………………………………………… 106

7.1.1 模式动机 ……………………………………………………………………… 106

7.1.2 模式定义 ……………………………………………………………………… 107

7.2 建造者模式结构与分析 ……………………………………………………………… 107

7.2.1 模式结构 ……………………………………………………………………… 107

7.2.2 模式分析 ……………………………………………………………………… 108

7.3 建造者模式实例与解析 ……………………………………………………………… 110

7.4 建造者模式效果与应用 ……………………………………………………………… 115

7.4.1 模式优缺点 …………………………………………………………………… 115

7.4.2 模式适用环境 ………………………………………………………………… 115

7.4.3 模式应用 ……………………………………………………………………… 115

7.5 建造者模式扩展 ……………………………………………………………………… 116

7.6 本章小结 ……………………………………………………………………………… 117

思考与练习 ………………………………………………………………………………… 117

第 8 章 原型模式 🎥 …………………………………………………………………… 119

8.1 原型模式动机与定义 ………………………………………………………………… 119

　　　8.1.1　模式动机 …………………………………………………………… 119

　　　8.1.2　模式定义 …………………………………………………………… 120

　8.2　原型模式结构与分析 ……………………………………………………… 120

　　　8.2.1　模式结构 …………………………………………………………… 120

　　　8.2.2　模式分析 …………………………………………………………… 121

　8.3　原型模式实例与解析 ……………………………………………………… 123

　　　8.3.1　原型模式实例之邮件复制(浅克隆) ……………………………… 123

　　　8.3.2　原型模式实例之邮件复制(深克隆) ……………………………… 126

　8.4　原型模式效果与应用 ……………………………………………………… 129

　　　8.4.1　模式优缺点 ………………………………………………………… 129

　　　8.4.2　模式适用环境 ……………………………………………………… 129

　　　8.4.3　模式应用 …………………………………………………………… 130

　8.5　原型模式扩展 ……………………………………………………………… 130

　8.6　本章小结 …………………………………………………………………… 135

　思考与练习 ……………………………………………………………………… 135

第9章　单例模式 🎥 ……………………………………………………………… 136

　9.1　单例模式动机与定义 ……………………………………………………… 136

　　　9.1.1　模式动机 …………………………………………………………… 136

　　　9.1.2　模式定义 …………………………………………………………… 137

　9.2　单例模式结构与分析 ……………………………………………………… 137

　　　9.2.1　模式结构 …………………………………………………………… 137

　　　9.2.2　模式分析 …………………………………………………………… 138

　9.3　单例模式实例与解析 ……………………………………………………… 139

　　　9.3.1　单例模式实例之身份证号码 ……………………………………… 139

　　　9.3.2　单例模式实例之打印池 …………………………………………… 141

　9.4　单例模式效果与应用 ……………………………………………………… 144

　　　9.4.1　模式优缺点 ………………………………………………………… 144

　　　9.4.2　模式适用环境 ……………………………………………………… 144

　　　9.4.3　模式应用 …………………………………………………………… 145

　9.5　单例模式扩展 ……………………………………………………………… 145

　9.6　本章小结 …………………………………………………………………… 147

　思考与练习 ……………………………………………………………………… 147

第10章　适配器模式 🎥 ………………………………………………………… 149

　10.1　结构型模式 ……………………………………………………………… 149

　　　10.1.1　结构型模式概述 ………………………………………………… 149

　　　10.1.2　结构型模式简介 ………………………………………………… 150

　10.2　适配器模式动机与定义 ………………………………………………… 151

　　　　10.2.1　模式动机 ·· 151

　　　　10.2.2　模式定义 ·· 152

　　10.3　适配器模式结构与分析 ·· 152

　　　　10.3.1　模式结构 ·· 152

　　　　10.3.2　模式分析 ·· 153

　　10.4　适配器模式实例与解析 ·· 155

　　　　10.4.1　适配器模式实例之仿生机器人 ······················ 155

　　　　10.4.2　适配器模式实例之加密适配器 ······················ 158

　　10.5　适配器模式效果与应用 ·· 162

　　　　10.5.1　模式优缺点 ·· 162

　　　　10.5.2　模式适用环境 ··· 163

　　　　10.5.3　模式应用 ·· 163

　　10.6　适配器模式扩展 ··· 164

　　　　10.6.1　缺省适配器模式 ·· 164

　　　　10.6.2　双向适配器 ·· 166

　　10.7　本章小结 ·· 167

　　思考与练习 ·· 167

第 11 章　桥接模式 🎥 ··· 168

　　11.1　桥接模式动机与定义 ·· 168

　　　　11.1.1　模式动机 ·· 168

　　　　11.1.2　模式定义 ·· 169

　　11.2　桥接模式结构与分析 ·· 169

　　　　11.2.1　模式结构 ·· 170

　　　　11.2.2　模式分析 ·· 171

　　11.3　桥接模式实例与解析 ·· 173

　　　　11.3.1　桥接模式实例之模拟毛笔 ······························· 173

　　　　11.3.2　桥接模式实例之跨平台视频播放器 ···················· 179

　　11.4　桥接模式效果与应用 ·· 179

　　　　11.4.1　模式优缺点 ·· 179

　　　　11.4.2　模式适用环境 ·· 180

　　　　11.4.3　模式应用 ·· 180

　　11.5　桥接模式扩展 ··· 181

　　11.6　本章小结 ·· 182

　　思考与练习 ·· 183

第 12 章　组合模式 🎥 ··· 184

　　12.1　组合模式动机与定义 ·· 184

　　　　12.1.1　模式动机 ·· 184

　　　　12.1.2　模式定义 ································· 185

　12.2　组合模式结构与分析 ···························· 186

　　　　12.2.1　模式结构 ································· 186

　　　　12.2.2　模式分析 ································· 187

　12.3　组合模式实例与解析 ···························· 189

　　　　12.3.1　组合模式实例之水果盘 ·················· 189

　　　　12.3.2　组合模式实例之文件浏览 ················ 193

　12.4　组合模式效果与应用 ···························· 193

　　　　12.4.1　模式优缺点 ······························ 193

　　　　12.4.2　模式适用环境 ···························· 194

　　　　12.4.3　模式应用 ································· 194

　12.5　组合模式扩展 ································· 195

　12.6　本章小结 ···································· 196

　思考与练习 ······································ 197

第 13 章　装饰模式 ································· 198

　13.1　装饰模式动机与定义 ···························· 198

　　　　13.1.1　模式动机 ································· 198

　　　　13.1.2　模式定义 ································· 199

　13.2　装饰模式结构与分析 ···························· 200

　　　　13.2.1　模式结构 ································· 200

　　　　13.2.2　模式分析 ································· 201

　13.3　装饰模式实例与解析 ···························· 202

　　　　13.3.1　装饰模式实例之变形金刚 ················ 202

　　　　13.3.2　装饰模式实例之多重加密系统 ············ 206

　13.4　装饰模式效果与应用 ···························· 211

　　　　13.4.1　模式优缺点 ······························ 211

　　　　13.4.2　模式适用环境 ···························· 212

　　　　13.4.3　模式应用 ································· 212

　13.5　装饰模式扩展 ································· 214

　13.6　本章小结 ···································· 216

　思考与练习 ······································ 216

第 14 章　外观模式 ································· 217

　14.1　外观模式动机与定义 ···························· 217

　　　　14.1.1　模式动机 ································· 217

　　　　14.1.2　模式定义 ································· 218

　14.2　外观模式结构与分析 ···························· 219

　　　　14.2.1　模式结构 ································· 219

　　　　14.2.2　模式分析 ……………………………………………… 219

14.3　外观模式实例与解析 ……………………………………………… 220

　　　　14.3.1　外观模式实例之电源总开关 …………………………… 221

　　　　14.3.2　外观模式实例之文件加密 ……………………………… 225

14.4　外观模式效果与应用 ……………………………………………… 225

　　　　14.4.1　模式优缺点 ……………………………………………… 225

　　　　14.4.2　模式适用环境 …………………………………………… 226

　　　　14.4.3　模式应用 ………………………………………………… 226

14.5　外观模式扩展 ……………………………………………………… 228

14.6　本章小结 …………………………………………………………… 229

思考与练习 ……………………………………………………………… 230

第 15 章　享元模式 ▟◖ ………………………………………………… 231

15.1　享元模式动机与定义 ……………………………………………… 231

　　　　15.1.1　模式动机 ………………………………………………… 231

　　　　15.1.2　模式定义 ………………………………………………… 232

15.2　享元模式结构与分析 ……………………………………………… 232

　　　　15.2.1　模式结构 ………………………………………………… 232

　　　　15.2.2　模式分析 ………………………………………………… 233

15.3　享元模式实例与解析 ……………………………………………… 235

　　　　15.3.1　享元模式实例之共享网络设备(无外部状态) ………… 235

　　　　15.3.2　享元模式实例之共享网络设备(有外部状态) ………… 239

15.4　享元模式效果与应用 ……………………………………………… 243

　　　　15.4.1　模式优缺点 ……………………………………………… 243

　　　　15.4.2　模式适用环境 …………………………………………… 243

　　　　15.4.3　模式应用 ………………………………………………… 243

15.5　享元模式扩展 ……………………………………………………… 244

15.6　本章小结 …………………………………………………………… 245

思考与练习 ……………………………………………………………… 246

第 16 章　代理模式 ▟◖ ………………………………………………… 247

16.1　代理模式动机与定义 ……………………………………………… 247

　　　　16.1.1　模式动机 ………………………………………………… 247

　　　　16.1.2　模式定义 ………………………………………………… 248

16.2　代理模式结构与分析 ……………………………………………… 248

　　　　16.2.1　模式结构 ………………………………………………… 248

　　　　16.2.2　模式分析 ………………………………………………… 249

16.3　代理模式实例与解析 ……………………………………………… 250

　　　　16.3.1　代理模式实例之论坛权限控制代理 …………………… 250

16.3.2　代理模式实例之日志记录代理 ································· 254

16.4　代理模式效果与应用 ·· 255

16.4.1　模式优缺点 ·· 255

16.4.2　模式适用环境 ·· 255

16.4.3　模式应用 ·· 256

16.5　代理模式扩展 ·· 257

16.6　本章小结 ·· 261

思考与练习 ··· 261

第 17 章　职责链模式 ··· 262

17.1　行为型模式 ·· 262

17.1.1　行为型模式概述 ·· 262

17.1.2　行为型模式简介 ·· 263

17.2　职责链模式动机与定义 ··· 265

17.2.1　模式动机 ·· 265

17.2.2　模式定义 ·· 266

17.3　职责链模式结构与分析 ··· 266

17.3.1　模式结构 ·· 266

17.3.2　模式分析 ·· 267

17.4　职责链模式实例与解析 ··· 268

17.5　职责链模式效果与应用 ··· 273

17.5.1　模式优缺点 ·· 273

17.5.2　模式适用环境 ·· 274

17.5.3　模式应用 ·· 274

17.6　职责链模式扩展 ··· 275

17.7　本章小结 ·· 275

思考与练习 ··· 276

第 18 章　命令模式 ··· 277

18.1　命令模式动机与定义 ··· 277

18.1.1　模式动机 ·· 277

18.1.2　模式定义 ·· 278

18.2　命令模式结构与分析 ··· 278

18.2.1　模式结构 ·· 278

18.2.2　模式分析 ·· 279

18.3　命令模式实例与解析 ··· 281

18.3.1　命令模式实例之电视机遥控器 ································· 281

18.3.2　命令模式实例之功能键设置 ··································· 286

18.4　命令模式效果与应用 ··· 286

18.4.1 模式优缺点 ┈┈┈┈┈┈┈┈┈┈┈┈┈┈┈┈┈┈┈┈┈ 286

18.4.2 模式适用环境 ┈┈┈┈┈┈┈┈┈┈┈┈┈┈┈┈┈┈┈ 287

18.4.3 模式应用 ┈┈┈┈┈┈┈┈┈┈┈┈┈┈┈┈┈┈┈┈┈┈ 287

18.5 命令模式扩展 ┈┈┈┈┈┈┈┈┈┈┈┈┈┈┈┈┈┈┈┈┈┈┈┈ 288

18.6 本章小结 ┈┈┈┈┈┈┈┈┈┈┈┈┈┈┈┈┈┈┈┈┈┈┈┈┈┈ 291

思考与练习 ┈┈┈┈┈┈┈┈┈┈┈┈┈┈┈┈┈┈┈┈┈┈┈┈┈┈┈ 291

第 19 章 解释器模式 ┈┈┈┈┈┈┈┈┈┈┈┈┈┈┈┈┈┈┈┈┈ 293

19.1 解释器模式动机与定义 ┈┈┈┈┈┈┈┈┈┈┈┈┈┈┈┈┈ 293

19.1.1 模式动机 ┈┈┈┈┈┈┈┈┈┈┈┈┈┈┈┈┈┈┈┈┈┈ 293

19.1.2 模式定义 ┈┈┈┈┈┈┈┈┈┈┈┈┈┈┈┈┈┈┈┈┈┈ 294

19.2 解释器模式结构与分析 ┈┈┈┈┈┈┈┈┈┈┈┈┈┈┈┈┈ 294

19.2.1 模式结构 ┈┈┈┈┈┈┈┈┈┈┈┈┈┈┈┈┈┈┈┈┈┈ 294

19.2.2 模式分析 ┈┈┈┈┈┈┈┈┈┈┈┈┈┈┈┈┈┈┈┈┈┈ 295

19.3 解释器模式实例与解析 ┈┈┈┈┈┈┈┈┈┈┈┈┈┈┈┈┈ 298

19.4 解释器模式效果与应用 ┈┈┈┈┈┈┈┈┈┈┈┈┈┈┈┈┈ 303

19.4.1 模式优缺点 ┈┈┈┈┈┈┈┈┈┈┈┈┈┈┈┈┈┈┈┈┈ 303

19.4.2 模式适用环境 ┈┈┈┈┈┈┈┈┈┈┈┈┈┈┈┈┈┈┈ 304

19.4.3 模式应用 ┈┈┈┈┈┈┈┈┈┈┈┈┈┈┈┈┈┈┈┈┈┈ 304

19.5 解释器模式扩展 ┈┈┈┈┈┈┈┈┈┈┈┈┈┈┈┈┈┈┈┈┈┈ 304

19.6 本章小结 ┈┈┈┈┈┈┈┈┈┈┈┈┈┈┈┈┈┈┈┈┈┈┈┈┈┈ 305

思考与练习 ┈┈┈┈┈┈┈┈┈┈┈┈┈┈┈┈┈┈┈┈┈┈┈┈┈┈┈ 306

第 20 章 迭代器模式 ┈┈┈┈┈┈┈┈┈┈┈┈┈┈┈┈┈┈┈┈┈ 307

20.1 迭代器模式动机与定义 ┈┈┈┈┈┈┈┈┈┈┈┈┈┈┈┈┈ 307

20.1.1 模式动机 ┈┈┈┈┈┈┈┈┈┈┈┈┈┈┈┈┈┈┈┈┈┈ 307

20.1.2 模式定义 ┈┈┈┈┈┈┈┈┈┈┈┈┈┈┈┈┈┈┈┈┈┈ 308

20.2 迭代器模式结构与分析 ┈┈┈┈┈┈┈┈┈┈┈┈┈┈┈┈┈ 308

20.2.1 模式结构 ┈┈┈┈┈┈┈┈┈┈┈┈┈┈┈┈┈┈┈┈┈┈ 308

20.2.2 模式分析 ┈┈┈┈┈┈┈┈┈┈┈┈┈┈┈┈┈┈┈┈┈┈ 309

20.3 迭代器模式实例与解析 ┈┈┈┈┈┈┈┈┈┈┈┈┈┈┈┈┈ 313

20.4 迭代器模式效果与应用 ┈┈┈┈┈┈┈┈┈┈┈┈┈┈┈┈┈ 318

20.4.1 模式优缺点 ┈┈┈┈┈┈┈┈┈┈┈┈┈┈┈┈┈┈┈┈┈ 318

20.4.2 模式适用环境 ┈┈┈┈┈┈┈┈┈┈┈┈┈┈┈┈┈┈┈ 319

20.4.3 模式应用 ┈┈┈┈┈┈┈┈┈┈┈┈┈┈┈┈┈┈┈┈┈┈ 319

20.5 迭代器模式扩展 ┈┈┈┈┈┈┈┈┈┈┈┈┈┈┈┈┈┈┈┈┈┈ 321

20.6 本章小结 ┈┈┈┈┈┈┈┈┈┈┈┈┈┈┈┈┈┈┈┈┈┈┈┈┈┈ 322

思考与练习 ┈┈┈┈┈┈┈┈┈┈┈┈┈┈┈┈┈┈┈┈┈┈┈┈┈┈┈ 322

第 21 章　中介者模式 🎥 ·· 323

21.1　中介者模式动机与定义 ·· 323
　　21.1.1　模式动机 ·· 323
　　21.1.2　模式定义 ·· 324
21.2　中介者模式结构与分析 ·· 325
　　21.2.1　模式结构 ·· 325
　　21.2.2　模式分析 ·· 326
21.3　中介者模式实例与解析 ·· 328
21.4　中介者模式效果与应用 ·· 334
　　21.4.1　模式优缺点 ·· 334
　　21.4.2　模式适用环境 ·· 334
　　21.4.3　模式应用 ·· 334
21.5　中介者模式扩展 ·· 335
21.6　本章小结 ··· 335
思考与练习 ·· 336

第 22 章　备忘录模式 🎥 ·· 337

22.1　备忘录模式动机与定义 ·· 337
　　22.1.1　模式动机 ·· 337
　　22.1.2　模式定义 ·· 338
22.2　备忘录模式结构与分析 ·· 338
　　22.2.1　模式结构 ·· 338
　　22.2.2　模式分析 ·· 339
22.3　备忘录模式实例与解析 ·· 342
22.4　备忘录模式效果与应用 ·· 346
　　22.4.1　模式优缺点 ·· 346
　　22.4.2　模式适用环境 ·· 347
　　22.4.3　模式应用 ·· 347
22.5　备忘录模式扩展 ·· 347
22.6　本章小结 ··· 348
思考与练习 ·· 348

第 23 章　观察者模式 🎥 ·· 349

23.1　观察者模式动机与定义 ·· 349
　　23.1.1　模式动机 ·· 349
　　23.1.2　模式定义 ·· 350
23.2　观察者模式结构与分析 ·· 351
　　23.2.1　模式结构 ·· 351

　　　　　　23.2.2　模式分析 ·· 352

　23.3　观察者模式实例与解析 ·· 354

　　　　　　23.3.1　观察者模式实例之猫、狗与老鼠 ······························· 354

　　　　　　23.3.2　观察者模式实例之自定义登录控件 ······························· 358

　23.4　观察者模式效果与应用 ·· 365

　　　　　　23.4.1　模式优缺点 ·· 365

　　　　　　23.4.2　模式适用环境 ·· 366

　　　　　　23.4.3　模式应用 ·· 366

　23.5　观察者模式扩展 ·· 367

　23.6　本章小结 ·· 368

　思考与练习 ·· 369

第 24 章　状态模式 🎥 ·· 370

　24.1　状态模式动机与定义 ·· 370

　　　　　　24.1.1　模式动机 ·· 370

　　　　　　24.1.2　模式定义 ·· 371

　24.2　状态模式结构与分析 ·· 372

　　　　　　24.2.1　模式结构 ·· 372

　　　　　　24.2.2　模式分析 ·· 372

　24.3　状态模式实例与解析 ·· 375

　　　　　　24.3.1　状态模式实例之论坛用户等级 ······························· 375

　　　　　　24.3.2　状态模式实例之银行账户 ······························· 382

　24.4　状态模式效果与应用 ·· 383

　　　　　　24.4.1　模式优缺点 ·· 383

　　　　　　24.4.2　模式适用环境 ·· 384

　　　　　　24.4.3　模式应用 ·· 384

　24.5　状态模式扩展 ·· 384

　24.6　本章小结 ·· 387

　思考与练习 ·· 388

第 25 章　策略模式 🎥 ·· 389

　25.1　策略模式动机与定义 ·· 389

　　　　　　25.1.1　模式动机 ·· 389

　　　　　　25.1.2　模式定义 ·· 390

　25.2　策略模式结构与分析 ·· 390

　　　　　　25.2.1　模式结构 ·· 391

　　　　　　25.2.2　模式分析 ·· 391

　25.3　策略模式实例与解析 ·· 393

　　　　　　25.3.1　策略模式实例之排序策略 ·· 393

25.3.2 策略模式实例之旅游出行策略 ……………………… 399

25.4 策略模式效果与应用 ……………………………………… 399

25.4.1 模式优缺点 ………………………………………… 399

25.4.2 模式适用环境 ……………………………………… 400

25.4.3 模式应用 …………………………………………… 400

25.5 策略模式扩展 …………………………………………… 402

25.6 本章小结 ………………………………………………… 402

思考与练习 …………………………………………………… 403

第 26 章　模板方法模式 🎥◀ ………………………………… 404

26.1 模板方法模式动机与定义 ………………………………… 404

26.1.1 模式动机 …………………………………………… 404

26.1.2 模式定义 …………………………………………… 405

26.2 模板方法模式结构与分析 ………………………………… 406

26.2.1 模式结构 …………………………………………… 406

26.2.2 模式分析 …………………………………………… 406

26.3 模板方法模式实例与解析 ………………………………… 409

26.3.1 模板方法模式实例之银行业务办理流程 …………… 409

26.3.2 模板方法模式实例之数据库操作模板 ……………… 412

26.4 模板方法模式效果与应用 ………………………………… 412

26.4.1 模式优缺点 ………………………………………… 412

26.4.2 模式适用环境 ……………………………………… 413

26.4.3 模式应用 …………………………………………… 413

26.5 模板方法模式扩展 ………………………………………… 414

26.6 本章小结 ………………………………………………… 416

思考与练习 …………………………………………………… 417

第 27 章　访问者模式 🎥◀ …………………………………… 418

27.1 访问者模式动机与定义 …………………………………… 418

27.1.1 模式动机 …………………………………………… 418

27.1.2 模式定义 …………………………………………… 419

27.2 访问者模式结构与分析 …………………………………… 419

27.2.1 模式结构 …………………………………………… 420

27.2.2 模式分析 …………………………………………… 421

27.3 访问者模式实例与解析 …………………………………… 423

27.3.1 访问者模式实例之购物车 …………………………… 423

27.3.2 访问者模式实例之奖励审批系统 …………………… 428

27.4 访问者模式效果与应用 …………………………………… 429

27.4.1 模式优缺点 ………………………………………… 429

27.4.2 模式适用环境 …………………………………… 430

27.4.3 模式应用 …………………………………… 430

27.5 访问者模式扩展 …………………………………… 431

27.6 本章小结 …………………………………… 431

思考与练习 …………………………………… 432

参考文献 …………………………………… 433

第1章

统一建模语言基础知识

视频讲解

本章导学

统一建模语言(Unified Modeling Language,UML)是一种可视化的标准建模语言,它是一种分析和设计语言,通过它可以构造软件系统的蓝图。在设计模式中,需要使用 UML 来分析和设计每一个模式的结构,描述每一个模式实例,并对部分模式进行深入的解析。因此,在学习设计模式之前,需要先学习一些基本的 UML 知识。

本章将重点介绍 UML 中的类图、顺序图和状态图。

本章的难点在于掌握 UML 类图中类与类之间关系的含义、符号表示和代码实现以及顺序图和状态图的绘制。

类图重要等级:★★★★★

顺序图重要等级:★★★★☆

状态图重要等级:★★★☆☆

1.1 UML 简介

UML 已经成为面向对象软件分析与设计建模的标准,其应用越来越广泛,在学习设计模式之前需要掌握一些基本的 UML 知识,以便理解每一个模式和模式实例的结构,并通过一些 UML 图形来加深对设计模式的理解。

1.1.1 UML 的诞生

如果想盖一栋楼,为了不把它盖成一个狗窝,需要先画一些设计图,这些设计图就是楼房的蓝图。设计图是一种设计语言,也就是模型语言,是不同的工程设计人员与生产人员之间沟通的语言。在一个现代化的工程中,人们要相互沟通和合作,就必须使用标准的工业化设计语言,用这些语言来对开发的产品进行建模。建模过程把复杂的问题分解成为易于理解的小问题,以达到问题的求解。

软件工程也需要使用模型来描述一个软件,使用户和开发人员都能够更好地理解待开发的系统。建模是开发优秀软件的所有活动中的核心部分之一,其目的是把所要设计的结构和系统的行为联系起来,并对系统的结构进行可视化控制。

随着软件系统复杂程度的提高,对好的建模语言的需求也越来越迫切,面向对象建模语言就是应这样的需求而生。早在 20 世纪 70 年代就陆续出现了很多面向对象的建模方法,特别是在 20 世纪 80 年代末到 90 年代中期,软件建模方法如雨后春笋般从不到 10 种增加到 50 多种,但方法种类的膨胀使用户很难根据自身应用的特点选择合适的建模方法,极大地妨碍了用户的使用和交流。

为了解决建模方法过多所带来的种种问题,从 1994 年起,Grady Booch 和 James Rumbaugh 在 Rational 软件公司开始了 UML 的创建工作。他们的目标是创建一种新的名为"Unified Method(统一方法)"的方法,用来对当时存在的众多方法进行规范化和标准化。该方法将 Booch 方法和 OMT-2 方法(Rumbaugh 是其主要开发者)统一起来。1995 年,OOSE 方法和 Objectory 方法的创建者 Ivar Jacoboson 也加入其中。UML 三位创始人正式联手,共同为创建一种标准的建模语言而一起工作,他们将开发出来的产品名称定为 UML (Unified Modeling Language,统一建模语言)。UML 融合了多种优秀的面向对象建模方法以及多种得到认可的软件工程方法,消除了因方法林立且相互独立所带来的种种不便,集百家之所长,故名"统一"。UML 通过统一的表示方法,让不同知识背景的领域专家、系统分析设计人员和开发人员以及用户可以方便地交流。UML 的三位主要创始人 Ivar Jacoboson、Grady Booch 以及 James Rumbaugh 也合称为"UML 三友"。

1997 年 11 月,在 Ivar Jacoboson、Grady Booch 以及 James Rumbaugh 的共同努力下,UML 1.1 版本提交给 OMG (Object Management Group, 对象管理组织)并获得通过,由此成为业界标准的建模语言。2003 年 6 月,在 OMG 技术会议上 UML 2.0 获得正式通过,UML 的发展与应用也上升到一个新的高度,越来越多的人开始学习和使用 UML 来进行软件建模。正因为如此,软件大师 Martin Fowler 也曾说过"你应该使用 UML 吗? 是! 旧的面向对象符号正在快速消失,新的书、文章将全部采用 UML 作为符号。如果你正要开始使用建模符号,你就该直接学习 UML"。

1.1.2　UML 的结构

UML 是一种语言,也就意味着它有属于自己的标准表达规则。它不是一种类似 Java、C++、C# 的编程语言,而是一种分析设计语言,也就是一种建模语言。UML 是由图形符号表达的建模语言,其结构主要包括以下几个部分。

1. 视图(View)

在 UML 建模过程中,使用不同的视图从不同的角度来描述软件系统。UML 包括 5 种视图,如图 1-1 所示。

图 1-1　UML 中的 5 种视图

(1) 用户视图:以用户的观点表示系统的目标,它是所有视图的核心,该视图描述系统的需求。

(2) 结构视图:表示系统的静态行为,描述系统的静态元素,如包、类与对象,以及它们之间的关系。

（3）行为视图：表示系统的动态行为，描述系统的组成元素（如对象）在系统运行时的交互关系。

（4）实现视图：表示系统中逻辑元素的分布，描述系统中物理文件以及它们之间的关系。

（5）环境视图：表示系统中物理元素的分布，描述系统中硬件设备以及它们之间的关系。

2. 图（Diagram）

在 UML 2.0 中，提供了 13 种图，与上述 5 种视图相对应。

（1）用例图（Use Case Diagram）：又称为用况图，对应于用户视图。在用例图中，使用用例来表示系统的功能需求，用例图用于表示多个外部执行者与系统用例之间以及用例与用例之间的关系。用例图与用例说明文档（Use Case Specification）是常用的需求建模工具，也称为用例建模。

（2）类图（Class Diagram）：对应于结构视图。类图使用类来描述系统的静态结构，类图包含类和它们之间的关系，它描述系统内所声明的类，但没有描述系统运行时类的行为。在本章 1.2 节将学习类图。

用例图与类图是 UML 13 种图中使用频率最高的两种图。

（3）对象图（Object Diagram）：对应于结构视图。对象图是类图在某一时刻的一个实例，用于表示类的对象实例之间的关系。

（4）包图（Package Diagram）：UML 2.0 的新增图，对应于结构视图。包图用于描述包与包之间的关系，包是一种把元素组织到一起的通用机制，例如可以将多个类组织成一个包。

（5）组合结构图（Composite Structure Diagram）：UML 2.0 的新增图，对应于结构视图。组合结构图将每一个类放在一个整体中，从类的内部结构来审视一个类。组合结构图可用于表示一个类的内部结构，用于描述一些包含复杂成员或内部类的类结构。

（6）状态图（State Diagram）：对应于行为视图。状态图用来描述一个特定对象的所有可能状态及其引起状态转移的事件。一个状态图包括一系列对象的状态及状态之间的转换。在本章 1.4 节将学习状态图。

（7）活动图（Activity Diagram）：对应于行为视图。活动图用来表示系统中各种活动的次序，它的应用非常广泛，既可用来描述用例的工作流程，也可以用来描述类中某个方法的操作行为。

（8）顺序图（Sequence Diagram）：又称为时序图或序列图，对应于行为视图。顺序图用于表示对象之间的交互，重点表示对象之间发送消息的时间顺序。在本章 1.3 节将学习顺序图。

（9）通信图（Communication Diagram）：在 UML 1.x 中称为协作图，对应于行为视图。通信图展示了一组对象、这些对象间的连接以及它们之间收发的消息。它与顺序图是同构图，也就是它们包含了相同的信息，只是表达方式不同而已，通信图与顺序图可以相互转换。

（10）定时图（Timing Diagram）：UML 2.0 的新增图，对应于行为视图。定时图采用一种带数字刻度的时间轴来精确地描述消息的顺序，而不是像顺序图那样只是指定消息的相对顺序,而且它还允许可视化地表示每条生命线的状态变化,当需要对实时事件进行定义时,定时图可以很好地满足要求。

(11) 交互概览图(Interaction Overview Diagram):UML 2.0新增图,对应于行为视图。交互概览图是交互图与活动图的混合物,可以把交互概览图理解为细化的活动图,在其中的活动都通过一些小型的顺序图来表示;也可以将其理解为利用标明控制流的活动图分解过的顺序图。

在 UML 中,顺序图、通信图、定时图和交互概览图又统称交互图(Interactive Diagram)。交互图是表示各对象如何依据某种行为进行协作的模型,通常可以使用一个交互图来表示和说明一个用例的行为。

(12) 组件图(Component Diagram):又称为构件图,对应于实现视图。组件图用于描述每个功能所在的组件位置以及它们之间的关系。

(13) 部署图(Deployment Diagram):又称为实施图,对应于环境视图。部署图用于描述软件中各个组件驻留的硬件位置以及这些硬件之间的交互关系。

在设计模式的学习中,我们将使用到类图、顺序图和状态图,因此本章只重点学习这三种图,其他 UML 图形请参考专门的 UML 教材,本书不予详细介绍。

3. 模型元素(Model Element)

在 UML 中,模型元素包括事物以及事物与事物之间的联系。事物是 UML 的重要组成部分,它代表任何可以定义的东西。事物之间的关系把事物联系在一起,组成有意义的结构模型。每一个模型元素都有一个与之相对应的图形元素(如类、对象、消息、组件、节点等事物)以及它们之间的关系(如关联关系、泛化关系、依赖关系等)。

同一个模型元素可以在不同的 UML 图中使用,但是无论在哪个图中,同一个模型元素都需要保持相同的意义,使用相同的符号。

4. 通用机制(General Mechanism)

UML 提供的通用机制为模型元素提供额外的注释、修饰和语义等,主要包括规格说明、修饰、公共分类和扩展机制四种。扩展机制允许用户对 UML 进行扩展,以便一个特定的方法、过程、组织或用户来使用。

1.1.3　UML 的特点

UML 已成为用于描绘软件蓝图的标准语言,它可用于对软件密集型系统进行建模,其主要特点如下。

(1) 工程化:UML 的引入可以使得软件工程与其他工程领域一样,根据需求创建模型,再通过模型来指导实施。这些模型可以指导软件开发的各个阶段,而且由于模型的创建工作在实施之前完成,所以,使用模型来验证需求可以让用户及早发现问题,减少系统的开发风险,降低开发和维护成本。

(2) 规范化:UML 通过一套标准的符号对系统进行建模,对于相同的符号不同的用户都有相同的理解,让用户之间可以进行高效的沟通和交流。

(3) 可视化:UML 提供一组图形符号对系统进行可视化建模,促进对问题的理解和交流,也可以帮助设计者直观地发现设计中存在的问题,避免和减少设计缺陷的产生。

（4）系统化：UML 提供了 5 大视图和 13 种图，它们从不同的角度对同一个软件进行系统化建模，每一个视图和图都显示软件系统的一个特定方面，它们各有所长，相互补充，一起构造出一个系统的完整蓝图。

（5）文档化：在使用 UML 进行设计的同时可以产生出相应的系统设计文档，程序员基于这些文档可以更加清楚系统的目标。当需要对现有系统进行修改时，可以找到对应的 UML 文档，节省系统学习时间，提高修改效率，降低维护成本，新的开发人员也可以通过 UML 图形文档资料尽快熟悉项目并投入开发工作。

（6）智能化：大部分 UML 建模工具（如 Rose、Together、PowerDesigner 等）都提供了正向工程与逆向工程，可以通过这些 CASE 工具提供的代码生成器将 UML 模型转换成多种语言的程序代码，也可以使用逆向工具将源代码转换成 UML 模型。这些智能化的转换可以提高开发效率，方便人们理解复杂系统。

1.2　类图

类图是使用频率最高的 UML 图之一。Martin Fowler 的著作 *UML Distilled：A Brief Guide to the Standard Object Modeling Language*，*Third Edition*（UML 精粹：标准对象建模语言简明指南（第 3 版））中有这么一段："If someone were to come up to you in a dark alley and say，'Psst，wanna see a UML diagram?' that diagram would probably be a class diagram. The majority of UML diagrams I see are class diagrams."（"如果有人在黑暗的小巷中向你走来并对你说：'嘿，想不想看一张 UML 图?'那么这张图很有可能就是一张类图，我所见过的大部分的 UML 图都是类图"），由此可见类图的重要性。在设计模式中，我们将使用类图来描述一个模式的结构，通过类图来分析每一个模式实例。

1.2.1　类与类图

类（Class）封装了数据和行为，是面向对象的重要组成部分，它是具有相同属性、操作、关系的对象集合的总称。在系统中，每个类具有一定的职责，职责指的是类所担任的任务，即类要完成什么样的功能，要承担什么样的义务。一个类可以有多种职责，设计得好的类一般只有一种职责。在定义类的时候，将类的职责分解成为类的属性和操作（即方法）。类的属性即类的数据职责，类的操作即类的行为职责。

在软件系统运行时，类将被实例化成对象（Object），对象对应于某个具体的事物。类是对一组具有相同属性、表现相同行为的对象的抽象，对象是类的实例（Instance）。

类图（Class Diagram）通过出现在系统中的不同类来描述系统的静态结构，类图用来描述不同的类和它们之间的关系。在 UML 中，类使用具有类名称、属性、操作分隔的长方形来表示。如定义一个类 Employee，它包含属性 name、age 和 email，以及操作 modifyInfo()，在 UML 类图中该类如图 1-2 所示。

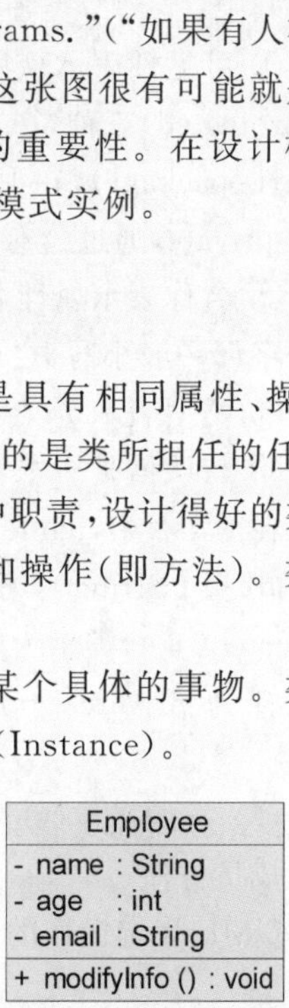

该类对应的 Java 代码如下：

Employee
- name : String
- age   : int
- email : String
+ modifyInfo () : void

图 1-2　类的 UML 图示

```
public class Employee
{
    private String name;
    private int age;
    private String email;

    public void modifyInfo()
    {
        ⋮
    }
}
```

从图 1-2 可知,在 UML 类图中,类一般由三部分组成。

(1) 类名:每个类都必须有一个名字,类名是一个字符串。如 Order、Customer 都是合法的类名,按照 Java 语言的命名规范,类名中每一个单词的首字母均大写。

(2) 属性(Attributes):属性是指类的性质,即类的成员变量。类可以有任意多个属性,也可以没有属性。

UML 规定属性的表示方式为:

可见性 名称:类型 [= 默认值]

其中:

① 可见性表示该属性对类外的元素是否可见,包括公有(public)、私有(private)和受保护(protected)三种,在类图中分别用符号"+""−"和"♯"表示。Java 语言增加了一种包内可见性(package),在 UML 中用符号" * "表示。为了保证数据的封装性,属性的可见性一般为 private,通过公有的 Getter 方法和 Setter 方法供外界使用。

② 名称表示属性名,用一个字符串表示,按照 Java 语言的命名规范,属性名第一个单词首字母一般小写,之后每个单词首字母大写。

③ 类型表示定义属性的数据类型,可以是基本数据类型,也可以是用户自定义类型。

④ 默认值是一个可选项,即属性的初始值。

在图 1-3 中,name 属性的可见性为 public(+),类型为字符串型(String),没有默认值;age 属性的可见性为 protected(♯),类型为整型(int),默认值为 25;email 属性的可见性为 private(−),类型为字符串型(String),没有默认值。

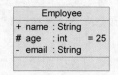

图 1-3　类图属性说明示意图

(3) 类的操作(Operations):操作是类的任意一个实例对象都可以使用的行为,操作是类的成员方法。

UML 规定操作的表示方式为:

可见性 名称([参数列表])[:返回类型]

其中:

① 可见性的定义与属性定义相同。

② 名称即操作名或方法名,用一个字符串表示,按照 Java 语言的命名规范,方法名第一个单词首字母一般小写,之后每个单词首字母大写。

③ 参数列表表示操作的参数,其语法与属性的表示相同,参数个数是任意的,多个参数之间用逗号","隔开。

④ 返回类型是一个可选项,表示方法的返回值类型,依赖于具体的编程语言,可以是基本数据类型,也可以是用户自定义类型,还可以是空类型(void)。如果是构造方法,则无返回类型。

在图 1-4 中,操作 method1 的可见性为 public(+),带入了一个 Object 类型的参数 par,返回值为空(void);操作 method2 的可见性为 protected(♯),无参数,返回值为 String 类型;操作 method3 的可见性为 private(-),包含两个参数,其中一个参数为 int 类型,另一个为 int[]类型,返回值为 int 类型。

由于在 Java 语言中允许出现内部类,因此可能会出现包含 4 个部分的类图,如图 1-5 所示。

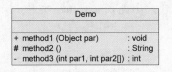
图 1-4　类图操作说明示意图

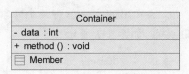
图 1-5　包含内部类的类图

1.2.2　类之间的关系

在软件系统中,类不是孤立存在的,类与类之间存在相互关系,因此需要通过 UML 来描述这些类之间的关系。类之间具有如下几种关系。

1. 关联关系

关联关系(Association)是类与类之间最常用的一种关系,它是一种结构化关系,用于表示一类对象与另一类对象之间有联系,如汽车和轮胎、师傅和徒弟、班级和学生等。在 UML 类图中,用实线连接有关联的对象所对应的类,在使用 Java、C♯和 C++等编程语言实现关联关系时,通常将一个类的对象作为另一个类的属性。在使用类图表示关联关系时可以在关联线上标注角色名,一般使用一个表示两者之间关系的动词或者名词表示角色名(有时该名词为实例对象名),关系的两端代表不同的两种角色,因此在一个关联关系中可以包含两个角色名。角色名不是必需的,可以根据需要增加,其目的是使类之间的关系更加明确。

例如,在一个登录界面类 LoginForm 中包含一个 JButton 类型的注册按钮 loginButton,它们之间可以表示为关联关系,代码实现时可以在 LoginForm 中定义一个名为 loginButton 的属性对象,其类型为 JButton,如图 1-6 所示。

图 1-6　关联关系实例

以下 Java 代码片段与图 1-6 相对应：

```java
public class LoginForm
{
    private JButton loginButton;
    ⋮
}

public class JButton
{
    ⋮
}
```

在 UML 中,关联关系有如下几种类型。

(1) 双向关联。默认情况下,关联是双向的。例如,顾客(Customer)购买商品(Product)并拥有商品;反之,卖出的商品总有某个顾客与之相关联。因此,Customer 类和 Product 类之间具有关联关系,如图 1-7 所示。

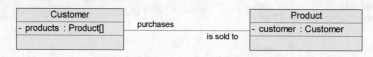

图 1-7　双向关联实例

以下 Java 代码片段与图 1-7 相对应：

```java
public class Customer
{
    private Product[] products;
    ⋮
}

public class Product
{
    private Customer customer;
    ⋮
}
```

(2) 单向关联。类的关联关系也可以是单向的,单向关联用带箭头的实线表示。例如,顾客(Customer)拥有地址(Address),则 Customer 类与 Address 类具有单向关联关系,如图 1-8 所示。

图 1-8　单向关联实例

以下 Java 代码片段与图 1-8 相对应：

```
public class Customer
{
    private Address address;
     ⋮
}


public class Address
{
     ⋮
}
```

双向关联关系可以有两个角色名，而单向关联关系只有一个角色名；双向关联用直线表示，单向关联则用直线加箭头表示。

（3）自关联。在系统中可能会存在一些类的属性对象类型为该类本身，这种特殊的关联关系称为自关联。例如，一个节点类（Node）的成员又是节点对象，如图 1-9 所示。

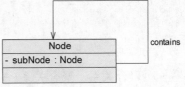

图 1-9　自关联实例

以下 Java 代码片段与图 1-9 相对应：

```
public class Node
{
    private Node subNode;
     ⋮
}
```

（4）多重性关联。多重性关联关系又称为重数性关联关系（Multiplicity），表示一个类的对象与另一个类的对象连接的个数。在 UML 中多重性关联关系可以直接在关联直线上增加一个数字表示与之对应的另一个类的对象的个数。

类的对象之间存在多种多重性关联关系，常见的多重性定义如表 1-1 所示。

表 1-1　多重性表示方式列表

表 示 方 式	多重性说明
1..1	表示另一个类的一个对象只与一个该类对象有关系
0..*	表示另一个类的一个对象与零个或多个该类对象有关系
1..*	表示另一个类的一个对象与一个或多个该类对象有关系
0..1	表示另一个类的一个对象没有或只与一个该类对象有关系
m..n	表示另一个类的一个对象与最少 m、最多 n 个该类对象有关系（m≤n）

例如，一个界面（Form）可以拥有零个或多个按钮（Button），但是一个按钮只能属于一个界面。因此，一个 Form 类的对象可以与零个或多个 Button 类的对象相关联，但一个 Button 类的对象只能与一个 Form 类的对象关联，如图 1-10 所示。

图 1-10　多重性关联实例

以下 Java 代码片段与图 1-10 相对应：

```java
public class Form
{
    private Button[] buttons;
    ⋮
}

public class Button
{
    ⋮
}
```

（5）聚合关系。聚合关系(Aggregation)表示一个整体与部分的关系。通常在定义一个整体类后，再去分析这个整体类的组成结构，从而找出一些成员类，该整体类和成员类之间就形成了聚合关系。如一台计算机包含显示器、主机、键盘、鼠标等部分，就可以使用聚合关系来描述整体与部分之间的关系。在聚合关系中，成员类是整体类的一部分，即成员对象是整体对象的一部分，但是成员对象可以脱离整体对象独立存在。在 UML 中，聚合关系用带空心菱形的直线表示。例如，汽车发动机(Engine)是汽车(Car)的组成部分，但是汽车发动机可以独立存在，因此汽车和发动机是聚合关系，如图 1-11 所示。

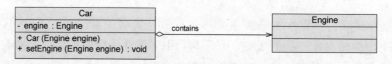

图 1-11　聚合关系实例

以下 Java 代码片段与图 1-11 相对应：

```java
public class Car
{
    private Engine engine;
    public Car(Engine engine)
    {
        this.engine = engine;
    }

    public void setEngine(Engine engine)
    {
```

```
            this.engine = engine;
        }
        ⋮
}

public class Engine
{
        ⋮
}
```

在上述代码中,Car 中定义了一个 Engine 类型的成员变量,从语义上来说,Engine 是 Car 的一部分,但是 Engine 对象可以脱离 Car 单独存在。因此,在类 Car 中并不直接实例化 Engine,而是通过构造方法或者设值方法 Setter 将在类外部实例化好的 Engine 对象以参数形式传入到 Car 中,这种传入方式称为注入(Injection)。正因为 Car 和 Engine 的实例化时刻不相同,因此它们之间不存在生命周期的制约关系,而仅仅只是整体与部分之间的关系而已。

(6) 组合关系。组合关系(Composition)也表示类之间整体和部分的关系,但是组合关系中部分和整体具有统一的生存期。一旦整体对象不存在,部分对象也将不存在,部分对象与整体对象之间具有同生共死的关系。例如一个界面对象与其包含的按钮、文本框、静态文本等成员对象,如果界面对象在内存中被销毁,则所有成员均被销毁。在组合关系中,成员类是整体类的一部分,而且整体类可以控制成员类的生命周期,即成员类的存在依赖于整体类。在 UML 中,组合关系用带实心菱形的直线表示。例如,人的头(Head)与嘴巴(Mouth),嘴巴是头的组成部分之一,而且如果头没了,则嘴巴也就没了,因此头和嘴巴是组合关系,如图 1-12 所示。

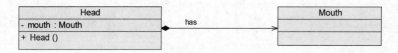

图 1-12 组合关系实例

以下 Java 代码片段与图 1-12 相对应:

```
public class Head
{
        private Mouth mouth;
        public Head()
        {
            mouth = new Mouth();
        }
        ⋮
}

public class Mouth
{
        ⋮
}
```

在上述代码中,Head 中定义了一个 Mouth 类型的成员,而且在 Head 的构造函数中实例化了 Mouth 对象,因此在创建 Head 对象的同时将创建 Mouth 对象,在销毁 Head 对象的同时销毁 Mouth 对象。它们之间不仅仅只是整体与部分之间的关系,而且整体还可以控制部分的生命周期。

聚合关系表示整体与部分的关系比较弱,而组合关系比较强;聚合关系中代表部分事物的对象与代表整体事物的对象的生存期无关,删除整体对象并不表示部分对象被删除。从代码实现的角度来看也略有区别,聚合关系通过对象注入的方式来实现,而组合关系通过在整体类的构造函数中实例化成员类来实现,但是它们的共同点是一个类的实例为另一个类的成员对象。

聚合关系和组合关系与普通的关联关系主要是语义上的区别,如表示客户类与产品类的关系就不能用聚合和组合,因为产品并不是客户的一部分,不存在整体与部分关系,只能用普通的关联关系。

2. 依赖关系

依赖关系(Dependency)是一种使用关系,特定事物的改变有可能会影响到使用该事物的其他事物,在需要表示一个事物使用另一个事物时使用依赖关系。大多数情况下,依赖关系体现在某个类的方法使用另一个类的对象作为参数。在 UML 中,依赖关系用带箭头的虚线表示,由依赖的一方指向被依赖的一方。例如,驾驶员开车,在 Driver 类的 drive()方法中将 Car 类型的对象 car 作为一个参数传递,以便在 drive()方法中能够调用 car 的 move()方法,且驾驶员的 drive()方法依赖车的 move()方法,因此类 Driver 依赖类 Car,如图 1-13 所示。

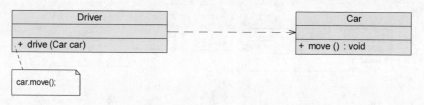

图 1-13　依赖关系实例

以下 Java 代码片段与图 1-13 相对应:

```java
public class Driver
{
    public void drive(Car car)
    {
        car.move();
    }
     ⋮
}

public class Car
{
    public void move()
    {
```

```
            ⋮
        }
        ⋮
    }
```

　　在具体实现时,如果在一个类的方法中调用了另一个类的静态方法,或在一个类的方法中定义了另一个类的对象作为其局部变量,也是依赖关系的一种表现形式,但是那些关系需要在实现阶段慢慢浮现出来,在分析设计阶段可以暂时不予考虑。

3. 泛化关系

　　泛化关系(Generalization)也就是继承关系,也称为"is-a-kind-of"关系,泛化关系用于描述父类与子类之间的关系,父类又称作基类或超类,子类又称作派生类。在 UML 中,泛化关系用带空心三角形的直线来表示。在代码实现时,使用面向对象的继承机制来实现泛化关系,如在 Java 语言中使用 extends 关键字、在 C++/C♯中使用冒号":"来实现。例如,Student 类和 Teacher 类都是 Person 类的子类,Student 类和 Teacher 类继承了 Person 类的属性和方法,Person 类的属性包含姓名(name)和年龄(age),每一个 Student 和 Teacher 也都具有这两个属性,另外 Student 类增加了属性学号(studentNo),Teacher 类增加了属性教师编号(teacherNo),Person 类的方法包括行走 move()和说话 say(),Student 类和 Teacher 类继承了这两个方法,而且 Student 类还新增方法 study(),Teacher 类还新增方法 teach(),如图 1-14 所示。

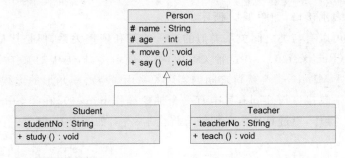

图 1-14　泛化关系实例

以下 Java 代码片段与图 1-14 相对应:

```java
public class Person
{
    protected String name;
    protected int age;
    public void move()
    {
        ⋮
    }
    public void say()
    {
        ⋮
    }
```

```
    }

public class Student extends Person
{
    private String studentNo;
    public void study()
    {
        ⋮
    }
}

public class Teacher extends Person
{
    private String teacherNo;
    public void teach()
    {
        ⋮
    }
}
```

4. 接口与实现关系

在很多面向对象语言中都引入了接口的概念,如 Java、C♯ 等。在接口中,一般没有属性,而且所有的操作都是抽象的,只有操作的声明,没有操作的实现。UML 中用与类的表示法类似的方式表示接口,如图 1-15 所示。

接口之间也可以有与类之间关系类似的继承关系和依赖关系,但是接口和类之间还存在一种实现关系(Realization)。在这种关系中,类实现了接口,类中的操作实现了接口中所声明的操作。在 UML 中,类与接口之间的实现关系用带空心三角形的虚线来表示。例如,定义了一个交通工具接口 Vehicle,其中有一个抽象操作 move(),在类 Ship 和类 Car 中都实现了该 move()操作,不过具体的实现细节将会不一样,如图 1-16 所示。

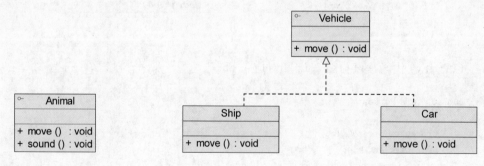

图 1-15 接口的 UML 图示   图 1-16 实现关系实例

实现关系在用代码实现时,不同的面向对象语言也提供了不同的语法,如在 Java 语言中使用 implements 关键字、在 C++/C♯ 中使用冒号":"来实现。

以下 Java 代码片段与图 1-16 相对应:

```
public interface Vehicle
```

```
{
    public void move();
}

public class Ship implements Vehicle
{
    public void move()
    {
        ⋮
    }
}

public class Car implements Vehicle
{
    public void move()
    {
        ⋮
    }
}
```

1.2.3 类图实例

下面通过一个简单实例来学习如何在实际项目中绘制类图。

1. 实例说明

某基于 Java 语言的 C/S 软件需要提供注册功能，下面简要描述功能。

用户通过注册界面（RegisterForm）输入个人信息，单击"注册"按钮后将输入的信息通过一个封装用户输入数据的对象（UserDTO）传递给操作数据库的数据访问类，为了提高系统的扩展性，针对不同的数据库可能需要提供不同的数据访问类，因此提供了数据访问类接口，如 IUserDAO，每一个具体数据访问类都是某一个数据访问类接口的实现类，如 OracleUserDAO 就是一个专门用于访问 Oracle 数据库的数据访问类。

根据以上描述绘制类图。为了简化类图，个人信息仅包括账号（userAccount）和密码（userPassword），且界面类无须涉及界面细节元素。

2. 实例解析

在以上功能说明中，可以分析出该系统包括三个类和一个接口，这三个类分别是注册界面类 RegisterForm、用户数据传输类 UserDTO、Oracle 用户数据访问类 OracleUserDAO，接口是抽象的用户数据访问接口 IUserDAO。它们之间的关系如下。

（1）在 RegisterForm 中需要使用 UserDTO 类传输数据且需要使用数据访问类来操作数据库，因此 RegisterForm 与 UserDTO 和 IUserDAO 之间存在关联关系，在 RegisterForm 中可以直接实例化 UserDTO，因此它们之间可以使用组合关联。

（2）由于数据库类型需要灵活更换，因此在 RegisterForm 中不能直接实例化 IUserDAO 的子类，可以针对接口 IUserDAO 编程，再通过注入的方式传入一个 IUserDAO 接口的子类对象（后续章节将介绍如何具体实现），因此 RegisterForm 和 IUserDAO 之间具有聚合关联关系。

（3）OracleUserDAO是实现了IUserDAO接口的子类，因此它们之间具有类与接口的实现关系。

（4）在声明IUserDAO接口的增加用户信息方法addUser()时，需要将在界面类中实例化的UserDTO对象作为参数传递进来，然后取出封装在UserDTO对象中的数据插入数据库，因此addUser()方法的函数原型可以定义为：public boolean addUser(UserDTO user)，在IUserDAO的方法addUser()中将UserDTO类型的对象作为参数，故IUserDAO与UserDTO存在依赖关系。

通过以上分析，该实例参考类图如图1-17所示。

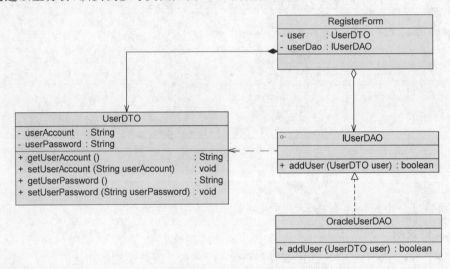

图1-17　注册功能参考类图

注意：在绘制类图或其他UML图形时，可以通过注释（Comment）来对图中的符号或元素进行一些附加说明，如果需要详细说明类图中的某一方法的功能或者实现过程，可以使用如图1-18所示的表示方式。

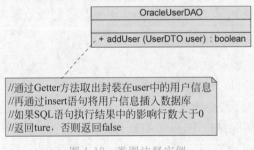

图1-18　类图注释实例

1.3　顺序图

顺序图是最常用的系统动态建模工具之一，也是使用频率最高的交互图，它用于表示对象之间的动态交互，而且以图形化的方式描述了对象间消息传递的时间顺序。在设计模式中,我们将使用顺序图来描述某些模式中对象之间的交互关系。

1.3.1 顺序图定义

顺序图(Sequence Diagram)是一种强调对象间消息传递次序的交互图,又称为时序图或序列图。

顺序图以图形化的方式描述了在一个用例或操作的执行过程中对象如何通过消息相互交互,说明了消息如何在对象之间发送和接收以及发送的顺序。顺序图允许直观地表示出对象的生存期,在生存期内,对象可以对输入消息做出响应,还可以发送消息。

顺序图可以供不同类型的使用者使用:用户可以从顺序图中看到业务过程的细节;分析人员可以从顺序图中看到业务处理流程;开发人员可以看到所需要开发的对象以及对这些对象的操作;测试人员可以根据交互过程开发测试用例。

在软件系统建模中,顺序图的使用很灵活,通常包括如下两种顺序图:

(1) 需求分析阶段的顺序图:主要用于描述用例中对象之间的交互,可以使用自然语言来绘制,用于细化需求。它从业务的角度进行建模,用描述性的文字叙述消息的内容。这类顺序图在绘制时一般使用用户熟悉的业务语言来命名元素,如 ATM 用户、界面对象、数据库对象等。

(2) 系统设计阶段的顺序图:确切表示系统设计中对象之间的交互,考虑到具体的系统实现,对象之间通过方法调用传递消息。这类顺序图在绘制时一般使用较为专业的技术语言来命名元素,如 loginForm(登录界面对象)、userDAO(用户信息数据操作对象)等。

1.3.2 顺序图组成元素与绘制

在 UML 中,顺序图将交互关系表示为一个二维图,纵向是时间轴,时间沿竖线向下延伸;横向轴表示了在交互过程中的独立对象,对象的活动用生命线表示。顺序图由执行者(Actor)、生命线(Lifeline)、对象(Object)、激活(Activation)和消息(Message)等元素组成。

UML 顺序图的组成元素说明如下。

(1) 执行者是交互的发起人,使用与用例图一样的"小人"符号表示,在有些交互过程中无须使用执行者。

(2) 生命线用一条纵向虚线表示。

(3) 对象表示为一个矩形,其中对象名称标有下画线。

(4) 激活是过程的执行,包括等待过程执行的时间。在顺序图中激活部分替换生命线,使用长条的矩形表示。

(5) 消息是对象之间的通信,是两个对象之间的单路通信,是从发送者到接收者之间的控制信息流。消息在顺序图中由有标记的箭头表示,箭头从一个对象的生命线指向另一个对象的生命线,消息按时间顺序在图中从上到下排列。

(6) 一个复杂的顺序图可以划分为几个小块,每一个小块称为一个交互片段(Interaction Fragment)。每个交互片段由一个大方框包围,在方框左上角的间隔区内标注

该交互片段的操作类型,该操作类型用操作符表示,常用的操作符包括:

① alt:多条路径,条件为真时执行;

② opt:任选,仅当条件为真时执行;

③ par:并行,每一片段都并发执行;

④ loop:循环,片段可多次执行。

如图 1-19 所示的顺序图描述了 ATM 的用户登录流程。

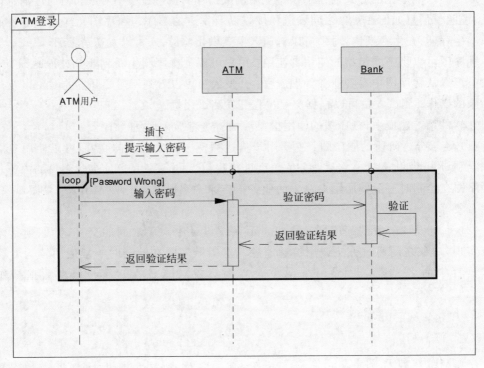

图 1-19 顺序图示例图

在顺序图中,有的消息对应于激活,表示它将会激活一个对象,这种消息称为调用消息(Call Message);如果消息没有对应激活框,表示它不是一个调用消息,不会引发其他对象的活动,这种消息称为发送消息(Send Message);如果对象的一个方法调用了自己的另一个方法时,消息是由对象发送给自身,这种消息称为自身消息(Self Call Message)。

顺序图中的消息还包括创建消息和销毁消息,创建消息用于使用 new 关键字创建另一个对象,而销毁消息用于调用对象的销毁方法将一个对象从内存中销毁,如图 1-20 所示。

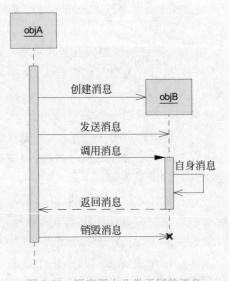

图 1-20 顺序图中几类不同的消息

1.3.3 顺序图实例

下面通过一个简单实例来学习如何在实际项目中绘制顺序图。

1. 实例说明

某基于 Java EE 的 B/S 系统需要提供登录功能,该功能简要描述如下:用户打开登录界面 login.jsp 输入数据,向系统提交请求,系统通过 Servlet 获取请求数据,将数据传递给业务对象,业务对象接收数据后再将数据传递给数据访问对象,数据访问对象对数据库进行操作,查询用户信息,再返回查询结果。

根据以上描述绘制顺序图。

2. 实例解析

通过分析,可绘制如下两种顺序图。

(1)需求分析阶段的顺序图如图 1-21 所示。

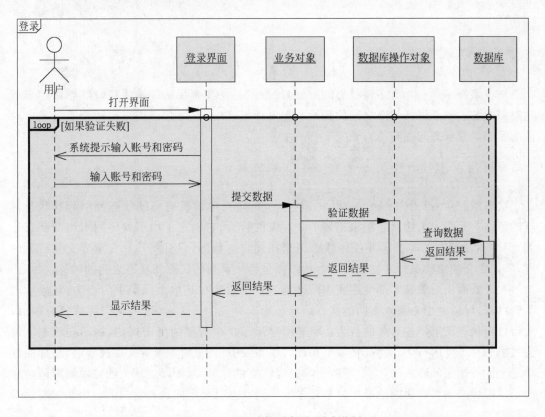

图 1-21 登录功能顺序图(需求分析)

(2)系统设计阶段的顺序图如图 1-22 所示。

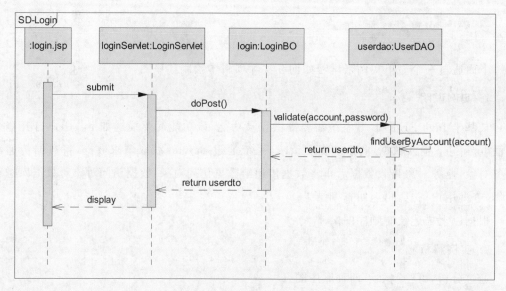

图 1-22　登录功能顺序图(系统设计)

1.4　状态图

对于系统中那些具有多种状态的对象,状态图是一种常用的建模手段。状态图用于描述对象的各种状态以及状态之间的转换。在设计模式中,使用状态图来描述某些模式中对象的状态以及状态间的转换。

1.4.1　状态图定义

状态图(Statechart Diagram)用来描述一个特定对象的所有可能状态及引起其状态转移的事件。我们通常用状态图来描述单个对象的行为,它确定了由事件序列引出的状态序列,但并不是所有的类都需要使用状态图来描述它的行为,只有那些具有重要交互行为的类,我们才会使用状态图来描述。一个状态图包括一系列的状态及状态之间的转移。

大多数面向对象技术都使用状态图来描述一个对象在其生命周期中的行为,对象从产生到结束,可以处于一系列不同的状态。状态影响对象的行为,当这些状态的数目有限时,就可以用状态图来建模对象的行为。状态图显示了单个对象的生命周期,在不同状态下对象可能具有不同的行为。例如在一个在线订票系统中,订单对象就存在多种状态,新建的订单是允许被删除和修改的,但是不能删除已经提交的订单,对于已经结束的订单则不能再修改。使用状态图可以很好地描述订单对象的不同状态以及不同状态对应的行为和状态之间的转换。

状态图适用于描述在不同用例之间的对象行为,但并不适合于描述包括若干协作的对象行为,因为一个状态图只能用于描述一个类的对象状态,如果涉及多个不同类的对象,则需要使用活动图。

1.4.2 状态图组成元素与绘制

在 UML 状态图中包含如下组成元素。

(1) 状态(State)：又称为中间状态，用圆角矩形框表示。在一个状态图中可有多个状态，每个状态包含两格：上格放置状态名称，下格说明处于该状态时对象可以进行的活动(Action)。

(2) 初始状态(Initial State)：又称为初态，用一个黑色的实心圆圈表示。在一个状态图中只能够有一个初始状态。

(3) 结束状态(Final State)：又称为终止状态或终态，用一个实心圆外加一个圆圈表示。在一个状态图中可能有多个结束状态。

(4) 转移(Transition)：用从一个状态到另一个状态之间的连线和箭头说明状态的转移情况，并用文字说明引发这个状态变化的相应事件是什么。事件有可能在特定的条件下发生，在 UML 中这样的条件称为守护条件(Guard Condition)，发生事件时的处理也称为动作(Action)。状态之间的转移可带有标注，由三部分组成(每一部分都可省略)，其语法为：事件名［条件］／动作名。

状态图示意图如图 1-23 所示。

在一个状态图中，一个状态也可以被细分为多个子状态，包含多个子状态的状态称为复合状态。如图 1-24 所示，汽车的行驶状态又包括三个子状态，因此该行驶状态是一个复合状态。

在绘制对象的状态图时，需要考虑如下三个问题：

(1) 对象有哪些有意义的状态；

(2) 不同状态下对象具有哪些行为；

(3) 这些状态之间如何转换。

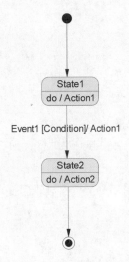

图 1-23 状态图示意图

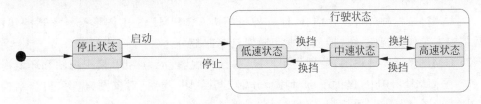

图 1-24 汽车状态图

1.4.3 状态图实例

下面通过一个简单实例来学习如何在实际项目中绘制状态图。

1. 实例说明

某信用卡系统账户具有使用状态和冻结状态，其中使用状态又包括正常状态和透支状态两种子状态。如果账户余额小于零则进入透支状态，透支状态下既可以存款又可以取款，但是透支金额不能超过 5000 元；如果余额大于零则进入正常状态，正常状态下既可以存款又可以取款;如果连续透支 100 天,则进入冻结状态,冻结状态下既不能存款又不能取款,必须要求银行工作人员解冻。用户可以在使用状态或冻结状态下请求注销账户。根据上述要求,绘制账户类的状态图。

2.实例解析

通过分析,可绘制出如图 1-25 所示的状态图。

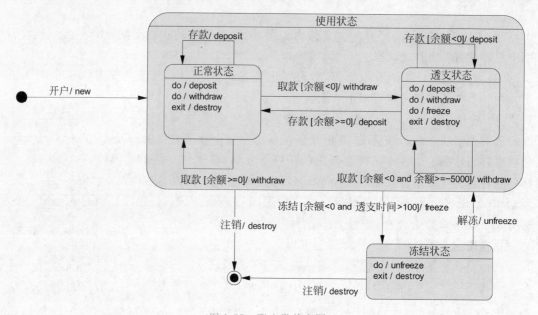

图 1-25   账户类状态图

1.5   本章小结

(1)UML 是一种分析设计语言,即一种建模语言。UML 是由图形符号表达的建模语言,其结构主要包括视图、图、模型元素和通用机制四部分。

(2)UML 包括 5 种视图,分别是用户视图、结构视图、行为视图、实现视图和环境视图。

(3)在 UML 2.0 中,提供了 13 种图,分别是用例图、类图、对象图、包图、组合结构图、状态图、活动图、顺序图、通信图、定时图、交互概览图、组件图和部署图。

(4)UML 已成为用于描绘软件蓝图的标准语言,它可用于对软件密集型系统进行建模,其主要特点包括:工程化、规范化、可视化、系统化、文档化和智能化。

(5)类图使用出现在系统中的不同类来描述系统的静态结构,类图用来描述不同的类和它们的关系。

(6)在 UML 中,类之间的关系包括关联关系、依赖关系、泛化关系和实现关系,其中关联关系又包括双向关联、单向关联、自关联、重数性关联、聚合关系和组合关系。

(7)顺序图是一种强调对象间消息传递次序的交互图,又称为时序图或序列图。顺序图以图形化的方式描述了在一个用例或操作的执行过程中对象如何通过消息相互交互,说明了消息如何在对象之间被发送和接收以及发送的顺序。顺序图允许直观地表示出对象的生存期,在生存期内,对象可以对输入消息做出响应,还可以发送消息。

(8) 顺序图由执行者、生命线、对象、激活、消息和交互片段等元素组成。

(9) 状态图用来描述一个特定对象的所有可能状态及引起其状态转移的事件。我们通常用状态图来描述单个对象的行为,它确定了由事件序列引出的状态序列,一个状态图包括一系列的状态及状态之间的转移。

(10) 状态图由状态、初始状态、结束状态和转移等元素组成。在一个状态图中,一个状态也可以被细分为多个子状态,包含多个子状态的状态称为复合状态。

思考与练习

1. 根据如下描述绘制类图。

某商场会员管理系统包含一个会员类(Member),会员的基本信息包括会员编号、会员姓名、联系电话、电子邮箱、地址等,会员可分为金卡会员(GoldMember)和银卡会员(SilverMember)两种,不同类型的会员在购物时可以享受不同的折扣;每个会员可以拥有一个或多个订单(Order),每一个订单又可以包含至少一条商品销售信息(ProductItem),商品销售信息包括订单编号、商品编号、商品数量、商品单价和折扣等;每一条商品销售信息对应一类商品(Product),商品信息包括商品编号、商品名称、商品单价、商品库存量、商品产地等。

2. 根据如下描述绘制顺序图。

图书管理员打开借书界面,输入借书信息并提交借书请求;系统验证借书卡状态,如果该借书卡未借书则记录借书信息且修改图书状态和借书卡状态,并提示借书成功,否则提示借书失败。

3. 某销售信息管理系统中销售部员工可以提交订单,刚提交的订单为"初始"状态;系统管理员可以处理订单,如果订单无误,则修改订单为"备货"状态,否则将订单退还给提交订单的销售部员工修改,员工此时可以取消订单;仓库管理员备货完毕后可将订单状态改为"发货"状态;销售部员工在确认客户已经收到货物后,可将订单改为"关闭"状态。绘制状态图描述上述过程。

第2章

面向对象设计原则

视频讲解

本章导学

对于面向对象软件系统的设计而言,在支持可维护性的同时,提高系统的可复用性是一个至关重要的问题。如何同时提高一个软件系统的可维护性和可复用性是面向对象设计需要解决的核心问题之一。在面向对象设计中,可维护性的复用是以设计原则为基础的。每一个原则都蕴涵一些面向对象设计的思想,可以从不同的角度提升一个软件结构的设计水平。

本章将介绍面向对象七大原则的定义,并结合实例分析七大原则的特点。这七大原则分别是单一职责原则、开闭原则、里氏代换原则、依赖倒转原则、接口隔离原则、合成复用原则和迪米特法则。

本章的难点在于对依赖倒转原则、合成复用原则和迪米特法则的理解。

单一职责原则重要等级:★★★★☆

开闭原则重要等级:★★★★★

里氏代换原则重要等级:★★★★☆

依赖倒转原则重要等级:★★★★★

接口隔离原则重要等级:★★☆☆☆

合成复用原则重要等级:★★★★☆

迪米特法则重要等级:★★★☆☆

2.1 面向对象设计原则概述

面向对象设计原则是学习设计模式的基础,每一种设计模式都符合某一种或多种面向对象设计原则。通过在软件开发中使用这些原则,可以提高软件的可维护性和可复用性,让我们可以设计出更加灵活也更容易扩展的软件系统,实现可维护性复用的目标。

2.1.1 软件的可维护性和可复用性

通常认为,一个易于维护的系统就是复用率高的系统,而一个复用性较好的系统就是一个易于维护的系统,但实际上软件的可维护性(Maintainability)和可复用性(Reusability)是两个独立的目标。对于面向对象的软件系统设计来说,在支持可维护性的同时提高系统的可复用性是一个核心问题,面向对象设计原则正是为解决这个问题而诞生的。

知名软件大师 Robert C. Martin 认为,一个可维护性较低的软件设计通常由如下 4 个原因造成。

(1) 过于僵硬(Rigidity):很难在一个软件系统中添加一个新的功能,增加一个新的功能将涉及很多模块,造成系统改动较大。如在源代码中存在大量的硬编码(Hard Coding),使得代码的灵活性很差,几乎所有的修改都要面向程序源代码进行。

(2) 过于脆弱(Fragility):与过于僵硬同时存在,修改已有系统时代码过于脆弱,对一个地方的修改会导致看上去没有关系的另一个地方发生故障。

(3) 复用率低(Immobility):复用是指一个软件的组成部分可以在同一个项目的不同地方甚至在不同的项目中重复使用。而复用率低表示很难重用这些现有的软件组成部分,如类、方法、子系统等,即使是重用也只停留在简单的复制粘贴上,甚至根本没有办法重用,程序员宁愿不断重复编写一些已有的程序代码。

(4) 黏度过高(Viscosity):对系统进行改动时,有时候可以保存系统的原始设计意图和原始设计框架,有时候可以破坏原始意图和框架。前者对系统的扩展更有利,应该尽量按照前者来进行改动。如果采用后者比前者更容易,则称为系统的黏度过高,黏度过高将导致程序员采用错误的代码维护方案。

阎宏博士在《Java 与模式》一书中也引用了上述观点,那么何为一个好的设计?软件工程和建模大师 Peter Coad 认为,一个好的系统设计应该具备如下三个性质。

(1) 可扩展性(Extensibility):容易将新的功能添加到现有系统中,与"过于僵硬"相对应。

(2) 灵活性(Flexibility):代码修改时不会波及很多其他模块,与"过于脆弱"相对应。

(3) 可插入性(Pluggability):可以很方便地将一个类抽取出去,同时将另一个有相同接口的类添加进来,与"黏度过高"相对应。

如何使得系统满足上述的三个性质,其关键在于恰当提高系统的可维护性和可复用性。

软件的复用(Reuse)或重用拥有众多优点,如可以提高软件的开发效率,提高软件质量,节约开发成本,恰当的复用还可以改善系统的可维护性。

传统的软件复用技术包括代码的复用、算法的复用和数据结构的复用等,但这些复用有时候会破坏系统的可维护性,因为可维护性和可复用性是有共性的两个独立质量属性。如 A 和 B 两个模块都需要使用另一个模块 C,如果 A 需要 C 增加一个新的行为,但 B 不需要甚至不允许 C 增加该行为。如果坚持使用复用,就不得不以系统的可维护性为代价,如修改 B 的代码,这将破坏系统的灵活性;而如果从保持系统的可维护性出发,就只好放弃复用。而面向对象设计复用在一定程度上可以解决这两个质量属性之间发生冲突的问题。

面向对象设计复用的目标在于实现支持可维护性的复用,如在 Java 这样的语言中,可以通过面向对象技术中的抽象、继承、封装和多态等特性来实现更高层次的可复用性。通过抽象和继承使得类的定义可以复用,通过多态使得类的实现可以复用,通过抽象和封装可以保持和促进系统的可维护性。在面向对象的设计里面,可维护性复用都是以面向对象设计原则为基础的,这些设计原则首先都是复用的原则,遵循这些设计原则可以有效地提高系统的复用性,同时提高系统的可维护性。

面向对象设计原则和设计模式也是对系统进行合理重构的指南针。重构(Refactoring)是在不改变软件现有功能的基础上,通过调整程序代码改善软件的质量、性能,使其程序的设计模式和架构更趋合理,提高软件的扩展性和维护性。Martin Fowler 等人总结出了一些常用的重构技术,将其写成了一本面向对象领域的经典著作——《重构:改善既有代码的设计》。在该书中,很多重构手法都是通过面向对象设计原则来实现的,关于重构的详细学习超出本书的范围,在此不予以扩展,感兴趣的读者可以自行学习相关重构知识。设计模式和重构也是普通程序员过渡到优秀程序员必学的两项技能。

本章将详细介绍这些面向对象设计原则,这些设计原则是设计模式诞生的依据,每一个设计模式都蕴涵着至少一种设计原则,还可以通过这些设计原则对一个设计模式进行分析和评价。在面向对象设计中,可维护性复用是以面向对象设计原则和设计模式为基础的。

2.1.2　面向对象设计原则简介

常用的面向对象设计原则包括 7 个,这些原则并不是孤立存在的,它们相互依赖、相互补充。表 2-1 对这 7 个设计原则进行了简单的说明。

表 2-1　面向对象设计原则简介

设计原则名称	设计原则简介	重要性
单一职责原则 (Single Responsibility Principle, SRP)	类的职责要单一,不能将太多的职责放在一个类中	★★★★☆
开闭原则 (Open-Closed Principle,OCP)	软件实体对扩展是开放的,但对修改是关闭的,即在不修改一个软件实体的基础上去扩展其功能	★★★★★
里氏代换原则 (Liskov Substitution Principle, LSP)	在软件系统中,一个可以接受基类对象的地方必然可以接受一个子类对象	★★★★☆
依赖倒转原则 (Dependency Inversion Principle, DIP)	要针对抽象层编程,而不要针对具体类编程	★★★★★
接口隔离原则 (Interface Segregation Principle, ISP)	使用多个专门的接口来取代一个统一的接口	★★☆☆☆
合成复用原则 (Composite Reuse Principle, CRP)	在复用功能时,应该尽量多使用组合和聚合关联关系,尽量少使用甚至不使用继承关系	★★★★☆
迪米特法则 (Law of Demeter, LoD)	一个软件实体对其他实体的引用越少越好,或者说如果两个类不必彼此直接通信,那么这两个类就不应当发生直接的相互作用,而是通过引入一个第三者发生间接交互	★★★☆☆

2.2 单一职责原则

单一职责原则是最简单的面向对象设计原则，它用于控制类的粒度大小。

2.2.1 单一职责原则定义

单一职责原则(Single Responsibility Principle，SRP)定义：一个对象应该只包含单一的职责，并且该职责被完整地封装在一个类中。

英文定义："Every object should have a single responsibility，and that responsibility should be entirely encapsulated by the class."。

另一种定义：就一个类而言，应该仅有一个引起它变化的原因。

英文定义："There should never be more than one reason for a class to change."。

2.2.2 单一职责原则分析

一个类(或者大到模块，小到方法)承担的职责越多，它被复用的可能性越小，而且如果一个类承担的职责过多，就相当于将这些职责耦合在一起，当其中一个职责变化时，可能会影响其他职责的运作。

类的职责主要包括两个方面：数据职责和行为职责，数据职责通过其属性来体现，而行为职责通过其方法来体现。如果职责太多，将导致系统非常脆弱，一个职责可能会影响其他职责，因此要将这些职责进行分离，将不同的职责封装在不同的类中，即将不同的变化原因封装在不同的类中。如果多个职责总是同时发生改变，则可将它们封装在同一类中。

单一职责原则是实现高内聚、低耦合的指导方针，在很多代码重构手法中都能找到它的存在。它是最简单但又最难运用的原则，需要设计人员发现类的不同职责并将其分离，而发现类的多重职责需要设计人员具有较强的分析设计能力和相关重构经验。

2.2.3 单一职责原则实例

下面通过一个简单实例来加深对单一职责原则的理解。

1. 实例说明

某基于Java的C/S系统的"登录功能"通过如下登录类(Login)实现，如图2-1所示。

在类图2-1中省略了类的属性，Login类的方法说明如下：init()方法用于初始化按钮、文本框等界面控件；display()方法用于向界面容器中增加界面控件并显示窗口；validate()方法供登录按钮的事件处理方法调用，用于调用与数据库相关的方法完成登录处理，如果登录成功则进入主界面，否则提示错误信息；getConnection()方法用于获取数据库连接对象Connection来连接数据库；findUser()方法用

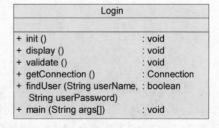

图2-1 登录功能原始类图

于根据用户名和密码查询数据库中是否存在该用户,如果存在则返回 true,否则返回 false,该方法需要调用 getConnection()方法连接数据库,并供 validate()方法调用;main()函数是系统的主函数,即系统的入口。

现使用单一职责原则对其进行重构。

2. 实例解析

在本实例中,类 Login 承担了多重职责,它既包含了与界面有关的方法,又包含了与数据库操作有关的方法,甚至还包含了系统的入口函数 main()方法。无论是对界面的修改还是对数据库访问的修改都需要修改该类,类的职责过重。如果另一个系统(如 B/S 系统)也需要使用该类中的数据访问代码进行登录,无法直接重用这些数据访问代码,只能复制粘贴部分代码,无法实现高层次的复用。

根据单一职责原则,可以对上述代码进行重构,按照功能将其拆分为如下 4 个类(还可以进一步拆分):

(1) 类 LoginForm 负责界面显示,因此它只包含与界面有关的方法和事件处理方法;

(2) 类 UserDAO 负责用户表的增删改查操作,它封装了对用户表的全部操作代码,登录本质上是一个查询用户表的操作;

(3) 类 DBUtil 负责数据库的连接,该类可以供多个数据库操作类重用,所有操作数据库的类都可以调用该类中的 getConnection()方法来获取数据库连接对象;

(4) 类 MainClass 负责启动系统,在该类中定义了 main()函数。

使用单一职责原则重构后的类图如图 2-2 所示。

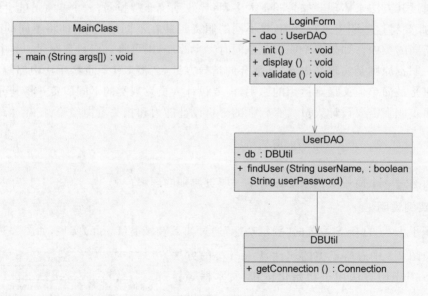

图 2-2　重构后的登录功能类图

通过单一职责原则重构后将使得系统中类的个数增加,但是类的复用性很好。如在图 2-2 中,DBUtil 类可供多个 DAO 类使用,而 UserDAO 类也可供多个界面类使用,一个类的修改不会对其他类产生影响,系统的可维护性也将增强。

2.3 开闭原则

开闭原则是面向对象的可复用设计的第一块基石,它是最重要的面向对象设计原则。

2.3.1 开闭原则定义

开闭原则(Open-Closed Principle,OCP)定义:一个软件实体应当对扩展开放,对修改关闭。也就是说在设计一个模块的时候,应当使这个模块可以在不被修改的前提下被扩展,即实现在不修改源代码的情况下改变这个模块的行为。

英文定义:"Software entities should be open for extension,but closed for modification."。

2.3.2 开闭原则分析

开闭原则由 Bertrand Meyer 于 1988 年提出,它是面向对象设计中最重要的原则之一。

在开闭原则的定义中,软件实体可以指一个软件模块、一个由多个类组成的局部结构或一个独立的类。

任何软件都需要面临一个很重要的问题,即对它们的需求会随时间的推移而发生变化。当软件系统需要面对新的需求时,我们应该尽量保证系统的设计框架是稳定的。如果一个软件设计符合开闭原则,那么可以非常方便地对系统进行扩展,而且在扩展时无须修改现有代码,使得软件系统在拥有适应性和灵活性的同时具备较好的稳定性和延续性。

为了满足开闭原则,需要对系统进行抽象化设计,抽象化是开闭原则的关键。在类似Java、C♯的面向对象编程语言中,可以为系统定义一个相对稳定的抽象层,而将不同的实现行为在具体的实现层中完成。在很多面向对象编程语言中都提供了接口、抽象类等机制,可以通过它们定义系统的抽象层,再通过具体类来进行扩展。如果需要修改系统的行为,无须对抽象层进行任何改动,只需要增加新的具体类来实现新的业务功能即可,实现在不修改已有代码的基础上扩展系统的功能,达到开闭原则的要求。

开闭原则还可以通过一个更加具体的"对可变性封装原则"来描述,对可变性封装原则(Principle of Encapsulation of Variation,EVP)要求找到系统的可变因素并将其封装起来。如将抽象层的不同实现封装到不同的具体类中,而且 EVP 要求尽量不要将一种可变性和另一种可变性混合在一起,这将导致系统中类的个数急剧增长,增加系统的复杂度。

百分之百的开闭原则很难达到,但是要尽可能使系统设计符合开闭原则,后面所学的里氏代换原则、依赖倒转原则等都是开闭原则的实现方法。在即将学习的 24 种设计模式中,绝大部分的设计模式都符合开闭原则,在对每一个模式进行优缺点评价时都会以开闭原则作为一个重要的评价依据,以判断基于该模式设计的系统是否具备良好的灵活性和可扩展性。

2.3.3 开闭原则实例

下面通过一个简单实例来加深对开闭原则的理解。

1. 实例说明

某图形界面系统提供了各种不同形状的按钮,客户端代码可针对这些按钮进行编程,用户可能会改变需求,要求使用不同的按钮,原始设计方案如图 2-3 所示。

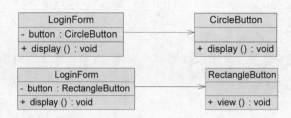

图 2-3 按钮类原始类图

如果界面类 LoginForm 需要将圆形按钮(CircleButton)改为矩形按钮(RectangleButton),则需要修改 LoginForm 类的源代码,修改按钮类的类名,由于圆形按钮和矩形按钮的显示方法不相同,因此还需要修改 LoginForm 类的 display()方法实现代码。

现对该系统进行重构,使之满足开闭原则的要求。

2. 实例解析

分析上述实例,由于 LoginForm 类面向具体类进行编程,因此每次更换具体类时不得不修改源代码,而且在这些具体类中方法没有统一的接口,相似功能的方法名称不一致。如果希望系统能够满足开闭原则,需要对按钮类进行抽象化,提取一个抽象按钮类 AbstractButton,LoginForm 类针对抽象按钮类 AbstractButton 进行编程。在 Java 语言中,可以通过配置文件、DOM 解析技术和反射机制将具体类类名存储在配置文件中,再在运行时生成其实例对象。在本书第 4、5 章将深入学习其实现原理。

使用开闭原则对本实例进行重构后,LoginForm 类将面向抽象进行编程,如果需要增加新的按钮类如菱形按钮(Diamond Button),只需要增加一个新的类继承抽象类 AbstractButton 并修改配置文件(如 config. xml)即可,无须修改已有类的源代码,包括抽象层类 AbstractButton,具体按钮类 CircleButton 和 RectangleButton,以及使用按钮的界面类 LoginForm 的源代码,在不修改源代码的前提下扩展系统功能的要求,完全符合开闭原则。在 Java 中,配置文件一般使用 XML 格式的文件或 properties 格式的属性文件,如图 2-4 所示。

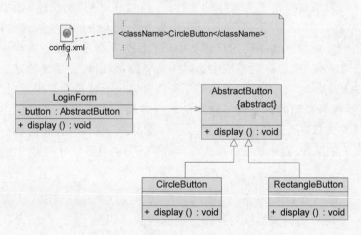

图 2-4 重构后的按钮类类图

　　注意：因为 XML 和 properties 等格式的配置文件是纯文本文件，可以直接通过 VI 编辑器或记事本进行编辑，且无须编译，因此在软件开发中，一般不把对配置文件的修改认为是对系统源代码的修改。如果一个系统在扩展时只涉及修改配置文件，而原有的 Java 代码或 C♯ 代码没有做任何修改，该系统即可认为是一个符合开闭原则的系统。

2.4　里氏代换原则

　　开闭原则的核心是对系统进行抽象化，并且从抽象化导出具体化。从抽象化到具体化的过程需要使用继承关系以及本节将要学习的里氏代换原则。

2.4.1　里氏代换原则定义

　　里氏代换原则(Liskov Substitution Principle，LSP)有两种定义方式，第一种定义方式相对严格：如果对每一个类型为 S 的对象 o1，都有类型为 T 的对象 o2，使得以 T 定义的所有程序 P 在所有的对象 o1 都代换 o2 时，程序 P 的行为没有变化，那么类型 S 是类型 T 的子类型。

　　英文定义："If for each object o1 of type S there is an object o2 of type T such that for all programs P defined in terms of T, the behavior of P is unchanged when o1 is substituted for o2 then S is a subtype of T."。

　　第二种是更容易理解的定义方式：所有引用基类(父类)的地方必须能透明地使用其子类的对象。

　　英文定义："Functions that use pointers or references to base classes must be able to use objects of derived classes without knowing it."。

2.4.2　里氏代换原则分析

　　里氏代换原则由 2008 年图灵奖得主、美国第一位计算机科学女博士 Barbara Liskov 教授和卡内基·梅隆大学教授 Jeannette Wing 于 1994 年提出。其原文如下："Let q(x) be a property provable about objects x of type T. Then q(y) should be true for objects y of type S where S is a subtype of T."。

　　里氏代换原则可以通俗表述为：在软件中如果能够使用基类对象，那么一定能够使用其子类对象。把基类都替换成它的子类，程序将不会产生任何错误和异常，反过来则不成立，如果一个软件实体使用的是一个子类的话，那么它不一定能够使用基类。

　　例如有两个类，一个类为 BaseClass，另一个是 SubClass 类，并且 SubClass 类是 BaseClass 类的子类，那么一个方法如果可以接受一个 BaseClass 类型的基类对象 base 的话，如 method1(base)，那么它必然可以接受一个 BaseClass 类型的子类对象 sub，即 method1(sub)能够正常运行。反过来的代换不成立，如方法 method2 接受 BaseClass 类型的子类对象 sub 为参数(即 method2(sub))后，则一般情况下不可以有 method2(base)，除非是重载方法。

　　里氏代换原则是实现开闭原则的重要方式之一，由于使用基类对象的地方都可以使用子类对象,因此在程序中尽量使用基类类型来对对象进行定义,而在运行时再确定其子类类型,用子类对象来替换父类对象。

在使用里氏代换原则时需要注意如下几个问题:

(1) 子类的所有方法必须在父类中声明,或子类必须实现父类中声明的所有方法。根据里氏代换原则,为了保证系统的扩展性,在程序中通常使用父类来进行定义,如果一个方法只存在子类中,父类中不提供相应的声明,则无法在父类对象中直接使用该方法。如果在父类 BaseClass 中声明了方法 method1(),在子类 SubClass 中实现了方法 method1(),并增加了新的方法 method2(),如果客户端针对父类编程,则无法使用子类中新增方法 method2(),此时无法直接使用父类来定义,只能使用子类,则说明该设计违背了里氏代换原则,需要在设计父类时声明方法 method2(),以确保客户端可以透明地使用父类和子类对象。

(2) 在运用里氏代换原则时,尽量把父类设计为抽象类或者接口,让子类继承父类或实现父接口,并实现在父类中声明的方法。运行时,子类实例替换父类实例,我们可以很方便地扩展系统的功能,同时无须修改原有子类的代码,增加新的功能可以通过增加一个新的子类来实现。里氏代换原则是开闭原则的具体实现手段之一。

(3) Java 语言中,在编译阶段,Java 编译器会检查一个程序是否符合里氏代换原则,这是一个与实现无关的、纯语法意义上的检查,但 Java 编译器的检查是有局限的。

2.4.3 里氏代换原则实例

下面通过一个简单实例来加深对里氏代换原则的理解。

1. 实例说明

某系统需要实现对重要数据(如用户密码)的加密处理,在数据操作类(DataOperator)中需要调用加密类中定义的加密算法,系统提供了两个不同的加密类 CipherA 和 CipherB,它们实现不同的加密方法,在 DataOperator 中可以选择其中的一个实现加密操作,如图 2-5 所示。

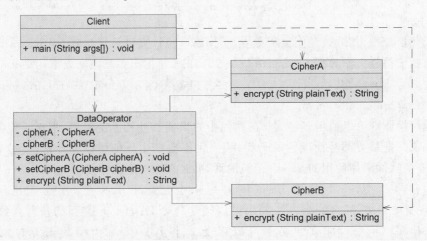

图 2-5 加密模块原始类图

在 DataOperator 类的 encrypt()方法中,将调用加密类 CipherA 或 CipherB 的加密方法 encrypt()。如在客户类 Client 的 main()函数中可能存在如下代码片段:

```
CipherA cipherA = new CipherA();
DataOperator do = new DataOperator();
do.setCipherA(cipherA);
  ⋮
```

与之对应,在 DataOperator 类的 encrypt()方法中可能存在如下代码片段:

```
  ⋮
return cipherA.encrypt(plainText);
```

如果需要更换一个加密算法类或者增加并使用一个新的加密算法类,如将上述 CipherA 改为 CipherB,则需要修改客户类 Client 和数据操作类 DataOperator 的源代码,违背了开闭原则。

现使用里氏代换原则对其进行重构,使得系统可以灵活扩展,符合开闭原则。

2. 实例解析

在本实例中,导致系统灵活性和可扩展性差的本质原因是 Client 类和 DataOperator 类都针对每一个具体类进行编程,每增加一个具体类都将修改源代码,此时,可以将 CipherB 作为 CipherA 的子类,Client 类和 DataOperator 类都针对 CipherA 进行编程,根据里氏代换原则,所有能够接受 CipherA 类对象的地方都可以接受 CipherB 类的对象,因此可以简化 DataOperator 类和 Client 类的代码,而且将 CipherA 类对象替换成 CipherB 类对象很方便,无须修改任何源代码。如果需要增加一个新的加密算法类,如 CipherC,只须将 CipherC 类作为 CipherA 类或 CipherB 类的子类即可。重构后的类图如图 2-6 所示。

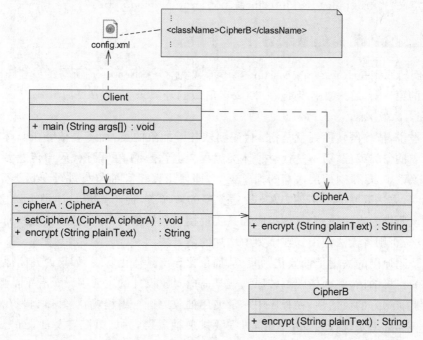

图 2-6 重构后的加密模块类图

在图 2-6 中,由于 CipherB 是 CipherA 的子类,因此所有能够使用 CipherA 对象的地方都可以使用 CipherB 对象来替换,且可以将具体类的类名存储至配置文件中,如果需要使用 CipherA 的 encrypt()方法,则配置文件中存储的类名为 CipherA,如果需要使用 CipherB 的 encrypt()方法,则配置文件中存储的类名为 CipherB。

如果需要增加一个新的加密类,如 CipherC,则可将 CipherC 继承 CipherA 或 CipherB,并覆盖其中定义的 encrypt()方法,并将配置文件中存储的类名改为 CipherC,所有现有类的代码无须做任何改变,完全符合开闭原则。

2.5　依赖倒转原则

如果说开闭原则是面向对象设计的目标的话,那么依赖倒转原则就是实现面向对象设计的主要机制。依赖倒转原则是系统抽象化的具体实现。

2.5.1　依赖倒转原则定义

依赖倒转原则(Dependence Inversion Principle,DIP)的定义:高层模块不应该依赖低层模块,它们都应该依赖抽象。抽象不应该依赖于细节,细节应该依赖于抽象。

英文定义:"High level modules should not depend upon low level modules, both should depend upon abstractions. Abstractions should not depend upon details, details should depend upon abstractions."。

另一种表述:要针对接口编程,不要针对实现编程。

英文定义:"Program to an interface, not an implementation."。

2.5.2　依赖倒转原则分析

依赖倒转原则是 Robert C. Martin 在 1996 年为"C++ Reporter"所写的专栏 Engineering Notebook 的第三篇,后来加入到他在 2002 年出版的经典著作 *Agile Software Development*, *Principles*, *Patterns*, *and Practices* 中。

简单来说,依赖倒转原则就是指:代码要依赖于抽象的类,而不要依赖于具体的类;要针对接口或抽象类编程,而不是针对具体类编程。也就是说,在程序代码中传递参数时或在组合聚合关系中,尽量引用层次高的抽象层类,即使用接口和抽象类进行变量类型声明、参数类型声明、方法返回类型声明,以及数据类型的转换等,而不要用具体类来做这些事情。为了确保该原则的应用,一个具体类应当只实现接口和抽象类中声明过的方法,而不要给出多余的方法,否则将无法调用到在子类中增加的新方法。

实现开闭原则的关键是抽象化,并且从抽象化导出具体化实现,如果说开闭原则是面向对象设计的目标的话,那么依赖倒转原则就是面向对象设计的主要手段。有了抽象层,可以使得系统具有很好的灵活性,在程序中尽量使用抽象层进行编程,而将具体类写在配置文件中,这样一来,如果系统行为发生变化,只需要扩展抽象层,并修改配置文件,而无须修改原有系统的源代码,在不修改的情况下来扩展系统的功能,满足开闭原则的要求。依赖倒转原则是 COM、CORBA、EJB、Spring 等技术和框架背后的基本原则之一。

依赖倒转原则的常用实现方式之一是在代码中使用抽象类，而将具体类放在配置文件中。按照《程序员修炼之道：从小工到专家》(*The Pragmatic programmer：from journeyman to master*)一书的说法，即"将抽象放进代码，将细节放进元数据"(Put Abstractions in Code, Details in Metadata)。也就是说要推迟对具体类的定义，尽量在代码中针对抽象编程，这样有助于设计出能够快速变更的解决方案，以便应对项目需求的变化。

下面简单介绍一下依赖倒转原则中经常提到的两个概念——类之间的耦合和依赖注入。

1．类之间的耦合

在面向对象系统中，两个类之间通常可以发生三种不同的耦合关系（依赖关系）。

（1）零耦合关系：如果两个类之间没有任何耦合关系，称为零耦合。

（2）具体耦合关系：具体耦合发生在两个具体类（可实例化的类）之间，由一个类对另一个具体类实例的直接引用产生。

（3）抽象耦合关系：抽象耦合关系发生在一个具体类和一个抽象类之间，也可以发生在两个抽象类之间，使两个发生关系的类之间存有最大的灵活性。由于在抽象耦合中至少有一端是抽象的，因此可以通过不同的具体实现来进行扩展。

依赖倒转原则要求客户端依赖于抽象耦合，以抽象方式耦合是依赖倒转原则的关键。由于一个抽象耦合关系总要涉及具体类从抽象类继承，并且需要保证在任何引用到基类的地方都可以替换成其子类，因此，里氏代换原则是依赖倒转原则的基础。

2．依赖注入

依赖注入(Dependence Injection, DI)是如何传递对象之间的依赖关系，软件工程大师Martin Fowler 在其文章 *Inversion of Control Containers and the Dependency Injection pattern* 中对依赖注入进行了深入的分析。对象与对象之间的依赖关系是可以传递的，通过传递依赖，在一个对象中可以调用另一个对象的方法，在传递时要做好抽象依赖，针对抽象层编程。简单来说，依赖注入就是将一个类的对象传入另一个类，注入时应该尽量注入父类对象，而在程序运行时再通过子类对象来覆盖父类对象。依赖注入有以下三种方式。

（1）构造注入

构造注入(Constructor Injection)是通过构造函数注入实例变量，代码如下：

```
public interface AbstractBook
{
    public void view();
}

public interface AbstractReader
{
    public void read();
}

public class ConcreteBook implements AbstractBook
{
    public void view()
```

```
    {
        ⋮
    }
}

public class ConcreteReader implements AbstractReader
{
    private AbstractBook book;
    public ConcreteReader(AbstractBook book)
    {
        this.book = book;
    }

    public void read()
    {
        book.view();
    }
}
```

(2) 设值注入

设值注入(Setter Injection)是通过 Setter 方法注入实例变量,代码如下:

```
public interface AbstractBook
{
    public void view();
}

public interface AbstractReader
{
    public void setBook(AbstractBook book);
    public void read();
}

public class ConcreteBook implements AbstractBook
{
    public void view()
    {
        ⋮
    }
}

public class ConcreteReader implements AbstractReader
{
    private AbstractBook book;
    public void setBook(AbstractBook book)
    {
        this.book = book;
    }
```

```
    public void read()
    {
        book.view();
    }
}
```

（3）接口注入

接口注入（Interface Injection）是通过接口方法注入实例变量，代码如下：

```
public interface AbstractBook
{
    public void view();
}

public interface AbstractReader
{
    public void read(AbstractBook book);
}

public class ConcreteBook implements AbstractBook
{
    public void view()
    {
        ⋮
    }
}

public class ConcreteReader implements AbstractReader
{
    public void read(AbstractBook book)
    {
        book.view();
    }
}
```

2.5.3　依赖倒转原则实例

下面通过一个简单实例来加深对依赖倒转原则的理解。

1. 实例说明

某系统提供一个数据转换模块，可以将来自不同数据源的数据转换成多种格式，如可以转换来自数据库的数据（DatabaseSource），也可以转换来自文本文件的数据（TextSource），转换后的格式可以是 XML 文件（XMLTransformer），也可以是 XLS 文件（XLSTransformer）等。

某设计人员设计如下原始类图，用于实现该数据转换模块，如图 2-7 所示。

由于需求的变化，该系统可能需要增加新的数据源或者新的文件格式，每增加一个新的

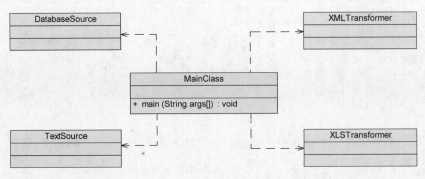

图 2-7　数据转换模块原始类图

类型的数据源或者新的类型的文件格式,客户类 MainClass 都需要修改源代码,以便使用新的类,违背了开闭原则。现使用依赖倒转原则对其进行重构。

2. 实例解析

在本实例中,MainClass 类针对具体类编程,如果增加新的具体类必须修改 MainClass 类的源代码,系统的可扩展性和灵活性受到局限,因此可以对这些具体类进行抽象化,使得 MainClass 类针对抽象层进行编程,而将具体类放在配置文件中,重构后的系统类图如图 2-8 所示。

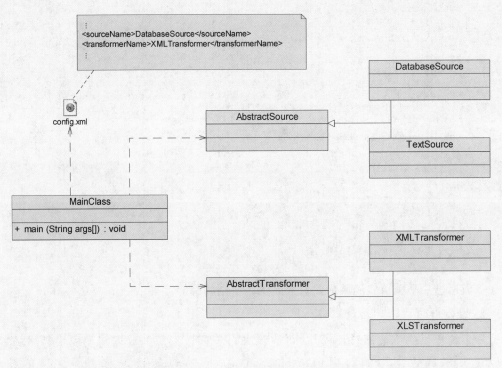

图 2-8　重构后的数据转换模块类图

在图 2-8 中,引入了两个抽象类(或接口)AbstractSource 和 AbstractTransformer,MainClass 依赖于这两个抽象类,针对抽象类进行编程,而将具体类类名存储在配置文件

config. xml 中,通过 XML 解析技术和 Java 反射机制生成具体类的实例,代换 MainClass 类中的抽象对象,实现真正的业务处理。在这个过程中使用了里氏代换原则,依赖倒转原则必须以里氏代换原则为基础。增加新的数据源或文件格式时,只需要增加一个 AbstractSource 或 AbstractTransformer 类的子类,同时修改 config. xml 配置文件,更换具体类类名,无须对原有类的代码进行任何修改,满足开闭原则的要求。

2.6　接口隔离原则

接口隔离原则要求我们将一些较大的接口进行细化,使用多个专门的接口来替换单一的总接口。

2.6.1　接口隔离原则定义

接口隔离原则(Interface Segregation Principle,ISP)的定义:客户端不应该依赖那些它不需要的接口。

英文定义:"Clients should not be forced to depend upon interfaces that they do not use."。

注意,在该定义中的接口指的是所定义的方法。

另一种定义:一旦一个接口太大,则需要将它分割成一些更细小的接口,使用该接口的客户端仅需知道与之相关的方法即可。

英文定义:"Once an interface has gotten too 'fat' it needs to be split into smaller and more specific interfaces so that any clients of the interface will only know about the methods that pertain to them."。

2.6.2　接口隔离原则分析

实质上,接口隔离原则是指使用多个专门的接口,而不使用单一的总接口。每一个接口应该承担一种相对独立的角色,不多不少,不干不该干的事,该干的事都要干。这里的"接口"往往有两种不同的含义:一种是指一个类型所具有的方法特征的集合,仅仅是一种逻辑上的抽象;另外一种是指某种语言具体的"接口"定义,有严格的定义和结构,如 Java 语言里面的 interface。对于这两种不同的含义,ISP 的表达方式以及含义都有所不同。

当把"接口"理解成一个类型所提供的所有方法特征的集合的时候,这就是一种逻辑上的概念,接口的划分将直接带来类型的划分。此时,可以把接口理解成角色,一个接口就只代表一个角色,每个角色都有它特定的一个接口,此时这个原则可以叫做"角色隔离原则"。

如果把"接口"理解成狭义的特定语言的接口,那么 ISP 表达的意思是指接口仅仅提供客户端需要的行为,即所需的方法,客户端不需要的行为则隐藏起来,应当为客户端提供尽可能小的单独的接口,而不要提供大的总接口。在面向对象编程语言中,如果需要实现一个接口,就需要实现该接口中定义的所有方法,因此大的总接口使用起来不一定很方便。为了使接口的职责单一,需要将大接口中的方法根据其职责不同分别放在不同的小接口中,以确保每个接口使用起来都较为方便,并都承担某一单一角色。接口应该尽量细化,同时接口中的方法应该尽量少,每个接口中只包含一个客户端(如子模块或业务逻辑类)所需的方法即可。

使用接口隔离原则拆分接口时,首先必须满足单一职责原则,将一组相关的操作定义在一个接口中,且在满足高内聚的前提下,接口中的方法越少越好。可以在进行系统设计时采用定制服务的方式,即为不同的客户端提供宽窄不同的接口,只提供用户需要的行为,而隐藏用户不需要的行为。

2.6.3 接口隔离原则实例

下面通过一个简单实例来加深对接口隔离原则的理解。

1. 实例说明

图 2-9 展示了一个拥有多个客户类的系统,在系统中定义了一个巨大的接口(胖接口)AbstractService 来服务所有的客户类。

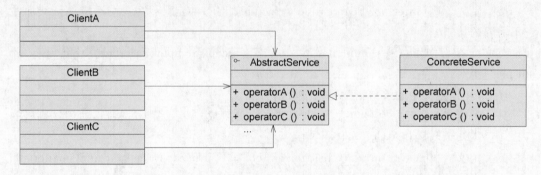

图 2-9　胖接口原始类图

如果客户类 ClientA 只须针对方法 operatorA()进行编程,但由于提供的是一个胖接口,AbstractService 的实现类 ConcreteService 必须实现在 AbstractService 中声明的所有三个方法,而且在 ClientA 中除了能够看到方法 operatorA(),还能够看到与之不相关的方法 operatorB()和 operatorC(),在一定程度上影响系统的封装性。因此,可以使用接口隔离原则对其进行重构。

2. 实例解析

由于在接口 AbstractService 中三个不同的方法分别对应三类不同的客户端,因此需要将该接口进行细化,以确保每一类用户都具有与之对应的专门的接口,可以将该接口分割成三个小接口,如图 2-10 所示。

通过对 AbstractService 接口的细化,我们可以将其分割为三个专门的接口:AbstractServiceA、AbstractServiceB 和 AbstractServiceC,在每个接口中只包含一个方法,用于对应一个客户端。在实际使用过程中,如果一个客户端对应多个方法,可以将这几个方法封装在同一个小接口中。接口实现类 ConcreteService 可以一次性实现这三个接口,也可以提供三个接口实现类分别实现这三个接口。无论是使用一个实现类还是使用三个实现类,对于 ClientA 等客户端类而言没有任何区别,因为它们是针对抽象的接口编程,只能看到与自己相关的业务方法,不能访问其他方法,因此保证系统具有良好的封装性。同时,无

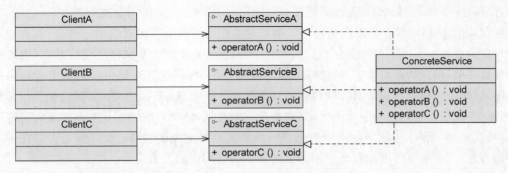

图 2-10　胖接口细化后的系统类图

须关心一个业务方法的改变会给一些不相关的类造成影响,因为这些类根本无法访问该方法。

在使用接口隔离原则时需要注意接口的粒度,接口不能太小,如果太小会导致系统中接口泛滥,不利于维护;接口也不能太大,太大的接口将违背接口隔离原则,灵活性较差,使用起来很不方便。一般而言,接口中仅包含为某一类用户定制的方法即可。

2.7　合成复用原则

合成复用原则是面向对象设计中非常重要的一条原则。为了降低系统中类之间的耦合度,该原则倡导在复用功能时多用关联关系,少用继承关系。

2.7.1　合成复用原则定义

合成复用原则(Composite Reuse Principle,CRP)又称为组合/聚合复用原则(Composition/ Aggregate Reuse Principle,CARP),其定义为:尽量使用对象组合,而不是继承来达到复用的目的。

英文定义:"Favor composition of objects over inheritance as a reuse mechanism."。

2.7.2　合成复用原则分析

GoF 提倡在实现复用时更多考虑用对象组合机制,而不是用类继承机制。通俗地说,合成复用原则就是指在一个新的对象里通过关联关系(包括组合关系和聚合关系)来使用一些已有的对象,使之成为新对象的一部分;新对象通过委派调用已有对象的方法达到复用其已有功能的目的。简言之,要尽量使用组合/聚合关系,少用继承。

在面向对象设计中,可以通过两种基本方法在不同的环境中复用已有的设计和实现,即通过组合/聚合关系或通过继承,这两种复用机制的特点如下。

(1) 通过继承来实现复用很简单,而且子类可以覆盖父类的方法,易于扩展。但其主要问题在于继承复用会破坏系统的封装性,因为继承会将基类的实现细节暴露给子类,由于基类的某些内部细节对子类来说是可见的,所以这种复用又称为"白箱"复用。如果基类发生改变,那么子类的实现也不得不发生改变;从基类继承而来的实现是静态的,不可能在运行时发生改变,没有足够的灵活性;而且继承只能在有限的环境中使用(例如类不能被声明为 final 类)。

(2) 通过组合/聚合来复用是将一个类的对象作为另一个类的对象的一部分,或者说一个对象是由另一个或几个对象组合而成。由于组合或聚合关系可以将已有的对象(也可称为成员对象)纳入到新对象中,使之成为新对象的一部分,因此新对象可以调用已有对象的功能,这样做可以使得成员对象的内部实现细节对于新对象是不可见的,所以这种复用又称为"黑箱"复用。相对继承关系而言,其耦合度相对较低,成员对象的变化对新对象的影响不大,可以在新对象中根据实际需要有选择性地调用成员对象的操作;合成复用可以在运行时动态进行,新对象可以动态地引用与成员对象类型相同的其他对象。

组合/聚合可以使系统更加灵活,类与类之间的耦合度降低,一个类的变化对其他类造成的影响相对较少,因此一般首选使用组合/聚合来实现复用,其次才考虑继承。在使用继承时,需要严格遵循里氏代换原则,有效使用继承会有助于对问题的理解,降低复杂度,而滥用继承反而会增加系统构建和维护的难度以及系统的复杂度,因此需要慎重使用继承复用。

关于继承的深入理解可以参考《软件架构设计》一书作者温昱的文章《见山只是山 见水只是水——提升对继承的认识》。

2.7.3 合成复用原则实例

下面通过一个简单实例来加深对合成复用原则的理解。

1. 实例说明

某教学管理系统的部分数据库访问类设计如图 2-11 所示。

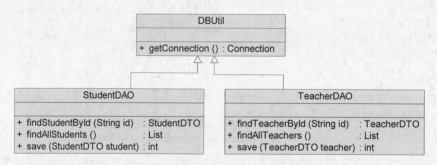

图 2-11 数据库访问类原始类图

在该类图中,DBUtil 类用于连接数据库,它提供了一个 getConnection()方法,用于返回一个 Connection 类型的数据库连接对象。由于在 StudentDAO、TeacherDAO 等类中都需要连接数据库,因此需要复用 getConnection()方法,在本设计方案中,StudentDAO、TeacherDAO 等数据访问类直接继承 DBUtil 类,复用其中定义的方法。

如果需要更换数据库连接方式,如原来采用 JDBC 连接数据库,现在采用数据库连接池连接,则需要修改 DBUtil 类源代码。如果 StudentDAO 采用 JDBC 连接,但是 TeacherDAO 采用连接池连接,则需要增加一个新的 DBUtil 类,并修改 StudentDAO 或 TeacherDAO 的源代码,使之继承新的数据库连接类,这将违背开闭原则,系统扩展性较差。

现使用合成复用原则对其进行重构。

2. 实例解析

根据合成复用原则,我们可以使用组合/聚合复用来取代继承复用,如图 2-12 所示。

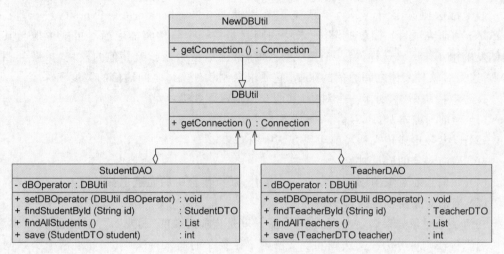

图 2-12　重构后的数据库访问类类图

在图 2-12 中,StudentDAO 和 TeacherDAO 类与 DBUtil 类不再是继承关系,而改为聚合关联关系,并增加一个 setDBOperator()方法来给 DBUtil 类型的成员变量 dBOperator 赋值。如果需要改为另一种数据库连接方式,只需要给 DBUtil 增加一个子类,如 NewDBUtil,在该子类中覆盖 getConnection()方法,再在客户类中调用 setDBOperator()方法时注入子类对象即可。如果希望系统更加灵活一点,可以在客户类中针对 DBUtil 编程,而将具体类类名存储在配置文件中,DBUtil 类及其子类都可以直接应用于该系统。用户无须修改任何源代码,只需修改配置文件即可完成新的数据库连接方式的使用,完全符合开闭原则。

2.8　迪米特法则

迪米特法则用于降低系统的耦合度,使类与类之间保持松散的耦合关系。

2.8.1　迪米特法则定义

迪米特法则(Law of Demeter,LoD)又称为最少知识原则(Least Knowledge Principle, LKP),它有多种定义方法,其中几种典型定义如下。

(1) 不要和"陌生人"说话。英文定义为:"Don't talk to strangers."。

(2) 只与你的直接朋友通信。英文定义为:"Talk only to your immediate friends."。

(3) 每一个软件单位对其他的单位都只有最少的知识,而且局限于那些与本单位密切相关的软件单位。

英文定义:"Each unit should have only limited knowledge about other units: only units 'closely' related to the current unit."。

2.8.2　迪米特法则分析

迪米特法则来自于 1987 年秋美国东北大学(Northeastern University)一个名为 Demeter 的研究项目。简单地说,迪米特法则就是指一个软件实体应当尽可能少地与其他实体发生相互作用。这样,当一个模块修改时,就会尽量少地影响其他的模块,扩展会相对容易,这是对软件实体之间通信的限制,它要求限制软件实体之间通信的宽度和深度。

在迪米特法则中,对于一个对象,其朋友包括以下几类:

(1) 当前对象本身(this);

(2) 以参数形式传入到当前对象方法中的对象;

(3) 当前对象的成员对象;

(4) 如果当前对象的成员对象是一个集合,那么集合中的元素也都是朋友;

(5) 当前对象所创建的对象。

任何一个对象如果满足上面的条件之一,就是当前对象的"朋友",否则就是"陌生人"。

迪米特法则可分为狭义法则和广义法则。在狭义的迪米特法则中,如果两个类之间不必彼此直接通信,那么这两个类就不应当发生直接的相互作用,如果其中的一个类需要调用另一个类的某一个方法的话,可以通过第三者转发这个调用,如图 2-13 所示。

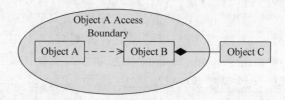

图 2-13　狭义迪米特法则示意图

在图 2-13 中,Object A 与 Object B 存在依赖关系,Object C 是 Object B 的成员对象,根据迪米特法则,Object A 只能调用 Object B 中的方法,而不允许调用 Object C 中的方法,因为它们之间不存在直接引用关系。根据迪米特法则,不允许出现 a.method1().method2()或者 a.b.method()这样的调用方式,只允许出现 a.method(),也就是在方法调用时只能够出现一个"."(点号)。

狭义的迪米特法则可以降低类之间的耦合,但是会在系统中增加大量的小方法并散落在系统的各个角落,它可以使一个系统的局部设计简化,因为每一个局部都不会和远距离的对象有直接的关联,但是也会造成系统的不同模块之间的通信效率降低,使得系统的不同模块之间不容易协调。

广义的迪米特法则就是指对对象之间的信息流量、流向以及信息的影响的控制,主要是对信息隐藏的控制。信息的隐藏可以使各个子系统之间脱耦,从而允许它们独立地被开发、优化、使用和修改,同时可以促进软件的复用,由于每一个模块都不依赖于其他模块而存在,因此每一个模块都可以独立地在其他的地方使用。一个系统的规模越大,信息的隐藏就越重要,而信息隐藏的重要性也就越明显。

迪米特法则的主要用途在于控制信息的过载。在将迪米特法则运用到系统设计中时,要注意下面的几点。

（1）在类的划分上，应当尽量创建松耦合的类，类之间的耦合度越低，就越有利于复用，一个处在松耦合中的类一旦被修改，不会对关联的类造成太大波及。

（2）在类的结构设计上，每一个类都应当尽量降低其成员变量和成员函数的访问权限。

（3）在类的设计上，只要有可能，一个类型应当设计成不变类。

（4）在对其他类的引用上，一个对象对其他对象的引用应当降到最低。

2.8.3 迪米特法则实例

下面通过一个简单实例来加深对迪米特法则的理解。

1. 实例说明

某系统界面类（如 Form1、Form2 等类）与数据访问类（如 DAO1、DAO2 等类）之间的调用关系较为复杂，如图 2-14 所示。

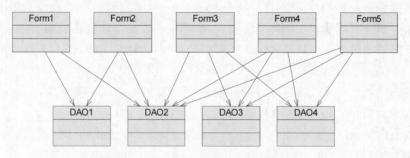

图 2-14　界面类与数据访问类原始类图

由于存在复杂的调用关系，将导致系统的耦合度非常大，重用现有类比较困难，增加新的界面类或数据访问类也比较麻烦。现需要降低界面类和业务逻辑类之间的耦合度，可使用迪米特法则对系统进行重构。

2. 实例解析

为了降低界面类与数据访问类之间的耦合度，可以在它们之间引入一系列控制类（如 Controller1、Controller2 等类），由控制类来负责控制界面类对业务逻辑类的访问，重构之后的类图如图 2-15 所示。

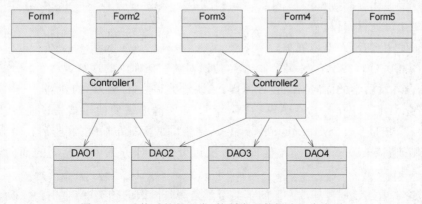

图 2-15　重构后的界面类、控制类和数据访问类类图

在图 2-15 中,由于控制类的引入,界面类与数据访问类之间不存在直接引用关系。如果增加一个新的界面类如 Form6,需要引用 DAO2、DAO3 和 DAO4,原来需要建立三个引用关系,而有了控制类后,只需要直接引用控制类 Controller2 即可。如果需要增加新的数据访问类,可以对应增加新的控制类或者修改现有控制类,无须修改原有界面类。系统具有较好的灵活性,且可以很方便地重用现有的界面类和数据访问类。

2.9　本章小结

(1) 对于面向对象的软件系统设计来说,在支持可维护性的同时,需要提高系统的可复用性。

(2) 软件的复用可以提高软件的开发效率,提高软件质量,节约开发成本,恰当的复用还可以改善系统的可维护性。

(3) 单一职责原则要求在软件系统中,一个类只负责一个功能领域中的相应职责。

(4) 开闭原则要求一个软件实体应当对扩展开放,对修改关闭,即在不修改源代码的基础上扩展一个系统的行为。

(5) 里氏代换原则可以通俗表述为在软件中如果能够使用基类对象,那么一定能够使用其子类对象。

(6) 依赖倒转原则要求抽象不应该依赖于细节,细节应该依赖于抽象;要针对接口编程,不要针对实现编程。

(7) 接口隔离原则要求客户端不应该依赖那些它不需要的接口,即将一些大的接口细化成一些小的接口供客户端使用。

(8) 合成复用原则要求复用时尽量使用对象组合,而不使用继承。

(9) 迪米特法则要求一个软件实体应当尽可能少地与其他实体发生相互作用。

思考与练习

1. 有人将面向对象设计原则简单归为三条:

(1) 封装变化点;

(2) 对接口进行编程;

(3) 多使用组合,而不是继承。

请查阅相关资料并结合本章所学内容,谈谈对这三条原则的理解。

2. 结合本章所学的面向对象设计原则,谈谈对类和接口"粒度"的理解。

3. 研究 JDK 类库,在 Java AWT/Swing GUI 编程中需要使用布局管理器,JDK 类库中定义了一个接口 java.awt.LayoutManager,该接口是所有布局类的父接口。结合面向对象设计原则,谈谈 LayoutManager 接口的意义以及该设计方案中所蕴涵的面向对象设计原则。

4. 讨论:正方形是否是长方形的子类? 圆是否是椭圆的子类(结合里氏代换原则)?

5. 在 JDK 中,java.util.Stack 是 java.util.Vector 类的子类,该设计并不合理,请查阅

相关资料并通过对源代码进行分析,解释该设计存在的问题(结合合成复用原则)。

6. 下面的类是否违反了迪米特法则?为什么?

```java
public class NewsPaper
{
    private Article article;
    public Color getColor()
    {
        return article.getTitle().getColor();
    }
}
```

第3章

设计模式概述

视频讲解

本章导学

　　随着面向对象技术的发展和广泛应用,设计模式不再是一个新兴名词,它已逐步成为系统架构人员、设计人员、分析人员以及实现系统的程序员所需掌握的基本技能之一。

　　设计模式已广泛应用于面向对象系统的设计和开发,成为面向对象技术的一个重要组成部分。当人们在特定的环境下遇到特定类型的问题时,可以采用他人已使用过的一些成功的解决方案,一方面降低了分析、设计和实现的难度;另一方面可以使得系统具有更好的可重用性和灵活性。

本章的重点在于掌握设计模式的定义、基本要素和分类,了解 GoF 23 种设计模式并理解设计模式的优点。

本章的难点在于理解设计模式的基本要素及其每一个要素的作用,掌握设计模式的分类方式以及各类设计模式的异同。

设计模式发展重要等级:★★★☆☆

设计模式定义重要等级:★★★★★

设计模式分类重要等级:★★★★☆

3.1　设计模式的诞生与发展

与很多其他软件工程技术一样,设计模式起源于建筑领域,它是对前人经验的总结,为后人设计与开发基于面向对象的软件提供指导方针和成熟的解决方案。

3.1.1　模式的诞生与定义

模式起源于建筑业而非软件业,模式(Pattern)之父——美国加利福尼亚大学环境结构中心研究所所长 Christopher Alexander 博士用了约 20 年的时间,对舒适住宅和周边环境进行了大量的调查和资料收集工作,发现人们对舒适住宅和城市环境存在一些共同的认同规律。他在其经典著作 *A Pattern Language*：*Towns*，*Buildings*，*Construction*(见图 3-1)中把这些认同规律归纳为 253 个模式,对每一个模式都从 Context(模式可适用的前提条件)、Theme 或 Problem(在特定条件下要解决的目标问题)、Solution(对目标问题求解过程中各种物理关系的表述)三个侧面进行描述,并给出了从用户需求分析到建筑环境结构设计直至经典实例的过程模型。

图 3-1　Christopher Alexander 及其著作封面

在 Alexander 的另一部经典著作《建筑的永恒之道》中,他提到"每个建筑、每个城市都是由称作模式的一定整体组成的,而且一旦我们以建筑的模式来理解建筑,我们就有了考察它们的方法,这一方法产生了所有的建筑,产生了一个城市的所有相似部分以及所有同类物理结构中的各部分""每一模式就是一个规则,它描述了它所限定的整体以及你所必须要做的事情""模式以成千上万次的重复进入世界,因为成千上万的人们共同使用具有这些模式的语言""在哥特式教堂中,中殿侧面与平行于它的侧廊相连"等。

Alexander 给出了关于模式的经典定义:每个模式都描述了一个在我们的环境中不断出现的问题,然后描述了该问题的解决方案的核心,通过这种方式,我们可以无数次地重用那些已有的解决方案,无须再重复相同的工作。这个定义可以简单地用一句话表示:A pattern is a solution to a problem in a context(模式是在特定环境中解决问题的一种方案)。

在 Alexander 研究模式以前,人们注重研究的是高质量、高效率、低成本的开发方案,而Alexander 的模式注重的是"什么是最好的、成功的"系统。为了找出最优解决方案,Alexander 用了约 20 年时间对现存物进行比较分析,他的贡献主要体现在两方面:其一是集既往之大成——它概括归纳了迄今为止各种风格建筑师的共同设计规则,给东西方、古代派、现代派建筑设计与城市规划提供了共同的语言和准则;其二是他不仅给出了方法,还给出了最优解决方案。

模式可以应用于不同的领域,建筑领域有建筑模式,桥梁领域也有桥梁模式等。当一个领域逐渐成熟的时候,自然会出现很多模式。因为模式是一种指导,在一个良好的指导下,有助于我们设计一个优良的解决方案,达到事半功倍的效果,而且会得到解决问题的最佳办法。

3.1.2　软件模式

1990 年,软件工程界开始关注 Christopher Alexander 等在这一住宅、公共建筑与城市规划领域的重大突破,最早将该模式的思想引入软件工程方法学的是以"四人组(Gang of Four,GoF,分别是 Erich Gamma、Richard Helm、Ralph Johnson 和 John Vlissides)"自称的四位著名软件工程学者,他们在 1994 年归纳发表了 23 种在软件开发中使用频率较高的设计模式,旨在用模式来统一沟通面向对象方法在分析、设计和实现间的鸿沟。

GoF 将模式的概念引入软件工程领域,这标志着软件模式的诞生。软件模式是将模式的一般概念应用于软件开发领域,即软件开发的总体指导思路或参照样板。软件模式并非仅限于设计模式,还包括架构模式、分析模式和过程模式等,实际上,在软件生存期的每一个阶段都存在着一些被认同的模式。

软件模式可以认为是对软件开发这一特定"问题"的"解法"的某种统一表示,它和 Alexander 所描述的模式定义完全相同,即软件模式等于一定条件下出现的问题以及解法。软件模式的基础结构由 4 个部分构成:问题描述、前提条件(环境或约束条件)、解法和效果,如图 3-2 所示。

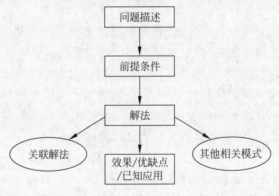

图 3-2　软件模式基本结构

软件模式与具体的应用领域无关,在模式发现过程中需要遵循大三律(Rule of Three),即只有经过三个以上不同类型(或不同领域)的系统的校验,一个解决方案才能从候选模式升格为模式。

3.1.3　设计模式的发展

在软件模式领域,目前研究最为深入的是设计模式。下面是软件设计模式的一个简单发展史:

(1) 1987 年,Kent Beck 和 Ward Cunningham 借鉴 Alexander 的模式思想在程序开发中开始应用一些模式,并且在 1987 年的 OOPSLA(Object-Oriented Programming,Systems,Languages & Applications,面向对象编程、系统、语言和应用大会)会议上发表了他们的成果,不过,他们的研究在当时并没有引起热潮。

(2) 1990 年,OOPSLA 与 ECOOP(European Conference on Object-Oriented

Programming,欧洲面向对象编程大会)在加拿大的渥太华联合举办,在由 Bruce Anderson 主持的 Architectural Handbook 研讨会中,Erich Gamma 和 Richard Helm 等人开始讨论有关模式的话题。"四人组"正式成立,并开始着手进行设计模式的分类整理工作。

(3) 在 1991 年的 OOPSLA 中,Bruce Anderson 主持了首次针对设计模式的研讨会,Gamma 和 Johnson 等人再次就设计模式展开讨论。同年,Erich Gamma 完成了他在瑞士苏黎世大学的博士论文,其论文题目为 *Object-Oriented Software Development based on ET++*:*Design Patterns*,*Class Library*,*Tools*,Peter Coad 和 James Coplien 等也开始进行有关模式的研究。

(4) 在 1992 年的 OOPSLA 上,Anderson 再度主持研讨会,模式已经逐渐成为人们讨论的话题。在研讨会中,伊利诺伊大学教授 Ralph Johnson 发表了模式与应用框架关系的论文 *Documenting Framework Using Patterns*,同年 Peter Coad 在国际权威计算机期刊 *Communications of ACM* 上发表文章 *Object-oriented patterns*,该文包含了与 OOAD 相关的 7 个模式。

(5) 1993 年,Kent Beck 和 Grady Booch 赞助了第一次关于设计模式的会议,这次会议邀请了 Richard Helm、Ralph Johnson、Ward Cunningham、James Coplien 等人参加,会议在美国中部科罗拉多(Colorado)州的落基山(Rocky Mountain)下举行,共同讨论如何将 Alexander 的模式思想与 OO(面向对象技术)结合起来。他们决定以 Gamma 的研究成果为基础继续努力研究下去,这个设计模式研究组织发展成为著名的 Hillside Group(山边小组)研究组。

(6) 1994 年,由 Hillside Group 发起,在美国伊利诺伊州(Illinois)的 Allerton Park 召开了第一届关于面向对象模式的世界性会议,名为 PLoP(Pattern Languages of Programs,编程语言模式会议),简称 PLoP'94。

(7) 1995 年,PLoP'95 仍在伊利诺伊州的 Allerton Park 举行,共有 70 多人参加,论文题目比前一年更加多样化,包括 Web 界面模式等,其论文由 John Vlissides 等人负责编辑成书并发行上市。同年发生了设计模式领域里程碑性的事件,"四人组"出版了 *Design Patterns*:*Elements of Reusable Object-Oriented Software*(《设计模式:可复用面向对象软件的基础》)一书,该书成为 1995 年最抢手的面向对象书籍,也成为设计模式的经典书籍。该书的出版也意味着设计模式正式成为软件工程领域一个重要的研究分支。

(8) 从 1995 年至今,设计模式在软件开发中得以广泛应用,在 Sun 的 Java SE/Java EE 平台和 Microsoft 公司的. NET 平台设计中就应用了大量的设计模式,同时也诞生了越来越多的与设计模式相关的书籍和网站,设计模式也作为一门独立的课程或作为软件体系结构等课程的重要组成部分出现在国内外研究生和大学教育的课堂上。

在设计模式领域,狭义的设计模式就是指 GoF 的《设计模式:可复用面向对象软件的基础》一书中包含的 23 种经典设计模式,不过设计模式不仅仅只有这 23 种,随着软件开发技术的发展,越来越多的新模式不断诞生并得以广泛应用。本书将主要围绕 GoF 23 种模式进行讲解。

3.2 设计模式的定义与分类

设计模式的出现可以让我们站在前人的肩膀上,通过一些成熟的设计方案来指导新项目的开发和设计,更加方便地复用成功的设计和体系结构。

3.2.1 设计模式的定义

设计模式(Design Pattern)是一套被反复使用、多数人知晓的、经过分类编目的、代码设计经验的总结,使用设计模式是为了可重用代码、让代码更容易被他人理解、提高代码的可靠性。

3.2.2 设计模式的基本要素

设计模式一般有如下几个基本要素:模式名称、问题、目的、解决方案、效果、实例代码和相关设计模式,其中的关键元素包括以下四个方面:

1. 模式名称

模式名称(Pattern name)通过一两个词来描述模式的问题、解决方案和效果,以便更好地理解模式并方便开发人员之间的交流,绝大多数模式都是根据其功能或模式结构来命名的。在学习设计模式时,首先应该准确记忆该模式的中英文模式名,在已有的类库中,很多使用了设计模式的类名通常包含了所使用的设计模式的模式名称,如果一个类类名为XXXAdapter,则该类是一个适配器类,在设计时使用了适配器模式,如果一个类类名为XXXFactory,则该类是一个工厂类,它一定包含了一个工厂方法用于返回一个类的实例对象。

2. 问题

问题(Problem)描述了应该在何时使用模式,它包含了设计中存在的问题以及问题存在的原因。这些问题有些是一些特定的设计问题,如怎样使用对象封装状态或者使用对象表示算法等,也可能是系统中存在不灵活的类或对象结构,导致系统可维护性较差。有时候,在模式的问题描述部分可能会包含使用该模式时必须满足的一系列先决条件。如在使用桥接模式时系统中的类必须存在两个独立变化的维度,在使用组合模式时系统中必须存在整体和部分的层次结构等。在对问题进行描述的同时实际上就确定了模式所对应的使用环境以及模式的使用动机。

3. 解决方案

解决方案(Solution)描述了设计模式的组成成分,以及这些组成成分之间的相互关系,各自的职责和协作方式。模式是一个通用的模板,它们可以应用于各种不同的场合,解决方案并不描述一个特定而具体的设计或实现,而是提供设计问题的抽象描述和怎样用一个具有一般意义的元素组合(类或对象组合)来解决这个问题。在学习设计模式时,解决方案通过类图和核心代码来加以说明,对于每一个设计模式,必须掌握其类图,理解类图中每一个角色的意义以及它们之间的关系,同时需要掌握实现该模式的一些核心代码,以便于在实际开发中合理应用设计模式。

4. 效果

效果(Consequences)描述了模式应用的效果以及在使用模式时应权衡的问题。效果主要包含模式的优缺点分析,我们应该知道,没有一个解决方案是百分之百完美的,在使用设计模式时需要进行合理的评价和选择。一个模式在某些方面具有优点的同时可能在另一方面存在缺陷,因此需要综合考虑模式的效果。在评价效果时,我们通过结合上一章所学的面向对象设计原则来进行分析,如判断一个模式是否符合单一职责原则,是否符合开闭原则等。

除了上述的四个基本要素,完整的设计模式描述中通常还包含该模式的别名(其他名称)、模式的分类(模式所属类别)、模式的适用性(在什么情况下可以使用该设计模式)、模式角色(即模式参与者,模式中的类和对象以及它们之间的职责)、模式实例(通过实例来进一步加深对模式的理解)、模式应用(在已有系统中该模式的使用)、模式扩展(该模式的一些改进、与之相关的其他模式及其他扩展知识)等。

本书将按照以下次序来介绍设计模式:

(1) 模式动机与定义:通过一些简单问题引出模式,了解该模式可以解决的问题,并对模式进行准确的定义(包括中文定义和英文定义)。

(2) 模式结构与分析:模式结构图(类图)及角色分析,理解该模式解决方案的构成以及成分的关系,并结合示例代码或实例对模式结构和角色进行进一步说明。

(3) 模式实例与解析:通过一或两个实例对模式进行深入学习,了解如何在实际开发中应用该模式。在本书中,大部分模式都提供了两个实例,一个来源于现实生活,方便对模式的理解;另一个来源于软件开发。

(4) 模式效果与应用:对每一个模式的优缺点进行分析,学会识别模式的适用场景,了解在已有系统中模式的使用情况。

(5) 模式扩展:模式的一些改进方案,包括模式功能的增强和简化,与其他模式的联用以及模式的变异,还包括与该模式相关的其他扩展知识。

3.2.3 设计模式的分类

设计模式一般有以下两种分类方式。

(1) 根据其目的(模式是用来做什么的)可分为创建型(Creational)、结构型(Structural)和行为型(Behavioral)三种:

① 创建型模式主要用于创建对象,GoF 提供了 5 种创建型模式,分别是工厂方法模式(Factory Method)、抽象工厂模式(Abstract Factory)、建造者模式(Builder)、原型模式(Prototype)和单例模式(Singleton);

② 结构型模式主要用于处理类或对象的组合,GoF 提供了 7 种结构型模式,分别是适配器模式(Adapter)、桥接模式(Bridge)、组合模式(Composite)、装饰模式(Decorator)、外观模式(Facade)、享元模式(Flyweight)和代理模式(Proxy);

③ 行为型模式主要用于描述对类或对象怎样交互和怎样分配职责,GoF 提供了 11 种行为型模式,分别是职责链模式(Chain of Responsibility)、命令模式(Command)、解释器模式(Interpreter)、迭代器模式(Iterator)、中介者模式(Mediator)、备忘录模式(Memento)、观

察者模式(Observer)、状态模式(State)、策略模式(Strategy)、模板方法模式(Template Method)和访问者模式(Visitor)。

（2）根据范围，即模式主要是用于处理类之间关系还是处理对象之间的关系，可分为类模式和对象模式两种：

① 类模式处理类和子类之间的关系，这些关系通过继承建立，在编译时刻就被确定下来，是属于静态的。

② 对象模式处理对象间的关系，这些关系在运行时刻变化，更具动态性。

根据"合成复用原则"，在系统设计时，我们应该尽量用关联关系来取代继承关系，因此大部分模式都属于对象模式，纯的类模式很少。

3.3　GoF 设计模式简介

在 GoF 的经典著作《设计模式：可复用面向对象软件的基础》一书中一共描述了 23 种设计模式，这 23 种模式分别如表 3-1 所示。

表 3-1　GoF 23 种模式一览表

范围\目的	创建型模式	结构型模式	行为型模式
类模式	工厂方法模式	（类）适配器模式	解释器模式 模板方法模式
对象模式	抽象工厂模式 建造者模式 原型模式 单例模式	（对象）适配器模式 桥接模式 组合模式 装饰模式 外观模式 享元模式 代理模式	职责链模式 命令模式 迭代器模式 中介者模式 备忘录模式 观察者模式 状态模式 策略模式 访问者模式

下面简单对 GoF 23 种设计模式进行说明，如表 3-2 所示。

表 3-2　GoF 23 种模式简要说明

模式类别	模式名称	模式说明
创建型模式 (Creational Patterns)	抽象工厂模式 (Abstract Factory)	提供了一个创建一系列相关或相互依赖对象的接口，而无须指定它们具体的类
	建造者模式 (Builder)	将一个复杂对象的构建与它的表示分离，使得同样的构建过程可以创建不同的表示
	工厂方法模式 (Factory Method)	将类的实例化操作延迟到子类中完成，即由子类来决定究竟应该实例化（创建）哪一个类
	原型模式 (Prototype)	通过给出一个原型对象来指明所要创建的对象的类型，然后通过复制这个原型对象的办法创建出更多同类型的对象
	单例模式 (Singleton)	确保在系统中某一个类只有一个实例，而且自行实例化并向整个系统提供这个实例

续表

模 式 类 别	模 式 名 称	模 式 说 明
结构型模式 （Structural Patterns）	适配器模式 （Adapter）	将一个接口转换成客户希望的另一个接口，从而使接口不兼容的那些类可以一起工作
	桥接模式 （Bridge）	将抽象部分与它的实现部分分离，使它们都可以独立地变化
	组合模式 （Composite）	通过组合多个对象形成树形结构以表示"整体-部分"的结构层次，对单个对象（即叶子对象）和组合对象（即容器对象）的使用具有一致性
	装饰模式 （Decorator）	动态地给一个对象增加一些额外的职责
	外观模式 （Facade）	为复杂子系统提供一个统一的入口
	享元模式 （Flyweight）	通过运用共享技术有效地支持大量细粒度对象的复用
	代理模式 （Proxy）	给某一个对象提供一个代理，并由代理对象控制对原对象的引用
行为型模式 （Behavioral Patterns）	职责链模式 （Chain of Responsibility）	避免请求发送者与接收者耦合在一起，让多个对象都有可能接收请求，将这些对象连接成一条链，并且沿着这条链传递请求，直到有对象处理它为止
	命令模式 （Command）	将一个请求封装为一个对象，从而使得请求调用者和请求接收者解耦
	解释器模式 （Interpreter）	描述如何为语言定义一个文法，如何在该语言中表示一个句子，以及如何解释这些句子
	迭代器模式 （Iterator）	提供了一种方法来访问聚合对象，而不用暴露这个对象的内部表示
	中介者模式 （Mediator）	通过一个中介对象来封装一系列的对象交互，使得各对象不需要显式地相互引用，从而使其耦合松散，而且可以独立地改变它们之间的交互
	备忘录模式 （Memento）	在不破坏封装的前提下，捕获一个对象的内部状态，并在该对象之外保存这个状态，这样可以在以后将对象恢复到原先保存的状态
	观察者模式 （Observer）	定义了对象间的一种一对多依赖关系，使得每当一个对象状态发生改变时，其相关依赖对象皆得到通知并被自动更新
	状态模式 （State）	允许一个对象在其内部状态改变时改变它的行为
	策略模式 （Strategy）	定义一系列算法，并将每一个算法封装在一个类中，并让它们可以相互替换，策略模式让算法独立于使用它的客户而变化
	模板方法模式 （Template Method）	定义一个操作中算法的骨架，而将一些步骤延迟到子类中
	访问者模式 （Visitor）	表示一个作用于某对象结构中的各元素的操作，它使得用户可以在不改变各元素的类的前提下定义作用于这些元素的新操作

需要注意的是,这 23 种设计模式并不是孤立存在的,很多模式彼此之间存在联系,如在访问者模式中操作对象结构中的元素时通常需要使用迭代器模式,在解释器模式中定义终结符表达式和非终结符表达式时可以使用组合模式;此外,还可以通过组合两个或者多个模式来设计同一个系统,在充分发挥每一个模式优势的同时使它们可以协同工作,完成一些更复杂的设计工作。

3.4 设计模式的优点

设计模式是从许多优秀的软件系统中总结出的成功的、能够实现可维护性复用的设计方案,使用这些方案将避免我们做一些重复性的工作,而且可以设计出高质量的软件系统。具体来说,设计模式的主要优点如下:

(1) 设计模式融合了众多专家的经验,并以一种标准的形式供广大开发人员所用,它提供了一套通用的设计词汇和一种通用的语言以方便开发人员之间沟通和交流,使得设计方案更加通俗易懂。对于使用不同编程语言的开发和设计人员可以通过设计模式来交流系统设计方案,每一个模式都对应一个标准的解决方案,设计模式可以降低开发人员理解系统的复杂度。

(2) 设计模式使人们可以更加简单方便地复用成功的设计和体系结构,将已证实的技术表述成设计模式也会使新系统开发者更加容易理解其设计思路。设计模式使得重用成功的设计更加容易,并避免那些导致不可重用的设计方案。

(3) 设计模式使得设计方案更加灵活,且易于修改。在很多设计模式中广泛使用了开闭原则、依赖倒转原则、迪米特法则等面向对象设计原则,使得系统具有较好的可维护性,真正实现可维护性的复用。在软件开发中合理使用设计模式,可以使得系统中的一些组成部分在其他系统中得以重用,而且在此基础上进行二次开发很方便。正因为设计模式具有该优点,因此在 JDK 类库、.NET Framework SDK、Struts、Spring 等类库和框架的设计中大量使用了设计模式。

(4) 设计模式的使用将提高软件系统的开发效率和软件质量,且在一定程度上节约设计成本。设计模式是一些通过多次实践得以证明的行之有效的解决方案,这些解决方案通常是针对某一类问题最佳的设计方案,因此可以帮助设计人员构造优秀的软件系统,并可直接重用这些设计经验,节省系统设计成本。

(5) 设计模式有助于初学者更深入地理解面向对象思想,一方面可以帮助初学者更加方便地阅读和学习现有类库(如 JDK)与其他系统中的源代码;另一方面还可以提高软件的设计水平和代码质量。

3.5 本章小结

(1) 模式是在特定环境中解决问题的一种方案。

(2) GoF (Erich Gamma、Richard Helm、Ralph Johnson 和 John Vlissides)最先将模式的概念引入软件工程领域,他们归纳发表了 23 种在软件开发中使用频率较高的设计模式,旨在用模式来统一沟通面向对象方法在分析、设计和实现间的鸿沟。

(3) 软件模式是将模式的一般概念应用于软件开发领域，即软件开发的总体指导思路或参照样板。软件模式可以认为是对软件开发这一特定"问题"的"解法"的某种统一表示，即软件模式等于一定条件下出现的问题以及解法。

(4) 设计模式是一套被反复使用、多数人知晓的、经过分类编目的、代码设计经验的总结，使用设计模式是为了可重用代码、让代码更容易被他人理解、提高代码的可靠性。

(5) 设计模式一般有如下几个基本要素：模式名称、问题、目的、解决方案、效果、实例代码和相关设计模式，其中的关键元素包括模式名称、问题、解决方案和效果。

(6) 设计模式根据其目的可分为创建型、结构型和行为型三种；根据范围可分为类模式和对象模式两种。

(7) 设计模式是从许多优秀的软件系统中总结出的成功的、能够实现可维护性复用的设计方案，使用这些方案将避免我们做一些重复性的工作，而且可以设计出高质量的软件系统。

思考与练习

1. 什么是设计模式？它包含哪些基本要素？

2. 设计模式如何分类？每一类设计模式各有何特点？

3. 设计模式具有哪些优点？

4. 请查阅相关资料，了解在 JDK 类库设计中使用了哪些设计模式，在何处使用了何种模式？至少列举两个。

5. 除了设计模式之外，目前有不少人在从事"反模式"的研究，请查阅相关资料，了解何谓"反模式"以及研究"反模式"的意义。

第4章

简单工厂模式

视频讲解

本章导学

    创建型模式是 GoF 三大类设计模式中最容易理解的一类,在软件开发中应用非常广泛,创建型模式将对象的创建过程和对象的使用过程分离,降低了系统的耦合度,使得软件系统更易于扩展。

    简单工厂模式是最简单的设计模式之一,它虽然不属于 GoF 23 种设计模式,但是应用也较为频繁,同时它也是学习其他创建型模式的基础。在简单工厂模式中,只需要记住一个简单的参数即可获得所需的对象实例,它提供专门的核心工厂类来负责对象的创建,实现对象创建和使用的分离。

本章将对 6 种创建型模式进行简要的介绍,并通过实例来学习简单工厂模式,理解简单工厂模式的结构及特点,学会如何在实际软件项目开发中合理使用简单工厂模式。

本章的难点在于理解简单工厂模式中工厂类的作用和实现以及为何需要定义抽象产品类。

简单工厂模式重要等级: ★★★★☆

简单工厂模式难度等级: ★★☆☆☆

4.1 创建型模式

顾名思义,创建型模式关注对象的创建过程,它将对象的创建和使用分离,在使用对象时无须知道对象的创建细节。使得相同的创建过程可以多次复用,且修改二者中的一个对另一个几乎不造成任何影响或很少的影响。

4.1.1 创建型模式概述

软件系统在运行时,类将实例化成对象,并由这些对象来协作完成各项业务功能。创建型模式(Creational Pattern)对类的实例化过程进行了抽象,能够将软件模块中对象的创建和对象的使用分离。为了使软件的结构更加清晰,外界对于这些对象只需要知道它们共同的接口,而不用清楚其具体的实现细节,使整个系统的设计更加符合单一职责原则。

　　创建型模式在创建什么(What),由谁创建(Who),何时创建(When)等方面都为软件设计者提供了尽可能大的灵活性。创建型模式隐藏了类的实例的创建细节,通过隐藏对象如何被创建和组合在一起达到使整个系统独立的目的。创建型模式是最常用的一类设计模式,几乎在所有使用面向对象技术开发的软件系统中都能够找到它的存在。

　　为了让大家更生动地理解创建型模式的意义,下面来看一个简单的例子:如果想吃苹果,至少有两种获取苹果的方式,如图 4-1 所示。第一种方式是自己种苹果树,等待苹果树开花结果,在经过若干天漫长的等待后再慢慢品尝自己的劳动成果;第二种方式是由专门的苹果种植户或农场将苹果种好,放在超市或水果摊的架子上自己选购,一手掏钱一手提货,只要有钱马上就可以吃到苹果。对于这两种方式,一般情况下人们会选择哪种呢?毫无疑问,选择第二种的人会更多,毕竟种苹果的是少数,吃苹果的是多数。为什么呢?其一,因为苹果由专门的种植户和农场来生产,有一套规范的生产流程,其培育过程更加专业;其二,对于用户来说,只需要通过简单的方式即可获得苹果,无须关心其种植过程,极大提高用户获取苹果的效率;其三,由于将苹果的生产和苹果的消费分离,相同的生产者可以将苹果卖给不同的消费者,同一个消费者也可以货比三家,从不同的生产者那里购买苹果,增强了灵活性。既然有这么多优点,还有必要每个人自己种苹果自己吃吗?这个答案不言而喻。

图 4-1　获取苹果的两种方式

　　在面向对象软件开发过程中也经常存在类似自己种苹果还是直接去买苹果的情况,如需要某个类的一个实例化对象,是在代码中直接使用 new 关键字来进行实例化,还是通过已有的实例工厂间接获取对象实例?在很多情况下都是面向对象开发人员所要面对的一个问题。而创建型模式正是为解决这类问题而诞生的,不同的创建型模式从不同角度解决了苹果从何而来的问题,GoF 通过对若干面向对象系统的分析,总结出最常用的几种创建对象的技巧。下面就来学习这些巧妙的模式,并学会将它们应用到实际软件开发中,让大家能够更加轻松地吃到苹果。

4.1.2　创建型模式简介

　　创建型模式主要包括如下 6 种模式,其中简单工厂模式不是 GoF 23 种模式的一员,表 4-1 对这 6 种设计模式进行了简单的说明。

表 4-1　创建型模式简介

模式名称	定　义	简单说明	使用频率
简单工厂模式 (Simple Factory)	根据传入的参数即可返回所需的对象,而不需要知道具体类的类名	根据提供给它的数据,返回几个可能类中的一个类的实例。通常它返回的类都有一个公共的父类和公共的方法。简单工厂模式不属于 GoF 设计模式	★★★★☆
工厂方法模式 (Factory Method)	定义一个用于创建对象的接口,让子类决定将哪一个类实例化。工厂方法模式使一个类的实例化延迟到其子类	将某一类对象的创建过程封装在单独的类中,通过引入抽象层的方式来使得对象的创建和使用更为灵活	★★★★★
抽象工厂模式 (Abstract Factory)	提供一个创建一系列相关或相互依赖对象的接口,而无须指定它们具体的类	在一个类中可以创建多个不同类型的对象,这些对象所对应的类型都源于抽象层,使得系统具有极佳的扩展性和灵活性	★★★★★
建造者模式 (Builder)	将一个复杂对象的构建与它的表示分离,使得同样的构建过程可以创建不同的表示	一步一步构造一个由多个部分组成的复杂对象	★★☆☆☆
原型模式 (Prototype)	用原型实例指定创建对象的种类,并且通过复制这个原型来创建新的对象	通过复制已有对象创建出相似的其他对象	★★★☆☆
单例模式 (Singleton)	保证一个类仅有一个实例,并提供一个访问它的全局访问点	控制系统中所创建的对象实例的个数	★★★★☆

4.2　简单工厂模式动机与定义

在实际的软件开发过程中,有时需要创建一些来自于相同父类的类的实例,为此可以专门定义一个类来负责创建这些类的实例,这些被创建的实例具有共同的父类。在这种情况下,可以通过传入不同的参数从而获得不同的对象,利用 Java 语言的特征,习惯上将创建其他类实例的方法定义为 static 方法,外部不需要实例化这个类就可以直接调用该方法来获得需要的对象,该方法也称为静态工厂方法,这样的一个设计模式就是我们将要学习的第一个也是最简单的设计模式之一——简单工厂模式。

4.2.1　模式动机

简单工厂模式示意图如图 4-2 所示,用户无须知道苹果、橙、香蕉如何创建,只需要知道水果的名字则可得到对应的水果。

考虑一个简单的软件应用场景,一个软件系统可以提供多个外观不同的按钮(如圆

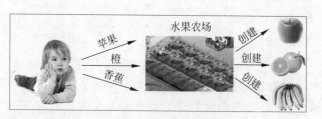

图 4-2 简单工厂模式示意图

形按钮、矩形按钮、菱形按钮等),这些按钮都源自同一个基类,不过在继承基类后不同的子类修改了部分属性从而使得它们可以呈现不同的外观,如果我们希望在使用这些按钮时,不需要知道这些具体按钮类的名字,只需要知道表示该按钮类的一个参数,并提供一个调用方便的方法,把该参数传入方法即可返回一个相应的按钮对象,此时,就可以使用简单工厂模式。

4.2.2 模式定义

简单工厂模式(Simple Factory Pattern)定义为:简单工厂模式又称为静态工厂方法(Static Factory Method)模式,它属于类创建型模式。在简单工厂模式中,可以根据参数的不同返回不同类的实例。简单工厂模式专门定义一个类来负责创建其他类的实例,被创建的实例通常都具有共同的父类。

4.3 简单工厂模式结构与分析

简单工厂模式结构比较简单,其核心是工厂类,下面将学习并分析其模式结构。

4.3.1 模式结构

简单工厂模式结构图如图 4-3 所示。

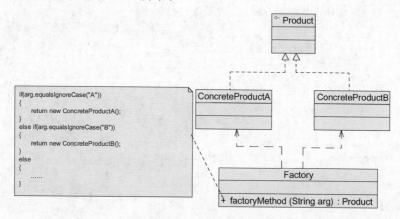

图 4-3 简单工厂模式结构图

简单工厂模式包含如下角色：

1. Factory（工厂角色）

工厂角色即工厂类，它是简单工厂模式的核心，负责实现创建所有实例的内部逻辑；工厂类可以被外界直接调用，创建所需的产品对象；在工厂类中提供了静态的工厂方法 factoryMethod()，它返回一个抽象产品类 Product，所有的具体产品都是抽象产品的子类。

2. Product（抽象产品角色）

抽象产品角色是简单工厂模式所创建的所有对象的父类，负责描述所有实例所共有的公共接口，它的引入将提高系统的灵活性，使得在工厂类中只需定义一个工厂方法，因为所有创建的具体产品对象都是其子类对象。

3. ConcreteProduct（具体产品角色）

具体产品角色是简单工厂模式的创建目标，所有创建的对象都充当这个角色的某个具体类的实例。每一个具体产品角色都继承了抽象产品角色，需要实现定义在抽象产品中的抽象方法。

4.3.2 模式分析

在简单工厂模式中，工厂类根据工厂方法所传入的参数来动态决定应该创建出哪一个产品类的实例。简单工厂模式不属于 GoF 23 个基本设计模式，但它可以作为学习 GoF 工厂方法模式(Factory Method Pattern)的一个引导。

实例：某销售管理系统支持多种支付方式，如现金支付(CashPay)、信用卡支付(CreditcardPay)、代金券支付(VoucherPay)等，在设计中如果不使用简单工厂模式，可能会存在如下支付方法：

```
public void pay(String type)
{
    if(type.equalsIgnoreCase("cash"))
    {
        //现金支付处理代码
    }
    else if(type.equalsIgnoreCase("creditcard"))
    {
        //信用卡支付处理代码
    }
    else if(type.equalsIgnoreCase("voucher"))
    {
        //代金券支付处理代码
    }
    else
    {
        ⋮
    }
}
```

由于不同的支付方式其支付处理方法不一致,因此该方法源代码将相当冗长,而且每当需要增加新的支付方式时,不得不修改这段 if…else…代码,增加很多新的支付处理代码。代码越长意味着维护工作量越大,测试难度也越大,扩展和修改也越不灵活。因此可以考虑使用简单工厂模式对其进行重构。

通过使用简单工厂模式,可以对原有代码进行如下改进:

(1) 为了保证系统的扩展性并将各种支付类型对象的创建封装在一个统一的方法中,需要引入抽象支付方式类,它定义了抽象的支付方法,抽象支付方法类定义如下:

```java
public abstract class AbstractPay
{
    public abstract void pay();
}
```

(2) 将每一种支付方式封装在一个独立的类中,各个支付方式类相对独立,修改其一对其他类无任何影响,这些独立的支付方式类充当具体产品类的角色,是抽象支付方式类的子类,如现金支付类定义如下:

```java
public class CashPay extends AbstractPay
{
    public void pay()
    {
        //现金支付处理代码
    }
}
```

信用卡支付类定义如下:

```java
public class CreditcardPay extends AbstractPay
{
    public void pay()
    {
        //信用卡支付处理代码
    }
}
```

(3) 提供一个代码相对简单,而且只负责创建对象而不必关心对象细节的工厂类来创建各种具体的支付方式产品类,注意其工厂方法的返回类型是抽象类型,支付方式工厂类定义如下:

```java
public class PayMethodFactory
{
    public static AbstractPay getPayMethod(String type)
    {
        if(type.equalsIgnoreCase("cash"))
        {
            return new CashPay();               //根据参数创建具体产品
        }
```

```
        else if(type.equalsIgnoreCase("creditcard"))
        {
            return new CreditcardPay();          //根据参数创建具体产品
        }
        ┆
    }
}
```

通过对原有设计的重构可以发现,在使用了简单工厂模式之后,系统中类的个数增加,每一种支付处理方式都封装到单独的类中,而且工厂类中只有简单的判断逻辑代码,不需要关心具体的业务处理过程,很好地满足了"单一职责原则"。在增加新的支付方式时,只需要添加一个新的具体支付类并实现其中的 pay()方法,同时对工厂类 PayMethodFactory 做简单的修改即可,无须对原有代码进行大面积的改动。

将对象的创建和对象本身业务处理分离可以降低系统的耦合度,使得两者修改起来都相对容易。在调用工厂类的工厂方法时,由于工厂方法是静态方法,使用起来很方便,可通过类名直接调用,而且只需要传入一个简单的参数即可,在实际开发中,还可以在调用时将所传入的参数保存在 XML 等格式的配置文件中,修改参数时无须修改任何 Java 源代码,在下一节中将通过一个实例进行进一步说明。简单工厂模式最大的问题在于工厂类的职责相对过重,增加新的产品需要修改工厂类的判断逻辑,这一点与开闭原则是相违背的。

简单工厂模式的要点在于:当你需要什么,只需要传入一个正确的参数,就可以获取你所需要的对象,而无须知道其创建细节。

4.4 简单工厂模式实例与解析

下面通过两个实例来进一步学习并理解简单工厂模式。

4.4.1 简单工厂模式实例之简单电视机工厂

1. 实例说明

某电视机厂专为各知名电视机品牌代工生产各类电视机,当需要海尔牌电视机时只需要在调用该工厂的工厂方法时传入参数 Haier,需要海信电视机时只需要传入参数 Hisense,工厂可以根据传入的不同参数返回不同品牌的电视机。现使用简单工厂模式来模拟该电视机工厂的生产过程。

2. 实例类图

通过分析,该实例类图如图 4-4 所示。

3. 实例代码及解释

(1) 抽象产品类 TV(电视机类)

```
public interface TV
{
    public void play();
}
```

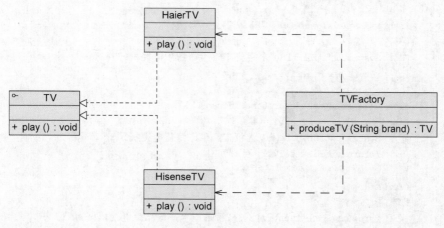

图 4-4 电视机工厂类图

TV 作为抽象产品类,它可以是一个接口,也可以是一个抽象类,其中包含了所有产品都具有的业务方法 play()。

(2) 具体产品类 HaierTV(海尔电视机类)

```
public class HaierTV implements TV
{
    public void play()
    {
        System.out.println("海尔电视机播放中……");
    }
}
```

HaierTV 是抽象产品 TV 接口的子类,它是一种具体产品,实现了在 TV 接口中定义的业务方法 play()。

(3) 具体产品类 HisenseTV(海信电视机类)

```
public class HisenseTV implements TV
{
    public void play()
    {
        System.out.println("海信电视机播放中……");
    }
}
```

HisenseTV 是抽象产品 TV 接口的另一个子类,即另一种具体产品,不同的具体产品在实现业务方法时有所不同。

(4) 工厂类 TVFactory(电视机工厂类)

```
public class TVFactory
{
    public static TV produceTV(String brand) throws Exception
```

```
            {
                if(brand.equalsIgnoreCase("Haier"))
                {
                    System.out.println("电视机工厂生产海尔电视机!");
                    return new HaierTV();
                }
                else if(brand.equalsIgnoreCase("Hisense"))
                {
                    System.out.println("电视机工厂生产海信电视机!");
                    return new HisenseTV();
                }
                else
                {
                    throw new Exception("对不起,暂不能生产该品牌电视机!");
                }
            }
        }
```

TVFactory 是工厂类,它是整个系统的核心,它提供了静态工厂方法 produceTV(),工厂方法中包含一个字符串类型的参数,在内部业务逻辑中根据参数值的不同实例化不同的具体产品类,返回相应的对象。

4. 辅助代码

作为第一个正式学习的设计模式,为了更好地体现简单工厂模式的特性,在此引入了一个工具类——XMLUtilTV,通过它可以从 XML 格式的配置文件中读取节点获取数据,如品牌名称等信息,如果需要修改品牌名称,无须修改客户端代码,只需修改配置文件。通过配置文件可以极大提高系统的扩展性,让软件实体更符合开闭原则。

(1) XML 操作工具类 XMLUtilTV

```
import javax.xml.parsers.*;
import org.w3c.dom.*;
import org.xml.sax.SAXException;
import java.io.*;
public class XMLUtilTV
{
    //该方法用于从 XML 配置文件中提取品牌名称,并返回该品牌名称
    public static String getBrandName()
    {
        try
        {
            //创建文档对象
            DocumentBuilderFactory dFactory = DocumentBuilderFactory.newInstance();
            DocumentBuilder builder = dFactory.newDocumentBuilder();
            Document doc;
            doc = builder.parse(new File("configTV.xml"));

            //获取包含品牌名称的文本节点
```

```
            NodeList nl = doc.getElementsByTagName("brandName");
            Node classNode = nl.item(0).getFirstChild();
            String brandName = classNode.getNodeValue().trim();
            return brandName;
            }
            catch(Exception e)
            {
                e.printStackTrace();
                return null;
            }
        }
}
```

在该工具类中,通过 Java 语言提供的 DOM(Document Object Model,文档对象模型)API 来实现对 XML 文档的操作,在 DOM API 中,XML 文档以树状结构存储在内存中,可以通过相关的类对 XML 进行读取、修改等操作。在本书的学习中为了更好地体现设计模式带来的扩展性和灵活性,将广泛使用 XML 作为配置文件,因此需要对 XML 文档进行解析。对上述代码的详细解释可以参考 Java DOM 相关资料,在此不予以扩展。

在 XMLUtilTV 类中,提供了一个静态方法 getBrandName()用于获取存储在 XML 配置文件 configTV.xml 中的 brandName 标签中的内容,即电视机品牌名,再将该品牌名返回给调用该方法的客户端测试类 Client。

(2) 配置文件 configTV.xml

```
<?xml version = "1.0"?>
<config>
    <brandName>Haier</brandName>
</config>
```

目前大部分软件项目的配置文件都采用 XML 格式,主要是因为修改 XML 文件后无须编译源代码即可使用,且为纯文本格式,几乎所有的编辑器都可以编辑 XML 文档。为了使系统更符合开闭原则和依赖倒转原则,需要做到"将抽象写在代码中,将具体写在配置里",通过修改无须编译的配置文件来提高系统的可扩展性和灵活性。

在配置文件 configTV.xml 中,其根节点为 config,其中包含一个名为 brandName 的子节点,用于存储电视机品牌名,通过上述的 XMLUtilTV 类来读取其中存储的字符串并返回给客户端测试类。

(3) 客户端测试类 Client

```
public class Client
{
    public static void main(String args[])
    {
        try
        {
            TV tv;                        //抽象类型定义
```

```
                String brandName = XMLUtilTV.getBrandName();
                tv = TVFactory.produceTV(brandName);
                tv.play();
            }
        catch(Exception e)
        {
                System.out.println(e.getMessage());
            }
        }
    }
```

　　本书所指的客户端代码是指调用使用设计模式所设计的类库的代码,在具体的软件开发过程中,就是一个调用其他类的类,它可以工作在界面表示层、业务逻辑层或者数据访问层。客户端代码既可以是当前开发的系统,也可以是重用基于设计模式设计的类库的其他系统,这些系统可以是自己开发的,也可以是他人所开发的。

　　在 Client 类中包含一个 main 函数作为本实例的入口函数,在 main 函数中,以抽象类型 TV 来定义电视机对象,通过调用 XMLUtilTV 类的静态 getBrandName() 读取存储在 XML 文档中的电视机品牌字符串,再以该字符串作为实参带入工厂类 TVFactory 的静态工厂方法 produceTV() 中,获取对应的产品对象 tv。因为无论是哪种品牌的电视机都是 TV 类的子类,根据里氏代换原则,父类对象在运行时可以用子类对象来替换,因此程序可以正确执行,可以通过修改配置文件 configTV.xml 中的 brandName 节点中的字符串来获取不同品牌的电视机对象 tv,不同电视机对象的 play() 方法将有不同的运行结果。

　　如果需要更换电视机品牌,无须修改客户端代码及类库代码,只需要修改配置文件即可,提高了系统的灵活性。如果需要增加新类型的电视机,即增加新的具体产品类,则需要修改工厂类,这在一定程度上违反了开闭原则,但是无须修改客户端测试类,这就带来一定程度的灵活性。

5. 结果及分析

　　如果在配置文件中将< brandName >节点中的内容设置为:Haier,则输出结果如下:

```
电视机工厂生产海尔电视机!
海尔电视机播放中……
```

　　如果在配置文件中将< brandName >节点中的内容设置为:TCL,则输出结果如下:

```
对不起,暂不能生产该品牌电视机!
```

　　如果希望该系统能够支持 TCL 牌电视机,则需要增加一个新的具体产品类 TCLTV,代码如下:

```
public class TCLTV implements TV
{
    public void play()
    {
```

```
        System.out.println("TCL电视机播放中…");
    }
}
```

同时还需要修改工厂类 TVFactory 中的工厂方法,在其判断逻辑中增加一个新的分支,代码如下:

```
else if(brand.equalsIgnoreCase("TCL"))
{
    System.out.println("电视机工厂生产 TCL 电视机!");
    return new TCLTV();
}
```

4.4.2 简单工厂模式实例之权限管理

1. 实例说明

在某 OA 系统中,系统根据对比用户在登录时输入的账号和密码以及在数据库中存储的账号和密码是否一致来进行身份验证,如果验证通过,则取出存储在数据库中的用户权限等级(以整数形式存储),根据不同的权限等级创建不同等级的用户对象,不同等级的用户对象拥有不同的操作权限。现使用简单工厂模式来设计该权限管理模块。

2. 实例类图

通过分析,该实例类图如图 4-5 所示。

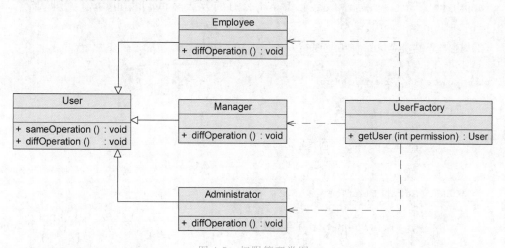

图 4-5 权限管理类图

3. 实例代码及解释

(1) 抽象产品类 User(用户类)

```
public abstract class User
{
```

```
    public void sameOperation()
    {
        System.out.println("修改个人资料!");
    }

    public abstract void diffOperation();
}
```

抽象类 User 作为抽象产品,它是各种具体用户类的父类,其中提供了一系列所有用户子类公有的方法,如"修改个人资料"等,同时它也定义了抽象方法,以便不同的子类分别来实现。

(2) 具体产品类 Employee(员工类)

```
public class Employee extends User
{
    public Employee()
    {
        System.out.println("创建员工对象!");
    }

    public void diffOperation()
    {
        System.out.println("员工拥有创建假条权限!");
    }
}
```

Employee 类是 User 类的子类,它继承了公有的方法 sameOperation(),同时也覆盖了抽象方法 diffOperation()。

(3) 具体产品类 Manager(经理类)

```
public class Manager extends User
{
    public Manager()
    {
        System.out.println("创建经理对象!");
    }

    public void diffOperation()
    {
        System.out.println("经理拥有创建和审批假条权限!");
    }
}
```

Manager 类也是 User 类的子类,是具体产品类的一种。

(4) 具体产品类 Administrator(管理员类)

```
public class Administrator extends User
{
```

```
    public Administrator()
    {
        System.out.println("创建管理员对象!");
    }

    public void diffOperation()
    {
        System.out.println("管理员拥有创建和管理假条权限!");
    }
}
```

Administrator 类也是 User 类的子类,是具体产品类的一种。

(5) 工厂类 UserFactory(用户工厂类)

```
public class UserFactory
{
    public static User getUser(int permission)
    {
        if(0== permission)
        {
            return new Employee();
        }
        else if(1== permission)
        {
            return new Manager();
        }
        else if(2== permission)
        {
            return new Administrator();
        }
        else
        {
            return null;
        }
    }
}
```

UserFactory 类是核心工厂类,通过改变工厂方法 getUser()中的参数可以创建不同类型的用户。

4. 辅助代码

(1) 用户表数据访问类(模拟)UserDAO

```
public class UserDAO
{
    public int findPermission(String userName,String userPassword)
    {
        if("zhangsan"== userName&&"123456"== userPassword)
```

```
        {
            return 0;
        }
        else
        {
            return -1;                //如果错误,则返回-1
        }
    }
}
```

在实例中,我们模拟数据库访问操作,提供了一个数据访问类 UserDAO,其中定义了一个方法 findPermission(),用于根据用户名和密码查询权限,在真实项目的开发中,只需要把方法中的模拟代码改成数据库操作代码即可,返回的权限值将作为工厂类 UserFactory 的参数值。

(2) 客户端测试类 Client

```java
public class Client
{
    public static void main(String args[])
    {
        try
        {
            User user;
            UserDAO userDao = new UserDAO();
            int permission = userDao.findPermission("zhangsan","123456");
            user = UserFactory.getUser(permission);
            user.sameOperation();
            user.diffOperation();
        }
        catch(Exception e)
        {
            System.out.println(e.getMessage());
        }
    }
}
```

在客户端测试类中,我们模拟用户 zhangsan 的登录过程,在实际开发中,账号和密码来自表示层,如文本框和密码框的输入值或网页表单输入。在代码中产品对象使用抽象层类 User 来进行定义,通过调用 UserDAO 中的 findPermission()方法来根据账号和密码查询权限值,然后以该权限值为参数调用工厂类 UserFactory 的静态方法 getUser()获取具体产品对象。

5. 结果及分析

直接运行该程序,结果如下:

```
创建员工对象!
修改个人资料!
员工拥有创建假条权限!
```

通过修改 UserDAO 类中的返回值(即数据库中字段值)可以获取不同的运行结果,即模拟不同用户的权限操作。如果 findPermission()的返回值为1,则程序运行结果如下:

```
创建经理对象!
修改个人资料!
经理拥有创建和审批假条权限!
```

如果出现新类型的用户,需要添加一个 User 类的子类并修改工厂类 UserFactory 中工厂方法的判断逻辑,但是如果只是修改现有用户的权限,只需修改数据库中对应字段值即可,客户端代码无须做任何修改。

4.5　简单工厂模式效果与应用

4.5.1　模式优缺点

1. 简单工厂模式的优点

(1) 工厂类含有必要的判断逻辑,可以决定在什么时候创建哪一个产品类的实例,客户端可以免除直接创建产品对象的责任,而仅仅"消费"产品;简单工厂模式通过这种做法实现了对责任的分割,它提供了专门的工厂类用于创建对象。

(2) 客户端无须知道所创建的具体产品类的类名,只需要知道具体产品类所对应的参数即可,对于一些复杂的类名,通过简单工厂模式可以减少使用者的记忆量。

(3) 通过引入配置文件,可以在不修改任何客户端代码的情况下更换和增加新的具体产品类,在一定程度上提高了系统的灵活性。

2. 简单工厂模式的缺点

(1) 由于工厂类集中了所有产品创建逻辑,一旦不能正常工作,整个系统都要受到影响。

(2) 使用简单工厂模式将会增加系统中类的个数,在一定程度上增加了系统的复杂度和理解难度。

(3) 系统扩展困难,一旦添加新产品就不得不修改工厂逻辑,在产品类型较多时,有可能造成工厂逻辑过于复杂,不利于系统的扩展和维护。

(4) 简单工厂模式由于使用了静态工厂方法,造成工厂角色无法形成基于继承的等级结构,代码如下:

```java
class SuperClass
{
    public static void display()
    {
        System.out.println("Super Class!");
    }
```

```
    }

class SubClass extends SuperClass
{
    public static void display()
    {
        System.out.println("Sub Class!");
    }
}

class Client{
    public static void main(String args[])
    {
        SuperClass demo;
        demo = new SubClass();
        demo.display();
    }
}
```

该代码输出结果为:

```
Super Class!
```

也就是说,虽然子类可以继承和覆盖父类的静态方法,但是如果在定义时使用的是父类,即使实例化的是子类也无法访问子类覆盖后的静态方法。这将导致包含静态工厂方法的工厂类无法像产品类一样提供抽象层与抽象定义,也无法通过具体类来进行扩展。

虽然简单工厂模式存在种种问题,但它是学习其他工厂模式的一个入门,在一些并不复杂的环境下也经常使用简单工厂模式。

4.5.2 模式适用环境

在以下情况下可以使用简单工厂模式:

(1) 工厂类负责创建的对象比较少:由于创建的对象较少,不会造成工厂方法中的业务逻辑太过复杂。

(2) 客户端只知道传入工厂类的参数,对于如何创建对象不关心:客户端既不需要关心创建细节,甚至连类名都不需要记住,只需要知道类型所对应的参数即可。

4.5.3 模式应用

(1) 在 JDK 类库中广泛使用了简单工厂模式,如工具类 java.text.DateFormat,它用于格式化一个本地日期或者时间,这个工具类在处理英语或非英语的日期及时间格式上很有用。在 DateFormat 类中提供了一个 getDateInstance()方法,该方法是一个静态的工厂方法,为某种本地日期提供格式化,它由三个重载的方法组成,其定义如下:

```
public final static DateFormat getDateInstance();
public final static DateFormat getDateInstance(int style);
public final static DateFormat getDateInstance(int style,Locale locale);
```

（2）在 Java 加密技术中，使用最为广泛的是对称加密技术和非对称加密技术，两种加密技术都需要设置密钥，而密钥的生成需要使用到一个很重要的类——密钥生成器，不同的加密算法所对应的密钥不一样，因此其密钥生成器也不一样。在 Java 密码技术中，提供了 javax. crypto. KeyGenerator 和 java. security. KeyPairGenerator 类来生成对称密钥和非对称密钥，这两个类都有一个名为 getInstance()的静态工厂方法，根据所传入的参数得到不同的密钥生成器。如下代码片段用于获取 DESede(三重 DES 算法)密钥生成器：

```
//获取不同加密算法的密钥生成器
KeyGenerator keyGen = KeyGenerator.getInstance("DESede");
```

同样，在实施加密和解密时需要使用到密码器，创建密码器时也使用了简单工厂模式，通过向静态工厂方法中所传入的参数来决定密码器的类型，代码如下：

```
//创建密码器
Cipher cp = Cipher.getInstance("DESede");
```

4.6 简单工厂模式扩展

在有些情况下工厂类可以由抽象产品角色扮演，一个抽象产品类同时也是子类的工厂，也就是说把静态工厂方法写到抽象产品类中，如图 4-6 所示。

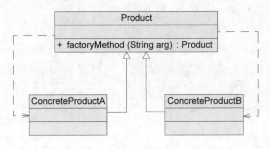

图 4-6 抽象产品类与工厂类的合并

在有些情况下，工厂、抽象产品和具体产品三个角色可以合并，如上一节所提到的 KeyGenerator 类和 Cipher 类，它们既是工厂，又通过静态工厂方法创建一个自己的实例，通过合并，可以对简单工厂模式进行进一步简化。

4.7 本章小结

（1）创建型模式对类的实例化过程进行了抽象，能够将对象的创建与对象的使用过程分离。

（2）简单工厂模式又称为静态工厂方法模式，它属于类创建型模式。在简单工厂模式中，可以根据参数的不同返回不同类的实例。简单工厂模式专门定义一个类来负责创建其他类的实例,被创建的实例通常都具有共同的父类。

(3) 简单工厂模式包含三个角色:工厂角色负责实现创建所有实例的内部逻辑;抽象产品角色是所创建的所有对象的父类,负责描述所有实例所共有的公共接口;具体产品角色是创建目标,所有创建的对象都充当这个角色的某个具体类的实例。

(4) 简单工厂模式的要点在于:当你需要什么,只需要传入一个正确的参数,就可以获取你所需要的对象,而无须知道其创建细节。

(5) 简单工厂模式最大的优点在于实现对象的创建和对象的使用分离,将对象的创建交给专门的工厂类负责,但是其最大的缺点在于工厂类不够灵活,增加新的具体产品需要修改工厂类的判断逻辑代码,而且产品较多时,工厂方法代码将会非常复杂。

(6) 简单工厂模式适用情况包括:工厂类负责创建的对象比较少;客户端只知道传入工厂类的参数,对于如何创建对象不关心。

思考与练习

1. 使用简单工厂模式设计一个可以创建不同几何形状(如圆形、方形和三角形等)的绘图工具,每个几何图形都要有绘制 draw() 和擦除 erase() 两个方法,要求在绘制不支持的几何图形时,提示一个 UnSupportedShapeException。

2. 使用简单工厂模式模拟女娲(Nvwa)造人(Person),如果传入参数 M,则返回一个 Man 对象,如果传入参数 W,则返回一个 Woman 对象,用 Java 语言实现该场景。现需要增加一个新的 Robot 类,如果传入参数 R,则返回一个 Robot 对象,对代码进行修改并注意女娲的变化。

3. 自学 Java 密码技术,使用其中的类对字符串"Hello, design pattern."进行加密,要求使用对称加密算法 TripleDES(三重 DES 算法),理解其中密钥生成器(KeyGenerator)和密码器(Cipher)的创建和使用。

第5章

工厂方法模式

视频讲解

本章导学

　　工厂方法模式是简单工厂模式的延伸,它继承了简单工厂模式的优点,同时还弥补了简单工厂模式的缺陷,更好地符合"开闭原则"的要求,增加新的具体产品对象不需要对已有系统做任何修改。工厂方法模式引入了抽象的工厂类,而将具体产品的创建过程封装在抽象工厂类的子类,也就是具体工厂类中。客户端代码针对抽象层进行编程,增加新的具体产品类时只需增加一个相应的具体工厂类即可,使得系统具有更好的灵活性和可扩展性。

　　本章将通过如何克服简单工厂模式的不足引出工厂方法模式,并通过实例来介绍工厂方法模式、工厂方法模式的结构及特点,使读者学会如何在实际软件项目开发中合理使用工厂方法模式。

　　本章的难点在于理解引入抽象工厂类的原因,工厂方法模式中多态性的体现以及客户端代码的编写,同时还需要理解如何通过 DOM 和 Java 反射机制来操作 XML 配置文件。

　　工厂方法模式重要等级：★★★★★

　　工厂方法模式难度等级：★★☆☆☆

5.1　工厂方法模式动机与定义

　　第 4 章所学的简单工厂模式是一种特殊的工厂模式,它不是 GoF 23 种经典模式中的一员,但是学完简单工厂模式之后,可以更好地理解接下来要学习的第一种 GoF 模式——工厂方法模式。

5.1.1　简单工厂模式的不足

　　在第 4 章所学的简单工厂模式中,只提供了一个工厂类,该工厂类处于对产品类进行实例化的中心位置,它知道每一个产品对象的创建细节,并决定何时实例化哪一个产品类。简单工厂模式最大的缺点是当有新产品要加入到系统中时,必须修改工厂类,加入必要的处理逻辑,这违背了"开闭原则"。在简单工厂模式中,所有的产品都是由同一个工厂创建,工厂类职责较重,业务逻辑较为复杂,具体产品与工厂类之间的耦合度高,严重影响了系统的灵活性和扩展性,而工厂方法模式则可以很好地解决这一问题。

5.1.2　模式动机

考虑这样一个系统,按钮工厂类可以返回一个具体的按钮实例,如圆形按钮、矩形按钮、菱形按钮等。在这个系统中,如果需要增加一种新类型的按钮,如椭圆形按钮,那么除了增加一个新的具体产品类之外,还需要修改工厂类的代码,这就使得整个设计在一定程度上违反了"开闭原则",如图 5-1 所示。

现在对该系统进行修改,不再设计一个按钮工厂类来统一负责所有产品的创建,而是将具体按钮的创建过程交给专门的工厂子类去完成,我们先定义一个抽象的按钮工厂类,再定义具体的工厂类来生成圆形按钮、矩形按钮、菱形按钮等,它们实现在抽象按钮工厂类中定义的方法。这种抽象化的结果使这种结构可以在不修改具体工厂类的情况下引进新的产品,如果出现新的按钮类型,只需要为这种新类型的按钮创建一个具体的工厂类就可以获得该新按钮的实例,这一特点无疑使得工厂方法模式具有超越简单工厂模式的优越性,更加符合"开闭原则",改进后的按钮工厂如图 5-2 所示。

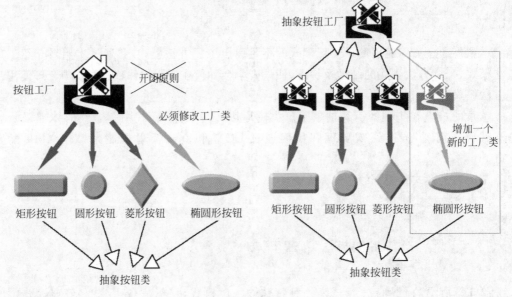

图 5-1　使用简单工厂模式实现的按钮工厂　　　图 5-2　使用工厂方法模式实现的按钮工厂

5.1.3　模式定义

工厂方法模式(Factory Method Pattern)定义:工厂方法模式又称为工厂模式,也叫虚拟构造器(Virtual Constructor)模式或者多态工厂(Polymorphic Factory)模式,它属于类创建型模式。在工厂方法模式中,工厂父类负责定义创建产品对象的公共接口,而工厂子类则负责生成具体的产品对象,这样做的目的是将产品类的实例化操作延迟到工厂子类中完成,即通过工厂子类来确定究竟应该实例化哪一个具体产品类。

英文定义："Define an interface for creating an object，but let subclasses decide which class to instantiate. Factory Method lets a class defer instantiation to subclasses."。

5.2　工厂方法模式结构与分析

在工厂方法模式中除了有抽象产品类外，还提供了抽象工厂类。下面将学习并分析其模式结构。

5.2.1　模式结构

工厂方法模式结构图如图 5-3 所示。

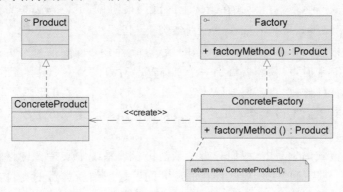

图 5-3　工厂方法模式结构图

工厂方法模式包含如下角色：

1. Product（抽象产品）

抽象产品是定义产品的接口，是工厂方法模式所创建对象的超类型，也就是产品对象的共同父类或接口。

2. ConcreteProduct（具体产品）

具体产品实现了抽象产品接口，某种类型的具体产品由专门的具体工厂创建，它们之间一一对应。

3. Factory（抽象工厂）

在抽象工厂类中，声明了工厂方法（Factory Method），用于返回一个产品。抽象工厂是工厂方法模式的核心，它与应用程序无关。任何在模式中创建对象的工厂类都必须实现该接口。

4. ConcreteFactory（具体工厂）

具体工厂是抽象工厂类的子类，实现了抽象工厂中定义的工厂方法，并可由客户调用，返回一个具体产品类的实例。在具体工厂类中包含与应用程序密切相关的逻辑，并且接受应用程序调用以创建产品对象。

5.2.2　模式分析

工厂方法模式是简单工厂模式的进一步抽象和推广。由于使用了面向对象的多态性，工厂方法模式保持了简单工厂模式的优点，而且克服了它的缺点。在工厂方法模式中，核心的工厂类不再负责所有产品的创建，而是将具体创建工作交给子类去做。这个核心类仅仅负责给出具体工厂必须实现的接口，而不负责哪一个产品类被实例化这种细节，这使得工厂方法模式可以允许系统在不修改工厂角色的情况下引进新产品。在工厂方法模式中，工厂类与产品类往往具有平行的等级结构，它们之间一一对应。例如在现实生活中的手机工厂，不同品牌的手机应该由不同的公司制造，苹果公司生产苹果手机，三星公司生产三星手机，那么抽象层的手机公司生产抽象的手机，而具体的手机公司就生产具体品牌的手机，其中就蕴涵了工厂方法模式的应用。

工厂方法模式与简单工厂模式在结构上的区别很明显，工厂方法类的核心是一个抽象工厂类，而简单工厂模式把核心放在一个具体类上。工厂方法模式之所以有一个别名叫多态性工厂模式是因为具体工厂类都有共同的接口，或者有共同的抽象父类。当系统扩展需要添加新的产品对象时，仅仅需要添加一个具体产品对象以及一个具体工厂对象，原有工厂对象不需要进行任何修改，也不需要修改客户端，很好地符合了"开闭原则"。而简单工厂模式在添加新产品对象后不得不修改工厂方法，扩展性不好。工厂方法模式退化后可以演变成简单工厂模式。

在简单工厂模式的学习中，我们分析了某销售管理系统中支持多种支付方式的简单工厂模式设计方案，使用简单工厂模式存在的最大问题是增加新类型的支付方式需要修改工厂类的业务逻辑，可以使用工厂方法模式解决该问题。

对于每种支付方式，不再通过统一的核心工厂类来创建，而是单独定义一个工厂类，将核心工厂类改造成一个抽象类或接口，用于对具体的工厂类进行抽象定义，在抽象工厂中定义了工厂方法，在其子类中再具体实现该方法。抽象工厂类的代码如下：

```
public abstract class PayMethodFactory
{
    public abstract AbstractPay getPayMethod();
}
```

在抽象工厂的子类中实例化具体产品类，即创建具体的支付方式对象，每一种具体的支付方式对应一个具体工厂类，如 CashPay 对应的工厂类如下：

```
public class CashPayFactory extends PayMethodFactory
{
    public AbstractPay getPayMethod()
    {
        return new CashPay();
    }
}
```

具体工厂类继承了抽象工厂类，并实现了在抽象工厂中定义的抽象工厂方法，用于返回对应的具体产品对象。

在使用这些类的客户端业务代码中，首先需要实例化具体工厂类，再通过具体工厂类创建具体的支付方式对象，创建 CashPay 对象的代码如下：

```
PayMethodFactory factory;
AbstractPay payMethod;
factory = new CashPayFactory();
payMethod = factory.getPayMethod();
payMethod.pay();
```

需要注意的是，为了提高系统的可扩展性和灵活性，在定义工厂和产品时都必须使用抽象层，如果需要更换产品类，只需要更换对应的工厂即可，其他代码不需要进行任何修改。在实际的应用开发中，一般将具体工厂类的实例化过程进行改进，不直接使用 new 关键字来创建对象，而是将具体类的类名写入配置文件中，再通过 Java 的反射机制，读取 XML 格式的配置文件，根据存储在 XML 文件中的类名字符串生成对象。如将上面的具体工厂类类名存储在如下 XML 文档中：

```
<?xml version = "1.0"?>
<config>
    <className>CashPayFactory</className>
</config>
```

该 XML 文档也称为配置文件，再设计一个专门的工具类 XMLUtil 用于读取该 XML 配置文件，在 XMLUtil 中需要使用 Java 语言的两个技术点，其一是 DOM，即对 XML 文件的操作，关于 DOM 的详细学习可以参考其他相关书籍，在此不予扩展；其二是 Java 反射机制，下面对 Java 反射机制做一个简单的介绍。

Java 反射（Java Reflection）是指在程序运行时获取已知名称的类或已有对象的相关信息的一种机制，包括类的方法、属性、超类等信息，还包括实例的创建和实例类型的判断等。在反射中使用最多的类是 Class，Class 类的实例表示正在运行的 Java 应用程序中的类和接口，其 forName(String className)方法可以返回与带有给定字符串名的类或接口相关联的 Class 对象，再通过 Class 对象的 newInstance()方法创建此对象所表示的类的一个新实例，即通过一个类名字符串得到类的实例。如创建一个字符串类型的对象，其代码如下：

```
//通过类名生成实例对象并将其返回
Class c = Class.forName("String");
Object obj = c.newInstance();
return obj;
```

此外，在 JDK 中还提供了 java.lang.reflect 包，封装了一些其他与反射相关的类，在本书中只用到上述简单的反射代码，在此不予扩展。

通过引入 DOM 和反射机制后，可以在 XMLUtil 中实现读取 XML 文件并根据存储在 XML 文件中的类名获取对应的对象，XMLUtil 类的详细代码如下：

```
import javax.xml.parsers.*;
import org.w3c.dom.*;
import org.xml.sax.SAXException;
import java.io.*;
public class XMLUtil
{
    //该方法用于从 XML 配置文件中提取具体类类名,并返回一个实例对象
    public static Object getBean()
    {
        try
        {
            //创建 DOM 文档对象
            DocumentBuilderFactory dFactory = DocumentBuilderFactory.newInstance();
            DocumentBuilder builder = dFactory.newDocumentBuilder();
            Document doc;
            doc = builder.parse(new File("config.xml"));

            //获取包含类名的文本节点
            NodeList nl = doc.getElementsByTagName("className");
            Node classNode = nl.item(0).getFirstChild();
            String cName = classNode.getNodeValue();

            //通过类名生成实例对象并将其返回
            Class c = Class.forName(cName);
            Object obj = c.newInstance();
            return obj;
        }
        catch(Exception e)
        {
            e.printStackTrace();
            return null;
        }
    }
}
```

注意：在后续的设计模式学习中将多次重用该类,将不再重复学习。

有了 XMLUtil 类后,可以对客户端代码进行修改,不再直接使用 new 关键字来创建具体的工厂类,而是将具体工厂类的类名放在 XML 文件中,再通过 XMLUtil 类的静态工厂方法 getBean()进行类的实例化,代码修改如下：

```
PayMethodFactory factory;
AbstractPay payMethod;
factory = (PayMethodFactory)XMLUtil.getBean(); //getBean()的返回类型为 Object,此处需要进行
                                               //强制类型转换
payMethod = factory.getPayMethod();
payMethod.pay();
```

引入 XMLUtil 类和 XML 配置文件后,如果要增加新类型的支付方式,只需要如下四个步骤:

(1) 新的支付方式类需要继承抽象支付方式类 AbstractPay。

(2) 增加一个新的具体支付方式工厂类,继承抽象支付方式工厂类 PayMethodFactory,并实现其中的工厂方法 getPayMethod(),返回具体的支付方式产品对象。

(3) 修改配置文件 config.xml,将新增的具体支付方式工厂类的类名字符串替换原有工厂类类名字符串。

(4) 编译新增的具体支付方式类和具体支付方式工厂类,运行客户端测试类即可使用新的支付方式,而原有类库代码无须做任何修改,完全符合"开闭原则"。

通过上述重构可以使得系统更加灵活,由于很多设计模式都关注系统的可扩展性和灵活性,因此都定义了抽象层,在抽象层中对业务方法进行定义,而将业务方法的实现放在实现层中。为了更好地体现这些设计模式的特点,本书在学习很多设计模式时都使用 XML 和 Java 反射机制来创建对象。

5.3 工厂方法模式实例与解析

下面通过两个实例来进一步学习并理解工厂方法模式。

5.3.1 工厂方法模式实例之电视机工厂

1. 实例说明

在第 4 章学习简单工厂模式时我们通过一个电视机代工生产工厂来生产电视机,当需要增加新的品牌的电视机时不得不修改工厂类中的工厂方法,违反了"开闭原则"。为了让增加新品牌电视机更加方便,可以通过工厂方法模式对该电视机厂进行进一步重构。可以将原有的工厂进行分割,为每种品牌的电视机提供一个子工厂,海尔工厂专门负责生产海尔电视机,海信工厂专门负责生产海信电视机,如果需要生产 TCL 电视机或创维电视机,只需要对应增加一个新的 TCL 工厂或创维工厂即可,原有的工厂无须做任何修改,使得整个系统具有更好的灵活性和可扩展性。

2. 实例类图

通过分析,该实例类图如图 5-4 所示。

3. 实例代码及解释

(1) 抽象产品类 TV(电视机类)

```
public interface TV
{
    public void play();
}
```

TV 作为抽象产品类,它可以是一个接口,也可以是一个抽象类,其中包含了所有产品都具有的业务方法 play()。

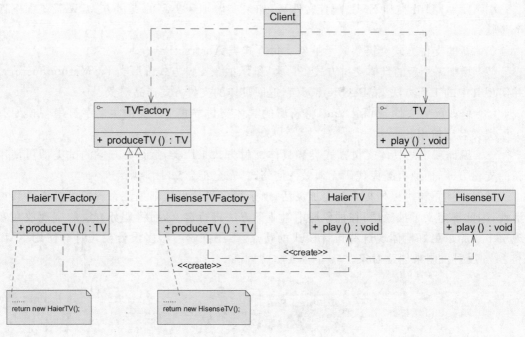

图 5-4 电视机工厂类图

（2）具体产品类 HaierTV（海尔电视机类）

```java
public class HaierTV implements TV
{
    public void play()
    {
        System.out.println("海尔电视机播放中……");
    }
}
```

HaierTV 是抽象产品 TV 接口的子类，它是一种具体产品，实现了在 TV 接口中定义的业务方法 play()。

（3）具体产品类 HisenseTV（海信电视机类）

```java
public class HisenseTV implements TV
{
    public void play()
    {
        System.out.println("海信电视机播放中……");
    }
}
```

HisenseTV 是抽象产品 TV 接口的另一个子类。

（4）抽象工厂类 TVFactory（电视机工厂类）

```java
public interface TVFactory
```

```
{
    public TV produceTV();
}
```

TVFactory 是抽象工厂类,它可以是一个接口,也可以是一个抽象类,它包含了抽象的工厂方法 produceTV(),返回一个抽象产品 TV 类型的对象。

(5) 具体工厂类 HaierTVFactory(海尔电视机工厂类)

```
public class HaierTVFactory implements TVFactory
{
    public TV produceTV()
    {
        System.out.println("海尔电视机工厂生产海尔电视机。");
        return new HaierTV();
    }
}
```

HaierTVFactory 是具体工厂类,它是抽象工厂类 TVFactory 的子类,实现了抽象工厂方法 produceTV(),在工厂方法中创建并返回一个对象的具体产品。

(6) 具体工厂类 HisenseTVFactory(海信电视机工厂类)

```
public class HisenseTVFactory implements TVFactory
{
    public TV produceTV()
    {
        System.out.println("海信电视机工厂生产海信电视机。");
        return new HisenseTV();
    }
}
```

4. 辅助代码

(1) XML 操作工具类 XMLUtil

参见 5.2.2 节工厂方法模式的模式分析。

(2) 配置文件 config.xml

本实例配置文件代码如下:

```
<?xml version = "1.0"?>
<config>
    <className>HaierTVFactory</className>
</config>
```

(3) 客户端测试类 Client

```
public class Client
{
```

```
        public static void main(String args[])
    {
        try
        {
            TV tv;
            TVFactory factory;
            factory = (TVFactory)XMLUtil.getBean();
            tv = factory.produceTV();
            tv.play();
        }
        catch(Exception e)
        {
            System.out.println(e.getMessage());
        }
    }
}
```

注意加粗的几行代码,在定义对象时需要采用抽象定义,否则无法体现设计模式的优越性。同时通过 XMLUtil 来获取对象时需要进行强制类型转换,否则会提示类型错误。

5. 结果及分析

如果在配置文件中将< className >节点中的内容设置为:HaierTVFactory,则输出结果如下:

```
海尔电视机工厂生产海尔电视机。
海尔电视机播放中……
```

如果在配置文件中将< className >节点中的内容设置为:HisenseTVFactory,则输出结果如下:

```
海信电视机工厂生产海信电视机。
海信电视机播放中……
```

如果需要增加一种新的类型的电视机,如 TCL 电视机,首先需要增加一个新的具体产品类 TCLTV,代码如下:

```
public class TCLTV implements TV
{
    public void play()
    {
        System.out.println("TCL 电视机播放中……");
    }
}
```

再对应增加一个具体工厂类 TCLTVFactory,代码如下:

```
public class TCLTVFactory implements TVFactory
{
```

```
    public TV produceTV()
    {
        System.out.println("TCL 电视机工厂生产 TCL 电视机。");
        return new TCLTV();
    }
}
```

最后修改 XML 配置文件,修改后代码如下:

```
<?xml version = "1.0"?>
<config>
    <className>TCLTVFactory</className>
</config>
```

编译新增的两个类,运行客户端测试代码,结果如下:

```
TCL 电视机工厂生产 TCL 电视机。
TCL 电视机播放中……
```

5.3.2　工厂方法模式实例之日志记录器

1. 实例说明

某系统日志记录器要求支持多种日志记录方式,如文件记录、数据库记录等,且用户可以根据要求动态选择日志记录方式,现使用工厂方法模式设计该系统。

2. 实例类图

通过分析,该实例类图如图 5-5 所示。

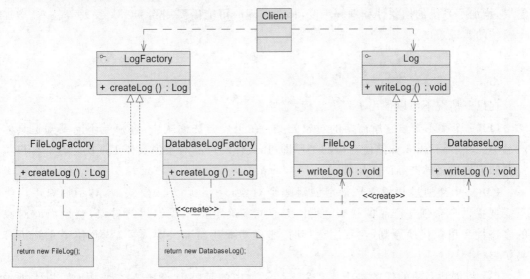

图 5-5　日志记录器类图

该实例的代码解释与结果分析略。

5.4　工厂方法模式效果与应用

5.4.1　模式优缺点

1．工厂方法模式的优点

(1) 在工厂方法模式中,工厂方法用来创建客户所需要的产品,同时还向客户隐藏了哪种具体产品类将被实例化这一细节,用户只需要关心所需产品对应的工厂,无须关心创建细节,甚至无须知道具体产品类的类名。

(2) 基于工厂角色和产品角色的多态性设计是工厂方法模式的关键。它能够使工厂可以自主确定创建何种产品对象,而如何创建这个对象的细节则完全封装在具体工厂内部。工厂方法模式之所以又被称为多态工厂模式,是因为所有的具体工厂类都具有同一抽象父类。

(3) 使用工厂方法模式的另一个优点是在系统中加入新产品时,无须修改抽象工厂和抽象产品提供的接口,无须修改客户端,也无须修改其他的具体工厂和具体产品,而只要添加一个具体工厂和具体产品就可以了。这样,系统的可扩展性也就变得非常好,完全符合"开闭原则"。

2．工厂方法模式的缺点

(1) 在添加新产品时,需要编写新的具体产品类,而且还要提供与之对应的具体工厂类,系统中类的个数将成对增加,在一定程度上增加了系统的复杂度,有更多的类需要编译和运行,会给系统带来一些额外的开销。

(2) 由于考虑到系统的可扩展性,需要引入抽象层,在客户端代码中均使用抽象层进行定义,增加了系统的抽象性和理解难度,且在实现时可能需要用到 DOM、反射等技术,增加了系统的实现难度。

5.4.2　模式适用环境

在以下情况下可以使用工厂方法模式:

(1) 一个类不知道它所需要的对象的类:在工厂方法模式中,客户端不需要知道具体产品类的类名,只需要知道所对应的工厂即可,具体的产品对象由具体工厂类创建;客户端需要知道创建具体产品的工厂类。

(2) 一个类通过其子类来指定创建哪个对象:在工厂方法模式中,对于抽象工厂类只需要提供一个创建产品的接口,而由其子类来确定具体要创建的对象,利用面向对象的多态性和里氏代换原则,在程序运行时,子类对象将覆盖父类对象,从而使得系统更容易扩展。

(3) 将创建对象的任务委托给多个工厂子类中的某一个,客户端在使用时可以无须关心是哪一个工厂子类创建产品子类,需要时再动态指定,可将具体工厂类的类名存储在配置文件或数据库中。

5.4.3　模式应用

（1）在 Java 集合框架中，常用的 List 和 Set 等集合都继承（或实现）了 java. util. Collection 接口，在 Collection 接口中为所有的 Java 集合类定义了一个 iterator()方法，可返回一个用于遍历集合的 Iterator(迭代器)类型的对象(在后面的迭代器模式中，我们将深入学习 Java 集合框架和 Iterator 迭代器)。而具体的 Java 集合类可以通过实现该 iterator()方法返回一个具体的 Iterator 对象，该 iterator()方法就是工厂方法，如图 5-6 所示。

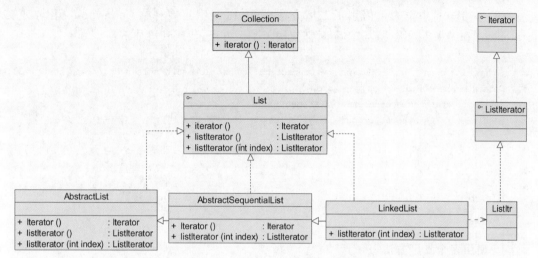

图 5-6　Java 集合简单示意图

在 JDK 源代码中，由于考虑到更多的因素，因此上述过程的实现相对比较复杂。图 5-6进行了简化，在该图中，List 接口除了继承 Collection 接口的 iterator()方法外，还增加了新的工厂方法 listIterator()，专门用于创建 ListIterator 类型的迭代器，在 List 的子类 LinkedList 中实现了该方法，可用于创建具体的 ListIterator 子类 ListItr 的对象，代码如下：

```
public ListIterator < E > listIterator(int index) {
    return new ListItr(index);
}
```

listIterator()方法用于返回具体的 Iterator 迭代器对象，是一个具体的工厂方法。

（2）Java 消息服务 JMS(Java Messaging Service)定义了一套标准的 API，让 Java 语言程序能够通过支持 JMS 标准的 MOM(Message Oriented Middleware)来创建和交换消息。在 JMS 的实现过程中就需要广泛使用到工厂方法模式，工厂方法模式应用于创建 Connection 连接对象，创建 Session 会话对象，创建 Sender 消息发送者对象等，代码片段如下：

```
//使用上下文和 JNDI 得到连接工厂的引用,ctx 是上下文 Context 类型的对象
QueueConnectionFactory qConnFact = (QueueConnectionFactory)ctx. lookup("cfJndi");
//使用连接工厂创建一个连接
```

```
QueueConnection qConn = qConnFact.createQueueConnection();
//使用连接创建一个会话
QueueSession qSess = qConn.createQueueSession(false,javax.jms.QueueSession. AUTO_ACKNOWLEDGE);
//使用上下文和JNDI得到消息队列的引用
Queue q = (Queue)ctx.lookup("myQueue");
//使用连接创建一个需要发送的消息类型的实例
QueueSender qSend = qSess.createSender(q);
System.out.println("开始发送消息……");
```

(3) 在 JDBC 中也大量使用了工厂方法模式,在创建连接对象 Connection、语句对象 Statement 和结果集对象 ResultSet 时都使用了工厂方法,代码片段如下:

```
Connection conn = DriverManager.getConnection("jdbc:microsoft:sqlserver://localhost:1433;
DatabaseName = DB;user = sa;password = ");
Statement statement = conn.createStatement();
ResultSet rs = statement.executeQuery("select * from UserInfo");
```

5.5 工厂方法模式扩展

1. 使用多个工厂方法

在抽象工厂角色中可以定义多个工厂方法,让具体工厂角色实现这些不同的工厂方法,这些方法可以包含不同的业务逻辑,以满足对不同的产品对象的需求。

2. 产品对象的重复使用

工厂方法总是调用产品类的构造函数以创建一个新的产品实例,然后将这个实例提供给客户端。而在实际情形中,工厂方法所做的事情可以相当复杂,一个常见的复杂逻辑就是重复使用产品对象。工厂对象将已经创建过的产品保存到一个集合(如数组、List 等)中,然后根据客户对产品的请求,对集合进行查询。如果有满足要求的产品对象,就直接将该产品返回客户端;如果集合中没有这样的产品对象,那么就创建一个新的满足要求的产品对象,然后将这个对象增加到集合中,再返回给客户端。这就是后面将要学习的享元模式(Flyweight Pattern)的设计思想。

3. 多态性的丧失和模式的退化

一个工厂方法模式的实现依赖于工厂角色和产品角色的多态性,在某些情况下,这个模式可以出现退化。工厂方法返回的类型应当是抽象类型,而不是具体类型。调用工厂方法的客户端应当依赖抽象产品编程,而不是具体产品。如果工厂仅仅返回一个具体产品对象,便违背了工厂方法的用意,发生退化,此时就不再是工厂方法模式了。一般来说,工厂对象应当有一个抽象的父类型,如果工厂等级结构中只有一个具体工厂类的话,抽象工厂就可以省略,也将发生退化。当只有一个具体工厂,在具体工厂中可以创建所有的产品对象,并且工厂方法设计为静态方法时,工厂方法模式就退化成简单工厂模式。

5.6　本章小结

（1）工厂方法模式又称为工厂模式，它属于类创建型模式。在工厂方法模式中，工厂父类负责定义创建产品对象的公共接口，而工厂子类则负责生成具体的产品对象，这样做的目的是将产品类的实例化操作延迟到工厂子类中完成，即通过工厂子类来确定究竟应该实例化哪一个具体产品类。

（2）工厂方法模式包含4个角色：抽象产品是定义产品的接口，是工厂方法模式所创建对象的超类型，即产品对象的共同父类或接口；具体产品实现了抽象产品接口，某种类型的具体产品由专门的具体工厂创建，它们之间一一对应；抽象工厂中声明了工厂方法，用于返回一个产品，它是工厂方法模式的核心，任何在模式中创建对象的工厂类都必须实现该接口；具体工厂是抽象工厂类的子类，实现了抽象工厂中定义的工厂方法，并可由客户调用，返回一个具体产品类的实例。

（3）工厂方法模式是简单工厂模式的进一步抽象和推广。由于使用了面向对象的多态性，工厂方法模式保持了简单工厂模式的优点，而且克服了它的缺点。在工厂方法模式中，核心的工厂类不再负责所有产品的创建，而是将具体创建工作交给子类去做。这个核心类仅仅负责给出具体工厂必须实现的接口，而不负责产品类被实例化这种细节，这使得工厂方法模式可以允许系统在不修改工厂角色的情况下引进新产品。

（4）工厂方法模式的主要优点是增加新的产品类时无须修改现有系统，并封装了产品对象的创建细节，系统具有良好的灵活性和可扩展性；其缺点在于增加新产品的同时需要增加新的工厂，导致系统类的个数成对增加，在一定程度上增加了系统的复杂性。

（5）工厂方法模式适用情况包括：一个类不知道它所需要的对象的类；另一个类通过其子类来指定创建哪个对象；将创建对象的任务委托给多个工厂子类中的某一个，客户端在使用时可以无须关心是哪一个工厂子类创建产品子类，需要时再动态指定。

思考与练习

1. 现需要设计一个程序来读取多种不同类型的图片格式，针对每一种图片格式都设计一个图片读取器（ImageReader），如 GIF 图片读取器（GifReader）用于读取 GIF 格式的图片、JPG 图片读取器（JpgReader）用于读取 JPG 格式的图片。图片读取器对象通过图片读取器工厂 ImageReaderFactory 来创建，ImageReaderFactory 是一个抽象类，用于定义创建图片读取器的工厂方法，其子类 GifReaderFactory 和 JpgReaderFactory 用于创建具体的图片读取器对象。使用工厂方法模式实现该程序的设计。

2. 宝马（BMW）工厂制造宝马汽车，奔驰（Benz）工厂制造奔驰汽车。使用工厂方法模式模拟该场景，要求绘制相应的类图并用 Java 语言实现。

3. 用 Java 代码实现"日志记录器"实例，如果在系统中增加一个日志记录方式——控制台日志记录（ConsoleLog），绘制类图并修改代码，注意增加新日志记录方式过程中原有代码的变化。

第6章

抽象工厂模式

本章导学

抽象工厂模式也是常见的创建型设计模式之一,它比工厂方法模式的抽象程度更高。在工厂方法模式中具体工厂只需要生产一种具体产品,但是在抽象工厂模式中,具体工厂可以生产相关的一组具体产品,这样的一组产品称之为产品族,产品族中的每一个产品都分属于某一个产品继承等级结构。

视频讲解

本章将通过实例来介绍抽象工厂模式、抽象工厂模式的结构及特点,比较三种不同的工厂模式的异同,使读者学会如何在实际软件项目开发中合理使用抽象工厂模式。

本章的难点在于掌握抽象工厂模式的结构及实现,理解抽象工厂模式中"开闭原则"的倾斜性。

抽象工厂模式重要等级:★★★★★
抽象工厂模式难度等级:★★★★☆

6.1 抽象工厂模式动机与定义

抽象工厂模式是工厂方法模式的泛化版,工厂方法模式是一种特殊的抽象工厂模式。在工厂方法模式中,每一个具体工厂只能生产一种具体产品,而在抽象工厂方法模式中,每一个具体工厂可以生产多个具体产品。在实际的软件开发中,抽象工厂模式使用频率较高,下面将深化抽象工厂模式的学习。

6.1.1 模式动机

在工厂方法模式中具体工厂负责生产具体的产品,每一个具体工厂对应一种具体产品,工厂方法也具有唯一性,一般情况下,一个具体工厂中只有一个工厂方法或者一组重载的工厂方法。但是有时候我们需要一个工厂可以提供多个产品对象,而不是单一的产品对象,如一个电器设备工厂,它可以生产电视机、电冰箱、空调等设备,而不只是生成某种类型的电器。为了更清晰地理解抽象工厂模式,需要先引入两个概念:

(1)产品等级结构:产品等级结构即产品的继承结构,如一个抽象类是电视机,其子类有海尔电视机、海信电视机、TCL 电视机,则抽象电视机与具体品牌的电视机之间构成了一个产品等级结构,抽象电视机是父类,而具体品牌的电视机是其子类。

(2)产品族:在抽象工厂模式中,产品族是指由同一个工厂生产的,位于不同产品等级结构中的一组产品,如海尔电器工厂生产的海尔电视机、海尔电冰箱,海尔电视机位于电视机产品等级结构中,海尔电冰箱位于电冰箱产品等级结构中,如图 6-1 所示。

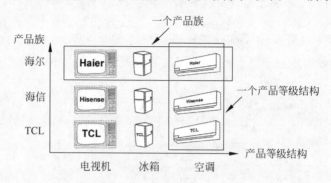

图 6-1 产品族与产品等级结构示意图

在图 6-1 中,不同品牌的电视机、冰箱和空调分别构成了 3 个不同的产品等级结构,而相同品牌的电视机、冰箱和空调则构成了一个产品族,每一个对象都位于某个产品族并属于某个产品等级结构。在图 6-1 中,一共包含 3 个产品族,分属于 3 个不同的产品等级结构。只要指明一个产品所处的产品族以及它所属的等级结构,就可以唯一确定这个产品。

当系统所提供的工厂所需生产的具体产品并不是一个简单的对象,而是多个位于不同产品等级结构中属于不同类型的具体产品时需要使用抽象工厂模式。抽象工厂模式是所有形式的工厂模式中最为抽象和最具一般性的一种形态。抽象工厂模式与工厂方法模式最大的区别在于,工厂方法模式针对的是一个产品等级结构,而抽象工厂模式则需要面对多个产品等级结构,一个工厂等级结构可以负责多个不同产品等级结构中的产品对象的创建。当一个工厂等级结构可以创建出分属于不同产品等级结构的一个产品族中的所有对象时,抽象工厂模式比工厂方法模式更为简单、有效率,如图 6-2 所示。

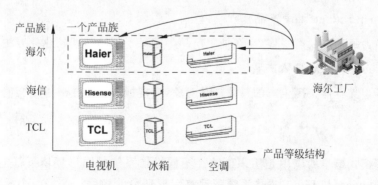

图 6-2 抽象工厂模式示意图

在图 6-2 中,每一个具体工厂可以生产属于一个产品族的所有产品,例如海尔工厂生产海尔电视机、海尔冰箱和海尔空调,所生产的产品又位于不同的产品等级结构中。如果使用工厂方法模式,图 6-2 所示结构需要提供 9 个具体工厂,而使用抽象工厂模式只需要提供 3 个具体工厂,极大减少了系统中类的个数。

6.1.2　模式定义

抽象工厂模式(Abstract Factory Pattern)定义：提供一个创建一系列相关或相互依赖对象的接口,而无须指定它们具体的类。抽象工厂模式又称为 Kit 模式,属于对象创建型模式。

英文定义："Provide an interface for creating families of related or dependent objects without specifying their concrete classes."。

6.2　抽象工厂模式结构与分析

与简单工厂模式和工厂方法模式相比较,抽象工厂模式结构较为复杂,下面将学习并分析其模式结构。

6.2.1　模式结构

抽象工厂模式结构图如图 6-3 所示。

抽象工厂模式包含如下角色:

1. AbstractFactory(抽象工厂)

抽象工厂用于声明生成抽象产品的方法,在一个抽象工厂中可以定义一组方法,每一个方法对应一个产品等级结构。

2. ConcreteFactory(具体工厂)

具体工厂实现了抽象工厂声明的生成抽象产品的方法,生成一组具体产品,这些产品构成了一个产品族,每一个产品都位于某个产品等级结构中。

3. AbstractProduct(抽象产品)

抽象产品为每种产品声明接口,在抽象产品中定义了产品的抽象业务方法。

4. ConcreteProduct(具体产品)

具体产品定义具体工厂生产的具体产品对象,实现抽象产品接口中定义的业务方法。

6.2.2　模式分析

抽象工厂模式最早的应用是用来创建在不同操作系统的图形环境下都能够运行的系统,例如在 Windows 与 Linux 操作系统下都有图形环境的构件。在每一个操作系统中,都有一个图形构件组成的构件家族,可以通过一个抽象角色给出功能定义,而由具体子类给出不同操作系统下的具体实现,如图 6-4 所示。

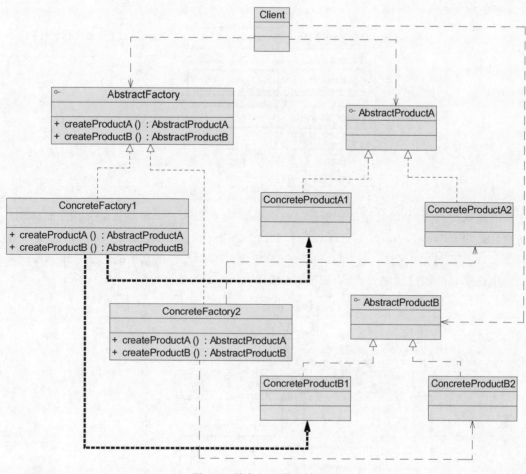

图 6-3 抽象工厂模式结构图

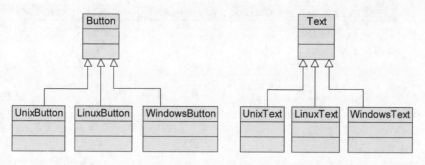

图 6-4 不同操作系统下 Button 和 Text 结构示意图

可以发现图 6-4 有两个产品等级结构，分别是 Button 与 Text；同时有三个产品族：UNIX 产品族、Linux 产品族与 Windows 产品族，用产品等级结构-产品族图表示如图 6-5 所示。

在图 6-5 中，可以更加清晰地看到 Windows 的 Button 和 Text 构成了一个 Windows 产品族，而不同操纵系统下的 Button 构成了一个产品等级结构，与抽象工厂模式中对产品的要求相符，因此可以通过抽象工厂模式来设计和实现。

对于属于同一个产品族的产品对象可以创建一个工厂，而这些工厂同时也构成了一个

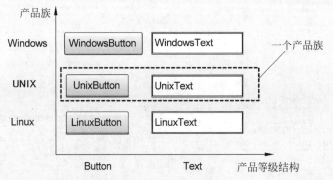

图 6-5　不同操作系统下不同构件的产品等级结构-产品族示意图

工厂等级结构，与产品等级结构相对应。在图 6-5 中，可以为三个产品族定义三个具体工厂角色，即 WindowsFactory、UnixFactory 和 LinuxFactory。WindowsFactory 负责创建 Windows 产品族中的产品，而 UnixFactory 负责创建 UNIX 产品族中的产品，LinuxFactory 负责创建 Linux 产品族中的产品，如图 6-6 所示。

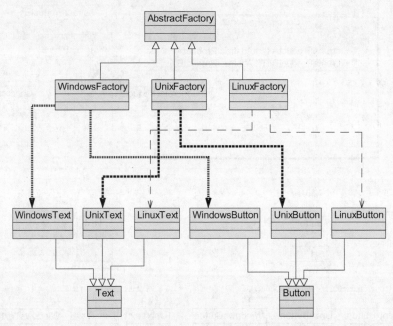

图 6-6　不同操作系统下不同构件结构类图

在实际情况下，一个系统在某一时刻只能够在某一个操作系统的图形环境下运行，而不能同时在不同的操作系统上运行。所以系统实际上只能消费属于同一个产品族的产品。通过抽象工厂模式，系统可以在运行时动态判断操作系统的类型，选择对应的具体工厂来创建图形构件，从而使系统可以兼容不同的操作系统，在不同操作系统中呈现与该系统一致的外观。

在抽象工厂模式中，对于抽象工厂类，其典型代码如下：

```
public abstract class AbstractFactory
{
```

```
    public abstract AbstractProductA createProductA();
    public abstract AbstractProductB createProductB();
}
```

在一个抽象工厂类中可以声明多个工厂方法,每个工厂方法用于生产一种产品,为了让产品可以更好地扩展,抽象工厂类针对抽象产品类编程,即工厂方法返回的是抽象类型的产品。而对于每一个具体工厂类,其典型代码如下:

```
public class ConcreteFactory1 extends AbstractFactory
{
    public AbstractProductA createProductA()
    {
        return new ConcreteProductA1();
    }

    public AbstractProductB createProductB()
    {
        return new ConcreteProductB1();
    }
}
```

在具体工厂类中实现了在抽象工厂类中声明的工厂方法,且每一个方法都返回属于某一个产品等级结构的具体产品类对象。

6.3 抽象工厂模式实例与解析

下面通过两个实例来进一步学习并理解抽象工厂模式。

6.3.1 抽象工厂模式实例之电器工厂

1. 实例说明

一个电器工厂可以产生多种类型的电器,如海尔工厂可以生产海尔电视机、海尔空调等,TCL 工厂可以生产 TCL 电视机、TCL 空调等,相同品牌的电器构成一个产品族,而相同类型的电器构成了一个产品等级结构,现使用抽象工厂模式模拟该场景。

2. 实例类图

通过分析,该实例类图如图 6-7 所示。

3. 实例代码及解释

(1) 抽象产品类 Television(电视机类)

```
public interface Television
{
    public void play();
}
```

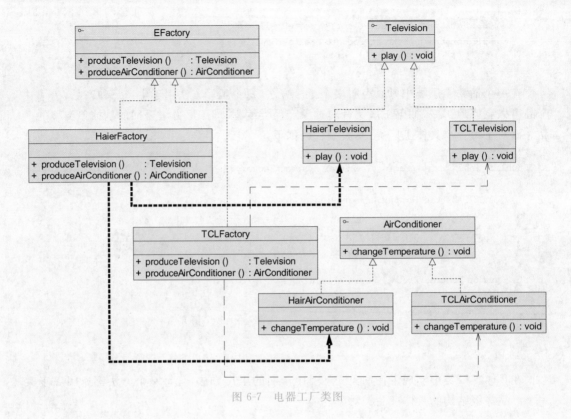

图 6-7   电器工厂类图

Television 是一种抽象产品类,它可以是一个接口,也可以是一个抽象类,其中包含业务方法 play()的声明。

（2）具体产品类 HaierTelevision(海尔电视机类)

```
public class HaierTelevision implements Television
{
    public void play()
    {
        System.out.println("海尔电视机播放中……");
    }
}
```

HaierTelevision 是 Television 的子类,实现了在 Television 中定义的业务方法 play()。

（3）具体产品类 TCLTelevision(TCL 电视机类)

```
public class TCLTelevision implements Television
{
    public void play()
    {
        System.out.println("TCL 电视机播放中……");
    }
}
```

TCLTelevision 是 Television 的另一个子类,实现了在 Television 中定义的业务方法 play()。Television、HaierTelevision 和 TCLTelevision 构成了一个产品等级结构。

(4) 抽象产品类 AirConditioner(空调类)

```
public interface AirConditioner
{
    public void changeTemperature();
}
```

AirConditioner 是另一种抽象产品类,它可以是一个接口,也可以是一个抽象类,其中包含业务方法 changeTemperature ()的声明。

(5) 具体产品类 HairAirConditioner(海尔空调类)

```
public class HairAirConditioner implements AirConditioner
{
    public void changeTemperature()
    {
        System.out.println("海尔空调温度改变中……");
    }
}
```

HairAirConditioner 是 AirConditioner 的子类,实现了在 AirConditioner 中定义的业务方法 changeTemperature()。

(6) 具体产品类 TCLAirConditioner(TCL 空调类)

```
public class TCLAirConditioner implements AirConditioner
{
    public void changeTemperature()
    {
        System.out.println("TCL 空调温度改变中……");
    }
}
```

TCLAirConditioner 是 AirConditioner 的另一个子类,实现了在 AirConditioner 中定义的业务方法 changeTemperature ()。AirConditioner、HairAirConditioner 和 TCLAirConditioner 构成了一个产品等级结构。

(7) 抽象工厂类 EFactory(电器工厂类)

```
public interface EFactory
{
    public Television produceTelevision();
    public AirConditioner produceAirConditioner();
}
```

EFactory 类是抽象工厂类,其中定义了抽象工厂方法,针对每一个产品族的产品都提供了一个对应的工厂方法。

(8) 具体工厂类 HaierFactory(海尔工厂类)

```java
public class HaierFactory implements EFactory
{
    public Television produceTelevision()
    {
        return new HaierTelevision();
    }

    public AirConditioner produceAirConditioner()
    {
        return new HairAirConditioner();
    }
}
```

HaierFactory 是 EFactory 的一个子类,实现了在 EFactory 中定义的工厂方法,用于创建具体产品对象。HaierFactory 所生产的具体产品构成了一个产品族。

(9) 具体工厂类 TCLFactory(TCL 工厂类)

```java
public class TCLFactory implements EFactory
{
    public Television produceTelevision()
    {
        return new TCLTelevision();
    }

    public AirConditioner produceAirConditioner()
    {
        return new TCLAirConditioner();
    }
}
```

TCLFactory 是 EFactory 的另一个子类,实现了在 EFactory 中定义的工厂方法,用于创建具体产品对象。TCLFactory 所生产的具体产品构成了一个产品族。

EFactory、HaierFactory 和 TCLFactory 构成了一个工厂等级结构。

4. 辅助代码

(1) XML 操作工具类 XMLUtil

参见 5.2.2 节工厂方法模式之模式分析。

(2) 配置文件 config.xml

本实例配置文件代码如下:

```xml
<?xml version = "1.0"?>
<config>
    <className>HaierFactory</className>
</config>
```

（3）客户端测试类 Client

```
public class Client
{
    public static void main(String args[])
    {
        try
        {
            EFactory factory;
            Television tv;
            AirConditioner ac;
            factory = (EFactory)XMLUtil.getBean();
            tv = factory.produceTelevision();
            tv.play();
            ac = factory.produceAirConditioner();
            ac.changeTemperature();
        }
        catch(Exception e)
        {
            System.out.println(e.getMessage());
        }
    }
}
```

注意在代码中需要体现"依赖倒转原则"，针对接口编程，而不要针对实现编程，这也是实现系统扩展性和灵活性的关键所在。

5. 结果及分析

编译并运行程序，如果在配置文件 config. xml 中将< className >节点中的内容设置为：HaierFactory，则输出结果如下：

```
海尔电视机播放中……
海尔空调温度改变中……
```

如果在配置文件中将< className >节点中的内容设置为：TCLFactory，则输出结果如下：

```
TCL 电视机播放中……
TCL 空调温度改变中……
```

如果要增加一种新品牌的电器，即增加一个新的产品族，如增加海信电视机和海信空调，则只需要对应增加一个具体工厂即可，再将配置文件中具体工厂类类名改为新增的工厂类类名，原有代码无须做任何修改。但是如果要增加一种新的产品，如增加一种新的电器产品洗衣机，则原有类库代码需要做较大的修改，在抽象工厂中需要声明一个生产洗衣机的方法，所有的具体工厂类都需要实现该方法，将导致系统不再符合"开闭原则"。因此抽象工厂模式对于"开闭原则"的支持有其特殊性，在本章后续内容中有深入的讨论。

6.3.2 抽象工厂模式实例之数据库操作工厂

1.实例说明

某系统为了改进数据库操作的性能,自定义数据库连接对象 Connection 和语句对象 Statement,可针对不同类型的数据库提供不同的连接对象和语句对象,如提供 Oracle 或 MySQL 专用连接类和语句类,而且用户可以通过配置文件等方式根据实际需要动态更换 系统数据库。使用抽象工厂模式设计该系统。

2.实例类图

通过分析,该实例类图如图 6-8 所示。

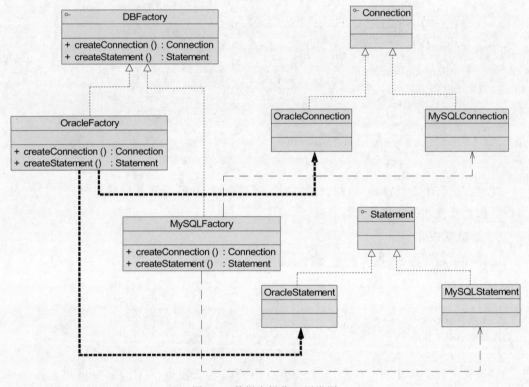

图 6-8 数据库操作工厂类图

该实例的代码解释与结果分析略。

6.4 抽象工厂模式效果与应用

6.4.1 模式优缺点

1.抽象工厂模式的优点

(1)抽象工厂模式隔离了具体类的生成,使得客户并不需要知道什么被创建。由于这种隔离,更换一个具体工厂就变得相对容易。所有的具体工厂都实现了抽象工厂中定义的那些公共接口,因此只需改变具体工厂的实例,就可以在某种程度上改变整个软件系统的行为。另外,应用抽象工厂模式可以实现高内聚低耦合的设计目的,因此抽象工厂模式得到了广泛的应用。

(2) 当一个产品族中的多个对象被设计成一起工作时,它能够保证客户端始终只使用同一个产品族中的对象。这对一些需要根据当前环境来决定其行为的软件系统来说,是一种非常实用的设计模式。

(3) 增加新的具体工厂和产品族很方便,无须修改已有系统,符合"开闭原则"。

2.抽象工厂模式的缺点

在添加新的产品对象时,难以扩展抽象工厂来生产新种类的产品,这是因为在抽象工厂角色中规定了所有可能被创建的产品集合,要支持新种类的产品就意味着要对该接口进行扩展,而这将涉及对抽象工厂角色及其所有子类的修改,显然会带来较大的不便。

6.4.2 模式适用环境

在以下情况下可以使用抽象工厂模式:

(1) 一个系统不应当依赖于产品类实例如何被创建、组合和表达的细节,这对于所有类型的工厂模式都是重要的。用户无须关心对象的创建过程,将对象的创建和使用解耦。

(2) 系统中有多于一个的产品族,而每次只使用其中某一产品族。可以通过配置文件等方式来使得用户可以动态改变产品族,也可以很方便地增加新的产品族。

(3) 属于同一个产品族的产品将在一起使用,这一约束必须在系统的设计中体现出来。同一个产品族中的产品可以是没有任何关系的对象,但是它们都具有一些共同的约束,如同一操作系统下的按钮和文本框,按钮与文本框之间没有直接关系,但它们都是属于某一操作系统的,此时具有一个共同的约束条件:操作系统的类型。

(4) 系统提供一个产品类的库,所有的产品以同样的接口出现,从而使客户端不依赖于具体实现。对于这些产品,用户只需要知道它们提供了哪些具体的业务方法,而不需要知道这些对象的创建过程,在客户端代码中针对抽象编程,而将具体类写入配置文件中。

6.4.3 模式应用

(1) 在 Java 语言的 AWT(抽象窗口工具包)中就使用了抽象工厂模式,它使用抽象工厂模式来实现在不同的操作系统中应用程序呈现与所在操作系统一致的外观界面。一个使用 Java 语言所开发的软件可以支持 Windows、Motif 和 Macintosh 等不同操作系统界面类型(这种技术也被称为 Look and Feel 机制)。开发人员可以通过抽象工厂获得某种界面对应的 GUI(图形用户界面)工厂类,通过 GUI 工厂类开发人员可以对界面上的组件(例如按钮、文本框等)进行操作。从 Java 1.2 开始,Java 在系统层提供了实现了抽象工厂模式的具体界面类型,当开发人员在程序中确定界面类型后,就可以通过界面类型获得界面上组件的实例,也可以是在程序运行时获得操作系统的类型,并根据操作系统设定程序的界面类型。

(2) 在很多软件系统中需要更换界面主题,要求界面中的按钮、文本框、背景色等一起发生改变时,可以使用抽象工厂模式进行设计。

6.5 抽象工厂模式扩展

1."开闭原则"的倾斜性

"开闭原则"要求系统对扩展开放,对修改封闭,通过扩展达到增强其功能的目的。对于涉及多个产品族与多个产品等级结构的系统,其功能增强包括两方面:

(1)增加产品族:对于增加新的产品族,抽象工厂模式很好地支持了"开闭原则",只需要对应增加一个新的具体工厂即可,对已有代码无须做任何修改。

(2)增加新的产品等级结构:对于增加新的产品等级结构,需要修改所有的工厂角色,包括抽象工厂类,在所有的工厂类中都需要增加生产新产品的方法,不能很好地支持"开闭原则"。

抽象工厂模式的这种性质称为"开闭原则"的倾斜性,抽象工厂模式以一种倾斜的方式支持增加新的产品,它为新产品族的增加提供方便,但不能为新的产品等级结构的增加提供这样的方便。

2.工厂模式的退化

当抽象工厂模式中每一个具体工厂类只创建一个产品对象,也就是只存在一个产品等级结构时,抽象工厂模式退化成工厂方法模式;当工厂方法模式中抽象工厂与具体工厂合并,提供一个统一的工厂来创建产品对象,并将创建对象的工厂方法设计为静态方法时,工厂方法模式退化成简单工厂模式。

6.6 本章小结

(1)抽象工厂模式提供一个创建一系列相关或相互依赖对象的接口,而无须指定它们具体的类。抽象工厂模式又称为 Kit 模式,属于对象创建型模式。

(2)抽象工厂模式包含四个角色:抽象工厂用于声明生成抽象产品的方法;具体工厂实现了抽象工厂声明的生成抽象产品的方法,生成一组具体产品,这些产品构成了一个产品族,每一个产品都位于某个产品等级结构中;抽象产品为每种产品声明接口,在抽象产品中定义了产品的抽象业务方法;具体产品定义具体工厂生产的具体产品对象,实现抽象产品接口中定义的业务方法。

(3)抽象工厂模式是所有形式的工厂模式中最为抽象和最具一般性的一种形态。抽象工厂模式与工厂方法模式最大的区别在于,工厂方法模式针对的是一个产品等级结构,而抽象工厂模式则需要面对多个产品等级结构。

(4)抽象工厂模式的主要优点是隔离了具体类的生成,使得客户并不需要知道什么被创建,而且每次可以通过具体工厂类创建一个产品族中的多个对象,增加或者替换产品族比较方便,增加新的具体工厂和产品族很方便;主要缺点在于增加新的产品等级结构很复杂,需要修改抽象工厂和所有的具体工厂类,对"开闭原则"的支持呈现倾斜性。

(5)抽象工厂模式适用情况包括:一个系统不应当依赖于产品类实例如何被创建、组合和表达的细节；系统中有多于一个的产品族，而每次只使用其中某一产品族；属于同一个产品族的产品将在一起使用；系统提供一个产品类的库，所有的产品以同样的接口出现，从而使客户端不依赖于具体实现。

思考与练习

1. 用 Java 代码模拟实现"数据库操作工厂"实例，要求可以通过配置文件改变数据库类型。

2. 计算机包含内存（RAM）、CPU 等硬件设备，根据如图 6-9 所示的"产品等级结构-产品族"示意图，使用抽象工厂模式实现计算机设备创建过程并绘制相应的类图。

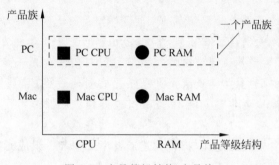

图 6-9　产品等级结构-产品族

第7章

建造者模式

视频讲解

本章导学

  建造者模式是最复杂的创建型模式，它将客户端与包含多个组成部分的复杂对象的创建过程分离，客户端无须知道复杂对象的内部组成部分与装配方式，只需要知道建造者的类型即可。它关注如何一步一步创建一个的复杂对象，不同的具体建造者定义了不同的创建过程，且具体建造者相互独立，增加新的建造者非常方便，系统具有较好的扩展性。

  本章将介绍建造者模式的定义与结构、建造者模式中各个组成元素的作用，使读者通过实例来学习如何实现建造者模式。

  本章的难点在于理解建造者模式中指挥者类的作用以及如何编程实现建造者模式。

  建造者模式重要等级：★★☆☆☆

  建造者模式难度等级：★★★★★

7.1　建造者模式动机与定义

  建造者模式是最复杂的创建型模式，它用于创建一个包含多个组成部分的复杂对象，可以返回一个完整的产品对象给用户。建造者模式关注该复杂对象是如何一步一步创建而成的，对于用户而言，无须知道创建过程和内部组成细节，只需直接使用创建好的完整对象即可。本章将深入介绍建造者模式。

7.1.1　模式动机

  无论是在现实世界中还是在软件系统中，都存在一些复杂的对象，它们拥有多个组成部分，如汽车，它包括车轮、方向盘、发送机等各种部件。而对于大多数用户而言，无须知道这些部件的装配细节，也几乎不会使用单独某个部件，而是使用一辆完整的汽车，如图 7-1 所示。此时，就可以通过建造者模式对其进行设计与描述，建造者模式可以将部件和其组装过程分开，一步一步创建一个复杂的对象。用户只需要指定复杂对象的类型就可以得到该对象，而无须知道其内部的具体构造细节。

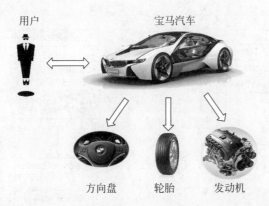

图 7-1　复杂对象示意图

在软件开发中,也存在大量类似汽车一样的复杂对象,它们拥有一系列成员属性,这些成员属性中有些是引用类型的成员对象。而且在这些复杂对象中,还可能存在一些限制条件,如某些属性没有赋值则复杂对象不能作为一个完整的产品使用,例如,一封电子邮件包括发件人地址、收件人地址、主题、内容、附件等部分,而在收件人地址未被赋值之前,这个电子邮件不能被发出,不是一封完整的电子邮件;有些属性的赋值必须按照某个顺序,一个属性没有赋值之前,另一个属性可能无法赋值等。此时,复杂对象相当于一辆有待建造的汽车,而对象的属性相当于汽车的部件,建造产品的过程就相当于组合部件的过程。由于组合部件的过程很复杂,因此,这些部件的组合过程往往被"外部化"到一个称作建造者的对象里,建造者返还给客户端的是一个已经建造完毕的完整产品对象,而用户无须关心该对象所包含的属性以及它们的组装方式,这就是建造者模式的模式动机。

7.1.2　模式定义

建造者模式(Builder Pattern)定义:将一个复杂对象的构建与它的表示分离,使得同样的构建过程可以创建不同的表示。建造者模式是一步一步创建一个复杂的对象,它允许用户只通过指定复杂对象的类型和内容就可以构建它们,用户不需要知道内部的具体构建细节。建造者模式属于对象创建型模式。根据中文翻译的不同,建造者模式又可以称为生成器模式。

英文定义:"Separate the construction of a complex object from its representation so that the same construction process can create different representations."。

7.2　建造者模式结构与分析

建造者模式结构较为复杂,它除了包含建造者类之外,还包含一个指挥者类。下面将学习并分析其模式结构。

7.2.1　模式结构

建造者模式结构图如图 7-2 所示。

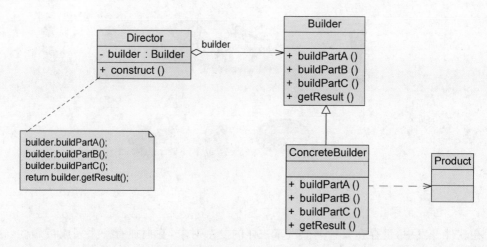

图 7-2　建造者模式结构图

建造者模式包含如下角色:

1. Builder(抽象建造者)

抽象建造者为创建一个产品 Product 对象的各个部件指定抽象接口,在该接口中一般声明两类方法,一类方法是 buildPartX(),它们用于创建复杂对象的各个部件;另一类方法是 getResult(),它们用于返回复杂对象。它既可以是抽象类,也可以是接口。

2. ConcreteBuilder(具体建造者)

具体建造者实现了 Builder 接口,实现各个部件的构造和装配方法,定义并明确它所创建的复杂对象,也可以提供一个方法返回创建好的复杂产品对象。

3. Product(产品角色)

产品角色是被构建的复杂对象,包含多个组成部件,具体建造者创建该产品的内部表示并定义它的装配过程。

4. Director(指挥者)

指挥者又称为导演类,它负责安排复杂对象的建造次序,指挥者与抽象建造者之间存在关联关系,可以在其 construct()建造方法中调用建造者对象的部件构造与装配方法,完成复杂对象的建造。客户端一般只需要与指挥者进行交互,在客户端确定具体建造者的类型,并实例化具体建造者对象(也可以通过配置文件和反射机制),然后通过指挥者类的构造函数或者 Setter 方法将该对象传入指挥者类中。

7.2.2　模式分析

在分析建造者模式之前,首先需要了解什么是复杂对象,在建造者模式中,复杂对象是指那些包含多个成员属性的对象,这些成员属性也称为部件或零件,如汽车包括方向盘、发动机、轮胎等部件,电子邮件包括发件人、收件人、主题、内容、附件等部件,一个典型的复杂对象其类代码示例如下:

```
public class Product
{
    private String partA;              //可以是任意类型
    private String partB;
    private String partC;
    //partA 的 Getter 方法和 Setter 方法省略
    //partB 的 Getter 方法和 Setter 方法省略
    //partC 的 Getter 方法和 Setter 方法省略
}
```

在上述 Product 类中定义了多个成员属性,在实际使用时这些成员属性的类型可以是任意类型,既可以是值类型,也可以是引用类型。每一个成员属性都有相应的 Getter 方法和 Setter 方法,通过这些 Setter 方法可以建造一个完整的产品对象。

在建造者模式中,抽象建造者类中定义了产品的创建方法和返回方法,其典型代码如下:

```
public abstract class Builder
{
    protected Product product = new Product();

    public abstract void buildPartA();
    public abstract void buildPartB();
    public abstract void buildPartC();

    public Product getResult()
    {
        return product;
    }
}
```

在抽象类 Builder 中声明了抽象的 buildPartX()方法,具体建造过程在其子类中实现,此外还提供了工厂方法 getResult(),用于返回一个建造好的完整产品。其子类实现了 buildPartX(),通过调用 Product 的 setX()方法用于给产品对象的成员属性设值。不同的具体建造者在实现 buildPartX()方法时有所区别,如 setX()方法的参数不一样,在有些具体建造者类中某些 setX()方法无须实现(提供一个空实现)。而这些对于客户端来说都无须关心,客户端只需知道具体建造者类型即可。

建造者模式的结构中还引入了一个指挥者类 Director,该类的作用主要有两个:一方面它隔离了客户与生产过程;另一方面它负责控制产品的生成过程。指挥者针对抽象建造者编程,客户端只需要知道具体建造者的类型,即可通过指挥者类调用建造者的相关方法,返回一个完整的产品对象。在实际生活中也存在类似指挥者一样的角色,如一个客户去购买计算机,计算机销售人员相当于指挥者,只要用户确定计算机的类型,指挥者可以通知计算机组装人员组装一台计算机然后给客户。指挥者类的代码示例如下:

```
public class Director
{
    private Builder builder;

    public Director(Builder builder)
    {
        this.builder = builder;
    }

    public void setBuilder(Builder builder)
    {
        this.builder = builer;
    }

    public Product construct()
    {
        builder.buildPartA();
        builder.buildPartB();
        builder.buildPartC();
        return builder.getResult();
    }
}
```

在指挥者类中可以传入一个建造者 Builder 类型的对象,其核心在于提供了一个建造方法 construct(),在该方法中调用了 builder 对象的构造部件的方法,最后返回一个产品对象。在 construct()方法中还指定了 buildPartX()方法的执行次序。

对于客户端而言,只需指定具体的建造者即可,通常情况下,客户端类代码片段如下:

```
Builder builder = new ConcreteBuilder();
Director director = new Director(builder);
Product product = director.construct();
```

对于具体建造者 ConcreteBuilder 可以通过配置文件来存储具体建造者类的类名,使得更换新的建造者无须修改源代码,系统扩展更为方便。在客户端代码中,无须关心产品对象的具体组装过程,只需确定具体建造者的类型即可,建造者模式将复杂对象的构建与对象的表现分离开来,这样使得同样的构建过程可以创建出不同的表现。

7.3 建造者模式实例与解析

下面通过 KFC 套餐实例来进一步学习并理解建造者模式。

1. 实例说明

建造者模式可以用于描述 KFC 如何创建套餐:套餐是一个复杂对象,它一般包含主食(如汉堡、鸡肉卷等)和饮料(如果汁、可乐等)等组成部分,不同的套餐有不同的组成部分,而

KFC 的服务员可以根据顾客的要求，一步一步装配这些组成部分，构造一份完整的套餐，然后返回给顾客。

2．实例类图

通过分析，该实例类图如图 7-3 所示。

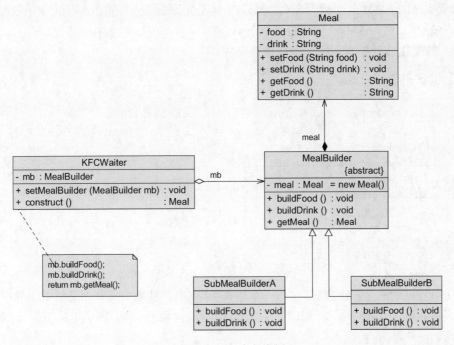

图 7-3　KFC 套餐类图

3．实例代码及解释

（1）产品类 Meal（套餐类）

```
public class Meal
{
    //food 和 drink 是部件
    private String food;
    private String drink;

    public void setFood(String food) {
        this.food = food;
    }

    public void setDrink(String drink) {
        this.drink = drink;
    }

    public String getFood() {
        return (this.food);
    }
```

```
        public String getDrink() {
            return (this.drink);
        }
    }
```

套餐类 Meal 是复杂产品对象,它包括两个成员属性 food 和 drink,其中 food 表示主食,drink 表示饮料,在 Meal 中还包含成员属性的 Getter 方法和 Setter 方法。

(2) 抽象建造者类 MealBuilder(套餐建造者类)

```
public abstract class MealBuilder
{
    protected Meal meal = new Meal();

    public abstract void buildFood();
    public abstract void buildDrink();

    public Meal getMeal()
    {
        return meal;
    }
}
```

MealBuilder 是套餐建造者,它是一个抽象类,声明了抽象的部件组装方法 buildFood() 和 buildDrink(),在 MealBuilder 中定义了 Meal 类型的对象 meal,提供了工厂方法 getMeal() 用于返回 meal 对象。

(3) 具体建造者类 SubMealBuilderA(A 套餐建造者类)

```
public class SubMealBuilderA extends MealBuilder
{
    public void buildFood()
    {
        meal.setFood("一个鸡腿堡");
    }

    public void buildDrink()
    {
        meal.setDrink("一杯可乐");
    }
}
```

SubMealBuilderA 是具体建造者类,它用于创建 A 套餐,它是抽象建造者类的子类,实现了在抽象建造者中声明的部件组装方法,该套餐由一个鸡腿堡与一杯可乐组成。

(4) 具体建造者类 SubMealBuilderB(B 套餐建造者类)

```
public class SubMealBuilderB extends MealBuilder
{
    public void buildFood()
```

```
    {
        meal.setFood("一个鸡肉卷");
    }

    public void buildDrink()
    {
        meal.setDrink("一杯果汁");
    }
}
```

SubMealBuilderB 也是具体建造者类,它用于创建 B 套餐,该套餐由一个鸡肉卷与一杯果汁组成。

(5) 指挥者类 KFCWaiter(服务员类)

```
public class KFCWaiter
{
    private MealBuilder mb;

    public void setMealBuilder(MealBuilder mb)
    {
        this.mb = mb;
    }

    public Meal construct()
    {
        mb.buildFood();
        mb.buildDrink();
        return mb.getMeal();
    }
}
```

KFCWaiter 类是指挥者类,在 KFC 套餐制作过程中,它就是 KFC 的服务员,在其中定义了一个抽象建造者类型的变量 mb,具体建造者类型由客户端指定,在其 construct()方法中调用 mb 对象的部件组装方法和工厂方法,用于向客户端返回一份包含主食和饮料的完整套餐。

4. 辅助代码

(1) XML 操作工具类 XMLUtil

参见 5.2.2 节工厂方法模式中的模式分析。

(2) 配置文件 config. xml

本实例配置文件代码如下:

```
<?xml version = "1.0"?>
<config>
    <className>SubMealBuilderA</className>
</config>
```

（3）客户端测试类 Client

```java
public class Client
{
    public static void main(String args[ ])
    {
        //动态确定套餐种类
        MealBuilder mb = (MealBuilder)XMLUtil.getBean();
        //服务员是指挥者
        KFCWaiter waiter = new KFCWaiter();
        //服务员准备套餐
        waiter.setMealBuilder(mb);
        //客户获得套餐
        Meal meal = waiter.construct();

        System.out.println("套餐组成: ");
        System.out.println(meal.getFood());
        System.out.println(meal.getDrink());
    }
}
```

在客户端测试类中,通过存储在配置文件中的具体建造者类的类名可以获得一个具体建造者对象 mb,然后将其传入指挥者类 KFCWaiter 的对象 waiter 中,通过 waiter 的 construct()方法来调用套餐的组成方法并返回套餐给客户端。

5. 结果及分析

如果在配置文件中将< className >节点中的内容设置为：SubMealBuilderA,则输出结果如下：

```
套餐组成:
一个鸡腿堡
一杯可乐
```

如果在配置文件中将< className >节点中的内容设置为：SubMealBuilderB,则输出结果如下：

```
套餐组成:
一个鸡肉卷
一杯果汁
```

由此可以看出,更换具体建造者无须修改源代码,只需修改配置文件即可。

如果需要增加新的具体建造者,只需增加一个新的具体建造者类继承抽象建造者类,再实现在其中声明的抽象部件组装方法,修改配置文件,即可使用新的具体建造者构造新的类型的套餐,系统具有良好的灵活性和可扩展性,符合"开闭原则"的要求。

7.4　建造者模式效果与应用

7.4.1　模式优缺点

1．建造者模式的优点

（1）在建造者模式中，客户端不必知道产品内部组成的细节，将产品本身与产品的创建过程解耦，使得相同的创建过程可以创建不同的产品对象。

（2）每一个具体建造者都相对独立，与其他的具体建造者无关，因此可以很方便地替换具体建造者或增加新的具体建造者，用户使用不同的具体建造者即可得到不同的产品对象。

（3）可以更加精细地控制产品的创建过程。将复杂产品的创建步骤分解在不同的方法中，使得创建过程更加清晰，也更方便使用程序来控制创建过程。

（4）增加新的具体建造者无须修改原有类库的代码，指挥者类针对抽象建造者类编程，系统扩展方便，符合"开闭原则"。

2．建造者模式的缺点

（1）建造者模式所创建的产品一般具有较多的共同点，其组成部分相似。如果产品之间的差异性很大，则不适合使用建造者模式，因此其使用范围受到一定的限制。

（2）如果产品的内部变化复杂，可能会导致需要定义很多具体建造者类来实现这种变化，导致系统变得很庞大。

7.4.2　模式适用环境

在以下情况下可以使用建造者模式：

（1）需要生成的产品对象有复杂的内部结构，这些产品对象通常包含多个成员属性。

（2）需要生成的产品对象的属性相互依赖，需要指定其生成顺序。

（3）对象的创建过程独立于创建该对象的类。在建造者模式中引入了指挥者类，将创建过程封装在指挥者类中，而不在建造者类中。

（4）隔离复杂对象的创建和使用，并使得相同的创建过程可以创建不同的产品。

7.4.3　模式应用

（1）JavaMail 是一组 Java SE 扩展的 API 类库，通过使用 JavaMail，程序员可以很容易地开发出功能完善的客户端电子邮件程序。在 JavaMail 中使用了建造者模式，JavaMail 中的 Message 和 MimeMessage 等类均可以看成是退化的建造者模式的应用。

在邮件类（产品类）MimeMessage 中定义了一系列建造方法，客户端可以通过直接调用这些建造方法一步步地建造出完整的邮件对象，然后发送，代码片段如下：

```
//由邮件会话对象新建一个邮件消息对象
MimeMessage message = new MimeMessage(session);
```

```
//设置邮件地址
InternetAddress from = new InternetAddress("sunny@test.com");
message.setFrom(from);              //设置发件人
InternetAddress to = new InternetAddress(to_mail);
message.setRecipient(Message.RecipientType.TO,to);   //设置收件人,并设置其接收类型为 TO
message.setSubject(to_title);       //设置主题
message.setText(to_content);        //设置信件内容
message.setSentDate(new Date());    //设置发信时间
message.saveChanges();              //存储邮件信息
Transport transport = session.getTransport("smtp");
transport.connect("smtp.test.com","test","test");
transport.sendMessage(message,message.getAllRecipients());
```

在实际使用中,还可以对以上代码进行重构,可以自行创建建造者类,如创建一个"成功注册邮件建造者"构造一封成功注册提示邮件,创建一个"广告邮件建造者"构造一封广告邮件,并增加抽象建造者类和指挥者,用户可以通过指挥者类调用建造者类的方法创建所需的邮件对象。简单的抽象邮件建造者示例代码如下:

```
public abstract class MessageBuilder
{
    protected Message message = new Message();
    public abstract void buildFrom();
    public abstract void buildRecipient();
    public abstract void buildSubject();
    public abstract void buildText();
    public abstract void buildSentDate();
}
```

(2) 在很多游戏软件中,地图包括天空、地面、背景等组成部分,人物角色包括人体、服装、装备等组成部分,可以使用建造者模式对其进行设计,通过不同的具体建造者创建不同类型的地图或人物。

7.5　建造者模式扩展

1. 建造者模式的简化

建造者模式在实际使用过程中通常可以进行简化,以下是几种常用的简化方式:

(1) 省略抽象建造者角色

如果系统中只需要一个具体建造者的话,可以省略掉抽象建造者。

(2) 省略指挥者角色

在具体建造者只有一个的情况下,如果抽象建造者角色已经被省略掉,那么还可以省略指挥者角色,让 Builder 角色扮演指挥者与建造者双重角色。

2. 建造者模式与抽象工厂模式的比较

与抽象工厂模式相比,建造者模式返回一个组装好的完整产品,而抽象工厂模式返回一系列相关的产品,这些产品位于不同的产品等级结构,构成了一个产品族。在抽象工厂模式中,客户端实例化工厂类,然后调用工厂方法获取所需产品对象,而在建造者模式中,客户端可以不直接调用建造者的相关方法,而是通过指挥者类来指导如何生成对象,包括对象的组装过程和建造步骤,它侧重于一步步构造一个复杂对象,返回一个完整的对象。如果将抽象工厂模式看成汽车配件生产工厂,生产一个产品族的产品,那么建造者模式就是一个汽车组装工厂,通过对部件的组装可以返回一辆完整的汽车。

7.6　本章小结

(1) 建造者模式将一个复杂对象的构建与它的表示分离,使得同样的构建过程可以创建不同的表示。建造者模式是一步一步创建一个复杂的对象,它允许用户只通过指定复杂对象的类型和内容就可以构建它们,用户不需要知道内部的具体构建细节。建造者模式属于对象创建型模式。

(2) 建造者模式包含如下四个角色:抽象建造者为创建一个产品对象的各个部件指定抽象接口;具体建造者实现了抽象建造者接口,实现各个部件的构造和装配方法,定义并明确它所创建的复杂对象,也可以提供一个方法返回创建好的复杂产品对象;产品角色是被构建的复杂对象,包含多个组成部件;指挥者负责安排复杂对象的建造次序,指挥者与抽象建造者之间存在关联关系,可以在其 construct() 建造方法中调用建造者对象的部件构造与装配方法,完成复杂对象的建造。

(3) 在建造者模式的结构中引入了一个指挥者类,该类的作用主要有两个:一方面它隔离了客户与生产过程;另一方面它负责控制产品的生成过程。指挥者针对抽象建造者编程,客户端只需要知道具体建造者的类型,即可通过指挥者类调用建造者的相关方法,返回一个完整的产品对象。

(4) 建造者模式的主要优点在于客户端不必知道产品内部组成的细节,将产品本身与产品的创建过程解耦,使得相同的创建过程可以创建不同的产品对象,每一个具体建造者都相对独立,而与其他的具体建造者无关,因此可以很方便地替换具体建造者或增加新的具体建造者,符合"开闭原则",还可以更加精细地控制产品的创建过程;其主要缺点是由于建造者模式所创建的产品一般具有较多的共同点,其组成部分相似,因此其使用范围受到一定的限制,如果产品的内部变化复杂,可能会导致需要定义很多具体建造者类来实现这种变化,导致系统变得很庞大。

(5) 建造者模式适用情况包括:需要生成的产品对象有复杂的内部结构,这些产品对象通常包含多个成员属性;需要生成的产品对象的属性相互依赖,需要指定其生成顺序;对象的创建过程独立于创建该对象的类;隔离复杂对象的创建和使用,并使得相同的创建过程可以创建不同类型的产品。

思考与练习

1. 某游戏软件中人物角色包括多种类型,不同类型的人物角色,其性别、脸型、服装、发型等外部特性有所差异,使用建造者模式创建人物角色对象,要求绘制类图并编程实现。

　　2. 计算机组装工厂可以将 CPU、内存、硬盘、主机、显示器等硬件设备组装在一起构成一台完整的计算机,且构成的计算机可以是笔记本电脑,也可以是台式机,还可以是不提供显示器的服务器主机。对于用户而言,无须关心计算机的组成设备和组装过程,工厂返回给用户的是完整的计算机对象。使用建造者模式实现计算机组装过程,要求绘制类图并编程实现。

第8章

原型模式

视频讲解

本章导学

　　原型模式结构较为简单,它是一种特殊的创建型模式,当需要创建大量相同或者相似对象时,可以通过对一个已有对象的复制获取更多对象。Java 语言提供了较为简单的原型模式解决方案,只需要创建一个原型对象,然后通过在类中定义的克隆方法复制自己。该模式应用较为广泛,可以快速生成大量相似对象,极大提高了创建新实例的效率。

　　本章将介绍原型模式的基本原理和结构,使读者掌握如何在 Java 语言中实现原型模式,理解浅克隆和深克隆这两种不同克隆机制的异同,并通过实例介绍如何实现浅克隆和深克隆,在本章的模式扩展部分,还将学习如何使用带原型管理器的原型模式以及如何使用原型模式创建一系列相似的对象。

　　本章的难点在于深克隆的实现以及带原型管理器的原型模式的理解和实现。

　　原型模式重要等级:★★★★☆

　　原型模式难度等级:★★★☆☆

8.1　原型模式动机与定义

　　在软件系统中,有时候需要多次创建某一类型的对象,为了简化创建过程,可以只创建一个对象,然后再通过克隆的方式复制出多个相同的对象,这就是原型模式的设计思想。本章我们将学习能够实现自我复制的原型模式。

8.1.1　模式动机

　　《西游记》中孙悟空拔毛变小猴的故事几乎人人皆知,孙悟空可以用猴毛根据自己的形象,复制出很多跟自己长得一模一样的"身外身"来,如图 8-1 所示。

　　孙悟空这种复制出多个身外身的方式在面向对象设计领域里称为原型(Prototype)模式。在面向对象系统中,使用原型模式来复制一个对象自身,从而克隆出多个与原型对象一模一样的对象。

　　在软件系统中,有些对象的创建过程较为复杂,而且有时候需要频繁创建。原型模式通

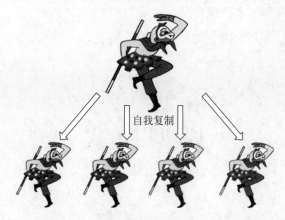

图 8-1　孙悟空拔毛变小猴

过给出一个原型对象来指明所要创建的对象的类型,然后用复制这个原型对象的办法创建出更多同类型的对象,这就是原型模式的意图所在。

8.1.2　模式定义

原型模式(Prototype Pattern)定义:原型模式是一种对象创建型模式,用原型实例指定创建对象的种类,并且通过复制这些原型创建新的对象。原型模式允许一个对象再创建另外一个可定制的对象,无须知道任何创建的细节。原型模式的基本工作原理是通过将一个原型对象传给那个要发动创建的对象,这个要发动创建的对象通过请求原型对象复制原型来实现创建过程。

英文定义:"Specify the kind of objects to create using a prototypical instance, and create new objects by copying this prototype."。

8.2　原型模式结构与分析

原型模式结构较为简单,在其结构中提供了一个抽象原型类。下面将介绍并分析其模式结构。

8.2.1　模式结构

原型模式结构图如图 8-2 所示。

原型模式包含如下角色。

1. Prototype(抽象原型类)

抽象原型类是定义具有克隆自己的方法的接口,是所有具体原型类的公共父类,可以是抽象类,也可以是接口。

2. ConcretePrototype(具体原型类)

具体原型类实现具体的克隆方法,在克隆方法中返回自己的一个克隆对象。

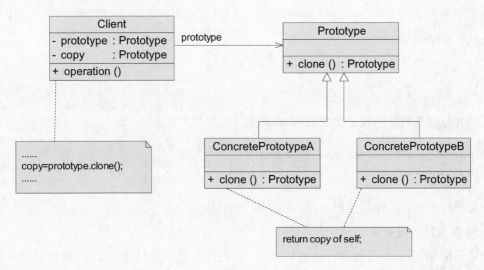

图 8-2 原型模式结构图

3. Client(客户类)

客户类让一个原型克隆自身,从而创建一个新的对象。在客户类中只需要直接实例化或通过工厂方法等方式创建一个对象,再通过调用该对象的克隆方法复制得到多个相同的对象。

8.2.2 模式分析

在很多软件中都可以找到原型模式的应用实例,如常见的复制、粘贴操作中就蕴涵了原型模式。Java、C♯等面向对象语言都提供了对原型模式的完美支持。

在原型模式结构中定义了一个抽象原型类,所有的 Java 类都继承自 java. lang. Object,而 Object 类提供一个 clone()方法,可以将一个 Java 对象复制一份。因此在 Java 中可以直接使用 Object 提供的 clone()方法来实现对象的克隆,Java 语言中的原型模式实现很简单。

需要注意的是,能够实现克隆的 Java 类必须实现一个标识接口 Cloneable,表示这个 Java 类支持复制。如果一个类没有实现这个接口但是调用了 clone()方法,Java 编译器将抛出一个 CloneNotSupportedException 异常。代码如下:

```java
public class PrototypeDemo implements Cloneable
{
    ⋮
    public Object clone()
    {
        Object object = null;
        try {
            object = super.clone();
        } catch (CloneNotSupportedException exception) {
            System.err.println("Not support cloneable");
```

```
        }
        return object;
    }
    ⋮
}
```

在客户端调用原型模式也很简单,代码如下:

```
PrototypeDemo obj1 = new PrototypeDemo();
PrototypeDemo obj2 = obj1.clone();
```

对于原型模式的使用还需要注意以下两个问题。

1. 深克隆与浅克隆

通常情况下,一个类包含一些成员对象。在使用原型模式克隆对象时,根据其成员对象是否也克隆,原型模式可以分为两种形式:深克隆和浅克隆。

(1) 浅克隆

在浅克隆中,被复制对象的所有普通成员变量都具有与原来的对象相同的值,而所有的对其他对象的引用仍然指向原来的对象。换言之,浅克隆仅仅复制所考虑的对象,而不复制它所引用的成员对象,也就是其中的成员对象并不复制。在浅克隆中,当对象被复制时它所包含的成员对象却没有被复制,如图 8-3 所示。

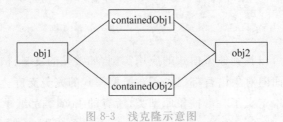

图 8-3　浅克隆示意图

在图 8-3 中,obj1 为原型对象,obj2 为复制后的对象,containedObj1 和 containedObj2 为成员对象。

(2) 深克隆

在深克隆中,被复制对象的所有普通成员变量也都含有与原来的对象相同的值,除去那些引用其他对象的变量。那些引用其他对象的变量将指向被复制过的新对象,而不再是原有的那些被引用的对象。换言之,深克隆把要复制的对象所引用的对象都复制了一遍。在深克隆中,除了对象本身被复制外,对象包含的引用也被复制,也就是其中的成员对象也将复制,如图 8-4 所示。

2. Java 语言原型模式的实现

Java 语言提供的 clone()方法将对象复制了一份并返回给调用者。一般而言,clone() 方法满足以下几点。

(1) 对任何的对象 x,都有 x. clone() !=x,即克隆对象与原对象不是同一个对象。

(2) 对任何的对象 x,都有 x. clone(). getClass()＝＝x. getClass(),即克隆对象与原对

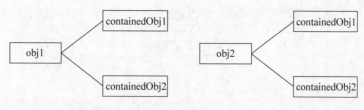

图 8-4　深克隆示意图

象的类型一样。

（3）如果对象 x 的 equals()方法定义恰当,那么 x.clone().equals(x)应该成立。

为了获取对象的一份拷贝,我们可以利用 Object 类的 clone()方法,具体步骤如下:

（1）在派生类中覆盖基类的 clone()方法,并声明为 public;

（2）在派生类的 clone()方法中,调用 super.clone();

（3）在派生类中实现 Cloneable 接口。

在 Java 语言中,通过覆盖 Object 类的 clone()方法可以实现浅克隆,如果需要实现深克隆,可以通过序列化等方式来实现。

在 Java 语言中,序列化(Serialization)就是将对象写到流的过程,写到流中的对象是原有对象的一个拷贝,而原对象仍然存在于内存中。通过序列化实现的拷贝不仅可以复制对象本身,而且可以复制其引用的成员对象,因此通过序列化将对象写到一个流中,再从流里将其读出来,从而实现深克隆。需要注意的是,能够实现序列化的对象其类必须实现 Serializable 接口,否则无法实现序列化操作。

Java 语言提供的 Cloneable 接口和 Serializable 接口其代码都非常简单,它们是空接口。这种空接口也称为标识接口,标识接口中没有任何方法的定义,其作用是告诉 JRE 这些接口的实现类是否具有某个功能,如是否支持克隆、是否支持序列化等。

8.3　原型模式实例与解析

下面通过两个分别实现浅克隆和深克隆的实例来进一步学习并理解原型模式。

8.3.1　原型模式实例之邮件复制(浅克隆)

1. 实例说明

由于邮件对象包含的内容较多(如发送者、接收者、标题、内容、日期、附件等),某系统中现需要提供一个邮件复制功能,对于已经创建好的邮件对象,可以通过复制的方式创建一个新的邮件对象,如果需要改变某部分内容,无须修改原始的邮件对象,只需要修改复制后得到的邮件对象即可。使用原型模式设计该系统。在本实例中使用浅克隆实现邮件复制,即复制邮件(E-mail)的同时不复制附件(Attachment)。

2. 实例类图

通过分析,该实例类图如图 8-5 所示。

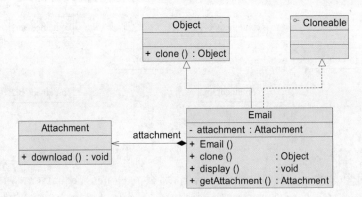

图 8-5　邮件复制(浅克隆)类图

3. 实例代码及解释

（1）抽象原型类 Object

```
package java.lang;
public class Object {
    ⋮
    protected native Object clone() throws CloneNotSupportedException;
    ⋮
}
```

　　Object 作为抽象原型类，在 Java 语言中，所有的类都是 Object 的子类，在 Object 中提供了克隆方法 clone()，用于创建一个原型对象，其 clone()方法具体实现由 JVM 完成，用户在使用时无须关心。

（2）具体原型类 Email(邮件类)

```
public class Email implements Cloneable
{
    private Attachment attachment = null;

    public Email()
    {
        this.attachment = new Attachment();
    }

    public Object clone()
    {
        Email clone = null;
        try
        {
            clone = (Email)super.clone();
        }
        catch(CloneNotSupportedException e)
        {
```

```
            System.out.println("Clone failure!");
        }
        return clone;
    }

    public Attachment getAttachment()
    {
        return this.attachment;
    }

    public void display()
    {
        System.out.println("查看邮件");
    }
}
```

Email 类是具体原型类，也是 Object 类的子类。在 Java 语言中，只有实现了 Cloneable 接口的类才能够使用 clone()方法来进行复制，因此 Email 类实现了 Cloneable 接口。在 Email 类中覆盖了 Object 的 clone()方法，通过直接或者间接调用 Object 的 clone()方法返回一个克隆的原型对象。在 Email 类中定义了一个成员对象 attachment，其类型为 Attachment。

4. 辅助代码

（1）附件类 Attachment

```
public class Attachment
{
    public void download()
    {
        System.out.println("下载附件");
    }
}
```

为了更好地说明浅克隆和深克隆的区别，在本实例中引入了附件类 Attachment，邮件类 Email 与附件类是组合关联关系，在邮件类中定义一个附件类对象，作为其成员对象。

（2）客户端测试类 Client

```
public class Client
{
    public static void main(String a[])
    {
        Email email,copyEmail;

        email = new Email();

        copyEmail = (Email)email.clone();

        System.out.println("email == copyEmail?");
```

```
        System.out.println(email == copyEmail);

        System.out.println("email.getAttachment == copyEmail.getAttachment?");
        System.out.println(email.getAttachment() == copyEmail.getAttachment());
    }
}
```

在 Client 客户端测试类中,比较原型对象和复制对象是否一致,并比较其成员对象 attachment 的引用是否一致。

5. 结果及分析

编译并运行客户端测试类,输出结果如下:

```
email == copyEmail?
false
email.getAttachment == copyEmail.getAttachment?
true
```

通过结果可以看出,表达式(email==copyEmail)结果为 false,即通过复制得到的对象与原型对象的引用不一致,也就是说明在内存中存在两个完全不同的对象,一个是原型对象,一个是克隆生成的对象。但是表达式(email. getAttachment ( ) == copyEmail. getAttachment())结果为 true,两个对象的成员对象是同一个,说明虽然对象本身复制了一份,但其成员对象在内存中没有复制,原型对象和克隆对象维持了对相同的成员对象的引用。

8.3.2　原型模式实例之邮件复制(深克隆)

1. 实例说明

使用深克隆实现邮件复制,即复制邮件的同时复制附件。

2. 实例类图

通过分析,该实例类图如图 8-6 所示。

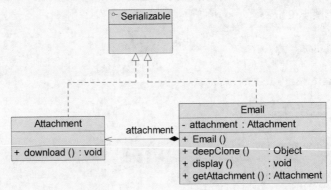

图 8-6　邮件复制(深克隆)类图

3. 实例代码及解释

具体原型类 Email(邮件类)如下：

```java
import java.io.*;

public class Email implements Serializable
{
    private Attachment attachment = null;

    public Email()
    {
        this.attachment = new Attachment();
    }

    public Object deepClone() throws IOException, ClassNotFoundException, OptionalDataException
    {
        //将对象写入流中
        ByteArrayOutputStream bao = new ByteArrayOutputStream();
        ObjectOutputStream oos = new ObjectOutputStream(bao);
        oos.writeObject(this);

        //将对象从流中取出
        ByteArrayInputStream bis = new ByteArrayInputStream(bao.toByteArray());
        ObjectInputStream ois = new ObjectInputStream(bis);
        return(ois.readObject());
    }

    public Attachment getAttachment()
    {
        return this.attachment;
    }

    public void display()
    {
        System.out.println("查看邮件");
    }
}
```

Email 作为具体原型类，由于实现的是深克隆，无须使用 Object 的 clone()方法，因此无须实现 Cloneable 接口；可以通过序列化的方式实现深克隆(代码中粗体部分)，由于要将 Email 类型的对象写入流中，因此 Email 类需要实现 Serializable 接口。

4. 辅助代码

(1) 附件类 Attachment

```java
import java.io.*;

public class Attachment implements Serializable
```

```
{
    public void download()
    {
        System.out.println("下载附件");
    }
}
```

作为 Email 类的成员对象,在深克隆中,Attachment 类型的对象也将被写入流中,因此 Attachment 类也需要实现 Serializable 接口。

(2) 客户端测试类 Client

```
public class Client
{
    public static void main(String a[])
    {
        Email email, copyEmail = null;

        email = new Email();

        try{
            copyEmail = (Email)email.deepClone();
        }
        catch(Exception e)
        {
            e.printStackTrace();
        }

        System.out.println("email == copyEmail?");
        System.out.println(email == copyEmail);

        System.out.println("email.getAttachment == copyEmail.getAttachment?");
        System.out.println(email.getAttachment() == copyEmail.getAttachment());

    }
}
```

在 Client 客户端测试类中,我们仍然比较深克隆后原型对象和拷贝对象是否一致,并比较其成员对象 attachment 的引用是否一致。

5. 结果及分析

编译并运行客户端测试类,输出结果如下:

```
email == copyEmail?
false
email.getAttachment == copyEmail.getAttachment?
false
```

通过结果可以看出,表达式(email == copyEmail)结果为 false,即通过复制得到的对象与原型对象的引用不一致,表达式(mail.getAttachment()==copyEmail.getAttachment())结果也为 false,原型对象与克隆对象对成员对象的引用不相同,说明其成员对象也复制了一份。

8.4 原型模式效果与应用

8.4.1 模式优缺点

原型模式的优点如下。

(1) 当创建新的对象实例较为复杂时,使用原型模式可以简化对象的创建过程,通过一个已有实例可以提高新实例的创建效率。

(2) 可以动态增加或减少产品类。由于创建产品类实例的方法是产品类(具体原型类)内部具有的,因此增加新产品对整个结构没有影响。在原型模式中提供了抽象原型类,在客户端可以针对抽象原型类进行编程,而将具体原型类写在配置文件中,增加或减少产品类对原有系统都没有任何影响。

(3) 原型模式提供了简化的创建结构。工厂方法模式常常需要有一个与产品类等级结构相同的等级结构,而原型模式就不需要这样,原型模式中产品的复制是通过封装在原型类中的 clone()方法实现的,无须专门的工厂类来创建产品。

(4) 可以使用深克隆的方式保存对象的状态。使用原型模式将对象复制一份并将其状态保存起来,以便在需要的时候使用(如恢复到某一历史状态)。

原型模式的缺点如下。

(1) 需要为每一个类配备一个克隆方法,而且这个克隆方法需要对类的功能进行通盘考虑,这对全新的类来说不是很难,但对已有的类进行改造时,不一定是件容易的事,必须修改其源代码,违背了"开闭原则"。

(2) 在实现深克隆时需要编写较为复杂的代码。

8.4.2 模式适用环境

在以下情况下可以使用原型模式。

(1) 创建新对象成本较大(如初始化需要占用较长的时间,占用太多的 CPU 资源或网络资源),新的对象可以通过原型模式对已有对象进行复制来获得,如果是相似对象,则可以对其属性稍作修改。

(2) 如果系统要保存对象的状态,而对象的状态变化很小,或者对象本身占内存不大的时候,也可以使用原型模式配合备忘录模式(第 22 章将介绍备忘录模式)来应用。相反,如果对象的状态变化很大,或者对象占用的内存很大,那么采用状态模式会比原型模式更好。

(3) 需要避免使用分层次的工厂类来创建分层次的对象,并且类的实例对象只有一个或很少的几个组合状态,通过复制原型对象得到新实例可能比使用构造函数创建一个新实例更加方便。

8.4.3　模式应用

（1）原型模式应用于很多软件中，如果每次创建一个对象要花大量时间，原型模式是最好的解决方案。很多软件提供的复制（Ctrl＋C 键）和粘贴（Ctrl＋V 键）操作就是原型模式的应用，复制得到的对象与原型对象是两个类型相同但内存地址不同的对象，通过原型模式可以大大提高对象的创建效率。

（2）Struts 是常用的 Java EE 框架之一，在 Struts2 中为了保证线程的安全性，Action 对象的创建使用了原型模式。访问一个已经存在的 Action 对象时将通过克隆的方式创建出一个新的对象，从而保证其中定义的变量无须进行加锁实现同步，每一个 Action 中都有自己的成员变量，避免了 Struts1 因使用单例模式而导致的并发和同步问题。

（3）在主流 Java EE 框架 Spring 中，用户也可以采用原型模式来创建新的 bean 实例，从而实现每次获取的是通过克隆生成的新实例，对其进行修改时对原有实例对象不造成任何影响。

8.5　原型模式扩展

1. 带原型管理器的原型模式

原型模式的一种改进形式是带原型管理器的原型模式，其结构如图 8-7 所示。

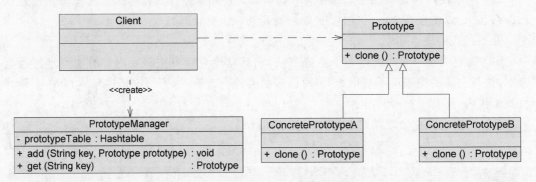

图 8-7　带原型管理器的原型模式

在图 8-7 中，原型管理器（Prototype Manager）角色创建具体原型类的对象，并记录每一个被创建的对象。原型管理器的作用与工厂相似，其中定义了一个集合用于存储原型对象，如果需要某个对象的一个克隆，可以通过复制集合中对应的原型对象来获得。在原型管理器中针对抽象原型类进行编程，以便扩展。

下面代码模拟演示一个颜色原型管理器的实现过程。

（1）抽象原型类 MyColor

```
import java.util. * ;
public interface MyColor extends Cloneable
{
```

```
        public Object clone();
        public void display();
}
```

（2）具体原型类 Red

```
public class Red implements MyColor
{
        public Object clone()
        {
            Red r = null;
            try
            {
                r = (Red)super.clone();
            }
            catch(CloneNotSupportedException e)
            {

            }
            return r;
        }
        public void display()
        {
            System.out.println("This is Red!");
        }
}
```

（3）具体原型类 Blue

```
public class Blue implements MyColor
{
        public Object clone()
        {
            Blue b = null;
            try
            {
                b = (Blue)super.clone();
            }
            catch(CloneNotSupportedException e)
            {

            }
            return b;
        }
        public void display()
        {
            System.out.println("This is Blue!");
        }
}
```

（4）原型管理器类 PrototypeManager

```java
import java.util.*;
public class PrototypeManager
{
    private Hashtable ht = new Hashtable();

    public PrototypeManager()
    {
        ht.put("red",new Red());
        ht.put("blue",new Blue());
    }

    public void addColor(String key,MyColor obj)
    {
        ht.put(key,obj);
    }

    public MyColor getColor(String key)
    {
        return (MyColor)((MyColor)ht.get(key)).clone();
    }
}
```

（5）客户端测试类 Client

```java
public class Client
{
    public static void main(String args[])
    {
        PrototypeManager pm = new PrototypeManager();

        MyColor obj1 = (MyColor)pm.getColor("red");
        obj1.display();

        MyColor obj2 = (MyColor)pm.getColor("red");
        obj2.display();

        System.out.println(obj1 == obj2);
    }
}
```

该程序运行结果如下：

```
This is Red!
This is Red!
false
```

在 PrototypeManager 中定义了一个 Hashtable 类型的集合,使用"键值对"来存储原型对象,客户端可以通过 Key 来获取对应原型对象的克隆对象。PrototypeManager 类提供了工厂方法,用于返回一个克隆对象。

2. 相似对象的复制

很多情况下,复制所得到的对象与原型对象并不是完全相同的,它们的某些属性值存在异同。通过原型模式获得相同对象后可以再对其属性进行修改,从而获取所需对象。如多个学生对象的信息的区别在于性别、姓名和年龄,而专业、学院、学校等信息都相同,为了简化创建过程,可以通过原型模式来实现相似对象的复制,代码如下:

```java
public class Student implements Cloneable
{
    private String stuName;
    private String stuSex;
    private int stuAge;
    private String stuMajor;
    private String stuCollege;
    private String stuUniversity;

    public Student ( String stuName, String stuSex, int stuAge, String stuMajor, String
    stuCollege,String stuUniversity)
    {
        this.stuName = stuName;
        this.stuSex = stuSex;
        this.stuAge = stuAge;
        this.stuMajor = stuMajor;
        this.stuCollege = stuCollege;
        this.stuUniversity = stuUniversity;
    }

    //为节省篇幅,此处省略了所有成员属性的 Getter 方法和 Setter 方法

    public Student clone()
    {
        Student cpStudent = null;
        try
        {
            cpStudent = (Student)super.clone();
        }
        catch(CloneNotSupportedException e)
        {
        }
        return cpStudent;
    }
}
```

编写如下客户端代码进行测试,使用原型模式创建多个学生(Student)对象:

```java
public class MainClass
{
    public static void main(String args[])
    {
        Student stu1,stu2,stu3;

        stu1 = new Student("张无忌","男",24,"软件工程","软件学院","中南大学");    //状态
                                                                              //相似

        //使用原型模式
        stu2 = stu1.clone();
        stu2.setStuName("杨过");

        //使用原型模式
        stu3 = stu1.clone();
        stu3.setStuName("小龙女");
        stu3.setStuSex("女");

        System.out.print("姓名: " + stu1.getStuName());
        System.out.print(",性别: " + stu1.getStuSex());
        System.out.print(",年龄: " + stu1.getStuAge());
        System.out.print(",专业: " + stu1.getStuMajor());
        System.out.print(",学院: " + stu1.getStuCollege());
        System.out.print(",学校: " + stu1.getStuUniversity());
        System.out.println();

        System.out.print("姓名: " + stu2.getStuName());
        System.out.print(",性别: " + stu2.getStuSex());
        System.out.print(",年龄: " + stu2.getStuAge());
        System.out.print(",专业: " + stu2.getStuMajor());
        System.out.print(",学院: " + stu2.getStuCollege());
        System.out.print(",学校: " + stu2.getStuUniversity());
        System.out.println();

        System.out.print("姓名: " + stu3.getStuName());
        System.out.print(",性别: " + stu3.getStuSex());
        System.out.print(",年龄: " + stu3.getStuAge());
        System.out.print(",专业: " + stu3.getStuMajor());
        System.out.print(",学院: " + stu3.getStuCollege());
        System.out.print(",学校: " + stu3.getStuUniversity());
        System.out.println();
    }
}
```

从客户端代码可以看出,三个对象存在相似性,因此可以通过 stu1 对象的 clone()方法创建 stu2 和 stu3,再通过相应的 Setter 方法来修改其属性值。编译并运行上述代码,输出结果如下:

> 姓名：张无忌,性别：男,年龄：24,专业：软件工程,学院：软件学院,学校：中南大学
> 姓名：杨过,性别：男,年龄：24,专业：软件工程,学院：软件学院,学校：中南大学
> 姓名：小龙女,性别：女,年龄：24,专业：软件工程,学院：软件学院,学校：中南大学

由此可以看出,通过原型模式来创建状态相似的对象非常方便。

8.6　本章小结

(1) 原型模式是一种对象创建型模式,用原型实例指定创建对象的种类,并且通过复制这些原型创建新的对象。原型模式允许一个对象再创建另外一个可定制的对象,无须知道任何创建的细节。原型模式的基本工作原理是通过将一个原型对象传给那个要发动创建的对象,这个要发动创建的对象通过请求原型对象复制原型自己来实现创建过程。

(2) 原型模式包含三个角色：抽象原型类是定义具有克隆自己的方法的接口；具体原型类实现具体的克隆方法,在克隆方法中返回自己的一个克隆对象；客户类让一个原型克隆自身从而创建一个新的对象,在客户类中只需要直接实例化或通过工厂方法等方式创建一个对象,再通过调用该对象的克隆方法复制得到多个相同的对象。

(3) 在 Java 中可以直接使用 Object 提供的 clone()方法来实现对象的克隆,能够实现克隆的 Java 类必须实现一个标识接口 Cloneable,表示这个 Java 类支持复制。

(4) 在浅克隆中,当对象被复制时它所包含的成员对象却没有被复制；在深克隆中,除了对象本身被复制外,对象包含的引用也被复制,也就是其中的成员对象也将复制。在 Java 语言中,通过覆盖 Object 类的 clone()方法可以实现浅克隆。如果需要实现深克隆,可以通过序列化等方式来实现。

(5) 原型模式最大的优点在于可以快速创建很多相同或相似的对象,简化对象的创建过程,还可以保存对象的一些中间状态；其缺点在于需要为每一个类配备一个克隆方法,因此对已有类进行改造比较麻烦,需要修改其源代码,并且在实现深克隆时需要编写较为复杂的代码。

(6) 原型模式适用情况包括：创建新对象成本较大,新的对象可以通过原型模式对已有对象进行复制来获得；系统要保存对象的状态,而对象的状态变化很小；需要避免使用分层次的工厂类来创建分层次的对象,并且类的实例对象只有一个或很少的几个组合状态,通过复制原型对象得到新实例可能比使用构造函数创建一个新实例更加方便。

思考与练习

1. 在本章实例所述的邮件类中再增加一个 String 类型的邮件标题(emailTitle)和一个 int 类型的邮件等级(emailLevel)作为其成员属性,使用浅克隆和深克隆复制时,判断这两个成员属性的值(或引用)是否相同,并解释其原因。

2. 设计一个客户类 Customer,其中客户地址存储在地址类 Address 中,用浅克隆和深克隆分别实现 Customer 对象的复制并比较这两种克隆方式的异同。绘制类图并编程实现。

第9章

单 例 模 式

视频讲解

本章导学

单例模式是结构最简单的设计模式,在它的核心结构中只包含一个被称为单例类的特殊类。通过单例模式可以保证系统中一个类只有一个实例而且该实例易于被外界访问,从而方便对实例个数的控制并节约系统资源。如果希望在系统中某个类的对象只能存在一个,单例模式是最好的解决方案。

本章将介绍如何使用单例模式来确保系统中某个类的实例对象的唯一性,介绍单例模式的实现方式以及如何在实际项目开发中合理使用单例模式。

本章的难点在于理解单例模式的适用场景,在合适的情况下合理使用单例模式,避免因为不恰当的模式使用给系统带来负面影响。

单例模式重要等级:★★★★☆

单例模式难度等级:★☆☆☆☆

9.1 单例模式动机与定义

大家在使用 Windows 的时候不知道有没有注意过一个细节,右击在桌面底部的"任务栏",在弹出窗口中选择"任务管理器"可以打开 Windows 的任务管理器窗口,但是无论如何,我们都没有办法同时打开两个任务管理器,也就是说,它在整个系统中只有唯一的一个实例。怎样实现在一个系统中某个类的实例只能唯一存在呢?本章将要学习的单例模式就提供了一种完美的解决方案。

9.1.1 模式动机

对于系统中的某些类来说,只有一个实例很重要。例如,一个系统中可以存在多个打印任务,但是只能有一个正在工作的任务;一个系统只能有一个窗口管理器或文件系统;一个系统只能有一个计时工具或 ID(序号)生成器。如在 Windows 中就只能打开一个任务管理器,如图 9-1 所示。如果不使用机制对窗口对象进行唯一化,将弹出多个窗口,如果这些窗口显示的内容完全一致,则是重复对象,浪费内存资源;如果这些窗口显示的内容不一致,则意味着在某一瞬间系统有多个状态,与实际不符,也会给用户带来误解,不知道哪一个才是真实的状态。因此,有时确保系统中某个对象的唯一性即一个类只能有一个实例非常重要。

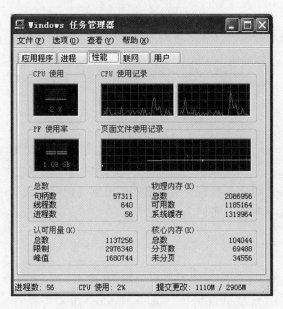

图 9-1　Windows 任务管理器

如何保证一个类只有一个实例并且这个实例易于被访问呢？定义一个全局变量可以确保对象随时都可以被访问,但不能防止我们实例化多个对象。一个更好的解决办法是让类自身负责保存它的唯一实例。这个类可以保证没有其他实例被创建,并且它可以提供一个访问该实例的方法,这就是单例模式的模式动机。

9.1.2　模式定义

单例模式(Singleton Pattern)定义:单例模式确保某一个类只有一个实例,而且自行实例化并向整个系统提供这个实例,这个类称为单例类,它提供全局访问的方法。单例模式的要点有三个:一是某个类只能有一个实例;二是它必须自行创建这个实例;三是它必须自行向整个系统提供这个实例。单例模式是一种对象创建型模式。单例模式又名单件模式或单态模式。

英文定义:"Ensure a class has only one instance and provide a global point of access to it."。

9.2　单例模式结构与分析

单例模式是所有设计模式中结构最为简单的模式,它只包含一个类,即单例类。

9.2.1　模式结构

单例模式结构图如图 9-2 所示。

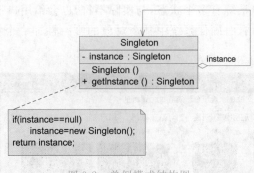

图 9-2　单例模式结构图

　　单例模式只包含一个 Singleton(单例角色)类：在单例类的内部实现只生成一个实例，同时它提供一个静态的 getInstance()工厂方法，让客户可以使用它的唯一实例；为了防止在外部对其实例化，将其构造函数设计为私有；在单例类内部定义了一个 Singleton 类型的静态对象，作为外部共享的唯一实例。

9.2.2　模式分析

　　单例模式的目的是保证一个类仅有一个实例，并提供一个访问它的全局访问点。单例模式包含的角色只有一个，就是单例类——Singleton。单例类拥有一个私有构造函数，确保用户无法通过 new 关键字直接实例化它。除此之外，该模式中包含一个静态私有成员变量与静态公有的工厂方法，该工厂方法负责检验实例的存在性并实例化自己，然后存储在静态成员变量中，以确保只有一个实例被创建。

　　一般情况下，单例模式的实现代码如下：

```
public class Singleton
{
    private static Singleton instance = null;  //静态私有成员变量
    //私有构造函数
    private Singleton()
    {
    }

    //静态公有工厂方法，返回唯一实例
    public static Singleton getInstance()
    {
        if( instance == null)
            instance = new Singleton();
        return instance;
    }
}
```

　　为了测试单例类所创建对象的唯一性，可以编写如下客户端测试代码：

```
public class Client
{
    public static void main(String a[ ])
```

```
        {
            Singleton s1 = Singleton.getInstance();
            Singleton s2 = Singleton.getInstance();
            System.out.println(s1 == s2);
        }
    }
```

编译代码并运行,输出结果为:

```
true
```

说明两次调用 getInstance() 时所获取的对象是同一实例对象,且无法在外部对 Singleton 进行实例化,因而确保系统中只有唯一的一个 Singleton 对象。

在单例模式的实现过程中,需要注意如下三点:

(1) 单例类的构造函数为私有;

(2) 提供一个自身的静态私有成员变量;

(3) 提供一个公有的静态工厂方法。

9.3 单例模式实例与解析

下面通过两个实例来进一步学习并理解单例模式。

9.3.1 单例模式实例之身份证号码

1. 实例说明

在现实生活中,居民身份证号码具有唯一性,同一个人不允许有多个身份证号码,第一次申请身份证时将给居民分配一个身份证号码,如果之后因为遗失等原因补办时,还是使用原来的身份证号码,不会产生新的号码。现使用单例模式模拟该场景。

2. 实例类图

通过分析,该实例类图如图 9-3 所示。

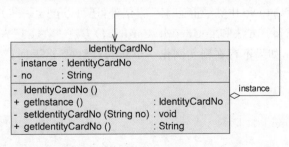

图 9-3 身份证号码类图

3. 实例代码及解释

单例类 IdentityCardNo(身份证号码类)如下:

```java
public class IdentityCardNo
{
    private static IdentityCardNo instance = null;
    private String no;

    private IdentityCardNo()
    {
    }

    public static IdentityCardNo getInstance()
    {
        if(instance == null)
        {
            System.out.println("第一次办理身份证,分配新号码!");
            instance = new IdentityCardNo();
            instance.setIdentityCardNo("No400011112222");
        }
        else
        {
            System.out.println("重复办理身份证,获取旧号码!");
        }
        return instance;
    }

    private void setIdentityCardNo(String no)
    {
        this.no = no;
    }

    public String getIdentityCardNo()
    {
        return this.no;
    }
}
```

在单例类 IdentityCardNo 中除了静态工厂方法外,还可以包含一些其他业务方法,如本例中的 setIdentityCardNo()方法和 getIdentityCardNo()方法。在工厂方法 getInstance()中,先判断对象是否存在,如果不存在则实例化一个新的对象,然后返回;如果存在则直接返回已经存在的对象。

4. 辅助代码

客户端测试类 Client 如下:

```java
public class Client
{
    public static void main(String a[])
    {
```

```
        IdentityCardNo no1,no2;
        no1 = IdentityCardNo.getInstance();
        no2 = IdentityCardNo.getInstance();
        System.out.println("身份证号码是否一致: " + (no1 == no2));

        String str1,str2;
        str1 = no1.getIdentityCardNo();
        str2 = no2.getIdentityCardNo();
        System.out.println("第一次号码: " + str1);
        System.out.println("第二次号码: " + str2);
        System.out.println("内容是否相等: " + str1.equalsIgnoreCase(str2));
        System.out.println("是否是相同对象: " + (str1 == str2));
    }
}
```

在客户端测试代码中定义了两个 IdentityCardNo 类型的对象,通过调用两次静态工厂方法 getInstance() 获取对象,然后判断它们是否相等;再通过业务方法 getIdentityCardNo() 获取封装在对象中的属性号码 no 值,判断两次 no 值是否相同。

5. 结果及分析

编译程序并运行客户端代码,输出结果如下:

```
第一次办理身份证,分配新号码!
重复办理身份证,获取旧号码!
身份证号码是否一致: true
第一次号码: No400011112222
第二次号码: No400011112222
内容是否相等: true
是否是相同对象: true
```

从结果可以看出,两次创建的 IdentityCardNo 对象内存地址相同,是同一个对象;封装在其中的号码 no 属性不仅值相等,其内存地址也一致,是同一个成员属性。

9.3.2 单例模式实例之打印池

1. 实例说明

在操作系统中,打印池(Print Spooler)是一个用于管理打印任务的应用程序,通过打印池用户可以删除、中止或者改变打印任务的优先级,在一个系统中只允许运行一个打印池对象,如果重复创建打印池则抛出异常。现使用单例模式来模拟实现打印池的设计。

2. 实例类图

通过分析,该实例类图如图 9-4 所示。

3. 实例代码及解释

(1) 自定义异常类 PrintSpoolerException(打印池异常)

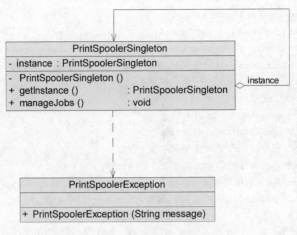

图 9-4 打印池类图

```
public class PrintSpoolerException extends Exception
{
    public PrintSpoolerException(String message)
    {
        super(message);
    }
}
```

(2) 单例类 PrintSpoolerSingleton(打印池类)

```
public class PrintSpoolerSingleton
{
    private static PrintSpoolerSingleton instance = null;

    private PrintSpoolerSingleton()
    {
    }

    public static PrintSpoolerSingleton getInstance() throws PrintSpoolerException
    {
        if(instance == null)
        {
            System.out.println("创建打印池!");
            instance = new PrintSpoolerSingleton();
        }
        else
        {
            throw new PrintSpoolerException("打印池正在工作中!");
        }
        return instance;
    }
```

```
    public void manageJobs()
    {
        System.out.println("管理打印任务!");
    }
}
```

PrintSpoolerSingleton 是单例类,如果在系统中不存在则创建新的对象,如果存在则抛出一个 PrintSpoolerException 异常。

4. 辅助代码

客户端测试类 Client 如下:

```
public class Client
{
    public static void main(String a[])
    {
        PrintSpoolerSingleton ps1,ps2;
        try
        {
            ps1 = PrintSpoolerSingleton.getInstance();
            ps1.manageJobs();
        }
        catch(PrintSpoolerException e)
        {
            System.out.println(e.getMessage());
        }
            System.out.println(" --------------------------- ");
        try
        {
            ps2 = PrintSpoolerSingleton.getInstance();
            ps2.manageJobs();
        }
        catch(PrintSpoolerException e)
        {
            System.out.println(e.getMessage());
        }
    }
}
```

在客户端测试代码中定义了两个 PrintSpoolerSingleton 类型的对象,通过 PrintSpoolerSingleton 的静态工厂方法 getInstance()两次获取对象实例,在使用过程中进行异常处理,如果产生异常则输出异常对象中封装的消息。

5. 结果及分析

编译程序并运行客户端代码,输出结果如下:

```
创建打印池!
管理打印任务!
---------------------------
打印池正在工作中!
```

从结果可以看出，第一次调用 getInstance()时创建了一个新的 PrintSpoolerSingleton 对象，再次调用 getInstance()获取对象时将抛出异常，提示"打印池正在工作中！"。

9.4 单例模式效果与应用

9.4.1 模式优缺点

1. 单例模式的优点

（1）提供了对唯一实例的受控访问。因为单例类封装了它的唯一实例，所以它可以严格控制客户怎样以及何时访问它，并为设计及开发团队提供了共享的概念。

（2）由于在系统内存中只存在一个对象，因此可以节约系统资源，对于一些需要频繁创建和销毁的对象，单例模式无疑可以提高系统的性能。

（3）允许可变数目的实例。基于单例模式我们可以进行扩展，使用与单例控制相似的方法来获得指定个数的对象实例。

2. 单例模式的缺点

（1）由于单例模式中没有抽象层，因此单例类的扩展有很大的困难。

（2）单例类的职责过重，在一定程度上违背了"单一职责原则"。因为单例类既充当了工厂角色，提供了工厂方法，同时又充当了产品角色，包含一些业务方法，将产品的创建和产品本身的功能融合到一起。

（3）滥用单例将带来一些负面问题，如为了节省资源将数据库连接池对象设计为单例类，可能会导致共享连接池对象的程序过多而出现连接池溢出；现在很多面向对象语言（如 Java、C♯）的运行环境都提供了自动垃圾回收的技术，因此，如果实例化的对象长时间不被利用，系统会认为它是垃圾，会自动销毁并回收资源，下次利用时又将重新实例化，这将导致对象状态的丢失。

9.4.2 模式适用环境

在以下情况下可以使用单例模式。

（1）系统只需要一个实例对象，如系统要求提供一个唯一的序列号生成器，或者需要考虑资源消耗太大而只允许创建一个对象。

（2）客户调用类的单个实例只允许使用一个公共访问点，除了该公共访问点，不能通过其他途径访问该实例。

使用单例模式有一个必要条件：在一个系统中要求一个类只有一个实例时才应当使用单例模式。反过来，如果一个类可以有几个实例共存，就需要对单例模式进行改进，使之成为多例模式。

在使用的过程中我们还需要注意以下两个问题。

（1）不要使用单例模式存取全局变量，因为这违背了单例模式的用意，最好将全局变量放到对应类的静态成员中。

（2）不要将数据库连接做成单例，因为一个系统可能会与数据库有多个连接，并且在有连接池的情况下,应当尽可能及时释放连接。单例模式由于使用静态成员存储类的实例,所以可能会造成资源无法及时释放,带来一些问题。

9.4.3 模式应用

(1) Java 语言类库 JDK 中就有很多单例模式的应用实例,如 java. lang. Runtime 类。在每一个 Java 应用程序里面,都有唯一的一个 Runtime 对象,通过这个 Runtime 对象,应用程序可以与其运行环境发生相互作用。在 JDK 中,Runtime 类的源代码片段如下:

```java
public class Runtime {
    private static Runtime currentRuntime = new Runtime();
    public static Runtime getRuntime() {
    return currentRuntime;
    }
    private Runtime() {}
        ⋮
}
```

(2) 一个具有自动编号主键的表可以有多个用户同时使用,但数据库中只能有一个地方分配下一个主键编号,否则会出现主键重复,因此该主键编号生成器必须具备唯一性,可以通过单例模式来实现。

(3) 在流行的 Java EE 框架 Spring 中,当我们试图要从 Spring 容器中获取某个类的实例时,默认情况下,Spring 会通过单例模式进行创建,也就是在 Spring 的 bean 工厂中这个 bean 的实例只有一个,代码如下:

```
< bean id = "date" class = "java.util.Date" scope = "singleton"/>
```

9.5 单例模式扩展

本节介绍饿汉式单例与懒汉式单例。

(1) 饿汉式单例类

饿汉式单例类是在 Java 语言中实现起来最为方便的单例类,饿汉式单例类结构图如图 9-5 所示。

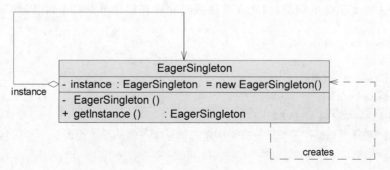

图 9-5 饿汉式单例类图

从图 9-5 中可以看出,由于在定义静态变量的时候实例化单例类,因此在类加载的时候就已经创建了单例对象,代码如下:

```
public class EagerSingleton
{
    private static final EagerSingleton instance = new EagerSingleton();
    private EagerSingleton() { }
    public static EagerSingleton getInstance()
    {
        return instance;
    }
}
```

在这个类被加载时,静态变量 instance 会被初始化,此时类的私有构造函数会被调用,单例类的唯一实例将被创建。Java 语言中单例类的一个最重要的特点是类的构造函数是私有的,从而避免外界利用构造函数直接创建出任意多的实例。

(2)懒汉式单例类

与饿汉式单例类相同之处是,懒汉式单例类的构造函数也是私有的。与饿汉式单例类不同的是,懒汉式单例类在第一次被引用时将自己实例化,在懒汉式单例类被加载时不会将自己实例化。懒汉式单例类结构图如图 9-6 所示。

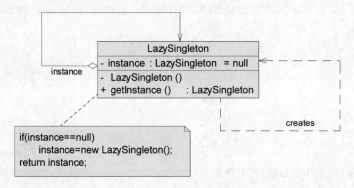

图 9-6　懒汉式单例类图

从图 9-6 中可以看出,懒汉式单例类不是在定义静态变量时实例化单例类,而是在调用静态工厂方法时实例化单例类,因此在类加载时并没有创建单例对象,代码如下:

```
public class LazySingleton
{
    private static LazySingleton
    instance = null;
    private LazySingleton() { }
    synchronized public static LazySingleton getInstance()
    {
```

```
            if (instance == null)
                instance = new LazySingleton();
            return instance;
        }
    }
```

该懒汉式单例类实现静态工厂方法时使用了同步化机制,以处理多线程环境。同样,由于构造函数是私有的,因此,此类不能被继承。

饿汉式单例类在自己被加载时就将自己实例化。单从资源利用效率角度来讲,这个比懒汉式单例类稍差些;从速度和反应时间角度来讲,则比懒汉式单例类稍好些。然而,懒汉式单例类在实例化时,必须处理好在多个线程同时首次引用此类时的访问限制问题,特别是当单例类作为资源控制器,在实例化时必然涉及资源初始化,而资源初始化很有可能耗费大量时间,这意味着多个线程同时首次引用此类的几率变得较大,需要通过同步化机制进行控制。

9.6 本章小结

(1)单例模式确保某一个类只有一个实例,而且自行实例化并向整个系统提供这个实例,这个类称为单例类,它提供全局访问的方法。单例模式的要点有三个:一是某个类只能有一个实例;二是它必须自行创建这个实例;三是它必须自行向整个系统提供这个实例。单例模式是一种对象创建型模式。

(2)单例模式只包含一个单例角色:在单例类的内部实现只生成一个实例,同时它提供一个静态的工厂方法,让客户可以使用它的唯一实例;为了防止在外部对其实例化,将其构造函数设计为私有。

(3)单例模式的目的是保证一个类仅有一个实例,并提供一个访问它的全局访问点。单例类拥有一个私有构造函数,确保用户无法通过 new 关键字直接实例化它。除此之外,该模式中包含一个静态私有成员变量与静态公有的工厂方法。该工厂方法负责检验实例的存在性并实例化自己,然后存储在静态成员变量中,以确保只有一个实例被创建。

(4)单例模式的主要优点在于提供了对唯一实例的受控访问并可以节约系统资源;其主要缺点在于因为缺少抽象层而难以扩展,且单例类职责过重。

(5)单例模式适用情况包括:系统只需要一个实例对象;客户调用类的单个实例只允许使用一个公共访问点。

思考与练习

1. 使用单例模式设计一个多文档窗口(注:在 Java AWT/Swing 开发中可使用 JDesktopPane 和 JInternalFrame 来实现),要求在主窗体中某个内部子窗体只能实例化一次,即只能弹出一个相同的子窗体,如图 9-7 所示。

图 9-7　多文档窗口

　　2. 使用单例模式的思想实现多例模式,确保系统中某个类的对象只能存在有限个,如两个或三个。设计并编写代码,实现一个多例类。

第10章

适配器模式

视频讲解

本章导学

　　结构型模式关注如何将现有类或现有对象组织在一起形成更加强大的结构，在 GoF 23 种模式中包含 7 种结构型设计模式，它们适用于不同的环境，使用不同的方式将类与对象进行组合，使之可以协同工作。

　　适配器模式是一种使用频率非常高的结构型设计模式，如果在系统中存在不兼容的接口，可以通过引入一个适配器来使得原本因为接口不兼容而不能一起工作的两个类可以协同工作。适配器模式中适配器的作用与现实生活中存在的电源适配器、网络适配器的作用是相同的。在引入适配器后无须对原有系统进行任何修改，且更换适配器或增加新适配器都非常方便，系统具有良好的灵活性和可扩展性。适配器模式是一种用于对现有系统进行补救以及对现有类进行重用的模式。

本章将介绍适配器模式的定义，让读者掌握类适配器模式和对象适配器模式的结构与实现方式，并结合实例学习如何在实际软件项目开发中应用适配器模式，还将介绍默认适配器模式和双向适配器模式等适配器模式的扩展形式。

本章的难点在于理解类适配器与对象适配器的异同，掌握在软件开发中何时以及如何使用适配器模式。

适配器模式重要等级：★★★★☆

适配器模式难度等级：★★☆☆☆

10.1　结构型模式

根据类的"单一职责原则"，一个软件系统中的每个类都应该担负一定的职责，能够完成一定的业务功能，但单个类的作用是有限的，系统中很多任务的完成需要多个类相互协作，因此需要将这些类或者类的实例进行组合。

10.1.1　结构型模式概述

结构型模式（Structural Pattern）描述如何将类或者对象结合在一起形成更大的结构，

就像搭积木,可以通过简单积木的组合形成复杂的、功能更为强大的结构,如图 10-1 所示。

类与对象组合

图 10-1 结构型模式示意图

结构型模式可以描述两种不同的东西:类与类的实例(即对象)。根据这一点,结构型模式可以分为类结构型模式和对象结构型模式。类结构型模式关心类的组合,由多个类可以组合成一个更大的系统,在类结构型模式中一般只存在继承关系和实现关系;而对象结构型模式关心类与对象的组合,通过关联关系使得在一个类中定义另一个类的实例对象,然后通过该对象调用其方法。根据"合成复用原则",在系统中应当尽量使用关联关系来替代继承关系,因此大部分结构型模式都是对象结构型模式。

10.1.2 结构型模式简介

结构型模式主要包括如下 7 种模式,简记为 ABCDFFP,表 10-1 对这 7 种设计模式进行了简单的说明。

表 10-1 结构型模式简介

模式名称	定　义	简单说明	使用频率
适配器模式 (Adapter)	将一个类的接口转换成用户希望的另一个接口,使得原本由于接口不兼容而不能一起工作的那些类可以一起工作	使原本不兼容的事物能够协同工作,而无须修改现有事物的内部结构	★★★★☆
桥接模式 (Bridge)	将抽象部分与实现部分分离,使它们都可以独立地变化	当事物存在两个独立变化的维度时,将两个变化因素抽取出来形成高层次的关联关系,使原本复杂的类继承结构变得相对简单,极大减少系统中类的个数	★★★☆☆
组合模式 (Composite)	将对象组合成树形结构以表示"部分—整体"的层次结构。它使得客户对单个对象和复合对象的使用具有一致性	通过面向对象技术来实现对系统中存在的容器对象和叶子对象进行统一操作,且客户端无须知道操作对象是容器还是其成员	★★★★☆
装饰模式 (Decorator)	动态地给一个对象添加一些额外的职责,就扩展功能而言,它比生成子类方式更为灵活	不使用继承而通过关联关系来调用现有类中的方法,达到复用的目的,并使得对象的行为可以灵活变化	★★★☆☆

续表

模式名称	定 义	简 单 说 明	使 用 频 率
外观模式 (Facade)	为子系统中的一组接口提供一个统一的入口,定义一个高层接口,这个接口使得这一子系统更加容易使用	为复杂的子系统提供一个统一的入口,简化客户端对多个子系统的访问	★★★★★
享元模式 (Flyweight)	运用共享技术有效地支持大量细粒度的对象	通过共享技术实现对象的重用,大幅度节约系统的内存,该模式关心系统的性能与资源利用情况	★☆☆☆☆
代理模式 (Proxy)	为其他对象提供一个代理以控制对这个对象的访问	当不能直接访问一个对象时,通过一个代理对象间接访问它	★★★★☆

10.2 适配器模式动机与定义

在现实生活中,经常存在一些不兼容的事物。如某电器的工作电压与家庭交流电电压不一致,网络速度与计算机处理速度不一致,某硬件设备提供的接口与计算机支持的接口不一致等。在这种情况下,我们可以通过一个新的设备使原本不兼容的事物可以一起工作,这个新的设备称为适配器。在软件开发中,也存在一些不一致的情况,同样,也可以通过一种称为适配器模式的设计模式来解决这类问题。本章我们将学习第一个结构型模式——适配器模式。

10.2.1 模式动机

我国的生活用电电压是 220V,而笔记本电脑、手机等电子设备的电压都没有这么高。为了使笔记本电脑、手机等可以使用 220V 的生活用电,就需要电源适配器,也就是常说的变压器。有了这个电源适配器,生活用电和笔记本电脑就可以兼容了。在这里,电源适配器就充当了一个适配器的角色,如图 10-2 所示。

图 10-2 电源适配器示意图

在软件开发中采用类似于电源适配器的设计和编码技巧被称为适配器模式。通常情况下,客户端可以通过目标类的接口访问它所提供的服务。有时,现有的类可以满足客户类的功能需要,但是它所提供的接口不一定是客户类所期望的,这可能是因为现有类中方法名与目标类中定义的方法名不一致等原因所导致的。如现在目标类中定义的方法名为 method1(),

客户端已经针对该方法进行编程,而现有类中的方法 method2()恰好满足客户端的要求,如何在不修改原有目标类和客户端代码的基础上确保能够使用到现有类中的 method2()方法,就是适配器模式所要解决的问题。

在这种情况下,现有的接口需要转化为客户类期望的接口,这样保证了对现有类的重用。如果不进行这样的转化,客户类就不能利用现有类所提供的功能,适配器模式可以完成这样的转化。在适配器模式中可以定义一个包装类,包装不兼容接口的对象,这个包装类指的就是适配器(Adapter),它所包装的对象就是适配者(Adaptee),即被适配的类。适配器提供客户类需要的接口,适配器的实现就是把客户类的请求转化为对适配者的相应接口的调用。也就是说,当客户类调用适配器的方法时,在适配器类的内部将调用适配者类的方法,而这个过程对客户类是透明的,客户类并不直接访问适配者类。因此,适配器可以使由于接口不兼容而不能交互的类可以一起工作,这就是适配器模式的模式动机。

10.2.2　模式定义

适配器模式(Adapter Pattern)定义:将一个接口转换成客户希望的另一个接口,适配器模式使接口不兼容的那些类可以一起工作,其别名为包装器(Wrapper)。适配器模式既可以作为类结构型模式,也可以作为对象结构型模式。

英文定义:"Convert the interface of a class into another interface clients expect. Adapter lets classes work together that couldn't otherwise because of incompatible interfaces."。

10.3　适配器模式结构与分析

适配器模式包括类适配器和对象适配器,下面分别对两种适配器进行结构分析。

10.3.1　模式结构

类适配器模式结构图如图 10-3 所示。

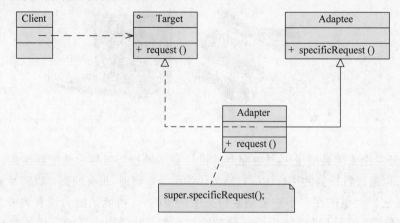

图 10-3　类适配器模式结构图

对象适配器模式结构图如图 10-4 所示。

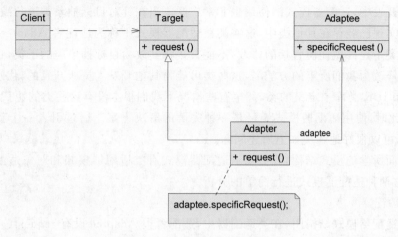

图 10-4 对象适配器模式结构图

适配器模式包含如下角色。

1. Target（目标抽象类）

目标抽象类定义客户要用的特定领域的接口，可以是个抽象类或接口，也可以是具体类；在类适配器中，由于 Java 语句不支持多重继承，它只能是接口。

2. Adapter（适配器类）

适配器类可以调用另一个接口，作为一个转换器，对 Adaptee 和 Target 进行适配。适配器 Adapter 是适配器模式的核心，在类适配器中，它通过实现 Target 接口并继承 Adaptee 类来使二者产生联系；在对象适配器中，它通过继承 Target 并关联一个 Adaptee 对象使二者产生联系。

3. Adaptee（适配者类）

适配者即被适配的角色，它定义了一个已经存在的接口，这个接口需要适配。适配者类一般是一个具体类，包含了客户希望使用的业务方法，在某些情况下甚至没有适配者类的源代码。

4. Client（客户类）

在客户类中针对目标抽象类进行编程，调用在目标抽象类中定义的业务方法。

10.3.2 模式分析

适配器模式在日常生活中到处都存在。有些新买的电子设备（如手机、MP5 等）只支持 1394 接口，而有些计算机并没有提供 1394 接口，为了解决这个问题，厂商为这些电子设备提供一个接口转换器，一端是 USB 接口，另一端是 1394 接口，用户可以通过该转换器连接计算机和电子设备。该转换器就是现实生活中的适配器，与软件中适配器的作用很类似。

适配过程类似货物的包装过程：货物的真实样子会被包装所掩盖和改变，因此有人将适配器模式叫做包装（Wrapper）模式。事实上，很多时候经常需要开发这样的包装类，将一些已有的类包装起来,使之能够满足对现有接口的需要。

在软件开发中,适配器模式的使用也非常广泛。当在针对目标抽象类进行编程时,发现所需方法的实现已经存在其他类中,这些类在适配器模式中称为适配者 Adaptee,而有时候这些适配者类不允许做任何直接的修改,不能直接将其改为目标抽象类的子类,也不能将其中的方法名修改为我们所需的方法名,这些类可能是其他开发人员所开发的,代码复杂且不便于修改,如 JDK 类库中定义的类,甚至有些情况下我们根本没有这些类的源代码,而只有 class 文件,此时,使用适配器模式无疑是一种完美的解决方案。通过引入一个新的适配器类 Adapter,可以很好地解决如上所述问题。

根据前面所学的模式结构,我们知道适配器模式有类适配器模式和对象适配器模式两种,下面对这两种适配器模式进行简单的分析。

(1) 类适配器

根据类适配器模式结构图,在类适配器中,适配者类 Adaptee 没有 request()方法,而客户期待这个方法,但在适配者类中实现了 specificRequest()方法,该方法所提供的实现正是客户所需要的。为了使客户能够使用适配者类,我们提供了一个中间类,即适配器类 Adapter。适配器类实现了抽象目标类接口,并继承了适配者类,在适配器类的 request()方法中调用所继承的适配者类的 specificRequest()方法,实现了适配的目的。因为适配器类与适配者类是继承关系,所以这种适配器模式称为类适配器模式。典型的类适配器代码如下:

```
public class Adapter extends Adaptee implements Target
{
    public void request()
    {
        super.specificRequest();
    }
}
```

(2) 对象适配器

根据对象适配器模式结构图,在对象适配器中,客户端需要调用 request()方法,而适配者类 Adaptee 没有该方法,但是它所提供的 specificRequest()方法却是客户端所需要的。为了使客户端能够使用适配者类,需要提供一个包装类 Adapter,即适配器类。这个包装类包装了一个适配者的实例,从而将客户端与适配者衔接起来,在适配器的 request()方法中调用适配者的 specificRequest()方法。因为适配器类与适配者类是关联关系(也可称为委派关系),所以这种适配器模式称为对象适配器模式。典型的对象适配器代码如下:

```
public class Adapter extends Target
{
    private Adaptee adaptee;

    public Adapter(Adaptee adaptee)
    {
        this.adaptee = adaptee;
```

```
    }

    public void request()
    {
        adaptee.specificRequest();
    }
}
```

　　适配器模式可以将一个类的接口和另一个类的接口匹配起来,使用的前提是不能或不想修改原来的适配者接口和抽象目标类接口。如向第三方购买了一些类、控件,如果没有源代码,这时使用适配器模式可以统一对象访问接口。

　　适配器模式更多的是强调对代码的组织,而不是功能的实现。

10.4　适配器模式实例与解析

　　下面通过两个实例来进一步学习并理解适配器模式。

10.4.1　适配器模式实例之仿生机器人

1. 实例说明

　　现需要设计一个可以模拟各种动物行为的机器人,在机器人中定义了一系列方法,如机器人叫喊方法 cry()、机器人移动方法 move()等。如果希望在不修改已有代码的基础上使得机器人能够像狗一样叫,像狗一样跑,可以使用适配器模式进行系统设计。

2. 实例类图

　　通过分析,可使用类适配器模式实现该系统设计,实例类图如图 10-5 所示。

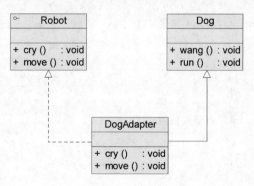

图 10-5　仿生机器人类图

3. 实例代码及解释

　　(1) 目标抽象类 Robot(机器人接口)

```
public interface Robot
{
```

```
        public void cry();
        public void move();
    }
```

Robot 充当目标抽象角色,客户端针对抽象的 Robot 类进行编程,在 Robot 中声明(也可以是实现)了客户端所调用的业务方法,如本实例中的 cry()方法和 move()方法。

(2) 适配者类 Dog(Dog 类)

```
public class Dog
{
    public void wang()
    {
        System.out.println("狗汪汪叫!");
    }

    public void run()
    {
        System.out.println("狗快快跑!");
    }
}
```

Dog 类是一个已存在的具体类,它包含用户所需业务方法的具体实现,如本类中的 wang()方法和 run()方法,但是方法名等与 Target 接口不一致,甚至没有该类的源代码。

(3) 适配器类 DogAdapter(DogAdapter 类)

```
public class DogAdapter extends Dog implements Robot
{
    public void cry()
    {
        System.out.print("机器人模仿: ");
        super.wang();
    }

    public void move()
    {
        System.out.print("机器人模仿: ");
        super.run();
    }
}
```

DogAdapter 类是适配器模式的核心类,在此处使用的是类适配器模式,即 DogAdapter 继承了 Dog 类并实现了 Robot 接口,由于 DogAdapter 实现了 Robot 接口,因此需要实现在 Robot 中定义的 cry()和 move()方法,又因为 DogAdapter 类继承了 Dog 类,因此可以继承 Dog 类的 wang()和 run()方法,在 cry()中可以调用 wang()方法,在 move()中可以调用 run()方法。客户端针对抽象层 Robot 进行编程,根据里氏代换原则,Robot 子类即 DogAdapter 类的对象在运行时可以覆盖父类定义对象,因此可以通过配置文件来存储具体适配器类的类名,增强系统的灵活性。

4. 辅助代码

(1) XML 操作工具类 XMLUtil

参见 5.2.2 节工厂方法模式之模式分析。

(2) 配置文件 config. xml

本实例配置文件代码如下:

```xml
<?xml version = "1.0"?>
<config>
    <className>DogAdapter</className>
</config>
```

(3) 客户端测试类 Client

```java
public class Client
{
    public static void main(String args[])
    {
        Robot robot = (Robot)XMLUtil.getBean();
        robot.cry();
        robot.move();
    }
}
```

根据"依赖倒转原则",在客户端代码中需要针对目标抽象角色 Robot 进行编程,具体类的类名可以存储在配置文件中,由于具体适配器 DogAdapter 类是 Robot 的子类,因此系统在运行时可以用子类对象覆盖父类对象,通过 DogAdapter 调用适配者类 Dog 中的方法。

5. 结果及分析

如果在配置文件中将<className>节点中的内容设置为:DogAdapter,则输出结果如下:

```
机器人模仿: 狗汪汪叫!
机器人模仿: 狗快快跑!
```

如果在系统中存在一个 Bird 类,代码如下:

```java
public class Bird
{
    public void tweedle()
    {
        System.out.println("鸟儿叽叽叫!");
    }

    public void fly()
```

```
    {
        System.out.println("鸟儿快快飞!");
    }
}
```

如果希望机器人能够像鸟一样叫,并像鸟一样移动,原有代码无须进行任何修改,只需要增加一个新的适配器类 BirdAdapter 即可,其代码如下:

```
public class BirdAdapter extends Bird implements Robot
{
    public void cry()
    {
        System.out.print("机器人模仿: ");
        super.tweedle();
    }

    public void move()
    {
        System.out.print("机器人模仿: ");
        super.fly();
    }
}
```

如果在配置文件中将< className >节点中的内容设置为:BirdAdapter,则输出结果如下:

```
机器人模仿: 鸟儿叽叽叫!
机器人模仿: 鸟儿快快飞!
```

在不修改原有代码的情况下可以使得机器人具有完全不同的行为,重用已有的类但不需要修改已有代码,完全符合"开闭原则"。

10.4.2　适配器模式实例之加密适配器

1. 实例说明

某系统需要提供一个加密模块,将用户信息(如密码等机密信息)加密之后再存储在数据库中,系统已经定义好了数据库操作类。为了提高开发效率,现需要重用已有的加密算法,这些算法封装在一些由第三方提供的类中,有些甚至没有源代码。使用适配器模式设计该加密模块,实现在不修改现有类的基础上重用第三方加密方法。

2. 实例类图

通过分析,可使用对象适配器模式实现该系统设计,该实例类图如图 10-6 所示。

3. 实例代码及解释

(1) 目标抽象类 DataOperation(数据操作类)

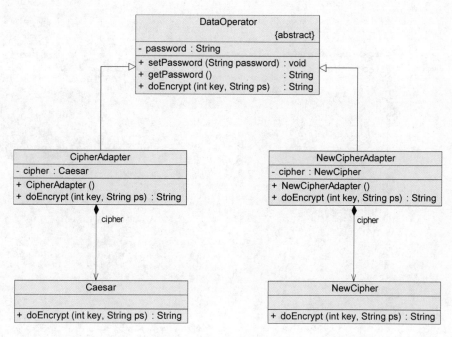

图 10-6 加密适配器类图

```
public abstract class DataOperation
{
    private String password;

    public void setPassword(String password)
    {
        this.password = password;
    }

    public String getPassword()
    {
        return this.password;
    }

    public abstract String doEncrypt(int key,String ps);
}
```

　　DataOperation 类中包含了抽象方法 doEncrypt()，客户端针对抽象类 DataOperation
进行编程，在客户端代码中调用 DataOperation 的 doEncrypt()实现数据加密。
　　(2) 适配者类 Caesar(数据加密类)

```
public final class Caesar
{
    public String doEncrypt(int key,String ps)
    {
        String es = "";
```

```
        for(int i = 0;i < ps.length();i++)
        {
            char c = ps.charAt(i);
            if(c > = 'a'&&c < = 'z')
            {
                c + = key % 26;
                if(c>'z') c -= 26;
                if(c<'a') c += 26;
            }
            if(c > = 'A'&&c < = 'Z')
            {
                c + = key % 26;
                if(c>'Z') c - = 26;
                if(c<'A') c + = 26;
            }
            es + = c;
        }
        return es;
    }
}
```

Caesar 类是一个由第三方提供的数据加密类,该类定义为 final 类,无法继承。因此本实例不能通过类适配器来实现,只能使用对象适配器实现。客户端在使用时无须关心 Caesar 类的源代码,甚至无法获得该类的源代码,只有编译后的 class 文件。

Caesar 加密算法比较简单,通过 26 个字母移位来实现加密运算,相传是古罗马大帝凯撒发明的,因此被称为凯撒加密。

(3) 适配器类 CipherAdapter(加密适配器类)

```
public class CipherAdapter extends DataOperation
{
    private Caesar cipher;

    public CipherAdapter()
    {
        cipher = new Caesar();
    }

    public String doEncrypt(int key,String ps)
    {
        return cipher.doEncrypt(key,ps);
    }
}
```

CipherAdapter 类充当适配器角色,由于 Caesar 类无法继承,本实例采用对象适配器模式,在 CipherAdapter 类中定义一个 Caesar 类型的成员对象,在 CipherAdapter 类的构造函数中实例化 Caesar 对象(注:也可以通过 Setter 方法将 Caesar 对象注入 CipherAdapter),CipherAdapter 与 Caesar 类之间是组合关联关系。

4. 辅助代码

（1）XML 操作工具类 XMLUtil

参见 5.2.2 节工厂方法模式之模式分析。

（2）配置文件 config.xml

本实例配置文件代码如下：

```
<?xml version = "1.0"?>
<config>
    <className>CipherAdapter</className>
</config>
```

（3）客户端测试类 Client

```
public class Client
{
    public static void main(String args[])
    {
        DataOperation dao = (DataOperation)XMLUtil.getBean();
        dao.setPassword("sunnyLiu");
        String ps = dao.getPassword();
        String es = dao.doEncrypt(6,ps);
        System.out.println("明文为: " + ps);
        System.out.println("密文为: " + es);
    }
}
```

在客户端测试类 Client 中，我们需要对密码字符串"sunnyLiu"进行加密，在实现时调用目标抽象类 DataOperation 的 doEncrypt()方法，而将具体类的类名保存在 config.xml 配置文件中，程序运行时，将读取存取在配置文件中的类名，再通过 Java 反射机制生成对象，该对象在运行时将动态替换父类的 doEncrypt()方法，实现真正的加密。

5. 结果及分析

在配置文件中将<className>节点中的内容设置为：CipherAdapter，则输出结果如下：

```
明文为: sunnyLiu
密文为: yatteRoa
```

如果需要更换为一种更为安全的加密算法，如使用求模运算来进行加密，代码如下所示：

```
public final class NewCipher
{
    public String doEncrypt(int key,String ps)
    {
        String es = "";
```

```
        for(int i = 0;i < ps.length();i++)
        {
                String c = String.valueOf(ps.charAt(i) % key);
                es += c;
        }
        return es;
    }
}
```

在系统中使用如上所述的新加密算法,可以对应增加一个新的适配器类,代码如下:

```
public class NewCipherAdapter extends DataOperation
{
    private NewCipher cipher;

    public NewCipherAdapter()
    {
        cipher = new NewCipher();
    }

    public String doEncrypt(int key,String ps)
    {
        return cipher.doEncrypt(key,ps);
    }
}
```

在配置文件中将< className >节点中的内容设置为:NewCipherAdapter,则输出结果如下:

```
明文为: sunnyLiu
密文为: 13221433
```

10.5   适配器模式效果与应用

10.5.1   模式优缺点

无论是类适配器模式还是对象适配器模式,都具有如下优点。

(1)将目标类和适配者类解耦,通过引入一个适配器类来重用现有的适配者类,而无须修改原有代码。

(2)增加了类的透明性和复用性,将具体的实现封装在适配者类中,对于客户端类来说是透明的,而且提高了适配者的复用性。

(3)灵活性和扩展性都非常好,通过使用配置文件,可以很方便地更换适配器,也可以在不修改原有代码的基础上增加新的适配器类,完全符合"开闭原则"。

具体地说,类适配器模式的优点还有:由于适配器类是适配者类的子类,因此可以在适配器类中置换一些适配者的方法,使得适配器的灵活性更强。

类适配器模式的缺点有：对于 Java、C♯ 等不支持多重继承的语言，一次最多只能适配一个适配者类，而且目标抽象类只能为接口，不能为类，其使用有一定的局限性，不能将一个适配者类和它的子类都适配到目标接口。

对象适配器模式的优点还有：对象适配器可以把多个不同的适配者适配到同一个目标，也就是说，同一个适配器可以把适配者类和它的子类都适配到目标接口。

对象适配器模式的缺点有：与类适配器模式相比，要想置换适配者类的方法就不容易。如果一定要置换掉适配者类的一个或多个方法，就只好先做一个适配者类的子类，将适配者类的方法置换掉，然后再把适配者类的子类当做真正的适配者进行适配，实现过程较为复杂。

需要注意的是，在使用适配器模式的系统中，客户端一定要针对抽象目标类进行编程，否则适配器模式的使用将导致系统发生一定的改动。

10.5.2　模式适用环境

在以下情况下可以使用适配器模式：

（1）系统需要使用现有的类，而这些类的接口不符合系统的需要。

（2）想要建立一个可以重复使用的类，用于与一些彼此之间没有太大关联的一些类，包括一些可能在将来引进的类一起工作。

10.5.3　模式应用

（1）Sun 公司在 1996 年公开了 Java 语言的数据库连接工具 JDBC，JDBC 使得 Java 语言程序能够与数据库连接，并使用 SQL 语言来查询和操作数据。JDBC 给出一个客户端通用的抽象接口，每一个具体数据库引擎（如 SQL Server、Oracle、MySQL 等）的 JDBC 驱动软件都是一个介于 JDBC 接口和数据库引擎接口之间的适配器软件。抽象的 JDBC 接口和各个数据库引擎 API 之间都需要相应的适配器软件，这就是为各个不同数据库引擎准备的驱动程序。

（2）Spring AOP 是 Java EE 开发框架 Spring 的组成部分之一。在 Spring AOP 框架中，对 BeforeAdvice、AfterAdvice、ThrowsAdvice 三种通知类型借助适配器模式来实现，这样的好处是使得框架允许用户向框架中加入自己想要支持的任何一种通知类型，上述三种通知类型是 Spring AOP 框架定义的，它们是 AOP 联盟定义的 Advice 的子类型。位于 org. springframework. aop. framework. adapter 包中的 AdvisorAdapter 是一个适配器接口，它定义了自己支持的 Advice 类型，并且能把一个 Advisor 适配成 MethodInterceptor，以下是它的定义：

```
public interface AdvisorAdapter{
 //将一个 Advisor 适配成 MethodInterceptor
 MethodInterceptor getInterceptor(Advisor advisor);
 //判断此适配器是否支持特定的 Advice
 boolean supportsAdvice(Advice advice);
 }
```

这个接口允许扩展 Spring AOP 框架，以便处理新的 Advice 或 Advisor 类型，其实现对象可以把某些特定的 Advice 类型适配成 AOP 联盟定义的 MethodInterceptor，并在 Spring

　　AOP 框架中启用这些通知类型。通常 Spring 用户不需要实现这个接口,除非想把更多的 Advice 和 Advisor 引入到 Spring 中时。关于 Spring AOP 的更多内容,请参考其他书籍。

　　(3) 在 JDK 类库中也定义了一系列适配器类,如在 com. sun. imageio. plugins. common 包中定义的 InputStreamAdapter 类,用于包装 ImageInputStream 接口及其子类对象,其源代码如下:

```java
public class InputStreamAdapter extends InputStream {
    ImageInputStream stream;

    public InputStreamAdapter(ImageInputStream stream) {
        super();
        this.stream = stream;
    }

    public int read() throws IOException {
        return stream.read();
    }

    public int read(byte b[], int off, int len) throws IOException {
        return stream.read(b, off, len);
    }
}
```

　　通过引入 InputStreamAdapter 类使得用户可以在不修改原有针对 InputStream 编程的系统中使用在 ImageInputStream 接口中定义的方法。

10.6　适配器模式扩展

10.6.1　缺省适配器模式

　　缺省适配器模式是适配器模式的一种变形,但是其使用也非常广泛。

　　缺省适配器模式(Default Adapter Pattern)的定义:当不需要全部实现接口提供的方法时,可先设计一个抽象类实现该接口,并为接口中每个方法提供一个默认实现(空方法),那么该抽象类的子类可有选择地覆盖父类的某些方法来实现需求。它适用于一个接口不想使用其所有的方法的情况,因此也称为单接口适配器模式,其类图如图 10-7 所示。

　　在缺省适配器模式中,包含三个角色,分别为适配者接口、缺省适配器类和具体业务类。

　　(1) 适配者接口

　　适配者是被适配的对象,它是一个接口,并且在该接口中声明了大量的方法,代码如下:

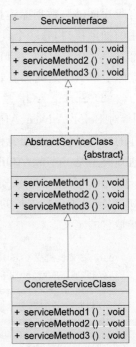

图 10-7　缺省适配器模式结构图

```
public interface ServiceInterface
{
    public void serviceMethod1();
    public void serviceMethod2();
    public void serviceMethod3();
}
```

（2）缺省适配器类

缺省适配器类即缺省适配器模式中的适配器角色，它是该模式的核心。缺省适配器类使用空方法（也称为钩子方法，Hook Method）的形式实现了在接口中声明的方法，代码如下：

```
public abstract class AbstractServiceClass implements ServiceInterface{
    public void serviceMethod1() { }
    public void serviceMethod2() { }
    public void serviceMethod3() { }
}
```

（3）具体业务类

具体业务类是缺省适配器类的子类，在没有引入适配器类之前，它需要实现适配者接口，因此需要实现在适配者接口中定义的所有方法，而一些无须使用的方法也不得不提供空实现。为了简化操作，在有了适配器之后，可以直接继承该适配器类，根据需要有选择性地覆盖在适配器类中定义的方法，代码如下：

```
public class ConcreteServiceClass extends AbstractServiceClass {
    public void serviceMethod1() {
        System.out.println("具体业务方法一");
    }
    public void serviceMethod3() {
        System.out.println("具体业务方法三");
    }
}
```

在 JDK 类库的事件处理包 java. awt. event 中就广泛使用了缺省适配器模式，如 WindowAdapter、KeyAdapter、MouseAdapter 等。如要实现窗口事件，在 Java 语言中，一般我们可以使用两种方式来实现，一种是通过实现 WindowListener 接口，另一种是通过继承 WindowAdapter 适配器类。如果是使用第一种方式，直接实现 WindowListener 接口，需要实现在该接口中定义的 7 个方法，而对于当前的需求可能只有一两个方法有意义，其他方法都无须使用，但由于语言特性不能不提供一个实现（通常是空实现），将增加使用时的代码量。而使用缺省适配器模式就可以很好地处理这一情况，在 JDK 中提供一个适配器类 WindowAdapter 实现 WindowListener 接口，此适配器类为接口的每一个方法都提供了一个空的实现，此时子类可以继承 WindowAdapter 类，而无须再为接口中的方法提供实现，如图 10-8 所示。

在 java. awt. event 包中的缺省适配器类还包括 ComponentAdapter、ContainerAdapter、FocusAdapter、KeyAdapter、MouseAdapter 和 MouseMotionAdapter 等，它们都是缺省适

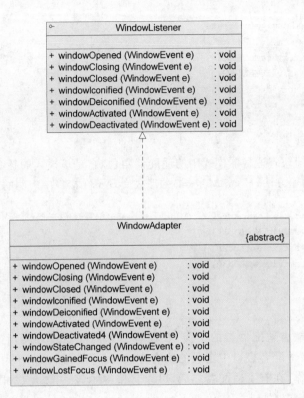

图 10-8   WindowListener 和 WindowAdapter

配器模式的应用实例。

10.6.2   双向适配器

在对象适配器的使用过程中，如果在适配器中同时包含对目标类和适配者类的引用，适配者可以通过它调用目标类中的方法，目标类也可以通过它调用适配者类中的方法，那么该适配器就是一个双向适配器，其结构示意图如图 10-9 所示。

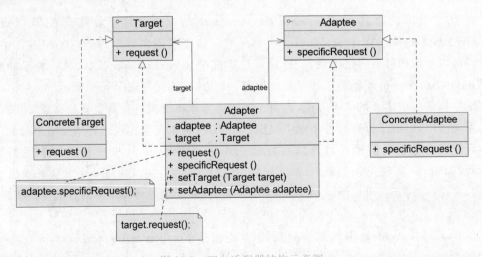

图 10-9   双向适配器结构示意图

10.7 本章小结

(1) 结构型模式描述如何将类或者对象结合在一起形成更大的结构。

(2) 适配器模式用于将一个接口转换成客户希望的另一个接口,适配器模式使接口不兼容的那些类可以一起工作,其别名为包装器。适配器模式既可以作为类结构型模式,也可以作为对象结构型模式。

(3) 适配器模式包含 4 个角色:目标抽象类定义客户要用的特定领域的接口;适配器类可以调用另一个接口,作为一个转换器,对适配者和抽象目标类进行适配,它是适配器模式的核心;适配者类是被适配的角色,它定义了一个已经存在的接口,这个接口需要适配;在客户类中针对目标抽象类进行编程,调用在目标抽象类中定义的业务方法。

(4) 在类适配器模式中,适配器类实现了目标抽象类接口并继承了适配者类,并在目标抽象类的实现方法中调用所继承的适配者类的方法;在对象适配器模式中,适配器类继承了目标抽象类并定义了一个适配者类的对象实例,在所继承的目标抽象类方法中调用适配者类的相应业务方法。

(5) 适配器模式的主要优点是将目标类和适配者类解耦,增加了类的透明性和复用性,同时系统的灵活性和扩展性都非常好,更换适配器或者增加新的适配器都非常方便,符合"开闭原则";类适配器模式的缺点是适配器类在很多编程语言中不能同时适配多个适配者类,对象适配器模式的缺点是很难置换适配者类的方法。

(6) 适配器模式适用情况包括:系统需要使用现有的类,而这些类的接口不符合系统的需要;想要建立一个可以重复使用的类,用于与一些彼此之间没有太大关联的一些类一起工作。

思考与练习

1. 修改实例"仿生机器人",使得机器人可以像鸟(Bird)一样叫,并能像狗(Dog)一样跑,绘制类图并编程实现。

2. 现有一个接口 DataOperation 定义了排序方法 sort(int[]) 和查找方法 search(int[], int),已知类 QuickSort 的 quickSort(int[])方法实现了快速排序算法,类 BinarySearch 的 binarySearch(int[], int)方法实现了二分查找算法。现使用适配器模式设计一个系统,在不修改源代码的情况下将类 QuickSort 和类 BinarySearch 的方法适配到 DataOperation 接口中。绘制类图并编程实现(要求实现快速排序和二分查找)。

3. 使用 Java 语言实现一个双向适配器实例,使得猫可以学狗叫,狗可以学猫抓老鼠。绘制相应类图并使用代码编程模拟。

第11章

桥接模式

视频讲解

本章导学

  桥接模式是一种很实用的结构型设计模式,如果系统中某个类存在两个独立变化的维度,通过该模式可以将这两个维度分离出来,使两者可以独立扩展。桥接模式用一种巧妙的方式处理继承存在的问题,用抽象关联取代了传统的多层继承,将类之间的静态继承关系转换为动态的对象组合关系,使得系统更加灵活并易于扩展,同时有效控制了系统中类的个数。

  本章将介绍桥接模式的定义与结构,通过实例来加深对桥接模式的理解并将其应用于实际项目的开发,还将介绍如何实现桥接模式和适配器模式的联用。

  本章的难点在于理解桥接模式中如何将类之间的继承转换为对象之间的组合,以及如何从现有类中提取出两个独立变化的维度以满足桥接模式的适用条件。

桥接模式重要等级:★★★☆☆

桥接模式难度等级:★★★☆☆

11.1 桥接模式动机与定义

  在软件系统中,有些类由于其本身的固有特性,使得它具有两个或多个变化维度,这种变化维度又称为变化原因。如一个跨平台日志记录类,它既可以支持多种日志输出方式(控制台、XML 文件、数据库等),也可以支持多种操作系统。对于这种多维度变化的系统,桥接模式提供了一套完整的解决方案,并且降低了系统的复杂性。

11.1.1 模式动机

  设想如果要绘制矩形、圆形、椭圆、正方形,我们至少需要 4 个形状类,但是如果绘制的图形需要具有不同的颜色,如红色、绿色、蓝色等,此时至少有如下两种设计方案。

  第一种设计方案是为每一种形状都提供一套各种颜色的版本,如红色的矩形、绿色的圆形、黄色的椭圆形等,如果有 4 种形状、12 种颜色,则我们需要提供4×12=48 个类,使得每种颜色的形状都有一个。在这种设计方案中使用的是多级继承结构,如果需要增加一种新的形状,如五角星形,并且也需要具有 12 种颜色,则对应需要增加12 个类;如果增加一种新的颜色,则每一个形状都需要增加一个新的对应颜色的子类,系统中类的个数将急剧增加,如图 11-1 所示。

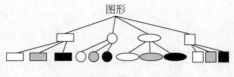

图 11-1 设计方案一示意图

第二种设计方案是提供 4 个形状类,如果有 12 种颜色,则再准备 12 个颜色类,根据实际需要对形状和颜色进行组合。如果需要红色的矩形,则选择矩形再给它填充红色。使用这样的设计方案,系统中类的个数是 4+12=16 个,颜色与形状并不固定,而是根据实际需要动态选择。在该设计方案中,如果需要增加一种新的形状或新的颜色,只需要增加一个新的形状类或颜色类即可,如图 11-2 所示。

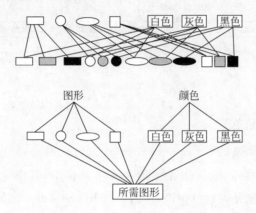

图 11-2 设计方案二示意图

比较以上两种设计方案,很明显,对于这种有两个变化维度(即两个变化的原因)的系统,采用方案二来进行设计,系统中类的个数更少,且系统扩展更为方便。设计方案二即是本章将要介绍的桥接模式。桥接模式将继承关系转换为关联关系,从而降低了类与类之间的耦合,减少了代码编写量。

11.1.2 模式定义

桥接模式(Bridge Pattern)定义:将抽象部分与它的实现部分分离,使它们都可以独立地变化。它是一种对象结构型模式,又称为柄体(Handle and Body)模式或接口(Interface)模式。

英文定义:"Decouple an abstraction from its implementation so that the two can vary independently."。

11.2 桥接模式结构与分析

桥接模式的结构与其名称一样,存在一条连接两个继承等级结构的桥,下面将介绍并分析其模式结构。

11.2.1 模式结构

桥接模式结构图如图 11-3 所示。

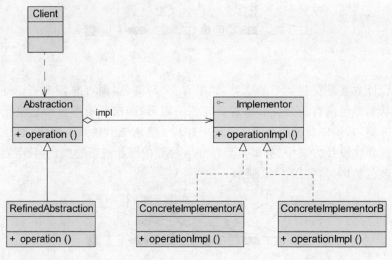

图 11-3 桥接模式结构图

桥接模式包含如下角色。

1. Abstraction(抽象类)

用于定义抽象类的接口,它一般是抽象类而不是接口,其中定义了一个 Implementor (实现抽象类)类型的对象并可以维护该对象,它与 Implementor 之间具有关联关系,它可以包含抽象的业务方法,还可以包含具体的业务方法。

2. RefinedAbstraction(扩充抽象类)

扩充由 Abstraction 定义的接口,通常情况下它不再是抽象类而是具体类,它实现了在 Abstraction 中定义的抽象业务方法,在 RefinedAbstraction 中可以调用在 Implementor 中定义的业务方法。

3. Implementor(实现类接口)

定义实现类的接口,这个接口不一定要与 Abstraction 的接口完全一致,事实上这两个接口可以完全不同,一般地讲,Implementor 接口仅提供基本操作,而 Abstraction 定义的接口可能会做更多更复杂的操作。Implementor 接口对这些基本操作进行了定义,而具体实现交给其子类。通过关联关系,在 Abstraction 中不仅拥有自己的方法,还可以调用 Implementor 中定义的方法,使用关联关系来替代继承关系。

4. ConcreteImplementor(具体实现类)

实现 Implementor 接口并且具体实现它,在不同的 ConcreteImplementor 中提供基本操作的不同实现,在程序运行时,ConcreteImplementor 对象将替换其父类对象,提供给客户端具体的业务操作方法。

11.2.2　模式分析

桥接模式是一个非常有用的模式,也是理解起来相对比较复杂的一个模式。在桥接模式中体现了很多面向对象设计原则的思想,包括开闭原则、合成复用原则、里氏代换原则、依赖倒转原则等。熟悉桥接模式有助于我们深入理解这些设计原则,也有助于我们形成正确的设计思想和培养良好的设计风格。桥接模式中蕴涵了很多设计模式的关键思想,桥接模式可以从接口中分离实现功能,使得设计更具扩展性,这样,客户端代码在调用方法时不需要知道实现的细节。

桥接模式减少了子类的个数。假设某程序可以在 3 个操作系统中处理 6 种图片格式,需要提供图片处理类,纯粹的继承需要 $3 \times 6 = 18$ 个子类,而应用桥接模式,只需要 $3 + 6 = 9$ 个子类。它使得代码更加简洁,生成的执行程序文件更小。

理解桥接模式,重点需要理解如何将抽象化(Abstraction)与实现化(Implementation)脱耦,使得二者可以独立地变化。这里面包含 3 个关键词,分别是抽象化、实现化和脱耦。

1. 抽象化

抽象化就是忽略一些信息,把不同的实体当作同样的实体对待,如无论是什么颜色的正方形,只要它具备正方形的基本特征,我们都将它们认为是一类,是正方形类中的一员。在面向对象中,将对象的共同性质抽取出来形成类的过程即为抽象化的过程。对正方形还可以进行进一步抽象,如将正方形、矩形、圆形等几何形状进一步抽象为一个图形类。

2. 实现化

针对抽象化给出的具体实现,就是实现化。如给正方形填充颜色,使之成为红色的正方形、蓝色的正方形,则是将正方形进行实现化的一种方式;同样,无论是什么形状都具有一定的颜色,因此都可以进行实现化。抽象化与实现化是一对互逆的概念,实现化产生的对象比抽象化更具体,是对抽象化事物进一步具体化的产物。

3. 脱耦

脱耦就是将抽象化和实现化之间的耦合解脱开,或者说是将它们之间的强关联改换成弱关联,将两个角色之间的继承关系改为关联关系。桥接模式中的所谓脱耦,就是指在一个软件系统的抽象化和实现化之间使用关联关系(组合或者聚合关系)而不是继承关系,从而使两者可以相对独立地变化,这就是桥接模式的用意。如上所述的图形类和颜色,如果图形类包含正方形、圆形、矩形等具体图形,每种具体图形又可以包含多种颜色,可以采用继承关系来设计系统,但是将导致类的个数非常多,而且扩展很不方便,因为继承是强耦合,父类对子类影响很大,系统耦合度较高;可以将抽象化的图形类和实现化的颜色类脱耦,用关联关系取代原先的继承关系,使得图形和颜色可以独立变化,一方面减少了系统中类的个数,另一方面增加新的图形和颜色都很方便,系统更灵活,也更容易扩展。

在桥接模式中,由于存在两个独立变化的维度,为了使两者之间耦合度降低,首先需要进行抽象化的工作,针对两个不同的维度,提取抽象类和实现类接口,并建立一个抽象层的关联关系。对于其中一个维度,典型的实现类接口代码如下:

```java
public interface Implementor
{
    public void operationImpl();
}
```

在实现 Implementor 接口的子类中实现了在该接口中声明的方法,用于定义与某一维度相对应的一些具体方法。

对于另一维度而言,其典型的抽象类代码如下:

```java
public abstract class Abstraction
{
    protected Implementor impl;

    public void setImpl(Implementor impl)
    {
        this.impl = impl;
    }

    public abstract void operation();
}
```

在抽象类 Abstraction 中定义了一个实现类接口类型的成员对象 impl,再通过注入的方式给该对象赋值,一般将该对象的可见性定义为 protected,以便在其子类中访问 Implementor 的方法,其子类一般称为扩充抽象类或细化抽象类(RefinedAbstraction)。典型的 RefinedAbstraction 类代码如下:

```java
public class RefinedAbstraction extends Abstraction
{
    public void operation()
    {
        //代码
        impl.operationImpl();
        //代码
    }
}
```

对于客户端而言,可以针对两个维度的抽象层编程,在程序运行时再动态确定两个维度的子类,动态组合对象,将两个独立变化的维度完全解耦,以便能够灵活地扩充任一维度而对另一维度不造成任何影响。

11.3 桥接模式实例与解析

下面通过两个实例来进一步学习并理解桥接模式。

11.3.1 桥接模式实例之模拟毛笔

1．实例说明

现需要提供大中小 3 种型号的画笔，能够绘制 5 种不同颜色，如果使用蜡笔，我们需要准备 $3 \times 5 = 15$ 支蜡笔，也就是说必须准备 15 个具体的蜡笔类。而如果使用毛笔的话，只需要 3 种型号的毛笔，外加 5 个颜料盒，用 $3 + 5 = 8$ 个类就可以实现 15 支蜡笔的功能。本实例使用桥接模式来模拟毛笔的使用过程。

2．实例类图

通过分析，该实例类图如图 11-4 所示。

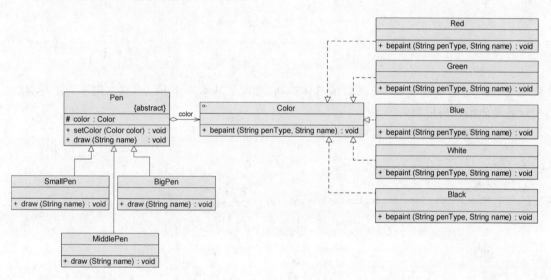

图 11-4 模拟毛笔类图

3．实例代码及解释

（1）实现类接口 Color（颜色类）

```
public interface Color
{
    void bepaint(String penType, String name);
}
```

Color 类是实现类接口，其中定义了基本操作 bepaint()，用于给图形着色，在其子类中提供实现，它位于桥接模式的抽象层。

（2）具体实现类 Red(红色类)

```
public class Red implements Color
{
    public void bepaint(String penType,String name)
    {
        System.out.println(penType + "红色的" + name + ".");
    }
}
```

Red 是实现了 Color 接口的具体类，它实现了基本操作 bepaint()，用于给图形着红色（此处使用代码模拟）。

（3）具体实现类 Green(绿色类)

```
public class Green implements Color
{
    public void bepaint(String penType,String name)
    {
        System.out.println(penType + "绿色的" + name + ".");
    }
}
```

Green 也是实现了 Color 接口的具体类，它实现了基本操作 bepaint()，用于给图形着绿色（此处使用代码模拟）。

（4）具体实现类 Blue(蓝色类)

```
public class Blue implements Color
{
    public void bepaint(String penType,String name)
    {
        System.out.println(penType + "蓝色的" + name + ".");
    }
}
```

Blue 也是实现了 Color 接口的具体类，它实现了基本操作 bepaint()，用于给图形着蓝色（此处使用代码模拟）。

（5）具体实现类 White(白色类)

```
public class White implements Color
{
    public void bepaint(String penType,String name)
    {
        System.out.println(penType + "白色的" + name + ".");
    }
}
```

White 也是实现了 Color 接口的具体类，它实现了基本操作 bepaint()，用于给图形着白色(此处使用代码模拟)。

(6) 具体实现类 Black(黑色类)

```java
public class Black implements Color
{
    public void bepaint(String penType,String name)
    {
        System.out.println(penType + "黑色的" + name + ".");
    }
}
```

Black 也是实现了 Color 接口的具体类,它实现了基本操作 bepaint(),用于给图形着黑色(此处使用代码模拟)。

(7) 抽象类 Pen(毛笔类)

```java
public abstract class Pen
{
    protected Color color;
    public void setColor(Color color)
    {
        this.color = color;
    }
    public abstract void draw(String name);
}
```

Pen 作为抽象类角色,它本身是一个抽象类,在 Pen 中定义了一个 Color 类型的对象,与 Color 接口之间存在关联关系,也就是说在 Pen 及其子类中可以调用在 Color 接口中定义的方法。在 Pen 中定义了抽象业务方法 draw(),在其子类中将实现该方法。

(8) 扩充抽象类 BigPen(大号毛笔类)

```java
public class BigPen extends Pen
{
    public void draw(String name)
    {
        String penType = "大号毛笔绘制";
        this.color.bepaint(penType,name);
    }
}
```

BigPen 是 Pen 的子类,实现了在 Pen 中定义的抽象方法 draw(),使用大号毛笔进行图形绘制。

(9) 扩充抽象类 MiddlePen(中号毛笔类)

```java
public class MiddlePen extends Pen
{
    public void draw(String name)
```

```
    {
        String penType = "中号毛笔绘制";
        this.color.bepaint(penType,name);
    }
}
```

MiddlePen 也是 Pen 的子类,实现了在 Pen 中定义的抽象方法 draw(),使用中号毛笔进行图形绘制。

(10) 扩充抽象类 SmallPen(小号毛笔类)

```
public class SmallPen extends Pen
{
    public void draw(String name)
    {
        String penType = "小号毛笔绘制";
        this.color.bepaint(penType,name);
    }
}
```

SmallPen 也是 Pen 的子类,它实现了在 Pen 中定义的抽象方法 draw(),使用小号毛笔进行图形绘制。

4. 辅助代码

(1) XML 操作工具类 XMLUtilPen

```
import javax.xml.parsers.*;
import org.w3c.dom.*;
import org.xml.sax.SAXException;
import java.io.*;
public class XMLUtilPen
{
    //该方法用于从 XML 配置文件中提取具体类类名,并返回一个实例对象
    public static Object getBean(String args)
    {
        try
        {
            //创建文档对象
            DocumentBuilderFactory dFactory = DocumentBuilderFactory.newInstance();
            DocumentBuilder builder = dFactory.newDocumentBuilder();
            Document doc;
            doc = builder.parse(new File("configPen.xml"));
            NodeList nl = null;
            Node classNode = null;
            String cName = null;
            nl = doc.getElementsByTagName("className");
            if(args.equals("color"))
            {
                //获取包含类名的文本节点
```

```
                    classNode = nl.item(0).getFirstChild();

                }
                else if(args.equals("pen"))
                {
                    //获取包含类名的文本节点
                    classNode = nl.item(1).getFirstChild();
                }
                cName = classNode.getNodeValue();
                //通过类名生成实例对象并将其返回
                Class c = Class.forName(cName);
                Object obj = c.newInstance();
                return obj;
            }
            catch(Exception e)
            {
                e.printStackTrace();
                return null;
            }
        }
    }
```

在 XMLUtilPen 中通过 DOM 读取配置文件 configPen.xml，由于在桥接模式中存在两个抽象层类，因此需要在配置文件中配置两个具体类的节点，在本实例中一个对应具体的实现类，即 Color 接口的子类，一个对应扩充抽象类，即 Pen 类的子类。在程序运行时，读取配置文件，获取两个具体类并进行聚合。

（2）配置文件 configPen.xml

本实例配置文件代码如下：

```xml
<?xml version = "1.0"?>
<config>
    <className>Red</className>
    <className>BigPen</className>
</config>
```

（3）客户端测试类 Client

```java
public class Client
{
    public static void main(String a[])
    {
        Color color;
        Pen pen;

        color = (Color)XMLUtilPen.getBean("color");
        pen = (Pen)XMLUtilPen.getBean("pen");
```

```
        pen.setColor(color);
        pen.draw("鲜花");
    }
}
```

注意加粗的代码,在定义对象时需要采用抽象定义,包括抽象类和抽象实现类,再通过工具类 XMLUtilPen 读取配置文件,通过反射得到具体类的对象,由于面向对象的多态性,程序在运行时具体类的对象将覆盖抽象对象。

5. 结果及分析

如果在配置文件中将第一个< className >节点中的内容设置为 Red,第二个< className >节点中的内容设置为 BigPen,则输出结果如下:

大号毛笔绘制红色的鲜花.

如果在配置文件中将第一个< className >节点中的内容设置为 Blue,第二个< className >节点中的内容设置为:SmallPen,则输出结果如下:

小号毛笔绘制蓝色的鲜花.

如果需要增加一个新的型号的毛笔,如超大号毛笔(XBigPen),则只需要增加一个新的扩充抽象类即可,代码如下:

```
public class XBigPen extends Pen
{
    public void draw(String name)
    {
        String penType = "超大号毛笔绘制";
        this.color.bepaint(penType,name);
    }
}
```

在使用时,只需要将配置文件的第二个 className 节点中的内容设置为 XBigPen 即可。

如果需要增加一个新的颜色,如灰色(Gray),则只需要增加一个新的具体实现类即可,代码如下:

```
public class Gray implements Color
{
    public void bepaint(String penType,String name)
    {
        System.out.println(penType + "灰色的" + name + ".");
    }
}
```

在使用时,只需要将配置文件的第一个 className 节点中的内容设置为 Gray 即可。

从上面结果可以看出，在使用桥接模式设计的系统中，无论是哪一个维度的扩展，对原有代码（包括类库代码和客户端代码）都无须进行修改，且更换具体类只需要修改配置文件。桥接模式通过抽象方式耦合，使得系统具有良好的扩展能力。

11.3.2 桥接模式实例之跨平台视频播放器

1. 实例说明

如果需要开发一个跨平台视频播放器，可以在不同操作系统平台（如 Windows、Linux、UNIX 等）上播放多种格式的视频文件，常见的视频格式包括 MPEG、RMVB、AVI、WMV 等。现使用桥接模式设计该播放器。

2. 实例类图

通过分析，该实例类图如图 11-5 所示。

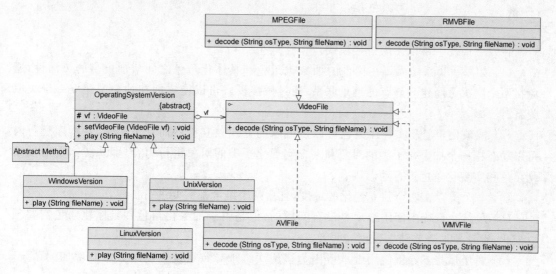

图 11-5 跨平台视频播放器类图

该实例的代码解释与结果分析略。

11.4 桥接模式效果与应用

11.4.1 模式优缺点

1. 桥接模式的优点

（1）分离抽象接口及其实现部分。桥接模式使用"对象间的关联关系"解耦了抽象和实现之间固有的绑定关系，使得抽象和实现可以沿着各自的维度来变化。所谓抽象和实现沿着各自维度的变化，也就是说抽象和实现不再在同一个继承层次结构中，而是"子类化"它们，使它们各自都具有自己的子类，以便任意组合子类，从而获得多维度组合对象。

（2）桥接模式有时类似于多继承方案，但是多继承方案违背了类的单一职责原则（即一个类只有一个变化的原因),复用性比较差,而且多继承结构中类的个数非常庞大,桥接模式是比多继承方案更好的解决方法。

(3) 桥接模式提高了系统的可扩展性,在两个变化维度中任意扩展一个维度,都不需要修改原有系统。

(4) 实现细节对客户透明,可以对用户隐藏实现细节。用户在使用时不需要关心实现,在抽象层通过聚合关联关系完成封装与对象的组合。

2. 桥接模式的缺点

(1) 桥接模式的引入会增加系统的理解与设计难度,由于聚合关联关系建立在抽象层,要求开发者针对抽象进行设计与编程。

(2) 桥接模式要求正确识别出系统中两个独立变化的维度,因此其使用范围具有一定的局限性。

11.4.2　模式适用环境

在以下情况下可以使用桥接模式。

(1) 如果一个系统需要在构件的抽象化角色和具体化角色之间增加更多的灵活性,避免在两个层次之间建立静态的继承联系,通过桥接模式可以使它们在抽象层建立一个关联关系。

(2) 抽象化角色和实现化角色可以以继承的方式独立扩展而互不影响,在程序运行时可以动态将一个抽象化子类的对象和一个实现化子类的对象进行组合,即系统需要对抽象化角色和实现化角色进行动态耦合。

(3) 一个类存在两个独立变化的维度,且这两个维度都需要进行扩展。

(4) 虽然在系统中使用继承是没有问题的,但是由于抽象化角色和具体化角色需要独立变化,设计要求需要独立管理这两者。

(5) 对于那些不希望使用继承或因为多层次继承导致系统类的个数急剧增加的系统,桥接模式尤为适用。

11.4.3　模式应用

(1) Java 语言通过 Java 虚拟机实现了平台的无关性,虚拟机通过对底层平台指令集及数据类型等进行统一的抽象,针对不同的平台用不同的虚拟机进行实现,这样 Java 应用程序就可以编译成符合虚拟机规范的字节码文件,而在不同的平台上都能正确运行。在这里存在两个独立变化的维度,一个是应用程序,一个是运行平台。Java 虚拟机的设计使用了桥接模式,可以将底层实现与高层应用程序隔离。对于新开发的每个 Java 应用程序,只需要编译一次即可运行;而对于一个新平台的支持,也仅需提供一个相应的 Java 虚拟机,就可以使所有应用系统正确运行。特定平台的 Java 虚拟机与某一 Java 应用程序可以动态耦合,无须为每一平台都开发一个 Java 应用程序,从而实现了 Java 的平台无关性,如图 11-6 所示。

(2) 一个 Java 桌面软件总是带有所在操作系统的视感(LookAndFeel)。如果一个 Java 软件是在 UNIX 系统上开发的,那么开发人员看到的是 Motif 用户界面的视感;在

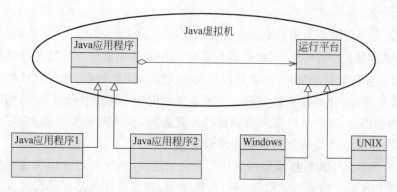

图 11-6 Java 虚拟机示意图

Windows 上面使用这个系统的用户看到的是 Windows 用户界面的视感；而一个在 Macintosh 上面使用的用户看到的则是 Macintosh 用户界面的视感，Java 语言是通过所谓的 Peer 架构做到这一点的。Java 为 AWT 中的每一个 GUI 构件都提供了一个 Peer 构件，在 AWT 中的 Peer 架构就使用了桥接模式。在 AWT 库中的每一个 Component 的子类都有一个 ComponentPeer 的子类与之匹配。所有 Component 的子类都属于一个等级结构，而所有的 ComponentPeer 的子类都属于另一个等级结构。Component 类型和 ComponentPeer 类型通过 Toolkit 对象相互通信。

在 Peer 架构中，Component 相对于抽象角色，其子类如 Button 相当于扩展的抽象角色，ComponentPeer 相当于实现角色，而其子类 ButtonPeer 相当于具体实现角色，系统根据当前操作系统动态地选择 Button 对象所使用的底层实现，通过关联关系使得扩展的抽象角色与具体实现角色对象可以动态耦合。

（3）JDBC 驱动程序也是桥接模式的应用之一。使用 JDBC 驱动程序的应用系统就是抽象角色，而所使用的数据库是实现角色。一个 JDBC 驱动程序可以动态地将一个特定类型的数据库与一个 Java 应用程序绑定在一起，从而实现抽象角色与实现角色的动态耦合。

11.5 桥接模式扩展

在软件开发中，适配器模式可以与桥接模式联合使用。适配器模式可以解决两个已有接口间不兼容问题，在这种情况下被适配的类往往是一个黑盒子，有时候我们不想也不能改变这个被适配的类，也不能控制其扩展。适配器模式通常用于现有系统与第三方产品功能的集成，采用增加适配器的方式将第三方类集成到系统中。而桥接模式则不同，用户可以通过接口继承或类继承的方式来对系统进行扩展。

桥接模式和适配器模式用于设计的不同阶段，桥接模式用于系统的初步设计，对于存在两个独立变化维度的类可以将其分为抽象化和实现化两个角色，使它们可以分别进行变化；而在初步设计完成之后，当发现系统与已有类无法协同工作时，可以采用适配器模式。但有时候在设计初期也需要考虑适配器模式，特别是那些涉及大量第三方应用接口的情况。

下面通过一个实例来说明适配器模式和桥接模式的联合使用。

在某系统的报表处理模块中,可以将报表显示和数据采集分开。报表可以有多种显示方式,也可以有多种数据采集方式,如可以从文本文件中读取数据,也可以从数据库中读取数据,还可以从 Excel 文件中获取数据。如果需要从 Excel 文件中获取数据,则需要调用与 Excel 相关的 API,而这个 API 是现有系统所不具备的,该 API 由厂商提供,可以通过适配器模式将这个外部 API 集成到该报表处理模块中。

由于存在报表显示和数据采集两个独立变化的维度,因此可以使用桥接模式进行初步设计;为了使用 Excel 相关的 API 来进行数据采集,则需要使用适配器模式。系统的完整设计中需要将两个模式联用,如图 11-7 所示。

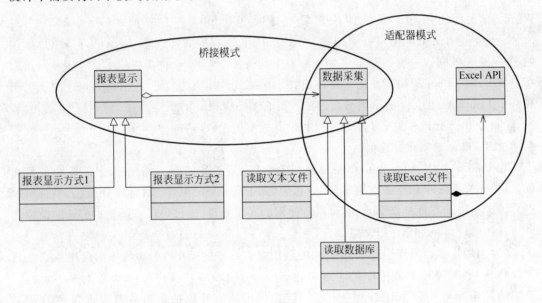

图 11-7 桥接模式与适配器模式联用示意图

11.6 本章小结

(1) 桥接模式将抽象部分与它的实现部分分离,使它们都可以独立地变化。它是一种对象结构型模式,又称为柄体(Handle and Body)模式或接口(Interface)模式。

(2) 桥接模式包含如下四个角色:抽象类中定义了一个实现类接口类型的对象并可以维护该对象;扩充抽象类扩充由抽象类定义的接口,它实现了在抽象类中定义的抽象业务方法,在扩充抽象类中可以调用在实现类接口中定义的业务方法;实现类接口定义了实现类的接口,实现类接口仅提供基本操作,而抽象类定义的接口可能会做更多更复杂的操作;具体实现类实现了实现类接口并且具体实现它,在不同的具体实现类中提供基本操作的不同实现,在程序运行时,具体实现类对象将替换其父类对象,提供给客户端具体的业务操作方法。

（3）在桥接模式中，抽象化（Abstraction）与实现化（Implementation）脱耦，它们可以沿着各自的维度独立变化。

（4）桥接模式的主要优点是分离抽象接口及其实现部分，是比多继承方案更好的解决方法。桥接模式还提高了系统的可扩展性，在两个变化维度中任意扩展一个维度，都不需要修改原有系统，实现细节对客户透明，可以对用户隐藏实现细节；其主要缺点是增加系统的理解与设计难度，且识别出系统中两个独立变化的维度并不是一件容易的事情。

（5）桥接模式适用情况包括：需要在构件的抽象化角色和具体化角色之间增加更多的灵活性，避免在两个层次之间建立静态的继承联系；抽象化角色和实现化角色可以以继承的方式独立扩展而互不影响；一个类存在两个独立变化的维度，且这两个维度都需要进行扩展；设计要求需要独立管理抽象化角色和具体化角色；不希望使用继承或因为多层次继承导致系统类的个数急剧增加的系统。

思考与练习

1. 用 Java 代码实现"跨平台视频播放器"实例，如果在系统中需要支持 Macintosh 操作系统，并支持一种新的视频格式 FLV，考虑并分析原有系统的变化。

2. 海尔（Haier）、TCL、海信（Hisense）都是家电制造商，它们都生产电视机（Television）、空调（Air Conditioner）、冰箱（Refrigeratory）。现需要设计一个系统，描述这些家电制造商以及它们所制造的电器，要求绘制类图并用 Java 代码模拟实现。

3. 如果系统中某对象具有三个变化维度，如某日志记录器（Logger）既可以支持不同的操作系统，还可以支持多种编程语言，并且可以使用不同的输出方式。使用桥接模式设计该系统。

第12章

组 合 模 式

视频讲解

本章导学

　　组合模式关注那些存在叶子构件和容器构件的结构以及它们的组织形式，叶子构件中不能包含成员对象，而容器构件中可以包含成员对象，这些成员对象可能是叶子构件对象，也可能是容器构件对象。这些对象可以构成一个树形结构，组合模式用面向对象的方式来处理树形结构，它为叶子构件和容器构件提供了一个公共的抽象构件类，客户端可以针对该抽象类进行处理，而无须关心所操作的是哪种类型的对象。由于树形结构在软件开发中广泛存在，因此，组合模式也是常用的结构型设计模式之一。

　　本章将介绍组合模式的定义与结构，通过如何处理树形结构来学习组合模式的实现，结合实例学习如何在软件开发中应用组合模式，还将学习透明组合模式和安全组合模式的结构与区别。

　　本章的难点在于理解组合模式中抽象构件和容器构件的作用与实现，理解透明组合模式和安全组合模式的异同。

　　组合模式重要等级：★★★★☆

　　组合模式难度等级：★★★☆☆

12.1　组合模式动机与定义

　　在面向对象系统中，我们常常会遇到一类具有"容器"特征的对象——即它们在充当普通对象的同时，又可作为其他对象的容器，这些对象称为容器对象，而那些只能充当普通对象的对象则称为叶子对象。在容器对象中既可以包含叶子对象，又可以包含容器对象，为了更好地解决容器对象和叶子对象之间的关系，使之操作更加简单，我们需要学习一种新的结构型设计模式，即组合模式。

12.1.1　模式动机

　　在 Windows 操作系统中，存在如图 12-1 所示的文件目录结构。

　　在图 12-1 中，包含文件和文件夹两类对象，其中在文件夹中可以包含子文件夹，也可以包含文件。文件夹是容器类(Container),而不同类型的各种文件是成员类,也称为叶子类(Leaf)。一个文件夹也可以作为另一个更大的文件夹的成员。如果现在要对某一个文件夹进行操作,如根据文件名或文件夹名进行搜索,那么需要对指定的文件夹进行遍历,如果存在子文件夹,则打开其子文件夹继续遍历,如果是文件,则遍历之后返回遍历结果,此时,我们可以使用组合模式来实现一个文件系统的遍历。

组合模式比较容易理解,想到组合模式就应该想到树形结构图,如 Windows 中的目录树,图 12-2 是树形目录结构的简单示意图。

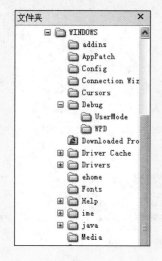

图 12-1　Windows 目录结构

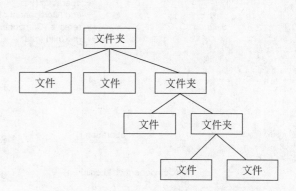

图 12-2　树形目录结构示意图

对于树形结构,当容器对象(如文件夹)的某一个方法被调用时,将遍历整个树形结构,寻找也包含这个方法的成员对象(可以是容器对象,也可以是叶子对象,如子文件夹和文件)并调用执行,牵一而动百,其中使用了递归调用的机制来对整个结构进行处理。由于容器对象和叶子对象在功能上有区别,在使用这些对象的客户端代码中必须有区别地对待容器对象和叶子对象,而实际上大多数情况下客户端希望一致地处理它们,因为对于这些对象的区别对待将会使得程序非常复杂。

组合模式描述了如何将容器对象和叶子对象进行递归组合,使得用户在使用时无须对它们进行区分,可以一致地对待容器对象和叶子对象,这就是组合模式的模式动机。

12.1.2　模式定义

组合模式(Composite Pattern)定义:组合多个对象形成树形结构以表示"部分—整体"的结构层次。组合模式对单个对象(即叶子对象)和组合对象(即容器对象)的使用具有一致性。组合模式又可以称为"部分—整体"(Part-Whole)模式,属于对象的结构模式,它将对象组织到树结构中,可以用来描述整体与部分的关系。

英文定义:"Compose objects into tree structures to represent part-whole hierarchies. Composite lets clients treat individual objects and compositions of objects uniformly."。

12.2　组合模式结构与分析

组合模式的核心在于引入了一个抽象类，它既是叶子类的父类，也是容器类的父类，下面将介绍并分析其模式结构。

12.2.1　模式结构

组合模式结构图如图 12-3 所示。

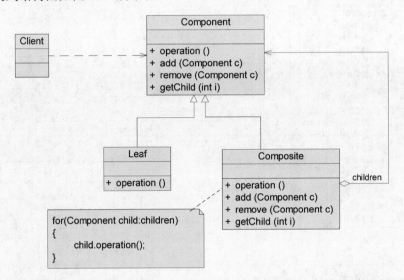

图 12-3　组合模式结构图

组合模式包含如下角色。

1. Component（抽象构件）

抽象构件可以是接口或抽象类，为叶子构件和容器构件对象声明接口，在该角色中可以包含所有子类共有行为的声明和实现。在抽象构件中定义了访问及管理它的子构件的方法，如增加子构件、删除子构件、获取子构件等。

2. Leaf（叶子构件）

叶子构件在组合结构中表示叶子节点对象，叶子节点没有子节点，它实现了在抽象构件中定义的行为。对于那些访问及管理子构件的方法，可以通过异常等方式进行处理。

3. Composite（容器构件）

容器构件在组合结构中表示容器节点对象，容器节点包含子节点，其子节点可以是叶子节点，也可以是容器节点，它提供一个集合用于存储子节点，实现了在抽象构件中定义的行为，包括那些访问及管理子构件的方法，在其业务方法中可以递归调用其子节点的业务方法。

4. Client（客户类）

客户类可以通过抽象构件接口访问和控制组合构件中的对象。

12.2.2 模式分析

组合模式的关键是定义了一个抽象构件类,它既可以代表叶子,又可以代表容器,而客户端针对该抽象构件类进行编程,无须知道它到底表示的是叶子还是容器,可以对其进行统一处理。同时,容器对象与抽象构件类之间还建立一个聚合关联关系,在容器对象中既可以包含叶子,也可以包含容器,以此实现递归组合,形成一个树形结构。

在文件系统中,可以抽象出一个抽象构件类,如 AbstractElement,其子类为文件类 File 和文件夹类 Folder。用组合模式描述它们之间的关系,如图 12-4 所示。

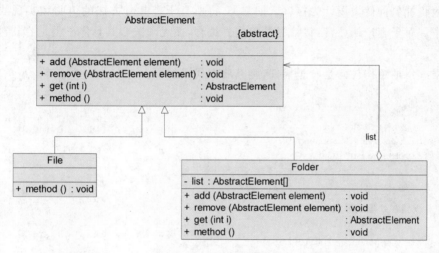

图 12-4　文件系统组合模式结构图

其中在抽象构件类 AbstractElement 中声明了一些文件和文件夹都具有的操作,如 method(),同时也声明了用于访问和管理子构件的操作。File 类实现了 method()方法,用于对文件进行处理,但是在 File 构件中不能再包含子构件,因此它们都不执行与子构件有关的操作。

文件夹类 Folder 定义了一个 AbstractElement 对象的集合,Folder 的 method()方法是通过调用它的子构件的 method()方法来实现的,Folder 实现了在 AbstractElement 对象中定义的、与子构件相关的操作方法。由于 File 和 Folder 都是 AbstractElement 的子类,因此可以在 AbstractElement 对象的集合中增加新的文件对象,也可以增加新的文件夹对象。通过文件对象与文件夹对象的组合形成树形目录结构,Folder 对象可以递归组合其他 Folder 对象。

由于文件夹类 Folder 和文件类 File 具有相同的父类 AbstractElement,因此客户端可以针对 AbstractElement 进行编程,将客户代码与复杂的容器对象解耦,让容器对象自己来实现自身的复杂结构,从而使得客户代码就像处理叶子对象一样来处理复杂的容器对象。

如果不使用组合模式,客户代码将过多地依赖于容器对象复杂的内部实现结构,容器对象内部实现结构的变化将引起客户代码的频繁变化,带来了代码维护复杂、扩展性差等弊端。组合模式的使用将在一定程度上解决这些问题。

下面通过代码来分析组合模式的各个角色。

对于组合模式中的抽象构件角色,其典型代码如下:

```
public abstract class Component
{
    public abstract void add(Component c);
    public abstract void remove(Component c);
    public abstract Component getChild(int i);
    public abstract void operation();
}
```

一般将抽象构件类设计为接口或抽象类,将所有子类共有方法的声明和实现放在抽象构件类中。对于客户端而言,将针对抽象构件编程,而无须关心其具体子类是容器构件还是叶子构件。

如果继承抽象构件的是叶子构件,则其典型代码如下:

```
public class Leaf extends Component
{
    public void add(Component c)
    { //异常处理或错误提示 }

    public void remove(Component c)
    { //异常处理或错误提示 }

    public Component getChild(int i)
    { //异常处理或错误提示
      return null; }

    public void operation()
    {
        //实现代码
    }
}
```

作为抽象构件类的子类,在叶子构件中需要实现在抽象构件类中声明的所有方法,包括业务方法以及管理和访问子构件的方法,但是叶子构件不能再包含子构件,因此在客户端代码中调用叶子构件的子构件管理和访问方法时需要提供异常处理或错误提示。

如果继承抽象构件的是容器构件,则其典型代码如下:

```
public class Composite extends Component
{
    private ArrayList list = new ArrayList();

    public void add(Component c)
    {
        list.add(c);
```

```
    }

    public void remove(Component c)
    {
        list.remove(c);
    }

    public Component getChild(int i)
    {
        return(Component)list.get(i);
    }

    public void operation()
    {
        for(Object obj:list)
        {
            ((Component)obj).operation();
        }
    }
}
```

　　在容器构件中实现了在抽象构件中声明的所有方法，既包括业务方法，也包括用于访问和管理子构件的方法，如 add()、remove() 和 getChild() 等方法。需要注意的是，在实现具体业务方法时，由于容器构件充当的是容器角色，包含成员构件，因此它将调用其成员构件的业务方法。在组合模式的使用过程中，由于容器构件中仍旧可以包含容器构件，因此在对容器构件进行处理时需要使用递归算法，即在容器构件的 operation() 方法中递归调用其成员构件的 operation() 方法。

12.3　组合模式实例与解析

　　下面通过两个实例来进一步学习并理解组合模式。

12.3.1　组合模式实例之水果盘

1. 实例说明

　　在水果盘（Plate）中有一些水果，如苹果（Apple）、香蕉（Banana）、梨子（Pear），当然大水果盘中还可以有小水果盘，如图 12-5 所示。现需要对盘中的水果进行遍历（吃），当然如果对一个水果盘执行"吃"方法，实际上就是吃其中的水果。使用组合模式模拟该场景。

图 12-5　水果盘示意图

2．实例类图

通过分析，该实例类图如图 12-6 所示。

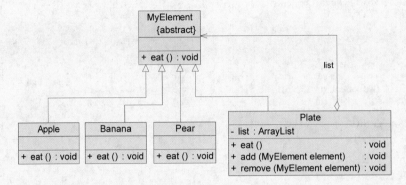

图 12-6　水果盘类图

3．实例代码及解释

（1）抽象构件类 MyElement（抽象类）

```
public abstract class MyElement
{
    public abstract void eat();
}
```

MyElement 是抽象构件类，在其中声明了方法 eat()，在其子类中实现该方法。需要注意的是，在 MyElement 中没有声明子构件操作相关方法，在此处使用的是安全组合模式，而不是透明组合模式，关于安全组合模式和透明组合模式，在本章模式扩展部分将进行深入学习。

（2）叶子构件类 Apple（苹果类）

```
public class Apple extends MyElement
{
    public void eat()
    {
        System.out.println("吃苹果!");
    }
}
```

Apple 类是叶子构件类，它实现了在抽象构件类中定义的方法 eat()。

（3）叶子构件类 Banana（香蕉类）

```
public class Banana extends MyElement
{
    public void eat()
    {
        System.out.println("吃香蕉!");
```

```
    }
}
```

Banana 也是叶子构件类,它实现了在抽象构件类中定义的方法 eat()。

(4) 叶子构件类 Pear(梨子类)

```java
public class Pear extends MyElement
{
    public void eat()
    {
        System.out.println("吃梨子!");
    }
}
```

Pear 也是叶子构件类,它实现了在抽象构件类中定义的方法 eat()。

(5) 容器构件类 Plate(水果盘类)

```java
import java.util. * ;

public class Plate extends MyElement
{
    private ArrayList list = new ArrayList();

    public void add(MyElement element)
    {
        list.add(element);
    }

    public void remove(MyElement element)
    {
        list. remove(element);
    }

    public void eat()
    {
        for(Object object:list)
        {
            ((MyElement)object).eat();
        }
    }
}
```

Plate 类是容器构件类,在其代码中需要注意三个要点:首先它定义了一个抽象构件类型的集合,此处使用 ArrayList 来实现;它提供了用于操作子构件的相关方法,如增加子构件、删除子构件和获取子构件等方法;它实现了在抽象构件中定义的 eat()方法,且在该方法的内部递归调用其子构件的 eat()方法,见加粗代码部分。

4. 辅助代码

客户端测试类 Client 如下：

```java
public class Client
{
    public static void main(String a[])
    {
        MyElement obj1,obj2,obj3,obj4,obj5;
        Plate plate1,plate2,plate3;

        obj1 = new Apple();
        obj2 = new Pear();
        plate1 = new Plate();
        plate1.add(obj1);
        plate1.add(obj2);

        obj3 = new Banana();
        obj4 = new Banana();
        plate2 = new Plate();
        plate2.add(obj3);
        plate2.add(obj4);

        obj5 = new Apple();
        plate3 = new Plate();
        plate3.add(plate1);
        plate3.add(plate2);
        plate3.add(obj5);

        plate3.eat();
    }
}
```

在客户端代码中，实例化了一些叶子构件即水果类，也实例化了一些容器构件即水果盘类，通过水果盘类的 add()方法可以将子构件添加到水果盘中，其子构件可以是水果对象，也可以是水果盘对象。

5. 结果及分析

编译并运行程序，输出结果如下：

```
吃苹果!
吃梨子!
吃香蕉!
吃香蕉!
吃苹果!
```

在调用水果盘的 eat()方法时，将递归调用其中每个成员对象的 eat()方法，最终将执行每一个水果对象的 eat()方法，实现对所有水果的遍历。

需要注意的是，由于在抽象构件中没有提供与子构件操作相关的方法，因此叶子构件无法调用add()方法增加子构件,这对于客户端来说是安全的,但是不能用抽象构件来定义容器构件,因此对于客户端来说,叶子构件和容器构件需要用不同类型来定义,是不透明的,系统的灵活性和扩展性将受到影响。

12.3.2 组合模式实例之文件浏览

1. 实例说明

文件有不同类型,不同类型的文件其浏览方式有所区别,如文本文件和图片文件的浏览方式就不相同。对文件夹的浏览实际上就是对其中所包含文件的浏览,而客户端可以一致地对文件和文件夹进行操作,无须关心它们的区别。使用组合模式来模拟文件的浏览操作。

2. 实例类图

通过分析,该实例类图如图12-7所示。

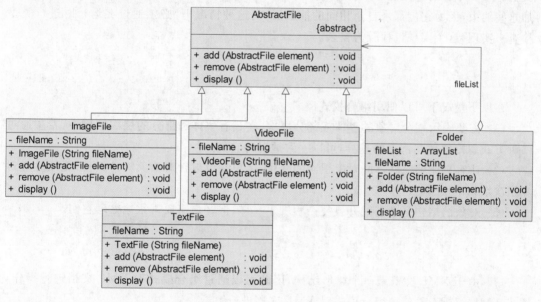

图 12-7　文件浏览类图

该实例的代码解释与结果分析略。

12.4 组合模式效果与应用

12.4.1 模式优缺点

1. 组合模式的优点

(1)组合模式可以清楚地定义分层次的复杂对象,表示对象的全部或部分层次,使得增加新构件也更容易,因为它让客户忽略了层次的差异,而它的结构又是动态的,提供了对象管理的灵活接口,因此组合模式可以方便地对层次结构进行控制。

(2)客户端调用简单,客户端可以一致地使用组合结构或其中单个对象,用户就不必关心自己处理的是单个对象还是整个组合结构,简化了客户端代码。

(3)定义了包含叶子对象和容器对象的类层次结构,叶子对象可以被组合成更复杂的容器对象,而这个容器对象又可以被组合,这样不断递归下去,可以形成复杂的树形结构。

(4)更容易在组合体内加入对象构件,客户端不必因为加入了新的对象构件而更改原有代码。

2. 组合模式的缺点

(1)使设计变得更加抽象,对象的业务规则如果很复杂,则实现组合模式具有很大挑战性,而且不是所有的方法都与叶子对象子类都有关联。

(2)增加新构件时可能会产生一些问题,很难对容器中的构件类型进行限制。有时候我们希望一个容器中只能有某些特定类型的对象,使用组合模式时,不能依赖类型系统来施加这些约束,因为它们都来自于相同的抽象层,在这种情况下,必须通过在运行时进行类型检查来实现,这个实现过程较为复杂。

12.4.2　模式适用环境

在以下情况下可以使用组合模式。

(1)需要表示一个对象的整体或部分层次,在具有整体和部分的层次结构中,希望通过一种方式忽略整体与部分的差异,可以一致地对待它们。

(2)让客户能够忽略不同对象层次的变化,客户端可以针对抽象构件编程,无须关心对象层次结构的细节。

(3)对象的结构是动态的并且复杂程度不一样,但客户需要一致地处理它们。

12.4.3　模式应用

(1)由于 XML 文档是一个树形结构,因此可以通过组合模式对 XML 文档进行操作,很多 XML 解析工具使用组合模式对 XML 文档进行解析。

(2)操作系统中的目录结构是一个树形结构,因此在对文件和文件夹进行操作时可以应用组合模式。例如杀毒软件在查毒或杀毒时,既可以针对一个具体文件,也可以针对一个目录,如果是对目录查毒或杀毒,将递归处理目录中的每一个子目录和文件。

(3)JDK 的 AWT/Swing 是组合模式在 Java 类库中的一个典型实际应用。由于 AWT 和 Swing 的图形界面构件是建立在 AWT 库的 Container 类和 Component 类的基础之上,从图 12-8 所示的 AWT 组合模式图可以看出,Component 类是抽象构件,Checkbox、Button 和 TextComponent 是叶子构件,而 Container 是容器构件,在 AWT 中包含的叶子构件还有很多,因为篇幅限制没有在图中一一列出。

在一个容器构件中可以包含叶子构件,也可以继续包含容器构件,这些叶子构件和容器构件一起组成了复杂的 GUI 界面。

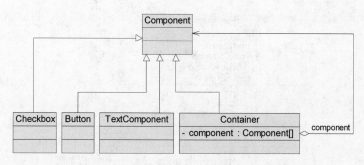

图 12-8　AWT 组合模式结构示意图

12.5　组合模式扩展

1. 更复杂的组合模式

组合模式可以扩展为如图 12-9 所示形式，我们对叶子节点和容器节点进行抽象，得到抽象的叶子节点和抽象的容器节点构件，在 Java AWT/Swing 中存在类似结构，很多叶子构件和容器构件都拥有子类，如叶子构件 TextComponent 又有 TextField、TextArea 等子类，而容器构件 Container 又有 Panel、Window 等子类。

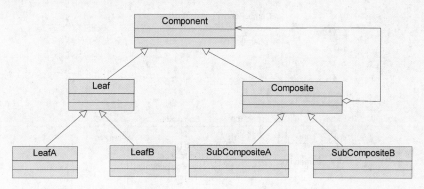

图 12-9　复杂的组合模式示意图

2. 透明组合模式与安全组合模式

组合模式根据抽象构件类的定义形式，又可以分为透明组合模式和安全组合模式。

（1）透明组合模式

在透明组合模式中，抽象构件 Component 中声明了所有用于管理成员对象的方法，包括 add()、remove() 以及 getChild() 等方法，这样做的好处是确保所有的构件类都有相同的接口。在客户端看来，叶子对象与容器对象所提供的方法是一致的，客户端可以相同地对待所有的对象，如图 12-10 所示。

透明组合模式的缺点是不够安全，因为叶子对象和容器对象在本质上是有区别的。叶子对象不可能有下一个层次的对象，即不可能包含成员对象，因此为其提供 add()、remove() 以及 getChild() 等方法是没有意义的，这在编译阶段不会出错，但在运行阶段如果调用这些方法

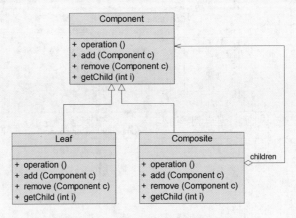

图 12-10　透明组合模式结构图

可能会出错。

(2) 安全组合模式

在安全组合模式中,在抽象构件 Component 中没有声明任何用于管理成员对象的方法,而是在 Composite 类中声明这些用于管理成员对象的方法。这种做法是安全的,因为根本不向叶子对象提供这些管理成员对象的方法,对于叶子对象,客户端不可能调用到这些方法,如图 12-11 所示。

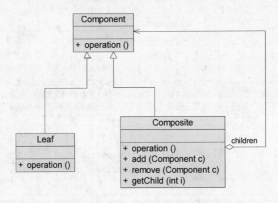

图 12-11　安全组合模式结构图

安全组合模式的缺点是不够透明,因为叶子构件和容器构件具有不同的方法,且容器构件中那些用于管理成员对象的方法没有在抽象构件类中定义,因此客户端不能完全针对抽象编程,并一致地使用叶子构件和容器构件。

在实际使用中,安全组合模式使用频率相对更高,在 Java AWT 中使用的组合模式就是安全组合模式。

12.6　本章小结

(1) 组合模式用于组合多个对象形成树形结构以表示“部分—整体”的结构层次。组合模式对单个对象(即叶子对象)和组合对象(即容器对象)的使用具有一致性。组合模式又可以称为"部分—整体"模式,属于对象的结构模式,它将对象组织到树结构中,可以用来描述整体与部分的关系。

(2)组合模式包含3个角色:抽象构件为叶子构件和容器构件对象声明接口,在该角色中可以包含所有子类共有行为的声明和实现;叶子构件在组合结构中表示叶子节点对象,叶子节点没有子节点;容器构件在组合结构中表示容器节点对象,容器节点包含子节点,其子节点可以是叶子节点,也可以是容器节点,它提供一个集合用于存储子节点,实现了在抽象构件中定义的行为。

(3)组合模式的关键是定义了一个抽象构件类,它既可以代表叶子,又可以代表容器,而客户端针对该抽象构件类进行编程,无须知道它到底表示的是叶子还是容器,可以对其进行统一处理。

(4)组合模式的主要优点在于可以方便地对层次结构进行控制,客户端调用简单,客户端可以一致的使用组合结构或其中单个对象,用户就不必关心自己处理的是单个对象还是整个组合结构,简化了客户端代码;其缺点在于使设计变得更加抽象,且增加新构件时可能会产生一些问题,而且很难对容器中的构件类型进行限制。

(5)组合模式适用情况包括:需要表示一个对象的整体或部分层次;让客户能够忽略不同对象层次的变化,客户端可以针对抽象构件编程,无须关心对象层次结构的细节;对象的结构是动态的并且复杂程度不一样,但客户需要一致地处理它们。

(6)组合模式根据抽象构件类的定义形式,又可以分为透明组合模式和安全组合模式。

思考与练习

1. 将实例"水果盘"转换成透明组合模式,绘制类图并编程实现。
2. 用Java代码模拟实现实例"文件浏览",要求使用透明组合模式。
3. 在组合模式的结构定义图中,如果聚合关系不是从 Composite 到 Component 的,而是从 Composite 到 Leaf 的,如图 12-12 所示,会产生怎样的结果?

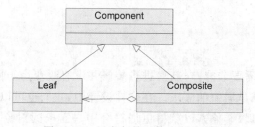

图 12-12 思考与练习第 3 题用图

4. 使用组合模式设计一个杀毒软件(AntiVirus)的框架,该软件既可以对某个文件夹(Folder)杀毒,也可以对某个指定的文件(File)进行杀毒,文件种类包括文本文件 TextFile、图片文件 ImageFile、视频文件 VideoFile。绘制类图并编程实现。

第13章

装饰模式

视频讲解

本章导学

装饰模式是一种用于替代继承的技术,它通过一种无须定义子类的方式来给对象动态增加职责,使用对象之间的关联关系取代类之间的继承关系。在装饰模式中引入了装饰类,在装饰类中既可以调用被装饰类的方法,还可以定义新的方法,以便扩充类的功能。装饰模式降低了系统的耦合度,可以动态增加或删除对象的职责,并使得需要装饰的具体构件类和具体装饰类可以独立变化,增加新的具体构件类和具体装饰类都非常方便,满足"开闭原则"的要求。

本章将介绍装饰模式的定义与结构,通过实例学习装饰模式的使用,并学习透明装饰模式和半透明装饰模式的区别与实现。

本章的难点在于理解抽象装饰类和具体装饰类的作用和实现,以及理解透明装饰模式和半透明装饰模式的区别及其实现方式。

装饰模式重要等级:★★★☆☆

装饰模式难度等级:★★★☆☆

13.1 装饰模式动机与定义

买了新房(毛坯房)需要装修,对新房进行装修并没有改变房子用于居住的本质,但它让房子变得更漂亮,更加满足居家的需求。在软件设计中,我们也可以用类似的技术对原有对象(新房)的功能进行扩展(装修),以获得更加符合用户需求的对象。这种技术在设计模式中称为装饰模式,本章我们将学习用于扩展系统功能的装饰模式。

13.1.1 模式动机

装饰模式可以在不改变一个对象本身的基础上给对象增加额外的新行为,在现实生活中,这种情况比比皆是,如一张照片,可以不改变照片本身,给它增加一个相框,使得它具有防潮的功能,而且用户可以根据需要给它增加不同类型的相框,甚至可以在一个小相框的外面再套一个大相框。其示意图如图 13-1 所示。

图 13-1　装饰模式示意图

在软件开发中,类似上面的照片加相框的情况也随处可见。如可以给一个图形界面构件增加边框、滚动等新的特性,给一个数据加密类增加更复杂的加密算法等。

一般有两种方式可以实现给一个类或对象增加行为:

1. 继承机制

使用继承机制是给现有类添加功能的一种有效途径,通过继承一个现有类可以使得子类在拥有自身方法的同时还拥有父类的方法。但是这种方法是静态的,用户不能控制增加行为的方式和时机。

2. 关联机制

关联机制是更加灵活的方法,即将一个类的对象嵌入另一个新对象中,由另一个对象来决定是否调用嵌入对象的行为并扩展新的行为,我们称这个新的对象(即另一个对象)为装饰器(Decorator)。为了使得装饰器与它所装饰的对象对客户端来说透明,装饰器类和被装饰的类必须实现相同的接口,客户端使用时无须关心一个类的对象是否被装饰过,可以一致性地使用未被装饰的对象以及装饰好的对象。我们可以在被装饰的类中调用在装饰器类中定义的方法,实现更多更复杂的功能,而且由于装饰器类和被装饰的类实现了相同接口,已经被装饰过的对象可以继续作为新的被装饰对象进行装饰,这种透明性使得我们可以递归嵌套多个装饰,从而可以添加任意多的功能。

装饰模式以对客户透明的方式动态地给一个对象附加上更多的责任,换言之,客户端并不会觉得对象在装饰前和装饰后有什么不同。装饰模式可以在不需要创造更多子类的情况下,将对象的功能加以扩展。这就是装饰模式的模式动机。

13.1.2　模式定义

装饰模式(Decorator Pattern)定义:动态地给一个对象增加一些额外的职责(Responsibility),就增加对象功能来说,装饰模式比生成子类实现更为灵活。其别名也可以称为包装器(Wrapper),与适配器模式的别名相同,但它们适用于不同的场合。根据翻译的不同,装饰模式也有人称之为"油漆工模式",它是一种对象结构型模式。

英文定义："Attach additional responsibilities to an object dynamically. Decorators provide a flexible alternative to subclassing for extending functionality."。

13.2 装饰模式结构与分析

装饰模式的结构与组合模式的结构很相似,但是它们蕴涵了完全不一样的原理,下面将学习并分析其模式结构。

13.2.1 模式结构

装饰模式结构图如图 13-2 所示。

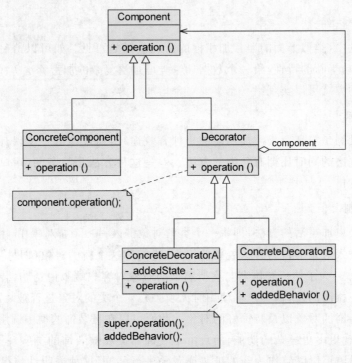

图 13-2 装饰模式结构图

装饰模式包含如下角色:

1. Component(抽象构件)

抽象构件定义了对象的接口,可以给这些对象动态增加职责(方法)。抽象构件是具体构件和抽象装饰类的共同父类,它声明了在具体构件中实现的业务方法,它的引入可以使客户端以一致的方式处理未被装饰的对象以及装饰之后的对象,实现客户端的透明操作。

2. ConcreteComponent(具体构件)

具体构件定义了具体的构件对象,实现了在抽象构件中声明的方法,装饰器可以给它增加额外的职责(方法)。

3．Decorator（抽象装饰类）

抽象装饰类是抽象构件类的子类，用于给具体构件增加职责，但是具体职责在其子类中实现。它维护一个指向抽象构件对象的引用，通过该引用可以调用装饰之前构件对象的方法，并通过其子类扩展该方法，以达到装饰的目的。

4．ConcreteDecorator（具体装饰类）

具体装饰类是抽象装饰类的子类，负责向构件添加新的职责。每一个具体装饰类都定义了一些新的行为，它可以调用在抽象装饰类中定义的方法，并可以增加新的方法以便扩充对象的行为。

13.2.2　模式分析

本书首先从继承复用的缺陷来分析装饰模式。继承是最常用的一种扩展原有类功能的方式，它通过创造一个新的子类来继承原有的类，从而扩展原有类的功能。但是，在学习"合成复用原则"时我们知道对类功能进行复用时应该多用关联关系，少用继承关系。

关联关系的主要优势在于不会破坏类的封装性，而且继承是一种耦合度较大的静态关系，无法在程序运行时动态扩展。在软件开发阶段，关联关系虽然不会比继承关系减少编码量，但是到了软件维护阶段，由于关联关系使系统具有较好的松耦合性，因此使得系统更加容易维护。当然，关联关系的缺点是比继承关系要创建更多的对象。

因此使用装饰模式来实现扩展比继承更加灵活，它以对客户透明的方式动态地给一个对象附加更多的责任。装饰模式可以在不需要创造更多子类的情况下，将对象的功能加以扩展。

装饰模式的核心在于抽象装饰类的设计，其典型代码如下：

```
public class Decorator extends Component
{
    private Component component;
    public Decorator(Component component)
    {
        this.component = component;
    }
    public void operation()
    {
        component.operation();
    }
}
```

在抽象装饰类 Decorator 中定义了一个 Component 类型的对象 component，维持一个对父类对象的引用，并可以通过构造函数或 Setter 函数将一个 Component 类型的对象注入进来，同时由于 Decorator 类实现了抽象构件 Component 接口，因此需要实现在其中声明的业务方法 operation()，需要注意的是在 Decorator 中并未真正实现 operation()方法，而只是调用 component 对象的 operation()方法，它没有真正实施装饰，而是提供一个统一的接口将具体装饰过程交给子类完成。这说明在使用装饰模式时可以调用原有具体构件中的方法,在 Decorator 的子类即具体装饰类中将继承 operation()方法并根据需要进行扩展,典型的具体装饰类代码如下:

```java
public class ConcreteDecorator extends Decorator
{
    public ConcreteDecorator(Component component)
    {
        super(component);
    }
    public void operation()
    {
        super.operation();
        addedBehavior();
    }
    public void addedBehavior()
    {
        //新增方法
    }
}
```

在具体装饰类中,它可以调用到抽象装饰类的 operation()方法,同时可以定义新的方法,如 addedBehavior()。如果以在 operation()方法中调用 addedBehavior()方法的方式来实现增加新行为,客户端可统一通过 operation()方法来使用新行为,则客户端可以用抽象构件类型来定义具体构件对象和具体装饰对象,还可以将具体装饰类对象作为新的具体构件对象继续进行装饰,这称为透明装饰模式;如果将 addedBehavior()方法作为一个单独的方法提供给客户端使用,客户端不能使用抽象构件来定义具体装饰对象,也不能进行多重装饰,这称为半透明装饰模式。

13.3　装饰模式实例与解析

下面通过两个实例来进一步学习并理解装饰模式。

13.3.1　装饰模式实例之变形金刚

1. 实例说明

变形金刚在变形之前是一辆汽车,它可以在陆地上移动。当它变成机器人之后除了能够在陆地上移动之外,还可以说话;如果需要,它还可以变成飞机,除了在陆地上移动还可以在天空中飞翔。

2. 实例类图

通过分析,该实例类图如图 13-3 所示。

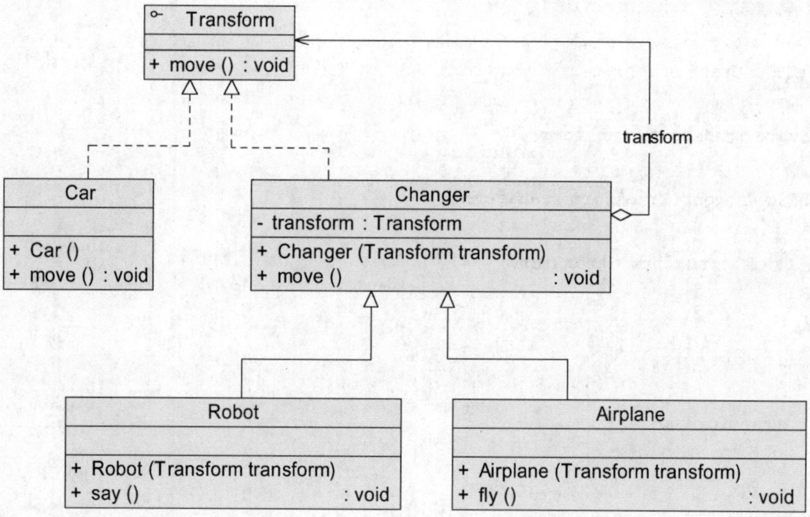

图 13-3　变形金刚类图

3. 实例代码及解释

（1）抽象构件类 Transform（变形金刚）

```java
public interface Transform
{
    public void move();
}
```

Transform 是抽象构件类，在其中声明了 move()方法，无论变形金刚如何改变，这个方法都必须具有，它是具体构件与装饰器共有的方法。

（2）具体构件类 Car（汽车类）

```java
public final class Car implements Transform
{
    public Car()
    {
        System.out.println("变形金刚是一辆车!");
    }

    public void move()
    {
        System.out.println("在陆地上移动!");
    }
}
```

Car 是 Transform 的子类，它是具体构件类，提供了 move()方法的实现，它是一个可以被装饰的类。在这里，Car 被声明为 final 类型，意味着不能通过继承来扩展其功能，但是可以通过关联关系来扩展，也就是通过使用装饰器来装饰它。

（3）抽象装饰类 Changer(变化类)

```java
public class Changer implements Transform
{
    private Transform transform;

    public Changer(Transform transform)
    {
        this.transform = transform;
    }

    public void move()
    {
        transform.move();
    }
}
```

Changer 是抽象装饰类，它是所有具体装饰类的父类，同时它也是抽象构件的子类。Changer 类是装饰模式的核心，它定义了一个抽象构件类型的对象 transform，可以通过构造函数或者 Setter 方法来给该对象赋值，在本实例中使用的是构造函数，并且它也实现了move()方法，但是它通过调用 transform 对象的 move()方法来实现。这样可以保证原有方法不会丢失，而且可以在它的子类中增加新的方法，扩展原有对象的功能。

（4）具体装饰类 Robot(机器人类)

```java
public class Robot extends Changer
{
    public Robot(Transform transform)
    {
        super(transform);
        System.out.println("变成机器人!");
    }

    public void say()
    {
        System.out.println("说话!");
    }
}
```

Robot 类是 Changer 类的子类，它继承了在 Changer 中定义的方法，还可以增加新的方法，也就是说它既可以调用原有对象的方法，又可以对其进行扩充，为其增加新的职责，如变形金刚变成机器人之后可以说话 say()。

（5）具体装饰类 Airplane(飞机类)

```java
public class Airplane extends Changer
{
    public Airplane(Transform transform)
    {
```

```
        super(transform);
        System.out.println("变成飞机!");
    }

    public void fly()
    {
        System.out.println("在天空飞翔!");
    }
}
```

Airplane 类也是 Changer 类的子类,它继承了在 Changer 中定义的方法,还增加了新的方法 fly(),实现变形金刚的飞翔。

4. 辅助代码

客户端测试类 Client 如下:

```
public class Client
{
    public static void main(String args[])
    {
        Transform camaro;
        camaro = new Car();
        camaro.move();
        System.out.println(" --------------------------- ");
        Robot bumblebee = new Robot(camaro);
        bumblebee.move();
        bumblebee.say();
    }
}
```

在客户端代码中,首先对 Car 进行实例化,得到一个 camaro 对象,可以调用其方法 move()实现移动,然后将该对象作为参数注入到 Robot 类的构造函数中,用于创建一个 bumblebee 对象,则既可以调用 bumblebee 对象的 move()方法实现移动,又可以调用 bumblebee 对象的 say()方法实现说话。

需要注意的是,camaro 对象可以通过抽象构件 Transform 进行定义,但是定义 bumblebee 对象时只能通过 Robot,因为 say()方法未在 Transform 中声明。也就是说对于具体构件可以通过抽象构件来定义,但是对于具体装饰者不能通过抽象构件来定义,对于客户端来说具体构件是透明的,而具体装饰者是不透明的,这称为半透明装饰模式,在模式扩展部分将进一步讲解。

5. 结果及分析

编译并运行程序,输出结果如下:

```
变形金刚是一辆车!
在陆地上移动!
---------------------------
```

变成机器人!
在陆地上移动!
说话!

在没有装饰之前,camaro 只是一辆车,它只拥有车的方法 move(),在通过具体装饰类 Robot 装饰之后,它还拥有了 Robot 类的方法 say(),因此可以调用到这两个方法。

如果希望变形金刚既能拥有车的移动方法 move(),又拥有飞机的飞翔方法 fly(),则需要用 Airplane 类对其进行装饰,代码如下:

```java
public class Client
{
    public static void main(String args[])
    {
        Transform camaro;
        camaro = new Car();
        camaro.move();
        System.out.println(" ---------------------------- ");
        Airplane bumblebee = new Airplane(camaro);
        bumblebee.move();
        bumblebee.fly();
    }
}
```

编译并运行代码,输出结果如下:

变形金刚是一辆车!
在陆地上移动!

变成飞机!
在陆地上移动!
在天空飞翔!

13.3.2　装饰模式实例之多重加密系统

1. 实例说明

某系统提供了一个数据加密功能,可以对字符串进行加密。最简单的加密算法通过对字母进行移位来实现,同时还提供了稍复杂的逆向输出加密,还提供了更为高级的求模加密。用户先使用最简单的加密算法对字符串进行加密,如果觉得还不够,可以对加密之后的结果使用其他加密算法进行二次加密,当然也可以进行第三次加密。现使用装饰模式设计该多重加密系统。

2. 实例类图

通过分析,该实例类图如图 13-4 所示。

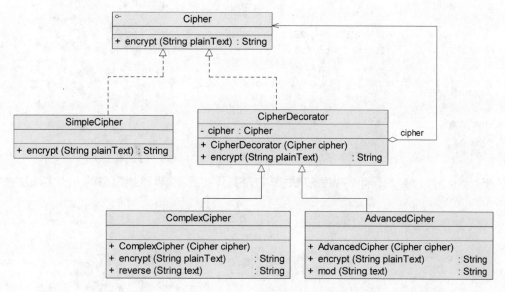

图 13-4 多重加密系统类图

3．实例代码及解释

（1）抽象构件类 Cipher（抽象加密类）

```java
public interface Cipher
{
    public String encrypt(String plainText);
}
```

Cipher 是抽象构件类，它声明了加密方法 encrypt（），该方法参数为待加密的字符串（明文），返回加密之后的字符串（密文）。

（2）具体构件类 SimpleCipher（简单加密类）

```java
public class SimpleCipher implements Cipher
{
    public String encrypt(String plainText)
    {
        String str = "";
        for(int i = 0;i < plainText.length();i++)
        {
            char c = plainText.charAt(i);
            if(c > = 'a'&&c < = 'z')
            {
                c += 6;
                if(c >'z') c -= 26;
                if(c <'a') c += 26;
            }
            if(c > = 'A'&&c < = 'Z')
            {
```

```
                    c + = 6;
                    if(c>'Z') c -= 26;
                    if(c<'A') c += 26;
                }
            str + = c;
        }
        return str;
    }
}
```

SimpleCipher 是最简单的加密算法类,它是具体构件类,以凯撒加密的方式实现加密方法 encrypt()。

(3) 抽象装饰类 CipherDecorator(加密装饰类)

```
public class CipherDecorator implements Cipher
{
    private Cipher cipher;

    public CipherDecorator(Cipher cipher)
    {
        this.cipher = cipher;
    }

    public String encrypt(String plainText)
    {
        return cipher.encrypt(plainText);
    }
}
```

CipherDecorator 是加密装饰类,它定义了一个抽象构件 Cipher 类型的对象 cipher,并在其 encrypt()调用 cipher 对象的 encrypt()方法。

(4) 具体装饰类 ComplexCipher(复杂加密类)

```
public class ComplexCipher extends CipherDecorator
{
    public ComplexCipher(Cipher cipher)
    {
        super(cipher);
    }

    public String encrypt(String plainText)
    {
        String result = super.encrypt(plainText);
        result = reverse(result);
        return result;
    }

    public String reverse(String text)
```

```
    {
        String str = "";
        for(int i = text.length();i > 0;i--)
        {
            str += text.substring(i - 1,i);
        }
        return str;
    }
}
```

ComplexCipher 是复杂加密类，它是抽象装饰类的子类，是具体装饰类，它有一个新增方法 reverse()用于实现逆向输出，它继承并覆盖了抽象装饰类的 encrypt()方法，在它的 encrypt()方法中，调用了父类的 encrypt()方法，并通过新增的 reverse()方法对加密之后的字符串进行进一步处理。

(5) 具体装饰类 AdvancedCipher(高级加密类)

```
public class AdvancedCipher extends CipherDecorator
{
    public AdvancedCipher(Cipher cipher)
    {
        super(cipher);
    }

    public String encrypt(String plainText)
    {
        String result = super.encrypt(plainText);
        result = mod(result);
        return result;
    }

    public String mod(String text)
    {
        String str = "";
        for(int i = 0;i < text.length();i++)
        {
            String c = String.valueOf(text.charAt(i) % 6);
            str += c;
        }
        return str;
    }
}
```

AdvancedCipher 是高级加密类，它也是抽象装饰类的子类，它提供了一个新增方法 mod()用于实现求模加密，与 ComplexCipher 类一样，在 AdvancedCipher 的 encrypt()方法中，调用了父类的 encrypt()方法，并使用新增的 mod()方法对加密结果进行进一步处理。

4. 辅助代码

客户端测试类 Client 如下：

```
public class Client
{
    public static void main(String args[])
    {
        String password = "sunnyLiu";          //明文
        String cpassword;                       //密文
        Cipher sc, cc;

        sc = new SimpleCipher();
        cpassword = sc.encrypt(password);
        System.out.println(cpassword);
        System.out.println(" -------------------- ");

        cc = new ComplexCipher(sc);
        cpassword = cc.encrypt(password);
        System.out.println(cpassword);
        System.out.println(" -------------------- ");
    }
}
```

在客户端代码中可以使用抽象构件定义具体构件 SimpleCipher 对象 sc 和具体装饰对象 cc,其中 cc 是具体装饰类 ComplexCipher 类型的对象。注意加粗代码,在实例化具体装饰类对象时可以将 Cipher 类型的对象注入其构造函数,这个对象可以是具体构件对象,也可以是已经装饰过的具体装饰类对象,因为它们都是 Cipher 的子类对象。

在客户端可以通过抽象构件定义所有的具体构件对象和具体装饰对象,它们都实现了在 Cipher 中声明的抽象方法 encrypt(),在具体构件类中新职责的增加在 encrypt() 内部实现,因此对于客户端来说具体构件与具体装饰类是一致的,都可以通过抽象构件来定义,这称为透明装饰模式,在模式扩展部分将进一步学习。

5. 结果及分析

编译并运行程序,输出结果如下:

```
yatteRoa
 --------------------
aoRettay
 --------------------
```

如果将客户端代码修改如下:

```
public class Client
{
    public static void main(String args[])
    {
        String password = "sunnyLiu";   //明文
        String cpassword;               //密文
        Cipher sc, cc, ac;
```

```
        sc = new SimpleCipher();
        cpassword = sc.encrypt(password);
        System.out.println(cpassword);
        System.out.println(" ---------------------- ");

        cc = new ComplexCipher(sc);
        cpassword = cc.encrypt(password);
        System.out.println(cpassword);
        System.out.println(" ---------------------- ");

        ac = new AdvancedCipher(cc);
        cpassword = ac.encrypt(password);
        System.out.println(cpassword);
        System.out.println(" ---------------------- ");
    }
}
```

在上面的代码中,对装饰之后的 cc 对象可以继续进行装饰,从而进一步对字符串进行处理,获取更为复杂的加密结果,编译并运行代码,输出结果如下:

```
yatteRoa
----------------------



aoRettay
----------------------
13452211
----------------------
```

不仅如此,用户可以根据需要对具体构件对象或具体装饰对象进行多次装饰包装,而且可以自行调整包装的次序,这个过程类似在一颗糖果外面增加多层糖纸进行包裹,糖纸次序还可以调整,这就是装饰模式别名"包装模式"的由来。

13.4　装饰模式效果与应用

13.4.1　模式优缺点

装饰模式的优点如下:

(1) 装饰模式与继承关系的目的都是要扩展对象的功能,但是装饰模式可以提供比继承更多的灵活性。

(2) 可以通过一种动态的方式来扩展一个对象的功能,通过配置文件可以在运行时选择不同的装饰器,从而实现不同的行为。

(3) 通过使用不同的具体装饰类以及这些装饰类的排列组合,可以创造出很多不同行为的组合。可以使用多个具体装饰类来装饰同一对象,得到功能更为强大的对象。

(4) 具体构件类与具体装饰类可以独立变化,用户可以根据需要增加新的具体构件类和具体装饰类,在使用时再对其进行组合,原有代码无须改变,符合"开闭原则"。

装饰模式的缺点如下:

(1) 使用装饰模式进行系统设计时将产生很多小对象,这些对象的区别在于它们之间相互连接的方式有所不同,而不是它们的类或者属性值有所不同,同时还将产生很多具体装饰类。这些装饰类和小对象的产生将增加系统的复杂度,加大学习与理解的难度。

(2) 这种比继承更加灵活机动的特性,也同时意味着装饰模式比继承更加易于出错,排错也很困难,对于多次装饰的对象,调试时寻找错误可能需要逐级排查,较为烦琐。

13.4.2 模式适用环境

在以下情况下可以使用装饰模式:

(1) 在不影响其他对象的情况下,以动态、透明的方式给单个对象添加职责。

(2) 需要动态地给一个对象增加功能,这些功能也可以动态地被撤销。

(3) 当不能采用继承的方式对系统进行扩充或者采用继承不利于系统扩展和维护时。不能采用继承的情况主要有两类:第一类是系统中存在大量独立的扩展,为支持每一种组合将产生大量的子类,使得子类数目呈爆炸性增长;第二类是因为类定义不能继承(如 final 类)。

13.4.3 模式应用

(1) 在 javax.swing 包中,可以通过装饰模式动态给一些构件增加新的行为或改善其外观显示。例如 JList 构件本身并不支持直接滚动,即没有滚动条。要创建可以滚动的列表,可以使用如下代码实现:

```
JList list = new JList();
JScrollPane sp = new JScrollPane(list);
```

在这里 JList 是具体构件,即需要装饰的构件,而 JScrollPane 充当装饰器,在其构造函数中注入一个 JList 类型的对象,在不影响 JList 本身功能的情况下对其进行扩展。

(2) 装饰模式在 JDK 中最经典的实例是 Java IO。在 Java IO 中,InputStream 和 OutputStream 两个类分别用于处理输出和输入的对象,在 InputStream 和 OutputStream 中只提供了最简单的流处理方法,只能读入和写出字符,没有缓冲处理、无法处理文件,它们只能提供最简单的功能。

下面通过如图 13-5 所示的 InputStream 层次结构来学习 Java IO 中装饰模式的应用。

Java IO 中的 InputStream 是所有字节输入流的父类,在 InputStream 类中包含的每个方法都会被所有字节输入流类继承,读取以及操作数据的基本方法都声明在 InputStream 类内部,每个子类可根据需要覆盖对应的方法。其直接子类包括用于以流的形式从文件中读取数据的 FileInputStream、从内存字节数组中读取数据的 ByteArrayInputStream 等,还包括一个子类 FilterInputStream,在该子类中定义了一个 InputStream 类型的对象,并调用了在 InputStream 中定义的方法。FilterInputStream 又包含了一些子类,如用于给一个输

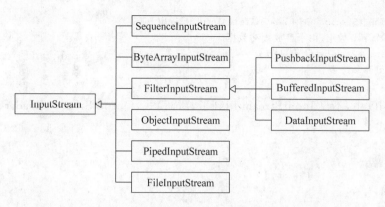

图 13-5 字节输入流 InputStream 层次结构

入流添加缓冲功能的 BufferedInputStream，用于读取原始类型的数据的 DataInputStream 等。

InputStream 的层次结构对应装饰模式的结构，其中 InputStream 是一个抽象类，它对应装饰模式中的抽象构件类，它定义了一系列 read ( ) 方法用于读取数据；而 FilterInputStream、ByteArrayInputStream 等都直接继承 InputStream 类，它们实现了在 InputStream 中定义的 read() 方法。

对于 FilterInputStream 类，它也是 InputStream 的子类，但是它的构造函数需要传递一个 InputStream 对象的引用，并且它将保存对此对象的引用，其代码片段如下：

```
protected volatile InputStream in;
protected FilterInputStream(InputStream in) {
this.in = in;
}
```

如果没有具体的 InputStream 对象，我们将无法创建 FilterInputStream。由于其中定义的 in 对象既可以是指向 FilterInputStream 类型的引用，也可以是指向 FileInputStream、ByteArrayInputStream 等具体类型的引用，因此可以使用多层嵌套的方式，为某个对象添加多种装饰，这是透明装饰模式的应用。在此，FilterInputStream 充当了抽象装饰类的角色，它的 read() 方法可以调用传入流的 read() 方法，而没有做更多的处理。因此它本质上没有对流进行装饰，所以继承它的子类必须覆盖此方法，以达到装饰的目的。

BufferedInputStream 和 DataInputStream 是 FilterInputStream 的两个子类，它们相当于装饰模式中的具体装饰类，对传入的输入流做了不同的装饰。以 BufferedInputStream，这个类提供了一个缓存机制，它使用一个数组作为数据读入的缓冲区，如可以将数据先从文件一次读入到一个数组中，再将数组中的数据读入到程序中，这样可以减少对文件操作的次数。BufferedInputStream 继承了 FilterInputStream，并且覆盖了父类的 read() 方法，在调用输入流读取数据前都会检查缓存是否已满，如果未满且文件未结束，则不进行读取，这样就实现了对输入流对象动态的添加新功能的目的，在此处的新功能即为缓冲控制。代码片段如下：

```
FileInputStream inFS = new FileInputStream("temp/fileSrc.txt");
```

```
BufferedInputStream inBS = new BufferedInputStream(inFS);
//定义一个字节数组,用于存放缓冲数据
byte[] data = new byte[1024];
inBS.read(data);
```

在 Java IO 中,不仅 InputStream 用到了装饰模式,OutputStream、Reader、Writer 等都用到了此模式。

13.5 装饰模式扩展

1. 装饰模式的简化

大多数情况下,装饰模式的实现比标准的结构图要简单,可以对装饰模式进行简化,在简化过程中需要注意如下几个问题:

(1) 一个装饰类的接口必须与被装饰类的接口保持相同。对于客户端来说,无论是装饰之前的对象还是装饰之后的对象都可以同等对待。

(2) 尽量保持具体构件类 ConcreteComponent 作为一个"轻"类,也就是说不要把太多的逻辑和状态放在具体构件类中,可以通过装饰类对其进行扩展。

(3) 如果只有一个具体构件类而没有抽象构件类,那么抽象装饰类可以作为具体构件类的直接子类,如图 13-6 所示。

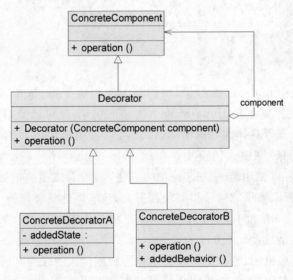

图 13-6 没有抽象构件的装饰模式

如果只有一个具体装饰类,那么就没有必要设计一个单独的抽象装饰类,可以把抽象装饰类和具体装饰类的职责合并在一个类中。

2. 透明装饰模式和半透明装饰模式

(1) 透明装饰模式

在透明装饰模式中,要求客户端完全针对抽象编程,装饰模式的透明性要求客户端程序不应该声明具体构件类型和具体装饰类型，而应该全部声明为抽象构件类型。也就是应该使用如下代码：

```
Component c = new ConcreteComponent();
Component c1 = new ConcreteDecorator1(c);
Component c2 = new ConcreteDecorator(c1);
```

而不应该使用如下代码：

```
ConcreteDecorator c1 = new ConcreteDecorator(c);
```

在实例"变形金刚"中存在如下客户端代码（片段）：

```
Transform camaro;
camaro = new Car();
Robot bumblebee = new Robot(camaro);
```

在定义 bumblebee 时使用具体装饰类 Robot，否则无法调用到其中新增的方法 say()，客户端无法透明对待具体构件对象与具体装饰对象，因此不是透明装饰模式。

而在实例"多重加密系统"中存在如下客户端代码（片段）：

```
Cipher sc,cc,ac;
sc = new SimpleCipher();
cc = new ComplexCipher(sc);
ac = new AdvancedCipher(cc);
```

使用抽象构件类型 Cipher 定义具体构件对象和具体装饰对象，客户端可以一致地使用这些对象，因此符合透明装饰模式的要求。

（2）半透明装饰模式

然而，透明装饰模式在实际开发中很难找到。装饰模式的用意是在不改变接口的前提下，增强原有类的功能。在增强功能时用户往往需要创建新的方法，如变形金刚本身只是一辆车，不能说话，但是机器人可以，这就意味着机器人应该增加一个新的方法 say()。

实际上，大多数装饰模式都是半透明（semi-transparent）的装饰模式，而不是完全透明（transparent）的。即允许用户在客户端声明具体装饰者类型的对象，调用在具体装饰者中新增的方法，代码如下：

```
Transform camaro;
camaro = new Car();
camaro.move();
Robot bumblebee = new Robot(camaro);
bumblebee.move();
bumblebee.say();
```

Transform 接口中没有定义 say() 方法，只有 Robot 类中才有，因此在客户端只能使用 Robot 来定义装饰之后的 bumblebee 对象。半透明装饰模式最大的缺点在于不能实现多重装饰,但其设计相对简单,使用也非常方便。

13.6 本章小结

(1) 装饰模式用于动态地给一个对象增加一些额外的职责,就增加对象功能来说,装饰模式比生成子类实现更为灵活。它是一种对象结构型模式。

(2) 装饰模式包含四个角色:抽象构件定义了对象的接口,可以给这些对象动态增加职责(方法);具体构件定义了具体的构件对象,实现了在抽象构件中声明的方法,装饰器可以给它增加额外的职责(方法);抽象装饰类是抽象构件类的子类,用于给具体构件增加职责,但是具体职责在其子类中实现;具体装饰类是抽象装饰类的子类,负责向构件添加新的职责。

(3) 使用装饰模式来实现扩展比继承更加灵活,它以对客户透明的方式动态地给一个对象附加更多的责任。装饰模式可以在不需要创造更多子类的情况下,将对象的功能加以扩展。

(4) 装饰模式的主要优点在于可以提供比继承更多的灵活性,可以通过一种动态的方式来扩展一个对象的功能,并通过使用不同的具体装饰类以及这些装饰类的排列组合,可以创造出很多不同行为的组合,而且具体构件类与具体装饰类可以独立变化,用户可以根据需要增加新的具体构件类和具体装饰类;其主要缺点在于使用装饰模式进行系统设计时将产生很多小对象,而且装饰模式比继承更加易于出错,排错也很困难,对于多次装饰的对象,调试时寻找错误可能需要逐级排查,较为烦琐。

(5) 装饰模式适用情况包括:在不影响其他对象的情况下,以动态、透明的方式给单个对象添加职责;需要动态地给一个对象增加功能,这些功能也可以动态地被撤销;当不能采用继承的方式对系统进行扩充或者采用继承不利于系统扩展和维护时。

(6) 装饰模式可分为透明装饰模式和半透明装饰模式:在透明装饰模式中,要求客户端完全针对抽象编程,装饰模式的透明性要求客户端程序不应该声明具体构件类型和具体装饰类型,而应该全部声明为抽象构件类型;半透明装饰模式允许用户在客户端声明具体装饰者类型的对象,调用在具体装饰者中新增的方法。

思考与练习

1. 修改实例一"变形金刚"代码,使得将其改为透明装饰模式(可以增加一个新的方法)。

2. 简单的手机(SimplePhone)在接收到来电的时候,会发出声音来提醒主人;而现在我们需要为该手机添加一项功能,在接收来电的时候,除了有声音还能产生振动(JarPhone);还可以得到更加高级的手机(ComplexPhone),来电时它不仅能够发声,产生振动,而且有灯光闪烁提示。现用装饰模式来模拟手机功能的升级过程,要求绘制类图并编程模拟实现。

3. 某图书管理系统中,书籍类(Book)具有借书方法 borrowBook() 和还书方法 returnBook()。现需要动态给书籍对象添加冻结方法 freeze() 和遗失方法 lose()。使用装饰模式设计该系统,绘制类图并编程实现。

第14章

外观模式

视频讲解

本章导学

外观模式是一种使用频率非常高的设计模式，它通过引入一个外观角色来简化客户端与子系统之间的操作，为复杂的子系统调用提供一个统一的入口，使子系统与客户端的耦合度降低，且客户端调用非常方便。

本章将介绍外观模式的定义与结构，结合实例学习如何使用外观模式并分析外观模式的优缺点。

本章的难点在于理解外观类的作用，如何通过外观类简化客户端的操作，以及在软件开发中如何应用外观模式。

外观模式重要等级：★★★★★

外观模式难度等级：★★☆☆☆

14.1 外观模式动机与定义

无论是在现实生活中还是在软件开发过程中，人们经常会遇到这样一类情况：需要和多个对象打交道，例如用户在自行组装计算机时需要购买显示器、主板、硬盘、内存、CPU等硬件设备，组装过程麻烦而且可能还会存在设备不兼容，而直接购买已由专业人士组装好的计算机则可以省去这些麻烦。我们无须一一购置设备，通过专业计算机组装人员可以获得一台完整的计算机。由于计算机组装人员的出现，简化了用户与多个设备之间的交互，使得用户不需要关心设备的组装细节即可使用它们，在这里，计算机组装人员充当了一个我们称之为"外观类"的角色，通过它可以简化用户与多个对象之间的交互过程。基于这种设计思想的模式称为"外观模式"，本章我们将详细学习该模式。

14.1.1 模式动机

在大多数情况下，无论一个网站的大小，都会提供一个网站首页。网站首页一般作为整个网站的入口，它提供了通往各个子栏目(子系统)的超链接，用户通过该首页即可进入子栏目获取所需信息。对于用户而言，只需记住网站首页的网址URL，而无须记住每一个子栏目的网址。如图 14-1 所示某网站系统结构图,该网站提供了"公司新闻""留言系统"等子栏目,通过首页可以进入这些子栏目。在这里,网站首页作为用户访问子栏目的入口,是网站的"外观角色"。用户通过它可以方便地访问子栏目,当然也可以绕过它直接访问子栏目。

图 14-1　网站系统结构图

如果没有外观角色,即没有为网站提供一个首页,每个用户需要记住所有子栏目的URL,也就是说用户 Client 需要和子系统 Subsystem 进行复杂的交互,系统的耦合度将很大(如图 14-2 左侧所示);而增加一个外观角色之后,用户只需要直接与外观角色交互,用户与子系统之间的复杂关系由外观角色来实现,从而降低了系统的耦合度(如图 14-2 右侧所示)。

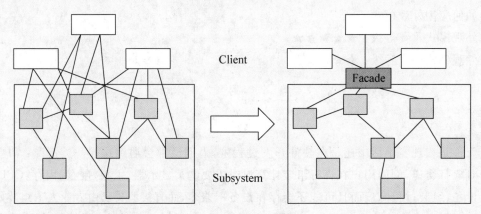

图 14-2　外观模式示意图

14.1.2　模式定义

外观模式(Facade Pattern)定义:为子系统中的一组接口提供一个统一的入口。外观模式定义了一个高层接口,这个接口使得这一子系统更加容易使用。在外观模式中,外部与一个子系统的通信可以通过一个统一的外观对象进行。外观模式又称为门面模式,它是一种对象结构型模式。

英文定义:"Provide a unified interface to a set of interfaces in a subsystem. Facade defines a higher-level interface that makes the subsystem easier to use."

14.2 外观模式结构与分析

外观模式的核心是外观类,下面将介绍并分析其模式结构。

14.2.1 模式结构

外观模式没有一个一般化的类图描述,图 14-3 是外观模式结构示意图。

当然如图 14-4 所示的类图也可以作为外观模式的描述形式之一。

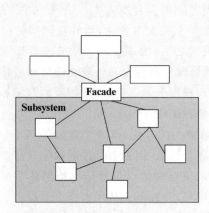

图 14-3 外观模式结构示意图

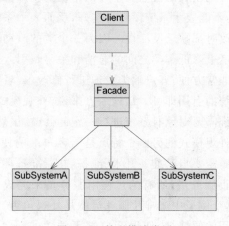

图 14-4 外观模式类图

外观模式包含如下两个角色:

1. Facade(外观角色)

在客户端可以调用这个角色的方法,在外观角色中可以知道相关的(一个或者多个)子系统的功能和责任;在正常情况下,它将所有从客户端发来的请求委派到相应的子系统去,传递给相应的子系统对象处理。

2. SubSystem(子系统角色)

在软件系统中可以同时有一个或者多个子系统角色,每一个子系统可以不是一个单独的类,而是一个类的集合,它实现子系统的功能;每一个子系统都可以被客户端直接调用,或者被外观角色调用,它处理由外观类传过来的请求;子系统并不知道外观的存在,对于子系统而言,外观仅仅是另外一个客户端而已。

14.2.2 模式分析

根据"单一职责原则",在软件中将一个系统划分为若干个子系统有利于降低整个系统的复杂性,一个常见的设计目标是使子系统间的通信和相互依赖关系达到最小,而达到该目标的途径之一就是引入一个外观对象,它为子系统的访问提供了一个简单而统一的入口。外观模式也是"迪米特法则"的体现,通过引入一个新的外观类可以降低原有系统的复杂度,同时降低客户类与子系统类的耦合度。

外观模式是一个使用频率非常高,但理解较为简单的模式。在几乎所有的软件中都能够找到外观模式的应用,如绝大多数 B/S 系统都有一个首页或者导航页面,大部分 C/S 系统都提供了菜单或者工具栏,在这里,首页和导航页面就是 B/S 系统的外观角色,而菜单和工具栏就是 C/S 系统的外观角色,通过它们用户可以快速访问子系统,降低了系统的复杂程度。

外观模式要求一个子系统的外部与其内部的通信通过一个统一的外观对象进行,外观类将客户端与子系统的内部复杂性分隔开,使得客户端只需要与外观对象打交道,而不需要与子系统内部的很多对象打交道。

外观模式的目的在于降低系统的复杂程度,在面向对象软件系统中,类与类之间的关系越多,不能表示系统设计得越好,反而表示系统中类之间的耦合度太大,这样的系统在维护和修改时都缺乏灵活性。因为一个类的改动会导致多个类发生变化,而外观模式的引入很大程度上降低了类之间的通信和关系。引入外观模式之后,增加新的子系统或者移除子系统都非常方便,客户端类无须进行修改(或者极少的修改),只需要在外观类中增加或移除对子系统的引用即可。从这一点来说,外观模式在一定程度上并不符合"开闭原则",增加新的子系统需要对原有系统进行一定的修改,虽然这个修改工作量不大。

外观模式的另一个特点是给客户端的使用带来极大的方便,举一个通俗的例子:自己泡咖啡需要自己准备开水、准备咖啡、准备杯子,还要自己煮,而去咖啡厅喝咖啡只需要把要求告诉服务员,所有的过程由服务员来完成,而我们需要做的仅仅就是等待那杯香醇的咖啡,这个例子中咖啡厅服务员就是外观角色。由此可见,外观模式从很大程度上提高了客户端使用的便捷性,使得客户端无须关心子系统的工作细节,通过外观角色即可调用相关功能。

在外观角色中可能存在如下典型代码:

```
public class Facade
{
    private SubSystemA obj1 = new SubSystemA();
    private SubSystemB obj2 = new SubSystemB();
    private SubSystemC obj3 = new SubSystemC();

    public void method()
    {
        obj1.method();
        obj2.method();
        obj3.method();
    }
}
```

14.3 外观模式实例与解析

下面通过两个实例来进一步学习并理解外观模式。

14.3.1 外观模式实例之电源总开关

1. 实例说明

现在考察一个电源总开关的例子，以便进一步说明外观模式。为了使用方便，一个电源总开关可以控制四盏灯、一个风扇、一台空调和一台电视机的启动和关闭。通过该电源总开关可以同时控制所有上述电器设备，使用外观模式设计该系统。

2. 实例类图

通过分析，该实例类图如图 14-5 所示。

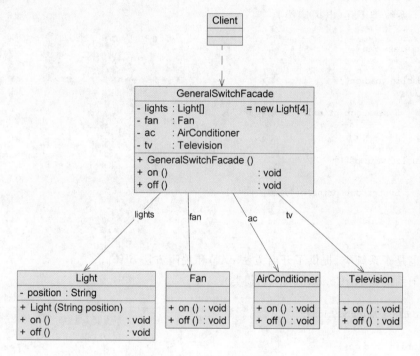

图 14-5 电源总开关类图

3. 实例代码及解释

（1）子系统类 Light（电灯类）

```
public class Light
{
    private String position;

    public Light(String position)
    {
        this.position = position;
    }

    public void on()
```

```
    {
        System.out.println(this.position + "灯打开!");
    }

    public void off()
    {
        System.out.println(this.position + "灯关闭!");
    }
}
```

Light 作为子系统类,提供了开启方法 on()和关闭方法 off()。

(2) 子系统类 Fan(电风扇类)

```
public class Fan
{
    public void on()
    {
        System.out.println("风扇打开!");
    }

    public void off()
    {
        System.out.println("风扇关闭!");
    }
}
```

Fan 也是子系统类,提供了开启方法 on()和关闭方法 off()。

(3) 子系统类 AirConditioner(空调类)

```
public class AirConditioner
{
    public void on()
    {
        System.out.println("空调打开!");
    }

    public void off()
    {
        System.out.println("空调关闭!");
    }
}
```

AirConditioner 也是子系统类,提供了开启方法 on()和关闭方法 off()。

(4) 子系统类 Television(电视类)

```
public class Television
{
    public void on()
```

```
    {
        System.out.println("电视机打开!");
    }

    public void off()
    {
        System.out.println("电视机关闭!");
    }
}
```

Television 也是子系统类,提供了开启方法 on()和关闭方法 off()。

(5) 外观类 GeneralSwitchFacade(总开关类)

```
public class GeneralSwitchFacade {
    private Light lights[ ] = new Light[4];
    private Fan fan;
    private AirConditioner ac;
    private Television tv;

    public GeneralSwitchFacade()
    {
        lights[0] = new Light("左前");
        lights[1] = new Light("右前");
        lights[2] = new Light("左后");
        lights[3] = new Light("右后");
        fan = new Fan();
        ac = new AirConditioner();
        tv = new Television();
    }

    public void on()
    {
        lights[0].on();
        lights[1].on();
        lights[2].on();
        lights[3].on();
        fan.on();
        ac.on();
        tv.on();
    }

    public void off()
    {
        lights[0].off();
        lights[1].off();
        lights[2].off();
        lights[3].off();
        fan.off();
        ac.off();
```

```
        tv.off();
    }
}
```

GeneralSwitchFacade 是外观类,也是整个外观模式的核心,它与子系统类之间具有关联关系,在外观类中可以调用子系统对象的方法。本实例中,在 GeneralSwitchFacade 类的 on()方法中调用了每一个子系统类的 on()方法,off()方法中调用了每一个子系统类的 off()方法,从而实现了对整个系统的统一控制。

4. 辅助代码

客户端测试类 Client 如下:

```java
public class Client
{
    public static void main(String args[])
    {
        GeneralSwitchFacade gsf = new GeneralSwitchFacade();
        gsf.on();
        System.out.println("----------------------");
        gsf.off();
    }
}
```

在 Client 类中定义了 GeneralSwitchFacade 外观类的对象 gsf,通过调用该对象的方法间接实现对子系统类的操作,客户端代码非常简单。

5. 结果及分析

编译并运行程序,输出结果如下:

```
左前灯打开!
右前灯打开!
左后灯打开!
右后灯打开!
风扇打开!
空调打开!
电视机打开!
----------------------
左前灯关闭!
右前灯关闭!
左后灯关闭!
右后灯关闭!
风扇关闭!
空调关闭!
电视机关闭!
```

在客户类中使用外观类可以调用子系统类的相关方法。如果需要增加新的子系统类,并且使用原有外观类对新的子系统类进行控制,需要修改外观类源代码,这将违背"开闭原则",可以通过引入抽象外观类等方式进行改进。

14.3.2 外观模式实例之文件加密

1. 实例说明

某系统需要提供一个文件加密模块,加密流程包括三个操作,分别是读取源文件、加密、保存加密之后的文件。读取文件和保存文件使用流来实现,这三个操作相对独立,其业务代码封装在三个不同的类中。现在需要提供一个统一的加密外观类,用户可以直接使用该加密外观类完成文件的读取、加密和保存三个操作,而不需要与每一个类进行交互,使用外观模式设计该加密模块。

2. 实例类图

通过分析,该实例类图如图 14-6 所示。

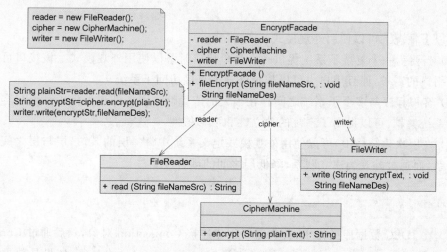

图 14-6 文件加密类图

在图 14-6 中,FileReader 类用于读取文件,CipherMachine 类用于实现加密,FileWriter 类用于保存文件,在加密时需要指定源文件路径及名称(fileNameSrc)和保存后目标文件路径及名称(fileNameDes)。

该实例的代码解释与结果分析略。

14.4 外观模式效果与应用

14.4.1 模式优缺点

外观模式并不给系统增加任何新功能,它仅仅是增加一些简单化的接口。外观模式的优点如下:

(1) 对客户屏蔽子系统组件,减少了客户处理的对象数目并使得子系统使用起来更加容易。通过引入外观模式,客户代码将变得很简单,与之关联的对象也很少。

(2) 实现了子系统与客户之间的松耦合关系,这使得子系统的组件变化不会影响到调用它的客户类,只需要调整外观类即可。

(3) 降低了大型软件系统中的编译依赖性,并简化了系统在不同平台之间的移植过程,因为编译一个子系统一般不需要编译所有其他的子系统。一个子系统的修改对其他子系统没有任何影响,而且子系统内部变化也不会影响到外观对象。

(4) 只是提供了一个访问子系统的统一入口,并不影响用户直接使用子系统类。

外观模式的缺点如下:

(1) 不能很好地限制客户使用子系统类,如果对客户访问子系统类做太多的限制则减少了可变性和灵活性。

(2) 在不引入抽象外观类的情况下,增加新的子系统可能需要修改外观类或客户端的源代码,违背了"开闭原则"。

14.4.2　模式适用环境

在以下情况下可以使用外观模式:

(1) 当要为一个复杂子系统提供一个简单接口时可以使用外观模式。该接口可以满足大多数用户的需求,而且用户也可以越过外观类直接访问子系统。

(2) 客户程序与多个子系统之间存在很大的依赖性。引入外观类将子系统与客户以及其他子系统解耦,可以提高子系统的独立性和可移植性。

(3) 在层次化结构中,可以使用外观模式定义系统中每一层的入口,层与层之间不直接产生联系,而通过外观类建立联系,降低层之间的耦合度。

14.4.3　模式应用

(1) 在 JDBC 数据库操作中,首先需要创建连接 Connection 对象,然后通过 Connection 对象创建语句 Statement 对象或其子类(如 PreparedStatement)的对象,如果是数据查询语句,通过 Statement 对象可以获取结果集 ResultSet 对象。在大部分数据库操作代码中都会多次定义这三个对象,使用外观模式将简化 JDBC 操作代码,如可以定义如下 Facade 类:

```java
import java.sql. * ;

public class JDBCFacade {

    private Connection conn = null;
    private Statement statement = null;

    public void open(String driver, String jdbcUrl, String userName, String userPwd) {
        try {
            Class.forName(driver).newInstance();
            conn = DriverManager.getConnection(jdbcUrl, userName, userPwd);
            statement = conn.createStatement();
        }
```

```
        catch (Exception e) {
            e.printStackTrace();
        }
    }

    public int executeUpdate(String sql) {
        try {
            return statement.executeUpdate(sql);
        }
        catch (SQLException e) {
            e.printStackTrace();
            return − 1;
        }
    }

    public ResultSet executeQuery(String sql) {
        try {
            return statement.executeQuery(sql);
        } catch (SQLException e) {
            e.printStackTrace();
            return null;
        }
    }

    public void close() {
        try {
            statement.close();
            conn.close();
        } catch (SQLException e) {
            e.printStackTrace();
        }
    }
}
```

客户端在使用时就无须与这些数据库操作对象一一交互，只需要直接使用该外观类即可。

（2）Session 外观模式是外观模式在 Java EE 框架中的应用。Session 外观模式用一个 SessionBean 作为外观，用于封装一个工作流程中的业务对象之间的相互作用。Session 外观对象管理业务对象并为客户端提供一个粗粒度的服务层。Session 外观对象将业务对象之间的相互作用抽象化，它把客户端所需要的接口通过一个服务层暴露给客户端。

图 14-7 中的 SessionFacade 就是一个外观类，而 BusinessObject1 和 BusinessObjectN 都是实体 Bean（EntityBean），它们封装了一个子系统的数据库操作逻辑。客户端 ClientObject 只需要知道这个外观类的接口就可以了，它不需要知道代表具体业务逻辑的 BusinessObject1 和 BusinessObjectN。

使用外观模式来描述该结构，BusinessObject1 和 BusinessObjectN 表示子系统，而 SessionFacade 将客户端与子系统的内部分隔开，扮演了外观角色。

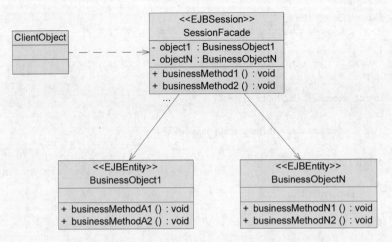

图 14-7　Session 外观模式结构图

在 Session 外观模式中，SessionFacade 是一个 SessionBean，用来支持某一个或多个工作流程，它将真实的工作委派给 EntityBean。BusinessObject1 和 BusinessObjectN 是具体的 EntityBean，实现了工作流程中的一步或几步业务逻辑。SessionFacade 清楚 BusinessObject1 和 BusinessObjectN 的存在，但是 BusinessObject1 和 BusinessObjectN 并不知道 SessionFacade。从 BusinessObject1 和 BusinessObjectN 来看，SessionFacade 仅仅是客户端之一。而从 ClientObject 对象来看，SessionFacade 就代表了整个子系统，因为它提供了 ClientObject 对这个子系统的全部需求。

14.5　外观模式扩展

1．一个系统有多个外观类

在外观模式中，通常只需要一个外观类，并且此外观类只有一个实例，换言之它是一个单例类。在很多情况下为了节约系统资源，一般将外观类设计为单例类。当然这并不意味着在整个系统里只能有一个外观类，在一个系统中可以设计多个外观类，每个外观类都负责和一些特定的子系统交互，向用户提供相应的业务功能。

2．不要试图通过外观类为子系统增加新行为

不要通过继承一个外观类在子系统中加入新的行为，这种做法是错误的。外观模式的用意是为子系统提供一个集中化和简化的沟通渠道，而不是向子系统加入新的行为，新的行为的增加应该通过修改原有子系统类或增加新的子系统类来实现，不能通过外观类来实现。

3．外观模式与迪米特法则

迪米特法则要求只与你直接的朋友通信。迪米特法则要求每一个对象与其他对象的相互作用均是短程的，而不是长程的。换句话说，一个对象只应当知道它的直接交互者的接口。外观模式创造出一个外观对象，将客户端所涉及的属于一个子系统的协作伙伴的数量

减到最少,使得客户端与子系统内部的对象的相互作用被外观对象所取代。外观类充当了客户类与子系统类之间的"第三者",降低了客户类与子系统类之间的耦合度,外观模式就是实现代码重构以便达到"迪米特法则"要求的一个强有力的武器。

4. 抽象外观类的引入

外观模式最大的缺点在于违背了"开闭原则",当增加新的子系统或者移除子系统时需要修改外观类,可以通过引入抽象外观类在一定程度上解决该问题,客户端针对抽象外观类进行编程。对于新的业务需求,不修改原有外观类,而对应增加一个新的具体外观类,由新的具体外观类来关联新的子系统对象,同时通过修改配置文件来达到不修改源代码并更换外观类的目的。其基本结构如图 14-8 所示。

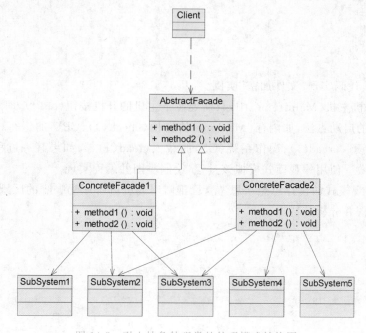

图 14-8　引入抽象外观类的外观模式结构图

14.6　本章小结

(1) 外观模式为子系统中的一组接口提供一个统一的入口。外观模式定义了一个高层接口,这个接口使得这一子系统更加容易使用。在外观模式中,外部与一个子系统的通信可以通过一个统一的外观对象进行。外观模式又称为门面模式,它是一种对象结构型模式。

(2) 外观模式包含两个角色:外观角色是在客户端直接调用的角色,在外观角色中可以知道相关的(一个或者多个)子系统的功能和责任,它将所有从客户端发来的请求委派到相应的子系统去,传递给相应的子系统对象处理;在软件系统中可以同时有一个或者多个子系统角色,每一个子系统可以不是一个单独的类,而是一个类的集合,它实现子系统的功能。

(3) 外观模式要求一个子系统的外部与其内部的通信通过一个统一的外观对象进行,

外观类将客户端与子系统的内部复杂性分隔开,使得客户端只需要与外观对象打交道,而不需要与子系统内部的很多对象打交道。

(4) 外观模式主要优点在于对客户屏蔽子系统组件,减少了客户处理的对象数目并使得子系统使用起来更加容易,它实现了子系统与客户之间的松耦合关系,并降低了大型软件系统中的编译依赖性,简化了系统在不同平台之间的移植过程;其缺点在于不能很好地限制客户使用子系统类,而且在不引入抽象外观类的情况下,增加新的子系统可能需要修改外观类或客户端的源代码,违背了"开闭原则"。

(5) 外观模式适用情况包括:要为一个复杂子系统提供一个简单接口;客户程序与多个子系统之间存在很大的依赖性;在层次化结构中,需要定义系统中每一层的入口,使得层与层之间不直接产生联系。

思考与练习

1. 用 Java 代码实现"文件加密"实例。

2. 在计算机主机(Mainframe)中,只需要按下主机的开机按钮(on()),即可调用其他硬件设备和软件的启动方法,如内存(Memory)的自检(check())、CPU 的运行(run())、硬盘(HardDisk)的读取(read())、操作系统(OS)的载入(load())等,如果某一过程发生错误则计算机启动失败。使用外观模式模拟该过程,绘制类图并编程实现。

3. 使用外观模式的设计思想来思考自己泡咖啡与去咖啡厅喝咖啡的区别,绘制这两种不同方式的类图并分析其特点。

第15章

享元模式

视频讲解

本章导学

　　当系统中存在大量相同或者相似的对象时,享元模式是一种较好的解决方案,它通过共享技术实现相同或相似的细粒度对象的复用,从而节约了内存空间。在享元模式中提供了一个享元池用于存储已经创建好的享元对象,并通过享元工厂类将享元对象提供给客户端使用。

　　本章将介绍享元模式的定义与结构,学习如何创建享元池和享元工厂类,并结合实例学习如何实现无外部状态的享元模式以及有外部状态的享元模式。

　　本章的难点在于理解享元模式中享元工厂类的作用和实现,以及如何区分对象的内部状态和外部状态,如何分离对象的外部状态。

享元模式重要等级:★☆☆☆☆

享元模式难度等级:★★★★☆

15.1　享元模式动机与定义

　　面向对象的基本思想是一切都是对象,但是在实际情况下,有时系统中对象数目可能会非常庞大,然而这些对象中有些是相同或者相似的,如何使用共享的技术实现这些对象的复用就是享元模式需要解决的问题,本章将学习实现对象复用的享元模式。

15.1.1　模式动机

　　面向对象技术可以很好地解决一些灵活性或可扩展性问题,但在很多情况下需要在系统中增加类和对象的个数。当对象数量太多时,将导致运行代价过高,带来性能下降等问题。例如在一个文本文档中存在大量重复的字符串,如果每一个字符串都用一个单独的对象来表示,这样的设计会导致代价太大。这会导致耗费大量内存,产生难以接受的运行开销。那么我们如何去避免系统中出现大量相同或相似的对象,同时又不影响客户程序使用面向对象的方式进行操作?

　　享元模式正是为解决这一类问题而诞生的。享元模式通过共享技术实现相同或相似对象的重用,在逻辑上每一个出现的字符串都有一个对象与之对应,然而在物理上它们共享同一个享元对象,这个对象可以出现在一个文档的不同地方,相同的字符串对象都指向同一个实例,存储这个实例的对象可以称为享元池,如图 15-1 所示。

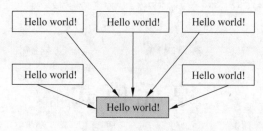

图 15-1　享元模式示意图

在实现享元模式时需要注意两个问题:第一是享元类的设计,在系统中有些对象并不完全相同,它们只是相似,如上面所提到的字符串对象,它们的内容相同,但是可能有不同的颜色,因此首先需要找出这些对象的共同点,在享元类中封装这些共同的内容,对于不同的内容可以通过外部应用程序来设置,而不进行共享,在享元模式中这些可以共享的相同内容称为内部状态(Intrinsic State),而那些需要外部环境来设置的不能共享的内容称为外部状态(Extrinsic State),由于区分了内部状态和外部状态,因此可以通过设置不同的外部状态使得相同的对象可以具有一些不同的特征,而相同的内部状态是可以共享的。第二个问题是享元对象的存放,在享元模式中通常会出现工厂模式,需要创建一个享元工厂来负责维护一个享元池(Flyweight Pool)用于存储具有相同内部状态的享元对象。

在享元模式中共享的是享元对象的内部状态,外部状态需要通过环境来设置。在实际使用中,能够共享的内部状态是有限的,因此享元对象一般都设计为较小的对象,它所包含的内部状态较少,这种对象也称为细粒度对象。享元模式的目的就是使用共享技术来实现大量细粒度对象的复用,如上面所提到的字符串对象的复用。

15.1.2　模式定义

享元模式(Flyweight Pattern)定义:运用共享技术有效地支持大量细粒度对象的复用。系统只使用少量的对象,而这些对象都很相似,状态变化很小,可以实现对象的多次复用。由于享元模式要求能够共享的对象必须是细粒度对象,因此它又称为轻量级模式,它是一种对象结构型模式。

英文定义:"Use sharing to support large numbers of fine-grained objects efficiently."。

15.2　享元模式结构与分析

享元模式结构较为复杂,享元模式一般结合工厂模式一起使用,它的结构图中包含了一个享元工厂类,下面将学习并分析其模式结构。

15.2.1　模式结构

享元模式结构图如图 15-2 所示。

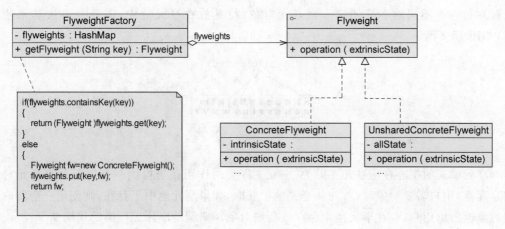

图15-2 享元模式结构图

享元模式包含如下角色：

1. Flyweight（抽象享元类）

抽象享元类声明一个接口，通过它可以接受并作用于外部状态。在抽象享元类中定义了具体享元类公共的方法，这些方法可以向外界提供享元对象的内部数据（内部状态），同时也可以通过这些方法来设置外部数据（外部状态）。

2. ConcreteFlyweight（具体享元类）

具体享元类实现了抽象享元接口，其实例称为享元对象；在具体享元类中为内部状态提供了存储空间，由于具体享元对象必须是可以共享的，因此它所存储的状态必须是内部的，即它独立存在于自己的环境中。可以结合单例模式来设计具体享元类，为每一个具体享元类提供唯一的享元对象。

3. UnsharedConcreteFlyweight（非共享具体享元类）

并不是所有的抽象享元类的子类都需要被共享，不能被共享的子类则设计为非共享具体享元类；当需要一个非共享具体享元类的对象时可以直接通过实例化创建；在某些享元模式的层次结构中，非共享具体享元对象还可以将具体享元对象作为子节点。

4. FlyweightFactory（享元工厂类）

享元工厂类用于创建并管理享元对象；它针对抽象享元类编程，将各种类型的具体享元对象存储在一个享元池中，享元池一般设计为一个存储键值对的集合（也可以是其他集合类型），可以结合工厂模式进行设计；当用户请求一个具体享元对象时，享元工厂提供一个存储在享元池中已创建的实例或者创建一个新的实例（如果不存在的话），返回该新创建的实例并将其存储在享元池中。

15.2.2 模式分析

享元模式是一个考虑系统性能的设计模式，通过使用享元模式可以节约内存空间，提高系统的性能。其应用场合有很多，如在一个文本字符串中存在很多重复的字符，可以针对每一个不同的字符创建一个享元对象,将其放在享元池中,需要时再从享元池取出,如图15-3所示。

图15-3 字符享元对象示意图

享元模式的核心在于享元工厂类,享元工厂类的作用在于提供一个用于存储享元对象的享元池,用户需要对象时,首先从享元池中获取,如果享元池中不存在,则创建一个新的享元对象返回给用户,并在享元池中保存该新增对象。典型的享元工厂类的代码如下:

```java
public class FlyweightFactory
{
    private HashMap flyweights = new HashMap();

    public Flyweight getFlyweight(String key)
    {
        if(flyweights.containsKey(key))
        {
            return (Flyweight)flyweights.get(key);
        }
        else
        {
            Flyweight fw = new ConcreteFlyweight();
            flyweights.put(key,fw);
            return fw;
        }
    }
}
```

享元模式以共享的方式高效地支持大量的细粒度对象,享元对象能做到共享的关键是区分内部状态(internal state)和外部状态(external state)。下面简单对享元的内部状态和外部状态进行分析:

(1) 内部状态是存储在享元对象内部并且不会随环境改变而改变的状态,因此内部状态可以共享。如字符的内容,不会随环境的变化而变化,无论在任何环境下字符 a 始终是a,不会变成 b。

(2) 外部状态是随环境改变而改变的、不可以共享的状态。享元对象的外部状态必须由客户端保存,并在享元对象被创建之后,在需要使用的时候再传入到享元对象内部。一个外部状态与另一个外部状态之间是相互独立的。如字符的颜色,可以在不同的地方有不同的颜色,如有的 a 是红色的,有的 a 是绿色的,字符的大小也是如此,有的 a 是五号字,有的 a 是四号字。而且字符的颜色和大小是两个独立的外部状态,它们可以独立变化,相互之间没有影响,客户端可以在使用时将外部状态注入享元对象中。

典型的享元类代码如下：

```java
public class Flyweight
{
    //内部状态 intrinsicState 作为成员属性,同一个享元对象其内部状态是一致的
    private String intrinsicState;

    public Flyweight(String intrinsicState)
    {
        this. intrinsicState = intrinsicState;
    }

    //外部状态 extrinsicState 在使用时由外部设置,不保存在享元对象中,即使是同一个对象,在
    //每一次调用时可以传入不同的外部状态
    public void operation(String extrinsicState)
    {
        ⋮
    }
}
```

15.3 享元模式实例与解析

下面通过两个实例来进一步学习并理解享元模式。

15.3.1 享元模式实例之共享网络设备(无外部状态)

1. 实例说明

很多网络设备都是支持共享的,如交换机、集线器等,多台计算机终端可以连接同一台网络设备,并通过该网络设备进行数据转发,如图 15-4 所示,现用享元模式模拟共享网络设备的设计原理。

2. 实例类图

通过分析,该实例类图如图 15-5 所示。

3. 实例代码及解释

(1) 抽象享元类 NetworkDevice(网络设备类)

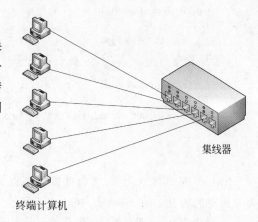

集线器

终端计算机

图 15-4　共享网络设备示意图

```java
public interface NetworkDevice
{
    public String getType();
    public void use();
}
```

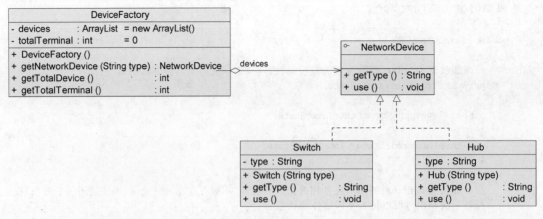

图 15-5　共享网络设备(无外部状态)类图

NetworkDevice 是抽象享元类,它声明了所有具体享元类共有的方法。

(2) 具体享元类 Switch(交换机类)

```java
public class Switch implements NetworkDevice
{
    private String type;

    public Switch(String type)
    {
        this.type = type;
    }

    public String getType()
    {
        return this.type;
    }

    public void use()
    {
        System.out.println("Linked by switch, type is " + this.type);
    }
}
```

Switch 是具体享元类,多台计算机可以共享一个交换机 Switch,它实现了在抽象享元类中声明的方法。在 Switch 中定义了属性 type,实例化时将给该 type 属性赋值,相同的 Switch 对象其 type 值一定相同,因此 type 是享元类 Switch 可共享的内部状态。

(3) 具体享元类 Hub(集线器类)

```java
public class Hub implements NetworkDevice
{
    private String type;

    public Hub(String type)
```

```
    {
        this.type = type;
    }

    public String getType()
    {
        return this.type;
    }

    public void use()
    {
        System.out.println("Linked by Hub, type is " + this.type);
    }
}
```

Hub 是具体享元类,多台计算机可以共享一个集线器 Hub,它实现了在抽象享元类中声明的方法,其中也包含了可共享的内部状态 type 属性。

(4) 享元工厂类 DeviceFactory(网络设备工厂类)

```
import java.util. * ;

public class DeviceFactory
{
    private ArrayList devices = new ArrayList();
    private int totalTerminal = 0;

    public DeviceFactory()
    {
        NetworkDevice nd1 = new Switch("Cisco - WS - C2950 - 24");
        devices.add(nd1);
        NetworkDevice nd2 = new Hub("TP - LINK - HF8M");
        devices.add(nd2);
    }

    public NetworkDevice getNetworkDevice(String type)
    {
        if(type.equalsIgnoreCase("cisco"))
        {
            totalTerminal++;
            return (NetworkDevice)devices.get(0);
        }
        else if(type.equalsIgnoreCase("tp"))
        {
            totalTerminal++;
            return (NetworkDevice)devices.get(1);
        }
        else
        {
            return null;
        }
    }
}
```

```
    public int getTotalDevice()
    {
        return devices.size();
    }

    public int getTotalTerminal()
    {
        return totalTerminal;
    }
}
```

DeviceFactory 是享元工厂类，在 DeviceFactory 中定义了一个 ArrayList 类型的 devices，用于存储多个具体享元对象，它是一个享元池，也可以使用 HashMap 来实现。在 DeviceFactory 类中还提供了工厂方法 getNetworkDevice()，用于根据所传入的参数返回享元池中的享元对象。

4. 辅助代码

客户端测试类 Client 如下：

```
public class Client
{
    public static void main(String args[])
    {
        NetworkDevice nd1,nd2,nd3,nd4,nd5;
        DeviceFactory df = new DeviceFactory();

        nd1 = df.getNetworkDevice("cisco");
        nd1.use();

        nd2 = df.getNetworkDevice("cisco");
        nd2.use();

        nd3 = df.getNetworkDevice("cisco");
        nd3.use();

        nd4 = df.getNetworkDevice("tp");
        nd4.use();

        nd5 = df.getNetworkDevice("tp");
        nd5.use();

        System.out.println("Total Device:" + df.getTotalDevice());
        System.out.println("Total Terminal:" + df.getTotalTerminal());
    }
}
```

在客户端代码中定义了 5 个网络设备类型的 NetworkDevice 对象，即享元对象，并且实例化了享元工厂类 DeviceFactory，通过 DeviceFactory 类中的工厂方法返回网络设备享元对象，先后调用了 5 次 getNetworkDevice()方法，调用了每一个享元对象的 use()方法，然后输出总的网络设备数和所连接的终端个数。网络设备的类型 type 是内部状态,可以共享,相同的网络设备对象其 type 一定相同。

5. 结果及分析

编译并运行程序,输出结果如下:

```
Linked by switch, type is Cisco－WS－C2950－24
Linked by switch, type is Cisco－WS－C2950－24
Linked by switch, type is Cisco－WS－C2950－24
Linked by Hub, type is TP－LINK－HF8M
Linked by Hub, type is TP－LINK－HF8M
Total Device:2
Total Terminal:5
```

从运行结果可以得知,虽然在客户端代码中调用了 5 次 getNetworkDevice()方法,但是总的共享网络设备的个数是 2 个,而对应的计算机终端有 5 个,也就是说计算机终端可以共享网络设备;在调用享元对象的 use()方法时,相同的享元对象输出的结果是一样的,它们的内部状态 type 是相同的。

15.3.2 享元模式实例之共享网络设备(有外部状态)

1. 实例说明

虽然网络设备可以共享,但是分配给每一个终端计算机的端口(Port)是不同的,因此多台计算机虽然可以共享同一个网络设备,但必须使用不同的端口。可以将端口从网络设备中抽取出来作为外部状态,需要时再进行设置。

2. 实例类图

通过分析,该实例类图如图 15-6 所示。

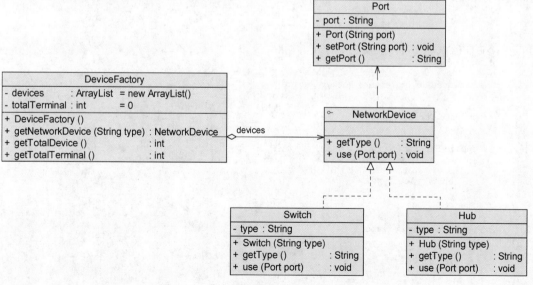

图 15-6　共享网络设备(有外部状态)类图

3. 实例代码及解释

（1）抽象享元类 NetworkDevice（网络设备类）

```java
public interface NetworkDevice
{
    public String getType();
    public void use(Port port);
}
```

与上一个实例相比，在本实例 NetworkDevice 类的 use()方法中增加了一个 Port 类型的参数，用于设置外部状态。

（2）具体享元类 Switch（交换机类）

```java
public class Switch implements NetworkDevice
{
    private String type;

    public Switch(String type)
    {
        this.type = type;
    }

    public String getType()
    {
        return this.type;
    }

    public void use(Port port)
    {
        System.out.println("Linked by switch, type is " + this.type + ", port is " + port.getPort());
    }
}
```

（3）具体享元类 Hub（集线器类）

```java
public class Hub implements NetworkDevice
{
    private String type;

    public Hub(String type)
    {
        this.type = type;
    }

    public String getType()
    {
        return this.type;
    }
```

```java
    public void use(Port port)
    {
        System.out.println("Linked by Hub, type is " + this.type + ", port is " + port.getPort());
    }
}
```

（4）享元工厂类 DeviceFactory（网络设备工厂类）

```java
import java.util. * ;

public class DeviceFactory
{
    private ArrayList devices = new ArrayList();
    private int totalTerminal = 0;

    public DeviceFactory()
    {
        NetworkDevice nd1 = new Switch("Cisco - WS - C2950 - 24");
        devices.add(nd1);
        NetworkDevice nd2 = new Hub("TP - LINK - HF8M");
        devices.add(nd2);
    }

    public NetworkDevice getNetworkDevice(String type)
    {
        if(type.equalsIgnoreCase("cisco"))
        {
            totalTerminal++;
            return (NetworkDevice)devices.get(0);
        }
        else if(type.equalsIgnoreCase("tp"))
        {
            totalTerminal++;
            return (NetworkDevice)devices.get(1);
        }
        else
        {
            return null;
        }
    }

    public int getTotalDevice()
    {
        return devices.size();
    }

    public int getTotalTerminal()
    {
```

```
        return totalTerminal;
    }
}
```

4. 辅助代码

客户端测试类 Client 如下：

```
public class Client
{
    public static void main(String args[])
    {
        NetworkDevice nd1,nd2,nd3,nd4,nd5;
        DeviceFactory df = new DeviceFactory();

        nd1 = df.getNetworkDevice("cisco");
        nd1.use(new Port("1000"));

        nd2 = df.getNetworkDevice("cisco");
        nd2.use(new Port("1001"));

        nd3 = df.getNetworkDevice("cisco");
        nd3.use(new Port("1002"));

        nd4 = df.getNetworkDevice("tp");
        nd4.use(new Port("1003"));

        nd5 = df.getNetworkDevice("tp");
        nd5.use(new Port("1004"));

        System.out.println("Total Device:" + df.getTotalDevice());
        System.out.println("Total Terminal:" + df.getTotalTerminal());
    }
}
```

客户端代码中，在调用 nd1 等享元对象的 use()方法时，传入了一个 Port 类型的对象，在该 Port 对象中封装了端口号，作为共享网络设备的外部状态，同一个网络设备具有多个不同的端口号。

5. 结果及分析

编译并运行程序，输出结果如下：

```
Linked by switch, type is Cisco-WS-C2950-24, port is 1000
Linked by switch, type is Cisco-WS-C2950-24, port is 1001
Linked by switch, type is Cisco-WS-C2950-24, port is 1002
Linked by Hub, type is TP-LINK-HF8M, port is 1003
Linked by Hub, type is TP-LINK-HF8M, port is 1004
Total Device:2
Total Terminal:5
```

　　从运行结果可以得知,在调用享元对象的 use()方法时,由于设置了不同的端口号,因此相同的享元对象虽然具有相同的内部状态 type,但是它们的外部状态 port 不同。

15.4　享元模式效果与应用

15.4.1　模式优缺点

　　享元模式的优点如下:

　　(1) 享元模式的优点在于它可以极大减少内存中对象的数量,使得相同对象或相似对象在内存中只保存一份。

　　(2) 享元模式的外部状态相对独立,而且不会影响其内部状态,从而使得享元对象可以在不同的环境中被共享。

　　享元模式的缺点如下:

　　(1) 享元模式使得系统更加复杂,需要分离出内部状态和外部状态,这使得程序的逻辑复杂化。

　　(2) 为了使对象可以共享,享元模式需要将享元对象的状态外部化,而读取外部状态使得运行时间变长。

15.4.2　模式适用环境

　　在以下情况下可以使用享元模式:

　　(1) 一个系统有大量相同或者相似的对象,由于这类对象的大量使用,造成内存的大量耗费。

　　(2) 对象的大部分状态都可以外部化,可以将这些外部状态传入对象中。

　　(3) 使用享元模式需要维护一个存储享元对象的享元池,而这需要耗费资源,因此,应当在多次重复使用享元对象时才值得使用享元模式。

15.4.3　模式应用

　　(1) 享元模式在编辑器软件中大量使用,如在一个文档中多次出现相同的图片,则只需要创建一个图片对象,通过在应用程序中设置该图片出现的位置,可以实现该图片在不同地方多次重复显示。

　　(2) 在 JDK 类库中定义的 String 类使用了享元模式,代码如下:

```
public class Demo
{
    public static void main(String args[])
    {
        String str1 = "abcd";
        String str2 = "abcd";
        String str3 = "ab" + "cd";
```

```
            String str4 = "ab";
            str4 += "cd";
            System.out.println(str1 == str2);
            System.out.println(str1 == str3);
            System.out.println(str1 == str4);
        }
    }
```

在 Java 语言中,如果每次执行 String str1="abcd"操作时都创建一个新的字符串对象将导致内存开销很大,因此如果第一次创建了内容为"abcd"的字符串对象 str1,则下一次再创建内容相同的字符串对象 str2 时只需把它的引用指向"abcd",无须重新分配内存,从而实现了"abcd"在内存中的共享。上述代码输出结果如下:

```
true
true
false
```

可以看出,前两个输出语句均为 true,说明 str1、str2、str3 在内存中引用了相同的对象。但是如果有一个字符串 str4,其初值为 ab,再对它进行操作 str4+="cd",此时虽然 str4 的内容与 str1 相同,但是它们的引用是不同的,由于 str4 的初始值不同,因此在创建 str4 时重新分配了内存,所以第三个输出语句结果为 false。

15.5　享元模式扩展

1. 单纯享元模式和复合享元模式

在单纯享元模式中,所有的享元对象都是可以共享的,即所有抽象享元类的子类都可共享,不存在非共享具体享元类。单纯享元模式的结构如图 15-7 所示。

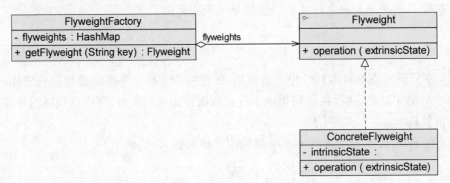

图 15-7　单纯享元模式结构图

将一些单纯享元使用组合模式加以组合,可以形成复合享元对象,这样的复合享元对象本身不能共享,但是它们可以分解成单纯享元对象,而后者则可以共享。复合享元模式的结构如图 15-8 所示。

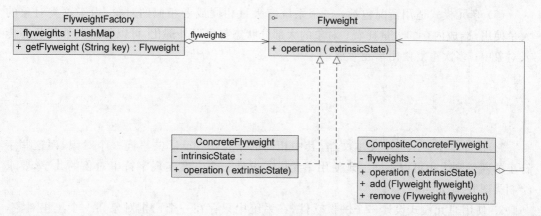

图 15-8　复合享元模式结构图

通过复合享元模式,可以确保复合享元类 CompositeConcreteFlyweight 中所包含的每个单纯享元类 ConcreteFlyweight 都具有相同的外部状态,而这些单纯享元的内部状态往往可以不同。

2. 享元模式与其他模式的联用

享元模式通常需要和其他模式联用,几种常用的联用方式如下:

(1) 在享元模式的享元工厂类中通常提供一个静态的工厂方法用于返回享元对象,使用简单工厂模式来生成享元对象。

(2) 在一个系统中,通常只有唯一一个享元工厂,因此享元工厂类可以使用单例模式进行设计。

(3) 享元模式可以结合组合模式形成复合享元模式,统一对享元对象设置外部状态。

15.6 　本章小结

(1) 享元模式运用共享技术有效地支持大量细粒度对象的复用。系统只使用少量的对象,而这些对象都很相似,状态变化很小,可以实现对象的多次复用,它是一种对象结构型模式。

(2) 享元模式包含四个角色:抽象享元类声明一个接口,通过它可以接受并作用于外部状态;具体享元类实现了抽象享元接口,其实例称为享元对象;非共享具体享元是不能被共享的抽象享元类的子类;享元工厂类用于创建并管理享元对象,它针对抽象享元类编程,将各种类型的具体享元对象存储在一个享元池中。

(3) 享元模式以共享的方式高效地支持大量的细粒度对象,享元对象能做到共享的关键是区分内部状态和外部状态。其中内部状态是存储在享元对象内部并且不会随环境改变而改变的状态,因此内部状态可以共享;外部状态是随环境改变而改变的、不可以共享的状态。

(4) 享元模式主要优点在于它可以极大减少内存中对象的数量,使得相同对象或相似对象在内存中只保存一份;其缺点是使得系统更加复杂,并且需要将享元对象的状态外部化,而读取外部状态使得运行时间变长。

（5）享元模式适用情况包括：一个系统有大量相同或者相似的对象，由于这类对象的大量使用，造成内存的大量耗费；对象的大部分状态都可以外部化，可以将这些外部状态传入对象中；多次重复使用享元对象。

思考与练习

1. 在屏幕中显示一个文本文档，其中相同的字符串"Java"共享同一个对象，而这些字符串的颜色和大小可以不同。现使用享元模式设计一个方案实现字符串对象的共享，要求绘制类图并编程实现。

2. 使用享元模式设计一个围棋软件，在系统中只存在一个白棋对象和一个黑棋对象，但是它们可以在棋盘的不同位置显示多次。要求使用简单工厂模式和单例模式实现享元工厂类的设计。

第16章

代理模式

本章导学

代理模式是常用的结构型设计模式之一,当直接访问某些对象存在问题时可以通过一个代理对象来间接访问,为了保证客户端使用的透明性,所访问的真实对象与代理对象需要实现相同的接口。根据代理模式的使用目的不同,代理模式又可以分为多种类型,如远程代理、虚拟代理、保护代理等,它们应用于不同的场合,满足用户的不同需求。

本章将介绍代理模式的定义与结构,学习几种常见的代理模式的类型及其适用情况,学会如何实现简单的代理模式并理解远程代理、虚拟代理、保护代理和动态代理的作用和实现原理。

本章的难点在于理解不同类型的代理模式的适用情况和实现方式,包括远程代理、虚拟代理、保护代理和动态代理的原理与实现。

代理模式重要等级:★★★★☆

代理模式难度等级:★★★☆☆

16.1 代理模式动机与定义

某人要找对象,但是由于某些原因(如工作太忙)不能直接去找,于是委托一个中介机构去完成这一过程,如婚姻介绍所,在这里婚姻介绍所就是一个代理,与此相类似的还有房屋中介、职业中介,它们充当的都是一个代理的角色。所谓代理,就是一个人或者一个机构代表另一个人或者另一个机构采取行动。在我们所开发的软件系统中有时候也存在这样的情况,如调用一个远程的方法,需要在本地设置一个代理,使得就像调用本地方法一样来使用远程的方法,这实际上也就是 RMI、Web Service 等的实现原理。本章将深入介绍这种间接引用其他对象的代理模式。

16.1.1 模式动机

在某些情况下,一个客户不想或者不能直接引用一个对象,此时可以通过一个称之为"代理"的第三者来实现间接引用。代理对象可以在客户端和目标对象之间起到中介的作用,并且可以通过代理对象去掉客户不能看到的内容和服务或者添加客户需要的额外服务。

如在网页上查看一张图片,由于网速等原因图片不能立即显示,可以在图片传输过程中先把一些简单的用于描述图片的文字(或小图片)传输到客户端,此时这些文字(或小图片)就成为了图片的代理,如图 16-1 所示。

图 16-1　图片代理示意图

再举一个例子,如果某台远程服务器提供了一个功能很强大的加密算法,而现在正在开发的系统又需要使用到该算法,由于该算法位于远程服务器端,封装该算法的对象位于远程服务器的内存中,本地内存中的对象无法直接访问,因此需要通过一个远程代理的机制来实现对远程对象的操作,如图 16-2 所示。

图 16-2　远程代理示意图

前面两个例子都通过引入一个新的对象(如小图片和远程代理对象)来实现对真实对象的操作或者将新的对象作为真实对象的一个替身,这种实现机制即为代理模式,通过引入代理对象来间接访问一个对象,这就是代理模式的模式动机。

16.1.2　模式定义

代理模式(Proxy Pattern)定义：给某一个对象提供一个代理,并由代理对象控制对原对象的引用。代理模式的英文叫做 Proxy 或 Surrogate,它是一种对象结构型模式。

英文定义："Provide a surrogate or placeholder for another object to control access to it."。

16.2　代理模式结构与分析

代理模式的基本结构比较简单,其核心是代理类,下面将学习并分析其模式结构。

16.2.1　模式结构

代理模式结构图如图 16-3 所示。

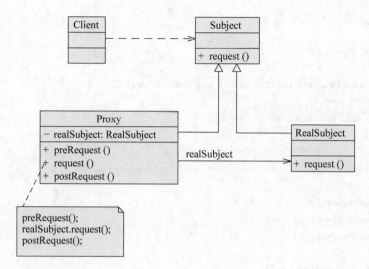

图 16-3　代理模式结构图

代理模式包含如下角色：

1. Subject（抽象主题角色）

抽象主题角色声明了真实主题和代理主题的共同接口，这样一来在任何使用真实主题的地方都可以使用代理主题。客户端需要针对抽象主题角色进行编程。

2. Proxy（代理主题角色）

代理主题角色内部包含对真实主题的引用，从而可以在任何时候操作真实主题对象。在代理主题角色中提供一个与真实主题角色相同的接口，以便在任何时候都可以替代真实主体。代理主题角色还可以控制对真实主题的使用，负责在需要的时候创建和删除真实主题对象，并对真实主题对象的使用加以约束。代理角色通常在客户端调用所引用的真实主题操作之前或之后还需要执行其他操作，而不仅仅是单纯的调用真实主题对象中的操作。

3. RealSubject（真实主题角色）

真实主题角色定义了代理角色所代表的真实对象，在真实主题角色中实现了真实的业务操作，客户端可以通过代理主题角色间接调用真实主题角色中定义的方法。

16.2.2　模式分析

代理模式在我们日常生活中随处可见，当我们在商场使用信用卡来付款时，此时信用卡就是银行的一个代理；Windows 操作系统上的桌面快捷方法及快捷工具栏就是迅速打开应用程序的代理。代理模式是一种应用很广泛的设计模式，而且变种较多，应用场合覆盖从局部的小结构到整个系统的大结构。

代理模式示意结构图比较简单，一般可以简化为图 16-4，但是在现实中要复杂很多。

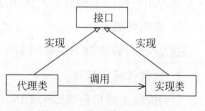

图 16-4　代理模式示意图

典型的代理类实现代码如下：

```
public class Proxy implements Subject
{
    private RealSubject realSubject = new RealSubject();

    public void preRequest()
    { … }

    public void request()
    {
        preRequest();
        realSubject.request();
        postRequest();
    }
    public void postRequest()
    { … }
}
```

在真实应用中，代理类的实现有时候比较复杂，它需要有一套自己的方式去访问真实类，以便作为真实类的代理。在代理类中除了可以调用真实类的相关方法，还可以增加一些新的方法。对于远程代理、虚拟代理等代理模式的应用，如何在本地创建远程对象的代理？如何创建真实对象的虚拟代理对象？这些都是代理模式需要解决的问题。在后面的模式扩展中将进一步学习远程代理与虚拟代理的实现。

16.3 代理模式实例与解析

下面通过两个实例来进一步学习并理解代理模式。

16.3.1 代理模式实例之论坛权限控制代理

1. 实例说明

在一个论坛中已注册用户和游客的权限不同，已注册的用户拥有发帖、修改自己的注册信息、修改自己的帖子等权限；而游客只能看到别人发的帖子，没有其他权限。使用代理模式来设计该权限管理模块。

在本实例中我们使用代理模式中的保护代理，该代理用于控制对一个对象的访问，可以给不同的用户提供不同级别的使用权限。

2. 实例类图

通过分析，该实例类图如图 16-5 所示。

3. 实例代码及解释

(1) 抽象主题角色 AbstractPermission(抽象权限类)

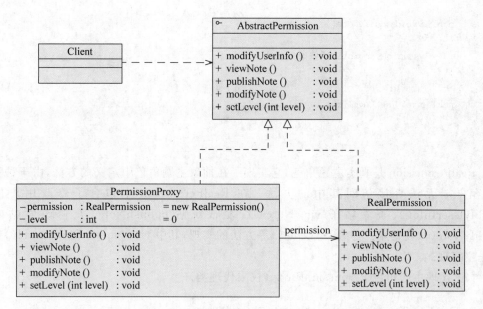

图 16-5　论坛权限控制代理类图

```
public interface AbstractPermission
{
    public void modifyUserInfo();
    public void viewNote();
    public void publishNote();
    public void modifyNote();
    public void setLevel(int level);
}
```

AbstractPermission 作为抽象权限类,充当了抽象主题角色,在其中声明了真实主题角色所提供的业务方法,它是真实主题角色和代理主题角色的公共接口。

(2) 真实主题角色 RealPermission(真实权限类)

```
public class RealPermission implements AbstractPermission
{
    public void modifyUserInfo()
    {
        System.out.println("修改用户信息!");
    }

    public void viewNote()
    {   }

    public void publishNote()
    {
        System.out.println("发布新帖!");
    }
```

```
    public void modifyNote()
    {
        System.out.println("修改发帖内容!");
    }

    public void setLevel(int level)
    {    }
}
```

    RealPermission 是真实主题角色,它实现了在抽象主题角色中定义的方法,由于种种原因,客户端无法直接访问其中的方法。在 RealPermission 中包含了修改用户信息 modifyUserInfo()、查看帖子 viewNote()、发布新帖 publishNote()、修改发帖内容 modifyNote()、设置用户等级 setLevel()等方法的实现,其中 viewNote()和 setLevel()提供的是空实现。

（3）代理主题角色 PermissionProxy（权限代理类）

```
public class PermissionProxy implements AbstractPermission
{
    private RealPermission permission = new RealPermission();
    private int level = 0;

    public void modifyUserInfo()
    {
        if(0 == level)
        {
            System.out.println("对不起,你没有该权限!");
        }
        else if(1 == level)
        {
            permission.modifyUserInfo();
        }
    }

    public void viewNote()
    {
        System.out.println("查看帖子!");
    }

    public void publishNote()
    {
        if(0 == level)
        {
            System.out.println("对不起,你没有该权限!");
        }
        else if(1 == level)
        {
            permission.publishNote();
```

```
        }
    }

    public void modifyNote()
    {
        if(0 == level)
        {
            System.out.println("对不起,你没有该权限!");
        }
        else if(1 == level)
        {
            permission.modifyNote();
        }
    }

    public void setLevel(int level)
    {
        this.level = level;
    }
}
```

PermissionProxy 是代理主题角色,它也实现了抽象主题角色接口,同时在 PermissionProxy 中定义了一个 RealPermission 对象,用于调用在 RealPermission 中定义的真实业务方法,在 PermissionProxy 类的 modifyUserInfo()、publishNote()、modifyNote()方法中将对用户的权限进行判断,如果具有相应权限则调用 RealPermission 中定义的方法,否则拒绝调用。通过引入 PermissionProxy 类来对系统的使用权限进行控制,这就是保护代理的用途。

4. 辅助代码

(1) XML 操作工具类 XMLUtil

参见 5.2.2 节工厂方法模式之模式分析。

(2) 配置文件 config.xml

本实例配置文件代码如下:

```xml
<?xml version = "1.0"?>
<config>
    <className>PermissionProxy</className>
</config>
```

(3) 客户端测试类 Client

```java
public class Client
{
    public static void main(String args[])
    {
        AbstractPermission permission;
```

```
        permission = (AbstractPermission)XMLUtil.getBean();

        permission.modifyUserInfo();
        permission.viewNote();
        permission.publishNote();
        permission.modifyNote();
        System.out.println("------------------------------");
        permission.setLevel(1);
        permission.modifyUserInfo();
        permission.viewNote();
        permission.publishNote();
        permission.modifyNote();
    }
}
```

为了更好地体现"开闭原则",在客户端需要针对抽象主题编程,而具体代理类是抽象主题的子类,可以通过配置文件在程序运行时动态指定使用哪一个具体代理类对象。

5. 结果及分析

如果在配置文件中将< className >节点中的内容设置为 PermissionProxy,输出结果如下:

```
对不起,你没有该权限!
查看帖子!
对不起,你没有该权限!
对不起,你没有该权限!
------------------------------
修改用户信息!
查看帖子!
发布新帖!
修改发帖内容!
```

由于代理类可以对用户访问权限进行控制,因此有些用户无权调用真实业务类的某些方法,当用户权限改变之后,则可以访问这些方法。

如果需要增加并使用新的代理类,首先将新增代理类作为抽象主题角色的子类,实现在抽象主题中声明的方法;然后修改配置文件,将< className >节点内容设置为新增代理类的类名,而无须对原有代码进行任何修改,符合"开闭原则"。

16.3.2 代理模式实例之日志记录代理

1. 实例说明

在某应用软件中需要记录业务方法的调用日志,在不修改现有业务类的基础上为每一个类提供一个日志记录代理类,在代理类中输出日志,例如在业务方法 method()调用之前输出"方法 method()被调用,调用时间为 2017－11－5 10:10:10",调用之后如果没有抛异常输出"方法 method()调用成功",否则输出"方法 method()调用失败"。在代理类中调用真实业务类的业务方法,使用代理模式设计该日志记录模块的结构。

2. 实例类图

通过分析,该实例类图如图 16-6 所示。

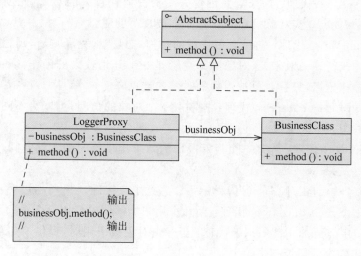

图 16-6 日志记录代理类图

该实例的代码解释与结果分析本书略。

16.4 代理模式效果与应用

16.4.1 模式优缺点

1. 代理模式的优点

(1) 代理模式能够协调调用者和被调用者,在一定程度上降低了系统的耦合度。

(2) 远程代理使得客户端可以访问在远程机器上的对象,远程机器可能具有更好的计算性能与处理速度,可以快速响应并处理客户端请求。

(3) 虚拟代理通过使用一个小对象来代表一个大对象,可以减少系统资源的消耗,对系统进行优化并提高运行速度。

(4) 保护代理可以控制对真实对象的使用权限。

2. 代理模式的缺点

(1) 由于在客户端和真实主题之间增加了代理对象,因此有些类型的代理模式可能会造成请求的处理速度变慢。

(2) 实现代理模式需要额外的工作,有些代理模式的实现非常复杂。

16.4.2 模式适用环境

根据代理模式的使用目的,常见的代理模式有以下几种类型。

（1）远程（Remote）代理：为一个位于不同的地址空间的对象提供一个本地的代理对象，这个不同的地址空间可以是在同一台主机中，也可是在另一台主机中，远程代理又叫做大使（Ambassador）。

（2）虚拟（Virtual）代理：如果需要创建一个资源消耗较大的对象，先创建一个消耗相对较小的对象来表示，真实对象只在需要时才会被真正创建。

（3）Copy-on-Write 代理：它是虚拟代理的一种，把复制（克隆）操作延迟到只有在客户端真正需要时才执行。一般来说，对象的深克隆是一个开销较大的操作，Copy-on-Write 代理可以让这个操作延迟，只有对象被用到的时候才被克隆。

（4）保护（Protect or Access）代理：控制对一个对象的访问，可以给不同的用户提供不同级别的使用权限。

（5）缓冲（Cache）代理：为某一个目标操作的结果提供临时的存储空间，以便多个客户端可以共享这些结果。

（6）防火墙（Firewall）代理：保护目标不让恶意用户接近。

（7）同步化（Synchronization）代理：使几个用户能够同时使用一个对象而没有冲突。

（8）智能引用（Smart Reference）代理：当一个对象被引用时，提供一些额外的操作，如将此对象被调用的次数记录下来等。

在这些种类的代理中，虚拟代理、远程代理和保护代理是最常见的代理模式。不同类型的代理模式有不同的优缺点，它们应用于不同的场合。

16.4.3 模式应用

（1）在 Java 的 RMI（Remote Method Invocation，远程方法调用）中，定义了客户对象和远程对象，其中客户对象（Client Object）在客户端运行，向远程对象发送请求；远程对象（Remote Object）在服务器端运行，通过客户对象使得远程对象如同本地对象一样被访问。

在 Java RMI 中客户对象称为 Stub（翻译为存根或桩），桩就是远程对象在客户端的代理，客户进程中的远程对象引用实际上是对本地桩的引用，桩负责将调用客户请求发送给远程对象，如图 16-7 所示。

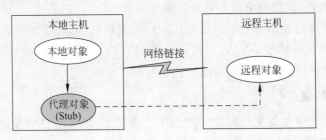

图 16-7　RMI 示意图

（2）EJB、Web Service 等分布式技术都是代理模式的应用。在 EJB 中使用了 RMI 机制，远程服务器中的企业级 Bean 在本地有一个桩代理，客户端通过桩来调用远程对象中定义的方法，而无须直接与远程对象交互。在 EJB 的使用中需要提供一个公共的接口，客户端针对该接口进行编程,无须知道桩以及远程 EJB 的实现细节。

(3) Spring 框架中的 AOP 技术也是代理模式的应用,在 Spring AOP 中应用了动态代理(Dynamic Proxy)技术,在 16.5 节中将介绍动态代理的实现。

16.5 代理模式扩展

1. 几种常用的代理模式

（1）远程代理

远程代理可以将网络的细节隐藏起来,使得客户端不必考虑网络的存在。客户完全可以认为被代理的远程业务对象是局域的而不是远程的,而远程代理对象承担了大部分的网络通信工作。远程代理模式示意图如图 16-8 所示,客户端对象不能直接访问远程主机中的业务对象,只能通过本地主机间接访问,远程业务对象在本地主机中有一个远程代理对象,它负责对远程业务对象的访问和网络通信,对于客户端而言是透明的,客户端无须关心实现具体业务的是谁,它只需要按照服务接口所定义的方式直接与本地主机交互即可。

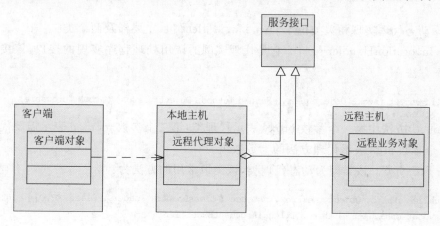

图 16-8 远程代理示意图

（2）虚拟代理

当一个对象的加载十分耗费资源的时候,虚拟代理的优势就非常明显地体现出来了。虚拟代理模式是一种内存节省技术,那些占用大量内存或处理复杂的对象将推迟到使用它的时候才创建。对象在第一次被引用时被创建并且同一对象可被重用,它加速了应用程序的启动,但是由于在访问时需要检测所需对象是否已经被创建,因此在访问该对象的任何地方都需要进行存在性检测,将消耗系统时间,这也是用时间换取空间的一种做法。

在应用虚拟代理模式时,需要设计一个与真实对象具有相同接口的虚拟对象,虚拟对象把真实对象的引用作为它的实例变量进行维护,不同的客户对象可以在创建和使用真实对象地方用相应的虚拟对象来代替。代理对象不需要自动创建真实对象,当客户需要真实对象的服务时,可以调用虚拟代理对象上的方法来创建,并且在使用过程中还可以检测真实对象是否被创建。

如果真实对象已经创建,代理对象就把调用转发给真实对象;如果真实对象没有被创建,代理对象首先创建真实对象,代理对象再把这个对象分配给引用变量,最后代理对象把调用转发给真实对象。在这个过程中,验证对象存在和转发方法调用这些细节对于客户是不可见的,客户对象就像和真实对象一样与代理对象进行交互。因此客户可以从检测真实对象是否为空中解脱出来,另外,由于创建代理对象在时间和处理复杂度上要少于创建真实对象,因此,在应用程序启动的时候,可以用代理对象代替真实对象初始化,节省了内存的占用,并大大加速了系统的启动时间。

2. 动态代理

动态代理是一种较为高级的代理模式,它的典型应用就是 Spring AOP。

在传统的代理模式中,客户端通过 ProxySubject 调用 RealSubject 类的 request()方法,同时还在代理类中封装了其他方法(如 preRequest()和 postRequest()),可以处理一些其他问题。如果按照这种方法使用代理模式,那么真实主题角色必须是事先已经存在的,并将其作为代理对象的内部成员属性。如果一个真实主题角色必须对应一个代理主题角色,这将导致系统中的类个数急剧增加,因此需要想办法减少系统中类的个数,此外,如何在事先不知道真实主题角色的情况下使用代理主题角色,这都是动态代理需要解决的问题。

Java 动态代理实现相关类位于 java. lang. reflect 包,主要涉及两个类:

(1) InvocationHandler 接口。它是代理实例的调用处理程序实现的接口,该接口中定义了如下方法:

```
public Object invoke(Object proxy, Method method, Object[] args) throws Throwable;
```

invoke()方法中第一个参数 proxy 表示代理类,第二个参数 method 表示需要代理的方法,第三个参数 args 表示代理方法的参数数组。

(2) Proxy 类。该类即为动态代理类,该类最常用的方法为:

```
public  static  Object  newProxyInstance (ClassLoader  loader, Class <?> [] interfaces,
InvocationHandler h) throws IllegalArgumentException
```

newProxyInstance()方法用于根据传入的接口类型 interfaces 返回一个动态创建的代理类的实例,方法中第一个参数 loader 表示代理类的类加载器,第二个参数 interfaces 表示代理类实现的接口列表(与真实主题类的接口列表一致),第三个参数 h 表示所指派的调用处理程序类。

下面通过一个简单实例来学习如何使用动态代理模式,现在有两个真实主题类分别是 RealSubjectA 和 RealSubjectB,它们对于在抽象主题类中定义的抽象方法 request()提供了不同的实现,在不增加新的代理类的情况下,使得客户端通过一个动态代理类来动态选择所代理的真实主题对象,演示代码如下:

(1) 抽象主题接口

```
public interface AbstractSubject
{
    public void request();
}
```

（2）真实主题类一

```
public class RealSubjectA implements AbstractSubject
{
    public void request()
    {
        System.out.println("真实主题类 A!");
    }
}
```

（3）真实主题类二

```
public class RealSubjectB implements AbstractSubject
{
    public void request()
    {
        System.out.println("真实主题类 B!");
    }
}
```

（4）动态代理类

```
import java.lang.reflect.InvocationHandler;
import java.lang.reflect.InvocationTargetException;
import java.lang.reflect.Method;

public class DynamicProxy implements InvocationHandler
{
    private Object obj;

    public DynamicProxy(){}

    public DynamicProxy(Object obj)
    {
        this.obj = obj;
    }

    //实现 invoke()方法,调用在真实主题类中定义的方法
    public Object invoke(Object proxy, Method method, Object[] args) throws Throwable
    {
        preRequest();
        method.invoke(obj, args);
        postRequest();
        return null;
    }

    public void preRequest(){
    System.out.println("调用之前!");
    }
```

```
    public void postRequest(){
    System.out.println("调用之后!");
    }

}
```

（5）客户端测试类

```
import java.lang.reflect.InvocationHandler;
import java.lang.reflect.Proxy;

public class Client
{
    public static void main(String args[])
    {
        InvocationHandler handler = null;
        AbstractSubject subject = null;

        handler = new DynamicProxy(new RealSubjectA());
        subject = (AbstractSubject)Proxy.newProxyInstance(AbstractSubject.class.
        getClassLoader(), new Class[]{AbstractSubject.class}, handler);
        subject.request();

        System.out.println(" ------------------------------ ");

        handler = new DynamicProxy(new RealSubjectB());
        subject = (AbstractSubject)Proxy.newProxyInstance(AbstractSubject.class.
        getClassLoader(), new Class[]{AbstractSubject.class}, handler);
        subject.request();
    }
}
```

在动态代理模式中，对于多个真实主题角色，只需要提供一个动态代理类，在客户端可以通过配置文件设置具体真实主题角色的类名，在动态代理类中无须维护一个与真实主题角色的引用，用户可以根据需要自定义新的真实主题角色，在系统设计和客户端编程实现时也无须关心真实主题角色，系统灵活性和可扩展性更好。编译并运行程序，输出结果如下：

```
调用之前!
真实主题类 A!
调用之后!
------------------------------
调用之前!
真实主题类 B!
调用之后!
```

在 Spring AOP 实现中使用了动态代理模式，使得代码中不存在与具体要用到的接口或类相关的引用。

16.6　本章小结

（1）在代理模式中，要求给某一个对象提供一个代理，并由代理对象控制对原对象的引用。代理模式的英文叫做 Proxy 或 Surrogate，它是一种对象结构型模式。

（2）代理模式包含三个角色：抽象主题角色声明了真实主题和代理主题的共同接口；代理主题角色内部包含对真实主题的引用，从而可以在任何时候操作真实主题对象；真实主题角色定义了代理角色所代表的真实对象，在真实主题角色中实现了真实的业务操作，客户端可以通过代理主题角色间接调用真实主题角色中定义的方法。

（3）代理模式的优点在于能够协调调用者和被调用者，在一定程度上降低了系统的耦合度；其缺点在于由于在客户端和真实主题之间增加了代理对象，因此有些类型的代理模式可能会造成请求的处理速度变慢，并且实现代理模式需要额外的工作，有些代理模式的实现非常复杂。

（4）远程代理为一个位于不同的地址空间的对象提供一个本地的代理对象，它使得客户端可以访问在远程机器上的对象，远程机器可能具有更好的计算性能与处理速度，可以快速响应并处理客户端请求。

（5）如果需要创建一个资源消耗较大的对象，先创建一个消耗相对较小的对象来表示，真实对象只在需要时才会被真正创建，这个小对象称为虚拟代理。虚拟代理通过使用一个小对象来代表一个大对象，可以减少系统资源的消耗，对系统进行优化并提高运行速度。

（6）保护代理可以控制对一个对象的访问，可以给不同的用户提供不同级别的使用权限。

思考与练习

1. 用 Java 代码模拟实现"日志记录代理"实例，并编写客户端代码进行测试。

2. 应用软件所提供的桌面快捷方式是快速启动应用程序的代理，桌面快捷方式一般使用一张小图片（Picture）来表示，通过调用快捷方式的 run（）方法将调用应用软件（Application）的 run（）方法。使用代理模式模拟该过程，试绘制类图并编程实现。

3. 毕业生通过职业介绍所找工作，请问其中蕴涵了哪种设计模式，试绘制相应的类图。

第17章

职责链模式

视频讲解

本章导学

行为型模式关注系统中对象之间的相互交互,研究系统在运行时对象之间的相互通信与协作,进一步明确对象的职责。在 GoF 23 种模式中包含 11 种行为型设计模式,它们适用于不同的场合,用于解决软件设计中面临的不同问题。

在系统中如果存在多个对象可以处理同一请求,可以通过职责链模式将这些处理请求的对象连成一条链,让请求沿着该链进行传递。如果链上的对象可以处理该请求则进行处理,否则将请求转发给下家处理。职责链模式可以将请求的发送者和接收者解耦,客户端无须关心请求的处理细节和传递过程,只需要将请求提交给职责链即可。

本章将对 11 种行为型模式进行简要的介绍,并学习职责链模式的定义和结构,通过实例来学习职责链模式的实现以及如何在软件开发中应用职责链模式。

本章的难点在于理解职责链模式中抽象处理者的设计与实现,以及如何在具体处理者中实现请求的传递。

职责链模式重要等级:★★☆☆☆

职责链模式难度等级:★★★☆☆

17.1   行为型模式

创建型模式关注对象的创建过程,结构型模式关注对象与类的组织,而行为型模式关注对象之间的交互。相对创建型模式和结构型模式,行为型模式定义了系统中对象之间的交互与通信,包括对系统中较为复杂的流程的控制。本章将开始学习行为型设计模式,学会在软件系统的设计与开发中合理使用这些模式。

17.1.1   行为型模式概述

行为型模式(Behavioral Pattern)是对在不同的对象之间划分责任和算法的抽象化。行为型模式不仅仅关注类和对象的结构,而且重点关注它们之间的相互作用。通过行为型模式,可以更加清晰地划分类与对象的职责,并研究系统在运行时实例对象之间的交互。在系统运行时,对象并不是孤立的,它们可以通过相互通信与协作完成某些复杂功能,一个对象在运行时也将影响到其他对象的运行。在现实生活中,对象之间的这种通信与交互也普遍存在,如图 17-1 所示。

　　汽车与交通信号灯是交通系统中两类很重要的对象,它们可以独立存在,职责明确,但是它们又能够相互作用,如果交通信号灯变成红灯,则汽车就停止;如果交通信号灯变成绿灯,则汽车就启动,汽车与交通信号灯的行为存在一定的控制关系。在软件系统的运行中也大量存在类似汽车与交通信号灯之间的交互关系,如单击一个按钮即可弹出一个窗口,所点击的按钮与弹出的窗口之间也存在对象之间的通信,这种通信也可以称为消息的传递,一般通过方法的调用实现,如图 17-2 所示。

图 17-1　行为型模式示意图一

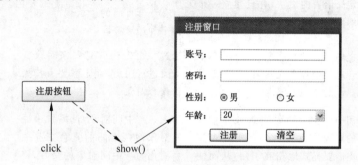

图 17-2　行为型模式示意图二

　　"注册按钮"对象与"注册窗口"对象通过通信即方法调用产生交互,在点击"注册按钮"时,将调用"注册窗口"的 show()方法显示该窗口。对象之间的行为相互作用,通过一个对象可以控制另一个对象。对于这些对象之间的相互通信与作用,在某些场景下可以通过一些已有模式来进行设计与实现,这类模式即为行为型模式。

　　行为型模式分为类行为型模式和对象行为型模式两种:

　　(1) 类行为型模式:类的行为型模式使用继承关系在几个类之间分配行为,类行为型模式主要通过多态等方式来分配父类与子类的职责。

　　(2) 对象行为型模式:对象的行为型模式则使用对象的聚合关联关系来分配行为,对象行为型模式主要是通过对象关联等方式来分配两个或多个类的职责。根据"合成复用原则",系统中要尽量使用关联关系来取代继承关系,因此大部分行为型设计模式都属于对象行为型设计模式。

17.1.2　行为型模式简介

　　行为型模式是 GoF 设计模式中最为庞大的一类模式,它包括 11 种设计模式,表 17-1 对这 11 种设计模式进行了简单的说明。

表 17-1　行为型模式简介

模式名称	定义	简单说明	使用频率
职责链模式 (Chain of Responsibility)	为解除请求的发送者和接收者之间耦合,而使多个对象都有机会处理这个请求。将这些对象连成一条链,并沿着这条链传递该请求,直到有一个对象处理它	将能够处理同一类请求的对象连成一条链,所提交的请求沿着链传递,链上的对象逐个判断是否有能力处理该请求,如果能则处理,如果不能则传递给链上的下一个对象(下家)	★★☆☆☆
命令模式 (Command)	将一个请求封装为一个对象,从而使你可用不同的请求对客户进行参数化;对请求排队或记录请求日志,以及支持可取消的操作	将请求的发送者与请求的接收者分离,通过抽象编程的方式,使得相同的请求发送者可以作用于不同的请求接收者	★★★★☆
解释器模式 (Interpreter)	定义语言的文法,并且建立一个解释器来解释该语言中的句子	自定义一个新的编程语言,该语言有一套自己的语法规范,如关键字和运算符等	★☆☆☆☆
迭代器模式 (Iterator)	提供一种方法顺序访问一个聚合对象中各个元素,而又不需暴露该对象的内部表示	通过一个专门的对象来对聚合对象进行遍历,而不需要直接操作聚合对象	★★★★★
中介者模式 (Mediator)	用一个中介对象来封装一系列的对象交互。中介者使各对象不需要显式地相互引用,从而使其耦合松散,而且可以独立地改变它们之间的交互	引入一个中间对象,使系统中原有对象两两之间的复杂交互关系简化为与中间对象的交互,将一个网状结构重构为一个星形结构	★★☆☆☆
备忘录模式 (Memento)	在不破坏封装性的前提下,捕获一个对象的内部状态,并在该对象之外保存这个状态。这样以后就可将该对象恢复到保存的状态	提供一个可以后悔的机制,使得对象可以恢复到某一个历史状态	★★☆☆☆
观察者模式 (Observer)	定义对象间的一种一对多的依赖关系,以便当一个对象的状态发生改变时,所有依赖于它的对象都得到通知并自动刷新	一个对象的行为将影响到一个或多个其他对象的行为	★★★★★
状态模式 (State)	允许一个对象在其内部状态改变时改变它的行为,对象看起来似乎修改了它所属的类	对象状态不同时其行为也不相同,且对象的状态可以发生转换	★★★☆☆
策略模式 (Strategy)	定义一系列的算法,把它们一个个封装起来,并且使它们可相互替换。本模式使得算法的变化可独立于使用它的客户	实现某功能存在多种方式,在不修改现有系统的基础上可以灵活选择或更换实现方式,也可以使用新的实现方式	★★★★☆

续表

模 式 名 称	定　义	简 单 说 明	使 用 频 率
模板方法模式（Template Method）	定义一个操作中的算法的骨架，而将一些步骤延迟到子类中。使得子类可以不改变一个算法的结构即可重定义该算法的某些特定步骤	在父类中提供一个方法定义一个操作序列，而将具体操作的实现放在子类中	★★★☆☆
访问者模式（Visitor）	表示一个作用于某对象结构中的各元素的操作。它使你可以在不改变各元素的类的前提下定义作用于这些元素的新操作	存在多种类型的对象可以访问某个聚合结构中不同类型的元素对象，不同类型的对象对于不同元素对象可以使用不同的访问方法	★☆☆☆☆

17.2　职责链模式动机与定义

在很多纸牌游戏中，某人出一张牌给他的下家，下家看看手中的牌，如果要不起上家的牌则将出牌请求转发给他的下家，其下家再进行判断。一个循环下来，如果所有人都要不起该牌，则最初的出牌者可以打出新的牌。在这个过程中，牌作为一个请求沿着一条链在传递，每一位纸牌的玩家都可以处理该请求。类似这种形式在现实生活中到处存在，如接力赛跑、击鼓传花等，这里面就蕴涵了本章将要学习的职责链模式。

17.2.1　模式动机

在很多情况下，可以处理某个请求的对象不止一个，如大学里的奖学金审批，学生在向辅导员提交审批表之后，首先是辅导员签字审批，然后交给系主任签字审批，接着是院长审批，最后可能是校长来审批，在这个过程中，奖学金申请表可以看成是一个请求对象，而不同级别的审批者都可以处理该请求对象，除了辅导员之外，学生不需要一一和其他审批者交互，只需要等待结果即可。在审批过程中如果某一个审批者认为不符合条件，则请求中止；否则将请求递交给下一个审批者，最后由校长来确定谁能够授予奖学金。该过程如图 17-3 所示。

图 17-3　奖学金审评示意图

在图 17-3 中，辅导员、系主任、院长、校长都可以处理奖学金申请表，而且他们构成了一条链，申请表沿着这条链传递，这条链就称为职责链。

职责链可以是一条直线、一个环或者一个树形结构，最常见的职责链是直线型，即沿着一条单向的链来传递请求。链上的每一个对象都是请求处理者,职责链模式可以将请求的处理者组织成一条链,并使请求沿着链传递,由链上的处理者对请求进行相应的处理,客户端无须关心请求的处理细节以及请求的传递,只需将请求发送到链上即可,将请求的发送者和请求的处理者解耦。这就是职责链模式的模式动机。

17.2.2 模式定义

职责链模式(Chain of Responsibility Pattern)定义:避免请求发送者与接收者耦合在一起,让多个对象都有可能接收请求,将这些对象连接成一条链,并且沿着这条链传递请求,直到有对象处理它为止。由于英文翻译的不同,职责链模式又称为责任链模式,它是一种对象行为型模式。

英文定义:"Avoid coupling the sender of a request to its receiver by giving more than one object a chance to handle the request. Chain the receiving objects and pass the request along the chain until an object handles it. "。

17.3 职责链模式结构与分析

职责链模式结构的核心在于抽象处理者类的设计,下面将学习并分析其模式结构。

17.3.1 模式结构

职责链模式结构图如图 17-4 所示。

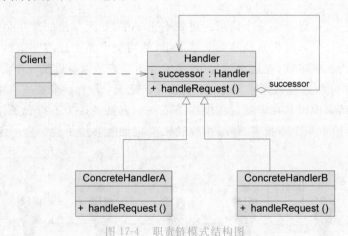

图 17-4 职责链模式结构图

职责链模式包含如下角色:

1. Handler(抽象处理者)

抽象处理者定义了一个处理请求的接口,它一般设计为抽象类,由于不同的具体处理者处理请求的方式不同,因此在其中定义了抽象请求处理方法。因为每一个处理者的下家还是一个处理者,因此在抽象处理者中定义了一个自类型(抽象处理者类型)的对象,作为其对下家的引用。通过该引用,处理者可以连成一条链。

2. ConcreteHandler(具体处理者)

具体处理者是抽象处理者的子类,它可以处理用户请求,在具体处理者类中实现了抽象处理者中定义的抽象请求处理方法,在处理请求之前需要进行判断,看是否有相应的处理权限,如果可以处理请求就处理它,否则将请求转发给后继者;在具体处理者中可以访问链中下一个对象,以便请求的转发。

3. Client(客户类)

客户类用于向链中的对象提出最初的请求,客户类只需要关心链的源头,而无须关心请求的处理细节以及请求的传递过程。

17.3.2　模式分析

在职责链模式里,很多对象由每一个对象对其下家的引用而连接起来形成一条链。请求在这条链上传递,直到链上的某一个对象处理此请求为止。发出这个请求的客户端并不知道链上的哪一个对象最终处理这个请求,这使得系统可以在不影响客户端的情况下动态地重新组织链和分配责任。

职责链模式的核心在于抽象处理者类的设计,在抽象处理者类中定义了一个自类型的对象,用于维持一个对处理者下家的引用,以便将请求传递给下家,抽象处理者的典型代码如下:

```
public abstract class Handler
{
    protected Handler successor;

    public void setSuccessor(Handler successor)
    {
        this.successor = successor;
    }

    public abstract void handleRequest(String request);
}
```

在代码中,抽象处理者类定义了对下家的引用对象,以便将请求转发给下家,该对象的访问符可设为 protected,在其子类中可以使用。在抽象处理者类中定义了抽象的请求处理方法,具体实现交由子类完成。

具体处理者是抽象处理者的子类,它具有两大作用:第一是处理请求,不同的具体处理者以不同的形式实现抽象请求处理方法 handleRequest();第二是转发请求,如果该请求超出了当前处理者类的权限,可以将该请求转发给下家,这个工作也是通过具体处理者来完成的。具体处理者类的典型代码如下:

```
public class ConcreteHandler extends Handler
{
    public void handleRequest(String request)
    {
        if(请求 request 满足条件)
```

```
            {
                  ...              //处理请求
            }
            else
            {
                this.successor.handleRequest(request); //转发请求
            }
        }
}
```

在具体处理类中通过对请求进行判断可以做出相应的处理。

需要注意的是,职责链模式并不创建职责链,职责链的创建工作必须由系统的其他部分来完成,一般是在使用该职责链的客户端中创建职责链。职责链模式降低了请求的发送端和接收端之间的耦合,使多个对象都有机会处理这个请求。

17.4 职责链模式实例与解析

下面通过职责链模式中审批假条实例来进一步学习并理解职责链模式。

1. 实例说明

某 OA 系统需要提供一个假条审批的模块,如果员工请假天数小于 3 天,主任可以审批该假条;如果员工请假天数大于等于 3 天,小于 10 天,经理可以审批;如果员工请假天数大于等于 10 天,小于 30 天,总经理可以审批;如果超过 30 天,总经理也不能审批,提示相应的拒绝信息。

2. 实例类图

通过分析,该实例类图如图 17-5 所示。

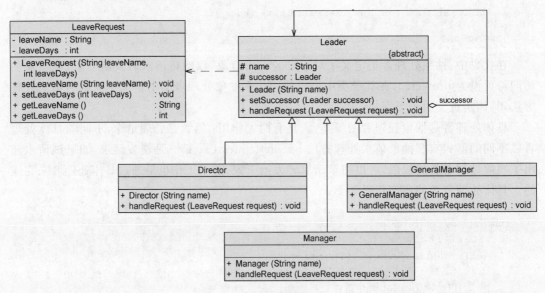

图 17-5 审批假条类图

3．实例代码及解释

（1）请求类 LeaveRequest（请假条类）

```java
public class LeaveRequest
{
    private String leaveName;
    private int leaveDays;

    public LeaveRequest(String leaveName, int leaveDays)
    {
        this.leaveName = leaveName;
        this.leaveDays = leaveDays;
    }

    public void setLeaveName(String leaveName) {
        this.leaveName = leaveName;
    }

    public void setLeaveDays(int leaveDays) {
        this.leaveDays = leaveDays;
    }

    public String getLeaveName() {
        return (this.leaveName);
    }

    public int getLeaveDays() {
        return (this.leaveDays);
    }
}
```

　　LeaveRequest 是请求类，它不是职责链模式的核心类，但是它封装了请求的相关信息，以便处理者对其进行处理。最简单的请求可以设计为字符串对象，但是通常请求包括多个数据字段，需要定义一个请求类对数据进行封装。

（2）抽象处理者 Leader（领导类）

```java
public abstract class Leader
{
    protected String name;
    protected Leader successor;
    public Leader(String name)
    {
        this.name = name;
    }
    public void setSuccessor(Leader successor)
    {
        this.successor = successor;
    }
```

```
    public abstract void handleRequest(LeaveRequest request);
}
```

Leader 类是抽象处理者,它定义了一个 Leader 类型的后继对象 successor,作为对下家的引用,同时它定义了抽象请求处理方法 handleRequest()。

(3) 具体处理者 Director(主任类)

```
public class Director extends Leader
{
    public Director(String name)
    {
        super(name);
    }
    public void handleRequest(LeaveRequest request)
    {
        if(request.getLeaveDays()< 3)
        {
            System.out.println("主任" + name + "审批员工" + request.getLeaveName() +
            "的请假条,请假天数为" + request.getLeaveDays() + "天。");
        }
        else
        {
            if(this.successor!= null)
            {
                this.successor.handleRequest(request);
            }
        }
    }
}
```

Director 类是具体处理者,它是抽象处理者的子类,实现了在抽象处理者中定义的抽象处理方法,如果封装在请求对象 request 中的请假时间小于 3 天,则它可以直接处理,否则将请求转发给下家去处理。

(4) 具体处理者 Manager(经理类)

```
public class Manager extends Leader
{
    public Manager(String name)
    {
        super(name);
    }
    public void handleRequest(LeaveRequest request)
    {
        if(request.getLeaveDays()< 10)
        {
            System.out.println("经理" + name + "审批员工" + request.getLeaveName() +
            "的请假条,请假天数为" + request.getLeaveDays() + "天。");
```

```
        }
        else
        {
            if(this.successor!= null)
            {
                this.successor.handleRequest(request);
            }
        }
    }
}
```

Manager 类也是具体处理者,它是抽象处理者的子类,实现了在抽象处理者中定义的抽象处理方法,如果封装在请求对象 request 中的请假时间小于 10 天,则它可以直接处理,否则将请求转发给下家去处理。

(5) 具体处理者 GeneralManager(总经理类)

```
public class GeneralManager extends Leader
{
    public GeneralManager(String name)
    {
        super(name);
    }

    public void handleRequest(LeaveRequest request)
    {
        if(request.getLeaveDays()< 30)
        {
            System.out.println("总经理" + name + "审批员工" + request.getLeaveName() +
            "的请假条,请假天数为" + request.getLeaveDays() + "天。");
        }
        else
        {
            System.out.println("莫非" + request.getLeaveName() + "想辞职,居然请假" +
            request.getLeaveDays() + "天。");
        }
    }
}
```

GeneralManager 类也是具体处理者,它是抽象处理者的子类,实现了在抽象处理者中定义的抽象处理方法,如果封装在请求对象 request 中的请假时间小于 30 天,则它可以直接处理,否则将提示相应的信息。

4. 辅助代码

客户端测试类 Client 如下:

```
public class Client
{
    public static void main(String args[])
```

```
        {
            Leader objDirector,objManager,objGeneralManager;

            objDirector = new Director("王明");
            objManager = new Manager("赵强");
            objGeneralManager = new GeneralManager("李波");

            objDirector.setSuccessor(objManager);
            objManager.setSuccessor(objGeneralManager);

            LeaveRequest lr1 = new LeaveRequest("张三",2);
            objDirector.handleRequest(lr1);

            LeaveRequest lr2 = new LeaveRequest("李四",5);
            objDirector.handleRequest(lr2);

            LeaveRequest lr3 = new LeaveRequest("王五",15);
            objDirector.handleRequest(lr3);

            LeaveRequest lr4 = new LeaveRequest("赵六",45);
            objDirector.handleRequest(lr4);
        }
    }
```

在客户端代码中实例化了具体处理者对象,并将它们连成一条职责链,完成职责链的创建工作,如加粗代码所示。在客户端中,请求只需提交给链的初始对象,即主任对象,该请求将沿着链进行传递,如果某具体处理者对象可以处理请求则立即处理,否则将请求传递给下家。

5. 结果及分析

编译并运行程序,输出结果如下:

```
主任王明审批员工张三的请假条,请假天数为 2 天。
经理赵强审批员工李四的请假条,请假天数为 5 天。
总经理李波审批员工王五的请假条,请假天数为 15 天。
莫非赵六想辞职,居然请假 45 天。
```

如果要在其中增加一个新的具体处理者,如增加一个副总经理,可以处理的请假天数小于 20 天,需要编写一个新的具体处理者类 ViceGeneralManager,作为抽象处理者类 Leader 的子类,实现在 Leader 类中定义的抽象处理方法,如果请假天数大于等于 20 天,则将请求转发给下家,代码如下:

```
public class ViceGeneralManager extends Leader
{
    public ViceGeneralManager(String name)
    {
        super(name);
    }
```

```
        public void handleRequest(LeaveRequest request)
        {
            if(request.getLeaveDays()<20)
            {
                System.out.println("副总经理" + name + "审批员工" + request.getLeaveName() +
                "的请假条,请假天数为" + request.getLeaveDays() + "天。");
            }
            else
            {
                if(this.successor!= null)
                {
                    this.successor.handleRequest(request);
                }
            }
        }
    }
```

由于链的创建是在客户端,因此增加新的具体处理者类对原有类库无任何影响,无须修改已有类的源代码,符合"开闭原则"。

在客户端,如果要将新的具体请求处理者应用到系统中,需要创建新的具体处理者对象,然后将该对象加入职责链中。如在客户端测试代码中增加如下代码:

```
Leader objViceGeneralManager;
objViceGeneralManager = new ViceGeneralManager("肖红");
```

将建链代码改为:

```
objDirector.setSuccessor(objManager);
objManager.setSuccessor(objViceGeneralManager);
objViceGeneralManager.setSuccessor(objGeneralManager);
```

重新编译并运行程序,输出结果如下:

```
主任王明审批员工张三的请假条,请假天数为 2 天。
经理赵强审批员工李四的请假条,请假天数为 5 天。
副总经理肖红审批员工王五的请假条,请假天数为 15 天。
莫非赵六想辞职,居然请假 45 天。
```

17.5 职责链模式效果与应用

17.5.1 模式优缺点

1. 职责链模式的优点

(1) 降低耦合度:职责链模式使得一个对象无须知道是其他哪一个对象处理其请求。对象仅需知道该请求会被处理即可,接收者和发送者都没有对方的明确信息,且链中的对象不需要知道链的结构,由客户端负责链的创建。

(2) 可简化对象的相互连接:请求处理对象仅需维持一个指向其后继者的引用,而不需维持它对所有的候选处理者的引用。

(3) 增强给对象指派职责的灵活性:在给对象分派职责时,职责链可以给我们带来更多的灵活性。可以通过在运行时对该链进行动态的增加或修改来增加或改变处理一个请求的职责。

(4) 增加新的请求处理类很方便:在系统中增加一个新的具体请求处理者无须修改原有系统的代码,只需要在客户端重新建链即可,从这一点来看是符合"开闭原则"的。

2.职责链模式的缺点

(1) 不能保证请求一定被接收:既然一个请求没有明确的接收者,那么就不能保证它一定会被处理,该请求可能一直到链的末端都得不到处理;一个请求也可能因职责链没有被正确配置而得不到处理。

(2) 对于比较长的职责链,请求的处理可能涉及多个处理对象,系统性能将受到一定影响,而且在进行代码调试时不太方便;如果建链不当,可能会造成循环调用,将导致系统陷入死循环。

17.5.2　模式适用环境

在以下情况下可以使用职责链模式:

(1) 有多个对象可以处理同一个请求,具体哪个对象处理该请求由运行时刻自动确定。客户端只需将请求提交到链上,无须关心请求的处理对象是谁以及它是如何处理的。

(2) 在不明确指定接收者的情况下,向多个对象中的一个提交一个请求。请求的发送者与请求的处理者解耦,请求将沿着链进行传递,寻求相应的处理者。

(3) 可动态指定一组对象处理请求。客户端可以动态创建职责链来处理请求,还可以动态改变链中处理者之间的先后次序。

17.5.3　模式应用

(1) Java 中的异常处理机制类似一种职责链模式,我们可以在一个 try 语句后面接多个 catch 语句,而每个 catch 可以捕获不同的异常,当第一个异常不匹配时,自动跳到第二个 catch 语句,直到所有的 catch 语句都匹配为止。代码如下:

```
try
{
    ⋮
}
catch(ArrayIndexOutOfBoundsException e1)
{
    ⋮
}
catch(ArithmeticException e2)
{
    ⋮
```

```
}
catch(IOException e3)
{
    ⋮
}
finally
{
    ⋮
}
```

（2）在早期的 Java AWT 事件模型（JDK 1.0 及更早）中，广泛采用了职责链模式，这种事件处理机制又叫事件浮升（Event Bubbling）机制。其基本原理是，由于窗口组件（如按钮、文本框等）一般都位于容器组件中，因此当事件发生在某一个组件上时，通过组件对象的 handleEvent()方法将事件传递给相应的事件处理方法，该事件处理方法将处理此事件，然后决定是否将该事件向上一级容器组件传播，如果没有相应的事件处理方法，则会将事件传给包含组件的上一级容器，以此类推；上级容器组件在接到事件之后可以继续处理此事件并决定是否继续向上级容器组件传播，如此反复，直到事件到达顶层容器组件为止；如果一直传到最顶层容器仍没有处理方法，则该事件不予处理。

由于这种基于职责链模式的事件处理方式存在代码维护困难、重用性较差、存在大量条件语句，且处理速度较慢、只适用于 AWT 组件等缺点，从 JDK 1.1 以后，使用观察者模式代替职责链模式来处理事件。目前，在 JavaScript 中仍然可以使用这种事件浮升机制来进行事件处理。

17.6　职责链模式扩展

纯与不纯的职责链模式

一个纯的职责链模式要求一个具体处理者对象只能在两个行为中选择一个：一个是承担责任，另一个是把责任推给下家。不允许出现某一个具体处理者对象在承担了一部分责任后又将责任向下传的情况。

在一个纯的职责链模式里面，一个请求必须被某一个处理者对象所接收；在一个不纯的职责链模式里面，一个请求可以最终不被任何接收端对象所接收。纯的职责链模式的例子是不容易找到的，一般看到的例子均是不纯的职责链模式的实现，如 Java AWT 1.0 的事件处理模型，由于每一级的组件在接收到事件时，都可以处理此事件，而不论此事件是否在这一级得到处理，事件都可以停止向上传播或者继续向上传播，可以随时中断对事件的处理。这是典型的不纯的责任链模式。

17.7　本章小结

（1）行为型模式是对在不同的对象之间划分责任和算法的抽象化。行为型模式不仅仅关注类和对象的结构，而且重点关注它们之间的相互作用。通过行为型模式，可以更加清晰地划分类与对象的职责,并研究系统在运行时实例对象之间的交互。行为型模式可以分为类行为型模式和对象行为型模式两种。

(2) 职责链模式可以避免请求发送者与接收者耦合在一起,让多个对象都有可能接收请求,将这些对象连接成一条链,并且沿着这条链传递请求,直到有对象处理它为止。它是一种对象行为型模式。

(3) 职责链模式包含两个角色:抽象处理者定义了一个处理请求的接口;具体处理者是抽象处理者的子类,它可以处理用户请求。

(4) 在职责链模式里,很多对象由每一个对象对其下家的引用而连接起来形成一条链。请求在这个链上传递,直到链上的某一个对象决定处理此请求。发出这个请求的客户端并不知道链上的哪一个对象最终处理这个请求,这使得系统可以在不影响客户端的情况下动态地重新组织链和分配责任。

(5) 职责链模式的主要优点在于可以降低系统的耦合度,简化对象的相互连接,同时增强给对象指派职责的灵活性,增加新的请求处理类也很方便;其主要缺点在于不能保证请求一定被接收,且对于比较长的职责链,请求的处理可能涉及多个处理对象,系统性能将受到一定影响,而且在进行代码调试时不太方便。

(6) 职责链模式适用情况包括:有多个对象可以处理同一个请求,具体哪个对象处理该请求由运行时刻自动确定;在不明确指定接收者的情况下,向多个对象中的一个提交一个请求;可动态指定一组对象处理请求。

思考与练习

1. 在军队中,一般根据战争规模的大小和重要性由不同级别的长官(Officer)来下达作战命令,情报人员向上级递交军情(如敌人的数量),作战命令需要上级批准,如果直接上级不具备下达命令的权力,则上级又传给上级,直到有人可以决定为止,这类似我们本课中学习的职责链模式。可通过职责链模式来模拟该过程,客户类(Client)模拟情报人员,首先向级别最低的班长(Banzhang)递交任务书(Mission),即军情,如果超出班长的权力范围,则传递给排长(Paizhang),排长如果也不能处理则传递给营长(Yingzhang),如果营长也不能处理则需要开会讨论。我们设置这几级长官的权力范围分别是:

(1) 敌人数量<10,班长下达作战命令。

(2) 10≤敌人数量<50,排长下达作战命令。

(3) 50≤敌人数量<200,营长下达作战命令。

(4) 敌人数量≥200,需要开会讨论再下达作战命令。

绘制类图并编程实现。

2. 某物资管理系统中物资采购需要分级审批,主任可以审批 1 万元及以下的采购单,部门经理可以审批 5 万元及以下的采购单,副总经理可以审批 10 万元及以下的采购单,总经理可以审批 20 万元及以下的采购单,20 万元以上的采购单需要开会确定。现使用职责链模式设计该系统,绘制类图并编程实现。

第18章

命 令 模 式

视频讲解

本章导学

命令模式是常用的行为型设计模式之一,它将请求发送者与请求接收者解耦,请求发送者通过命令对象来间接引用接收者,使得系统具有更好的灵活性,可以在不修改现有系统源代码的情况下将相同的发送者对应不同的接收者,也可以将多个命令对象组合成宏命令,还可以在命令类中提供用来撤销请求的方法。

本章将介绍命令模式的定义与结构,结合实例学习如何实现命令模式,并理解撤销操作和宏命令的实现原理。

本章的难点在于掌握命令模式的结构,如何通过命令模式实现撤销操作和宏命令,以及如何在实际软件开发中应用命令模式。

命令模式重要等级:★★★★☆

命令模式难度等级:★★★★☆

18.1 命令模式动机与定义

命令模式将请求的发送者和接收者解耦,在发送者与接收者之间引入命令对象,将发送者的请求封装在命令对象中,再通过命令对象来调用接收者的方法。命令模式用于处理对象之间的调用关系,使得这种调用关系更加灵活,用户还可以根据需要为请求发送者增加新的命令对象而无须修改原有系统。本章将介绍用于处理对象间调用关系的命令模式。

18.1.1 模式动机

在软件设计中,我们经常需要向某些对象发送请求,但是并不知道请求的接收者是谁,也不知道被请求的操作是哪个,我们只需在程序运行时指定具体的请求接收者即可,此时,可以使用命令模式来进行设计,使得请求发送者与请求接收者消除彼此之间的耦合,让对象之间的调用关系更加灵活。

在现实生活中也存在类似的例子,如图 18-1 所示,开关是请求的发送者,而电灯是请求的接收者,它们之间并不存在直接的耦合关系,而是通过电线连接到一起,开关并不需要知道如何将开灯或关灯请求传输给电灯,而是通过电线来完成这项功能,可以理解为在电线中封装了开灯或者关灯请求,此时电线充当了封装请求的命令对象。开关如果开则电线通电,并调用电灯的开灯方法,反之则关灯。不同的电线可以连接不同的请求接收者,因此只需要更换一根电线,相同的开关即可操纵不同的电器设备,提高了系统的灵活性和扩展性。

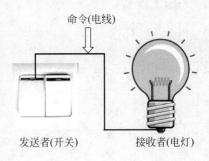

图 18-1　命令模式示意图

命令模式可以对发送者和接收者完全解耦,发送者与接收者之间没有直接引用关系,发送请求的对象只需要知道如何发送请求,而不必知道如何完成请求。这就是命令模式的模式动机。

18.1.2　模式定义

命令模式(Command Pattern)定义:将一个请求封装为一个对象,从而使我们可用不同的请求对客户进行参数化;对请求排队或者记录请求日志,以及支持可撤销的操作。命令模式是一种对象行为型模式,其别名为动作(Action)模式或事务(Transaction)模式。

英文定义:"Encapsulate a request as an object, thereby letting you parameterize clients with different requests, queue or log requests, and support undoable operations."。

18.2　命令模式结构与分析

命令模式结构较为复杂,它包含请求的发送者、接收者、抽象命令、具体命令等角色,下面将学习并分析其模式结构。

18.2.1　模式结构

命令模式结构图如图 18-2 所示。

命令模式包含如下角色:

1. Command(抽象命令类)

抽象命令类一般是一个接口,在其中声明了用于执行请求的 execute() 等方法,通过这些方法可以调用请求接收者的相关操作。

2. ConcreteCommand(具体命令类)

具体命令类是抽象命令类的子类,实现了在抽象命令类中声明的方法,它对应具体的接收者对象,绑定接收者对象的动作。在实现 execute() 方法时,将调用接收者对象的相关操作(Action)。

3. Invoker(调用者)

调用者即请求的发送者,又称为请求者,它通过命令对象来执行请求。一个调用者并不

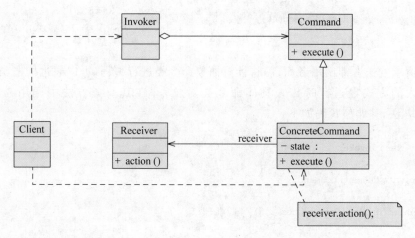

图 18-2　命令模式结构图

需要在设计时确定其接收者,因此它只与抽象命令类之间存在关联关系。在程序运行时将调用具体命令对象的 execute()方法,间接调用接收者的相关操作。

4. Receiver(接收者)

接收者执行与请求相关的操作,它具体实现对请求的业务处理。

5. Client(客户类)

在客户类中需要创建发送者对象和具体命令类对象,在创建具体命令对象时指定其对应的接收者,发送者和接收者之间无直接关系,通过具体命令对象实现间接调用。

18.2.2　模式分析

命令模式的本质是对命令进行封装,将发出命令的责任和执行命令的责任分割开。每一个命令都是一个操作:请求的一方发出请求,要求执行一个操作;接收的一方收到请求,并执行操作。命令模式允许请求的一方和接收的一方独立开来,使得请求的一方不必知道接收请求的一方的接口,更不必知道请求是怎么被接收、操作是否被执行、何时被执行,以及是怎么被执行的。

命令模式使请求本身成为一个对象,这个对象和其他对象一样可以被存储和传递。命令模式的关键在于引入了抽象命令接口,且发送者针对抽象命令接口编程,只有实现了抽象命令接口的具体命令才能与接收者相关联。在最简单的抽象命令接口中包含了一个抽象的execute()方法,每个具体命令类把 Receiver 作为一个实例变量进行存储,从而指定对应的接收者,不同的具体命令类提供了 execute()方法的不同实现,并调用不同接收者的请求处理方法。

典型的抽象命令类代码如下:

```
public abstract class Command
{
```

```
    public abstract void execute();
}
```

对于请求发送者即调用者而言,将针对抽象命令类进行编程,可以通过构造函数注入或者设值注入的方式在运行时传入具体命令类对象,并在其业务方法中调用命令对象的execute()方法,其典型代码如下:

```
public class Invoker
{
    private Command command;

    public Invoker(Command command)
    {
        this.command = command;
    }

    public void setCommand(Command command)
    {
        this.command = command;
    }

    //业务方法,用于调用命令类的方法
    public void call()
    {
        command.execute();
    }
}
```

具体命令类继承了抽象命令类,在具体命令类中与请求的接收者相关联,它实现了在抽象命令类中声明的 execute()方法,并在实现时调用接收者的请求响应方法 action(),其典型代码如下:

```
public class ConcreteCommand extends Command
{
    private Receiver receiver = new Receiver();
    public void execute()
    {
        receiver.action();
    }
}
```

请求接收者 Receiver 具体实现对请求的业务处理,它具体实现了 action()方法,用于执行与请求相关的操作,其典型代码如下:

```
public class Receiver
{
    public void action()
```

```
    {
        //具体操作
    }
}
```

下面通过顺序图来进一步理解命令模式中对象之间的交互关系,命令模式的顺序图如图 18-3 所示。

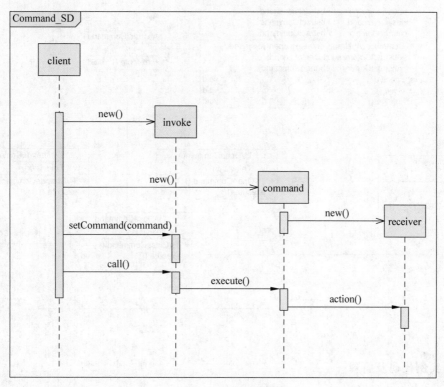

图 18-3　命令模式顺序图

该顺序图表示命令模式中对象间的相互作用,它说明了 Command 如何实现请求调用者和接收者解耦,客户用合适的请求接收者作为构造函数的参数来创建具体的 Command对象,然后,将具体 Command 对象保存在请求调用者中。调用者将回调具体 Command 对象的 execute()方法,后者再调用请求接收者的 action()方法完成对请求的处理。

18.3　命令模式实例与解析

下面通过两个实例来进一步学习并理解命令模式。

18.3.1　命令模式实例之电视机遥控器

1. 实例说明

电视机是请求的接收者,遥控器是请求的发送者,遥控器上有一些按钮,不同的按钮对应电视机的不同操作。抽象命令角色由一个命令接口来扮演,有三个具体的命令类实现了抽象命令接口,这三个具体命令类分别代表三种操作:打开电视机、关闭电视机和切换频道。显然,电视机遥控器就是一个典型的命令模式应用实例。

2. 实例类图

通过分析,该实例类图如图 18-4 所示。

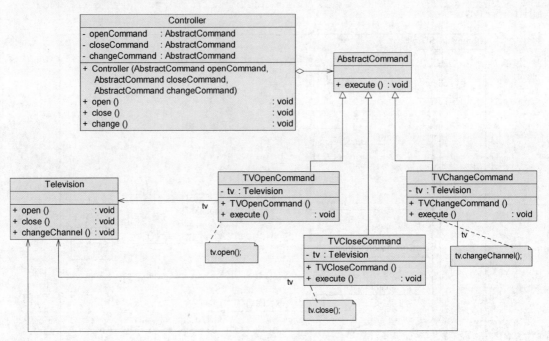

图 18-4　电视机遥控器类图

3. 实例代码及解释

(1) 接收者类 Television(电视机类)

```java
public class Television
{
    public void open()
    {
        System.out.println("打开电视机!");
    }

    public void close()
    {
        System.out.println("关闭电视机!");
    }

    public void changeChannel()
    {
        System.out.println("切换电视频道!");
    }
}
```

Television 类是请求的接收者,它实现了具体的业务操作,如 open( )、close( )和
changeChannel()等方法。

（2）抽象命令类 AbstractCommand(命令类)

```
public interface AbstractCommand
{
    public void execute();
}
```

AbstractCommand 接口是抽象命令类,它定义了抽象方法 execute(),在其子类中将实
现该方法。

（3）具体命令类 TVOpenCommand(电视机打开命令类)

```
public class TVOpenCommand implements AbstractCommand
{
    private Television tv;
    public TVOpenCommand()
    {
        tv = new Television();
    }
    public void execute()
    {
        tv.open();
    }
}
```

TVOpenCommand 类 实 现 了 抽 象 命 令 接 口 AbstractCommand,并 实 现 了 在
AbstractCommand 中声明的方法 execute(),在 TVOpenCommand 中定义了 Television 类
型的成员变量 tv,用于调用请求接收者 Television 类的 open()方法。

（4）具体命令类 TVCloseCommand(电视机关闭命令类)

```
public class TVCloseCommand implements AbstractCommand
{
    private Television tv;
    public TVCloseCommand()
    {
        tv = new Television();
    }
    public void execute()
    {
        tv.close();
    }
}
```

TVCloseCommand 类 也 实 现 了 抽 象 命 令 接 口 AbstractCommand,实 现 了 在
AbstractCommand 中声明的方法 execute(),在 TVCloseCommand 的 execute()方法中调
用了 Television 类的 close()方法。

（5）具体命令类 TVChangeCommand(电视机频道切换命令类)

```
public class TVChangeCommand implements AbstractCommand
{
    private Television tv;
    public TVChangeCommand()
    {
        tv = new Television();
    }
    public void execute()
    {
        tv.changeChannel();
    }
}
```

TVChangeCommand 类也实现了抽象命令接口 AbstractCommand，实现了在 AbstractCommand 中声明的方法 execute()，在 TVChangeCommand 的 execute()方法中调用了 Television 类的 changeChannel()方法。

（6）调用者类 Controller(遥控器类)

```
public class Controller
{
    private AbstractCommand openCommand,closeCommand,changeCommand;

    public  Controller ( AbstractCommand  openCommand, AbstractCommand  closeCommand,
    AbstractCommand changeCommand)
    {
        this.openCommand = openCommand;
        this.closeCommand = closeCommand;
        this.changeCommand = changeCommand;
    }

    public void open()
    {
        openCommand.execute();
    }

    public void change()
    {
        changeCommand.execute();
    }

    public void close()
    {
        closeCommand.execute();
    }
}
```

Controller 类是调用者，即请求的发送者，它与抽象命令类 AbstractCommand 相关联，在程序运行时再注入具体命令类对象，在 Controller 类的业务方法中将调用命令类的

execute()方法,而不同的命令子类提供了不同的 execute()方法的实现,可以调用请求接收者的不同请求响应方法。只需要更换具体的命令类对象即可使得相同的 Controller 对象作用于不同的请求接收者,实现请求调用者和接收者的解耦。

4. 辅助代码

客户端测试类 Client 如下:

```java
public class Client
{
    public static void main(String args[])
    {
        AbstractCommand openCommand,closeCommand,changeCommand;

        openCommand = new TVOpenCommand();
        closeCommand = new TVCloseCommand();
        changeCommand = new TVChangeCommand();

        Controller control = new Controller(openCommand,closeCommand, changeCommand);

        control.open();
        control.change();
        control.close();
    }
}
```

在客户端代码中可以重构加粗的三句代码,将具体命令类类名存储在配置文件中,如果需要更换命令类只需修改配置文件即可,而不同的具体命令类可以作用于不同的接收者,因此可以在不修改源代码的情况下,使得相同的请求发送者与不同的请求接收者交互,如果需要增加新的接收者,只需对应增加新的命令类即可,无须对现有系统进行修改,完全符合“开闭原则”。

5. 结果及分析

编译并运行程序,输出结果如下:

```
打开电视机!
切换电视频道!
关闭电视机!
```

如果需要使用该遥控器来控制空调(AirConditioner),可以增加 3 个新的具体命令类 ACOpenCommand、ACCloseCommand 和 ACChangeCommand,这 3 个具体命令类与接收者 AirConditioner 相关联并调用 AirConditioner 的相应业务方法,包括打开空调方法 open()、关闭空调方法 close()和改变空调温度方法 changeTemperature()。对于客户端而言,只需要修改实例化具体命令类的代码即可,如果使用配置文件的话则更加方便,只需要修改配置文件,所有源代码均无须修改,符合“开闭原则”。

18.3.2　命令模式实例之功能键设置

1. 实例说明

为了用户使用方便,某系统提供了一系列功能键,用户可以自定义功能键的功能,如功能键 FunctionButton 可以用于退出系统(SystemExitClass),也可以用于打开帮助界面(DisplayHelpClass)。用户可以通过修改配置文件来改变功能键的用途,现使用命令模式来设计该系统,使得功能键类与功能类之间解耦,相同的功能键可以对应不同的功能。

2. 实例类图

通过分析,该实例类图如图 18-5 所示。

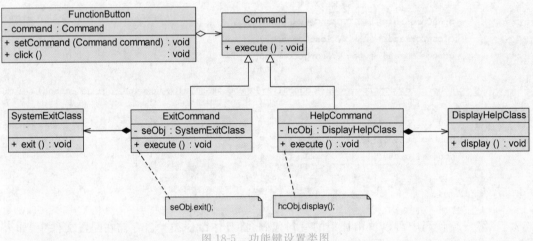

图 18-5　功能键设置类图

在该实例中,FunctionButton 充当请求调用者,SystemExitClass 和 DisplayHelpClass 充当请求接收者,而 ExitCommand 和 HelpCommand 充当具体命令类。该实例的代码解释与结果分析略。

18.4　命令模式效果与应用

18.4.1　模式优缺点

1. 命令模式的优点

(1) 降低系统的耦合度。由于请求者与接收者之间不存在直接引用,因此请求者与接收者之间实现完全解耦,相同的请求者可以对应不同的接收者,同样,相同的接收者也可以供不同的请求者使用,两者具有良好的独立性。

(2) 新的命令可以很容易地加入到系统中。增加新的具体命令类不影响其他的类,因此增加新的具体命令类很容易,增加新的具体命令无须修改原有系统源代码,包括客户类代码,满足"开闭原则",使得系统具有良好的灵活性和可扩展性。

（3）可以比较容易地设计一个命令队列和宏命令（组合命令）。可以将多个命令组合在一起批量执行，实现批处理操作，在实现时可以结合组合模式。在本章模式扩展部分将进一步讨论宏命令的实现。

（4）可以方便地实现对请求的Undo和Redo。对于有些命令可以提供一个对应的逆操作命令，并将命令对象存储在集合中，从而实现对请求操作的Undo和Redo操作。在本章模式扩展部分将进一步讨论Undo和Redo的实现。

2．命令模式的缺点

使用命令模式可能会导致某些系统有过多的具体命令类。因为针对每一个命令都需要设计一个具体命令类，所以某些系统可能需要大量具体命令类，这将影响命令模式的使用。

18.4.2　模式适用环境

在以下情况下可以使用命令模式：

（1）系统需要将请求调用者和请求接收者解耦，使得调用者和接收者不直接交互。请求调用者无须知道接收者的存在，也无须知道接收者是谁，接收者也无须关心何时被调用。

（2）系统需要在不同的时间指定请求、将请求排队和执行请求。一个命令对象和请求的初始调用者可以有不同的生命期，换言之，最初的请求发出者可能已经不在了，而命令对象本身仍然是活动的，可以通过该命令对象去调用请求接收者，而无须关心请求调用者的存在性。

（3）系统需要支持命令的撤销（Undo）操作和恢复（Redo）操作。可以将命令对象存储起来，如果客户端需要撤销命令，则可以通过调用undo()方法撤销命令所产生的效果，还可以提供redo()方法，以供客户端在需要时重新执行命令。

（4）系统需要将一组操作组合在一起，即支持宏命令。可以通过组合模式将命令对象组合在一起形成更大的命令对象，从而实现命令的批处理执行。

18.4.3　模式应用

（1）Java语言使用命令模式实现AWT/Swing GUI的委派事件模型（Delegation Event Model，DEM）。在AWT/Swing中，Frame、Button等界面组件是请求发送者，而AWT提供的事件监听器接口和事件适配器类是抽象命令接口，用户可以自己写抽象命令接口的子类来实现事件处理，即实现具体命令类，而在具体命令类中可以调用业务处理方法来实现该事件的处理。对于界面组件而言，只需要了解命令接口即可，无须关心接口的实现，组件类并不关心实际操作，而操作由用户来实现。在实现时，可以结合观察者模式，将具体命令对象注册到组件类中，组件在事件触发时将回调（Callback）具体命令类中定义的事件处理方法，从而实现事件处理。

例如对于一个按钮事件，按钮类JButton充当请求调用者，而事件监听接口ActionListener充当抽象命令类，实现ActionListener接口的子类充当具体命令类，在具体命令类中可以调用业务类来实现事件处理，如数据操作类。

（2）很多系统都提供了宏命令功能，如UNIX平台下的Shell编程，可以将多条命令封装在一个命令对象中,只需要一条简单的命令即可执行一个命令序列,这也是命令模式的应用实例之一。

18.5 命令模式扩展

1. 撤销操作的实现

我们可以通过对命令类进行修改使得系统支持撤销操作和恢复操作,下面通过一个简单实例来学习如何在命令模式中实现撤销操作。

现提供一个简单加法器(Adder)实现数据的求和功能,界面类(CalculatorForm)可间接调用该加法器中的方法,并要求在调用时可以撤销上一步操作,系统类图如图 18-6 所示。

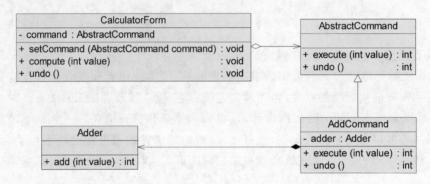

图 18-6　简单加法计算类图

在本实例中,Adder 类充当请求接收者,其代码如下:

```java
public class Adder
{
    private int num = 0;

    public int add( int value)
    {
        num += value;
        return num;
    }
}
```

AbstractCommand 是抽象命令类,声明了 execute()方法和撤销方法 undo(),其代码如下:

```java
public abstract class AbstractCommand
{
    public abstract int execute(int value);
    public abstract int undo();
}
```

ConcreteCommand 是具体命令类，实现了在抽象命令类 AbstractCommand 中声明的 execute()方法和撤销方法 undo()，其代码如下：

```java
public class ConcreteCommand extends AbstractCommand
{
    private Adder adder = new Adder();
    private int value;

    public int execute(int value)
    {
        this.value = value;
        return adder.add(value);
    }

    public int undo()
    {
        return adder.add( - value);
    }
}
```

CalculatorForm 是请求发送者，它引用一个抽象命令 AbstractCommand 类型的对象 command，通过该 command 对象间接调用请求接收者 Adder 类的业务处理方法，其代码如下：

```java
public class CalculatorForm
{
    private AbstractCommand command;

    public void setCommand(AbstractCommand command)
    {
        this.command = command;
    }

    public void compute(int value)
    {
        int i = command.execute(value);
        System.out.println("执行运算,运算结果为: " + i);
    }

    public void undo()
    {
        int i = command.undo();
        System.out.println("执行撤销,运算结果为: " + i);
    }
}
```

在客户类 Client 中定义了抽象命令类型的命令对象 command,并实例化具体命令类,可将具体命令类类名存储在配置文件中,重构如下加粗代码,即可在不修改源代码的基础上更换具体命令类。在客户类中定义了请求发送者对象 form,通过调用其 compute()方法实现加法运算,还可以调用 undo()方法撤销最后一次加法运算,其代码如下:

```java
public class Client
{
    public static void main(String args[])
    {
        CalculatorForm form = new CalculatorForm();
        AbstractCommand command;
        command = new ConcreteCommand();
        form.setCommand(command);

        form.compute(10);
        form.compute(5);
        form.compute(10);
        form.undo();
    }
}
```

编译并运行程序,输出结果如下:

```
执行运算,运算结果为: 10
执行运算,运算结果为: 15
执行运算,运算结果为: 25
执行撤销,运算结果为: 15
```

需要注意的是在本实例中只能实现一步撤销操作,因为没有保存命令对象的历史状态,可以通过引入一个命令集合或其他方式来存储中间状态,从而实现多次撤销操作。除了撤销操作外,还可以采用类似的方式实现恢复操作,即可以恢复所撤销的操作。

2. 宏命令

宏命令又称为组合命令,它是命令模式和组合模式联用的产物。宏命令也是一个具体命令,不过它包含了对其他命令对象的引用,在调用宏命令的 execute()方法时,将递归调用它所包含的每个成员命令的 execute()方法,一个宏命令的成员对象可以是简单命令,还可以继续是宏命令。执行一个宏命令将执行多个具体命令,从而实现对命令的批处理,其类图如图 18-7 所示。

在图 18-7 中,MacroCommand 是宏命令,它一般不直接与请求接收者交互,而是通过组合多个简单命令来执行多条命令,从而实现命令的批量处理,为客户端的使用提供便利。用户可以根据需要创建自己的宏命令对象,在宏命令中实现对简单命令的递归调用,即可以调用多个不同请求接收者的业务方法。

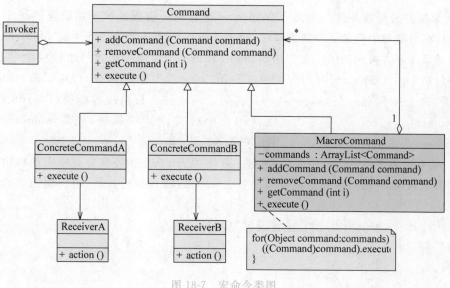

图 18-7　宏命令类图

18.6　本章小结

（1）在命令模式中，将一个请求封装为一个对象，从而使我们可用不同的请求对客户进行参数化；对请求排队或者记录请求日志，以及支持可撤销的操作。命令模式是一种对象行为型模式，其别名为动作模式或事务模式。

（2）命令模式包含四个角色：抽象命令类中声明了用于执行请求的 execute() 等方法，通过这些方法可以调用请求接收者的相关操作；具体命令类是抽象命令类的子类，实现了在抽象命令类中声明的方法，它对应具体的接收者对象，将接收者对象的动作绑定其中；调用者即请求的发送者，又称为请求者，它通过命令对象来执行请求；接收者执行与请求相关的操作，它具体实现对请求的业务处理。

（3）命令模式的本质是对命令进行封装，将发出命令的责任和执行命令的责任分割开。命令模式使请求本身成为一个对象，这个对象和其他对象一样可以被存储和传递。

（4）命令模式的主要优点在于降低系统的耦合度，增加新的命令很方便，而且可以比较容易地设计一个命令队列和宏命令，并方便地实现对请求的撤销和恢复；其主要缺点在于可能会导致某些系统有过多的具体命令类。

（5）命令模式适用情况包括：需要将请求调用者和请求接收者解耦，使得调用者和接收者不直接交互；需要在不同的时间指定请求、将请求排队和执行请求；需要支持命令的撤销操作和恢复操作；需要将一组操作组合在一起，即支持宏命令。

思考与练习

1. 房间中的开关就是命令模式的一个实现，现用命令模式来模拟开关的功能，可控制对象包括电灯和电风扇，并绘制相应的类图并编程模拟。

2. 某软件公司欲开发一个基于 Windows 平台的公告板系统。系统提供一个主菜单(Menu),在主菜单中包含了一些菜单项(MenuItem),可以通过 Menu 类的 addMenuItem()方法增加菜单项。菜单项的主要方法是 click(),每一个菜单项包含一个抽象命令类,具体命令类包括 OpenCommand(打开命令)、CreateCommand(新建命令)、EditCommand(编辑命令)等,命令类具有一个 execute()方法,用于调用公告板系统界面类(BoardScreen)的 open()、create()、edit()等方法。现使用命令模式设计该系统,使得 MenuItem 类与 BoardScreen 类的耦合度降低,绘制类图并编程实现。

3. 某系统需要提供一个命令集合(注:可使用 ArrayList 等集合对象实现),用于存储一系列命令对象,并通过该命令集合实现多次 undo()和 redo()操作,可使用加法运算来模拟实现。

4. 用 Java 代码模拟实现"功能键设置"实例。

第19章

解释器模式

视频讲解

本章导学

　　解释器模式是一种不常使用的设计模式,它用于描述如何构成一个简单的语言解释器,主要应用于使用面向对象语言开发的编译器和解释器设计。当我们需要开发一个新的语言时,可以考虑使用解释器模式。在实际应用中,可能很少遇到去构造一个语言的情况,虽然很少使用,但是对它的学习能够加深我们对面向对象思想的理解,同时掌握编程语言中语法规则解释的原理和过程。

　　本章将介绍解释器模式的定义和结构,并结合实例学习如何使用解释器模式构造一个新的语言,以及如何通过终结符表达式和非终结符表达式在类中封装语言的语法规则。

　　本章的难点在于理解解释器模式的结构和作用,掌握如何在类中封装语法规则以及如何实现终结符表达式类和非终结符表达式类。

　　解释器模式重要等级:★☆☆☆☆

　　解释器模式难度等级:★★★★★

19.1　解释器模式动机与定义

　　在某些情况下,为了更好地描述某一些特定类型的问题,可以创建一个新的语言,这个语言拥有自己的表达式和结构,即语法规则,而且可以根据需要灵活地增加新的语法规则。此时,可以使用解释器模式来设计这种新的语言。

19.1.1　模式动机

　　如果在系统中某一特定类型的问题发生的频率很高,此时可以考虑将这些问题的实例表述为一个语言中的句子,因此可以构建一个解释器,该解释器通过解释这些句子来解决这些问题。解释器模式描述了如何构成一个简单的语言解释器,主要应用在使用面向对象语言开发的编译器中。

下面通过一个简单实例来引出解释器模式的意图：

某系统需要提供一个功能来支持一种新的加法和减法表达式语言，可实现如图 19-1 所示功能，当输入表达式为"1 ＋ 2 ＋ 3 － 4 ＋ 1"时，将输出计算结果 3。

为了实现上述功能，需要对输入表达式进行解释，在输入表达式中包含两类字符或字符串，一类用于表示数字，另一类用于表示运算符，运算符可以将数字连接起来，从而实现较为复杂的加法和减法运算，包括多次加法或减法运算以及加法/减法的混合运算。在现有的编程语言如 Java、C♯ 和 C++ 等语言中无法直接解释类似"1 ＋ 2 ＋ 3 － 4 ＋ 1"这样的字符串，我们必须自己定义一套解释规则来实现对该语句的解释，即实现一个简单语言来解释这些句子，这就是解释器模式的模式动机。

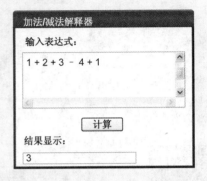

图 19-1　加法/减法解释器示意图

19.1.2　模式定义

解释器模式(Interpreter Pattern) 定义：定义语言的文法，并且建立一个解释器来解释该语言中的句子，这里的"语言"意思是使用规定格式和语法的代码，它是一种类行为型模式。

英文定义："Given a language，define a representation for its grammar along with an interpreter that uses the representation to interpret sentences in the language."。

19.2　解释器模式结构与分析

解释器模式的结构与组合模式的结构有些类似，但是在解释器模式中包含更多的组成元素，下面将学习并分析其模式结构。

19.2.1　模式结构

解释器模式结构图如图 19-2 所示。

解释器模式包含如下角色。

1. AbstractExpression(抽象表达式)

在抽象表达式中声明了抽象的解释操作，它是所有的终结符表达式和非终结符表达式的公共父类。

2. TerminalExpression(终结符表达式)

终结符表达式是抽象表达式的子类，它实现了与文法中的终结符相关联的解释操作，在句子中的每一个终结符都是该类的一个实例。通常在一个解释器模式中只有少数几个终结符表达式类，它们的实例可以通过非终结符表达式组成较为复杂的句子。

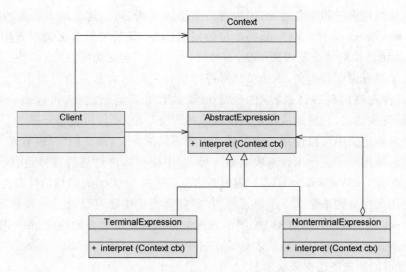

图 19-2 解释器模式结构图

3．NonterminalExpression（非终结符表达式）

非终结符表达式也是抽象表达式的子类，它实现了文法中非终结符的解释操作，由于在非终结符表达式中可以包含终结符表达式，也可以继续包含非终结符表达式，因此其解释操作一般通过递归的方式来完成。

4．Context（环境类）

环境类又称为上下文类，它用于存储解释器之外的一些全局信息，通常它临时存储了需要解释的语句。

5．Client（客户类）

在客户类中构造了表示该文法定义的语言中一个特定句子的抽象语法树，该抽象语法树由非终结符表达式和终结符表达式实例组合而言，在客户类中还将调用解释操作，实现对句子的解释。有时候为了简化客户类的代码，可以将抽象语法树的构造工作封装到专门的类中完成，客户端只需要提供待解释的句子并调用该类的解释操作即可，该类可以称为解释器封装类。

19.2.2 模式分析

解释器模式描述了如何为简单的语言定义一个文法，如何在该语言中表示一个句子，以及如何解释这些句子。在分析解释器模式之前，我们先需要学习如何表示一个语言的文法规则以及如何构造一棵抽象语法树。

对于一个简单的语言可以使用一些文法规则来进行定义，如前面所述的加法/减法表达式语言实例，可以使用如下文法来定义：

```
expression ::= value | symbol
symbol ::= expression '+' expression | expression '-' expression
value ::= an integer            //一个整数值
```

　　该文法规则包含三句定义语句,即包含三条语法规则,第一句表示表达式的组成方式,其中 value 和 symbol 是后面两个语法单位的定义,每一条语句所定义的字符串如 symbol 和 value 称为语法构造成分或语法单位,符号"∷＝"表示"定义为"的意思,其左边的语法单位通过右边来进行说明和定义,语法单位对应终结符表达式和非终结符表达式。如本实例中的 symbol 是非终结符表达式,它的组成元素仍旧可以是表达式,可以进一步分解,而 value 是终结符表达式,它的组成元素是最基本的语法单位,不能再进行分解。

　　在文法规则定义中可以使用一些符号来表示不同的含义,如使用"|"表示或,使用"{"和"}"表示组合,使用"＊"表示出现 0 次或多次等,其中使用频率最高的符号是表示或关系的"|",如文法规则"boolValue∷＝ 0 | 1"表示终结符表达式 boolValue 的取值可以为 0 或者 1。

　　除了使用文法规则来定义一个语言外,在解释器模式中还可以通过一种称之为抽象语法树(Abstract Syntax Tree,AST)的图形方式来直观地表示语言的构成,每一棵抽象语法树对应一个语言实例,如加法/减法表达式语言中的语句"1 ＋ 2 ＋ 3 － 4 ＋ 1",可以通过如图 19-3 所示的抽象语法树来表示。

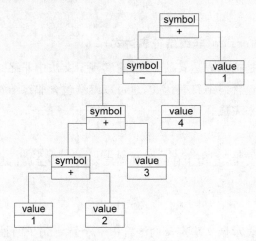

图 19-3　抽象语法树示意图

　　在该抽象语法树中,可以通过终结符表达式 value 和非终结符表达式 symbol 组成复杂的语句,每个文法规则都可以表示为一个由这些类的实例构成的抽象语法树。每一个具体的语句都可以用如图 19-3 所类似的抽象语法树来表示,在图中终结符表达式类的实例作为树的叶子节点,而非终结符表达式类的实例作为非叶子节点,它们可以将终结符表达式类的实例以及包含终结符和非终结符实例的子表达式作为其子节点;通过非终结符可以构成复杂的句子。抽象语法树描述了如何构成一个复杂的句子,通过对抽象语法树的分析,可以识别出语言中的终结符和非终结符类。

　　在解释器模式中,每一种终结符和非终结符都有一个具体类与之对应,正因为使用类来表示每一个语法规则,使得系统具有较好的扩展性和灵活性。对于所有的终结符和非终结符,首先需要抽象出一个公共父类,即抽象表达式类,其典型代码如下:

```
public abstract class AbstractExpression
{
```

```
    public abstract void interpret(Context ctx);
}
```

终结符表达式和非终结符表达式类都是抽象表达式类的子类,对于终结符表达式,其代码很简单,主要是对终结符元素的处理,其典型代码如下:

```
public class TerminalExpression extends AbstractExpression
{
    public void interpret(Context ctx)
    {
        //对于终结符表达式的解释操作
    }
}
```

对于非终结符表达式,其代码相对比较复杂,因为可以通过非终结符表达式将表达式组合成更加复杂的结构,每个非终结符表达式都对应一个文法规则,表达式可以通过非终结符连接在一起,对于两个操作元素的非终结符表达式类,其典型代码如下:

```
public class NonterminalExpression extends AbstractExpression
{
    private AbstractExpression left;
    private AbstractExpression right;

    public NonterminalExpression(AbstractExpression left,AbstractExpression right)
    {
        this.left = left;
        this.right = right;
    }

    public void interpret(Context ctx)
    {
        //递归调用每一个组成部分的 interpret()方法
        //在递归调用时指定组成部分的连接方式,即非终结符的功能
    }
}
```

除了上述的用于表示表达式的类以外,通常在解释器模式中还提供了一个环境类Context,用于存储一些全局信息,一般在 Context 中包含了一个 HashMap 或 ArrayList 等类型的集合对象(也可以直接由 HashMap 等集合类充当环境类),存储一系列公共信息,如变量名与值的映射关系(key/value)等,用于在进行具体的解释操作时从中获取相关信息。其典型代码片段如下:

```
public class Context
{
    private HashMap map = new HashMap();

    public void assign(String key, String value)
```

```
    {
        //往环境类中设值
    }

    public String lookup(String key)
    {
        //获取存储在环境类中的值
    }
}
```

不过当系统无须提供全局公共信息时可以省略环境类,可根据实际情况决定是否需要环境类。

19.3　解释器模式实例与解析

下面通过解释器模式中的数学运算解释器实例来进一步学习并理解解释器模式。

1. 实例说明

现需要构造一个语言解释器,使得系统可以执行整数间的乘、除和求模运算。如用户输入表达式"3 * 4 / 2 % 4",输出结果为 2。使用解释器模式实现该功能。

2. 实例类图

通过分析,该实例类图如图 19-4 所示。

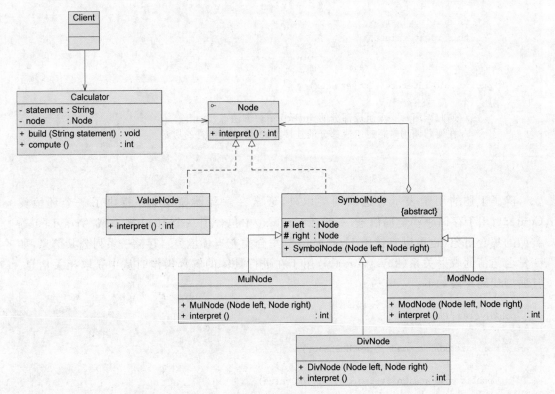

图 19-4　数学运算解释器类图

3. 实例代码及解释

（1）抽象表达式类 Node（抽象节点）

```
public interface Node
{
    public int interpret();
}
```

Node 类是抽象表达式类，它声明了抽象解释方法 interpret()，在其子类中将提供该方法的实现。

（2）终结符表达式类 ValueNode（值节点类）

```
public class ValueNode implements Node
{
    private int value;

    public ValueNode(int value)
    {
        this.value = value;
    }

    public int interpret()
    {
        return this.value;
    }
}
```

ValueNode 是终结符表达式类，它对应终结符的操作，实现了在抽象表达式中声明的 interpret()方法，在本实例中表示一个数字，该数字已经是构成语言的最小语法单位，不能再包含子表达式。

（3）抽象非终结符表达式类 SymbolNode（符号节点类）

```
public abstract class SymbolNode implements Node
{
    protected Node left;
    protected Node right;

    public SymbolNode(Node left, Node right)
    {
        this.left = left;
        this.right = right;
    }
}
```

SymbolNode 在此作为抽象非终结符表达式类，它包含了所有非终结符表达式的共有数据和行为，在本实例中，由于所有的非终结符都对应左右两个操作部分，因此在该类中定义了 left 和 right 两个 Node 类型的对象，表示每一个非终结符操作时的左边部分和右边部分,每一部分仍然是一个表达式,可以是终结符表达式,也可以继续是非终结符表达式。

(4) 非终结符表达式类 MulNode(乘法节点类)

```java
public class MulNode extends SymbolNode
{
    public MulNode(Node left, Node right)
    {
        super(left, right);
    }

    public int interpret()
    {
        return super.left.interpret() * super.right.interpret();
    }
}
```

MulNode 类是符号节点类 SymbolNode 的子类,它是一个具体的非终结符表达式类,对应乘法操作,实现了 interpret()方法,用于返回其左右表达式的乘积。

(5) 非终结符表达式类 DivNode(除法节点类)

```java
public class DivNode extends SymbolNode
{
    public DivNode(Node left, Node right)
    {
        super(left, right);
    }

    public int interpret()
    {
        return super.left.interpret() / super.right.interpret();
    }
}
```

DivNode 类也是符号节点类 SymbolNode 的子类,它也是一个具体的非终结符表达式类,对应除法操作,实现了 interpret()方法,用于返回其左右表达式的商。

(6) 非终结符表达式类 ModNode(求模节点类)

```java
public class ModNode extends SymbolNode
{
    public ModNode(Node left, Node right)
    {
        super(left, right);
    }

    public int interpret()
    {
```

```
            return super.left.interpret() % super.right.interpret();
    }
}
```

ModNode 类也是符号节点类 SymbolNode 的子类,它也是一个具体的非终结符表达式类,对应求模操作,实现了 interpret()方法,用于返回其左右表达式相除后的余数。

注意:由于无须存储全局信息,因此在本实例中省略了环境类 Context。

4. 辅助代码

(1) 解释器封装类 Calculator(计算器类)

```java
import java.util.*;

public class Calculator
{
    private String statement;
    private Node node;

    public void build(String statement)
    {
        Node left = null, right = null;
        Stack stack = new Stack();

        String[] statementArr = statement.split(" ");

        for(int i = 0; i < statementArr.length; i++)
        {
            if(statementArr[i].equalsIgnoreCase("*"))
            {
                left = (Node)stack.pop();
                int val = Integer.parseInt(statementArr[++i]);
                right = new ValueNode(val);
                stack.push(new MulNode(left,right));
            }
            else if(statementArr[i].equalsIgnoreCase("/"))
            {
                left = (Node)stack.pop();
                int val = Integer.parseInt(statementArr[++i]);
                right = new ValueNode(val);
                stack.push(new DivNode(left,right));
            }
            else if(statementArr[i].equalsIgnoreCase("%"))
            {
                left = (Node)stack.pop();
                int val = Integer.parseInt(statementArr[++i]);
                right = new ValueNode(val);
                stack.push(new ModNode(left,right));
            }
```

```
            else
            {
                stack.push(new ValueNode(Integer.parseInt(statementArr[i])));
            }
        }
        this.node = (Node)stack.pop();
    }

    public int compute()
    {
        return node.interpret();
    }
}
```

  Calculator 类是本实例的核心类之一,它的引入极大简化了客户类代码。在 Calculator 类中定义了如何构造一棵抽象语法树,在构造过程中使用了栈结构 Stack,注意加粗部分的代码,对字符串进行分割后如果判断子字符串既不是符号"∗",也不是符号"/"和"%",则表示对应的子字符串为数字,实例化终结符表达式类 ValueNode,并通过栈的 push()方法将其压入栈中;如果判断子字符串为"∗",则将压入栈中的内容通过栈的 pop()方法取出作为其左表达式,而将之后输入的数字封装在 ValueNode 类型的对象中作为其右表达式,通过左表达式和右表达式创建非终结符表达式 MulNode 类型的对象,最后再将该表达式压入栈中。

  通过这一系列操作,放置在栈中的是一个完整的表达式,通过栈的 pop()方法将其取出,再在 compute()方法中调用该表达式的 interpret()方法,程序执行时将递归调用每一个子表达式的 interpret()方法,即执行每一个封装在终结符表达式类和非终结符表达式类中的 interpret()方法。

  (2) 客户端测试类 Client

```java
public class Client
{
    public static void main(String args[])
    {
        String statement = "3 * 4 / 2 % 4";

        Calculator calculator = new Calculator();

        calculator.build(statement);

        int result = calculator.compute();

        System.out.println(statement + " = " + result);
    }
}
```

  在客户端测试类中,输入字符串"3 ∗ 4 / 2 % 4",在 Calculator 类中,该字符串将以空格为分界符转换成一个字符串数组。根据对该字符串数组的分析,将构造如下需要解释的复杂表达式：new ModNode（new DivNode（new MulNode（new ValueNode（3），new ValueNode(4)），new ValueNode(2)），ValueNode(4))，该表达式对应一棵抽象语法树，如图 19-5 所示,在程序执行时,将递归调用每一个表达式类的 interpret()解释方法,最终完成对整棵抽象语法树的解释。

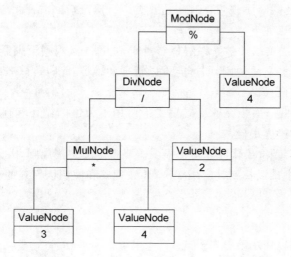

图 19-5 数学运算解释器抽象语法树实例

5. 结果及分析

编译并运行程序,输出结果如下：

```
3 * 4 / 2 % 4 = 2
```

如果将客户类中的表达式字符串改为"3 * 2 * 4 / 6 ％ 5",则输出结果如下：

```
3 * 2 * 4 / 6 % 5 = 4
```

通过引入解释器模式,使得客户端的输入非常简单,只需提供一个表达式字符串即可,具体的解释细节通过表达式类来完成。在解释过程中,每一个输入的数字和输入的运算符号都将对应一个表达式类,如果需要增加新类型的运算符,在不考虑运算符优先级的情况下无须修改现有表达式类的源代码,只需增加一个新的非终结符表达式,并修改 Calculator 类即可,由于 Calculator 类是对客户端代码的封装,因此类库代码基本符合"开闭原则"。

19.4 解释器模式效果与应用

19.4.1 模式优缺点

解释器模式的优点如下：

（1）易于改变和扩展文法。由于在解释器模式中使用类来表示语言的文法规则,因此可以通过继承机制来改变或扩展文法,实现简单语言方便。

(2) 易于实现文法。在抽象语法树中每一个节点类的实现方式都是相似的,这些类的编写都不是很复杂,它们还可以通过一些工具自动生成。

(3) 增加了新的解释表达式的方式。解释器模式可以让用户较为方便地增加新类型的表达式,增加新的表达式时无须对现有表达式类进行修改,符合"开闭原则"。

解释器模式的缺点如下:

(1) 对于复杂文法难以维护。在解释器模式中,每一条规则至少需要定义一个类,因此如果一个语言包含太多文法规则,则可能难以管理和维护,此时可以考虑使用语法分析程序等方式来取代解释器模式。

(2) 执行效率较低。由于在解释器模式中使用了大量的循环和递归调用,因此在解释较为复杂的句子时其速度很慢。

(3) 应用场景很有限,在软件开发中很少需要自定义文法规则,因此该语言的使用频率很低,在一般的软件中难以找到其应用实例,导致理解和使用该模式的难度增大。

19.4.2　模式适用环境

在以下情况下可以使用解释器模式:

(1) 可以将一个需要解释执行的语言中的句子表示为一个抽象语法树。

(2) 一些重复出现的问题可以用一种简单的语言来进行表达。

(3) 文法较为简单。对于复杂的文法,解释器模式中的文法类层次结构将变得很庞大而无法管理,此时最好使用语法分析程序生成器。

(4) 效率不是关键问题。最高效的解释器通常不是通过直接解释语法分析树实现的,而是需要将它们转换成另一种形式,使用解释器模式的执行效率并不高。

19.4.3　模式应用

(1) 解释器模式在使用面向对象语言实现的编译器中得到了广泛的应用,如 Smalltalk 语言的编译器。

(2) 目前有一些基于 Java 抽象语法树的源代码处理工具,如在 Eclipse 中就提供了 Eclipse AST,它是 Eclipse JDT 的一个重要组成部分,用来表示 Java 语言的语法结构,用户可以通过扩展其功能,创建自己的文法规则。

(3) 可以使用解释器模式,通过 C++、Java、C♯ 等面向对象语言开发简单的编译器,如数学表达式解析器、正则表达式解析器等,用于增强这些语言的功能,使之增加一些新的文法规则,用于解释一些特定类型的语句。

19.5　解释器模式扩展

数学表达式解析器简介

在实际项目开发中如果需要解析数学公式,无须再运用解释器模式进行设计,可以直接使用一些第三方解析工具包,它们可以统称为数学表达式解析器(Math Expression Parser,

MEP），如 Expression4J、Jep、JbcParser、Symja、Math Expression String Parser（MESP）等来取代解释器模式，它们可以方便地解释一些较为复杂的文法，功能强大，且使用简单，效率较好。

下面简单介绍两个常用的基于 Java 语言的第三方解析工具包：

（1）Expression4J

Expression4J 是一个基于 Java 的开源框架，它用于对数学表达式进行操作，是一个数学公式解析器，在 Expression4J 中可以将数学表达式存储在字符串对象中，如"f(x,b)＝2 * x－cos(b)"和"g(x,y)＝f(y,x) * －2"等。Expression4J 是高度定制的，用户可以自定义文法，其主要功能包括实数和复数的基本数学运算，支持基本数学函数（如 sin、cos 等函数）、复杂函数（如 $f(x)=2x+5$、$g(x)=3f(x+2)-x$ 等）以及用户使用 Java 语言自定义的函数和文法，还可以定义函数目录（函数集）、支持 XML 配置文件等。目前它还不是一个十分成熟的框架，仍在不断完善中。关于 Expression4J 的更多资料可以参考网站：http://www.expression4j.org/。

（2）Jep

Jep(Java Mathematical Expression Parser)是一个用于解析和求解数学表达式的 Java 类库。通过使用 Jep 提供的包，我们可以输入一个以字符串表示的任意数学公式，然后立即对其进行求解。Jep 支持用户自定义变量、常量和自定义函数，同时还包含了大量通用的数学函数和常量。关于 Jep 的更多资料可以参考网站：http://www.singularsys.com/jep/。

19.6 本章小结

（1）解释器模式定义语言的文法，并且建立一个解释器来解释该语言中的句子，这里的"语言"意思是使用规定格式和语法的代码，它是一种类行为型模式。

（2）解释器模式主要包含如下四个角色：在抽象表达式中声明了抽象的解释操作，它是所有的终结符表达式和非终结符表达式的公共父类；终结符表达式是抽象表达式的子类，它实现了与文法中的终结符相关联的解释操作；非终结符表达式也是抽象表达式的子类，它实现了文法中非终结符的解释操作；环境类又称为上下文类，它用于存储解释器之外的一些全局信息。

（3）解释器模式描述了如何为简单的语言定义一个文法，如何在该语言中表示一个句子，以及如何解释这些句子。

（4）对于一个简单的语言可以使用一些文法规则来进行定义，还可以通过抽象语法树的图形方式来直观地表示语言的构成，每一棵抽象语法树对应一个语言实例。

（5）解释器模式的主要优点包括易于改变和扩展文法，易于实现文法并增加了新的解释表达式的方式；其主要缺点是对于复杂文法难以维护，执行效率较低且应用场景很有限。

（6）解释器模式适用情况包括：可以将一个需要解释执行的语言中的句子表示为一个抽象语法树；一些重复出现的问题可以用一种简单的语言来进行表达；文法较为简单且效率不是关键问题。

思考与练习

1. 使用解释器模式设计一个简单的解释器,使得系统可以解释 0 和 1 的或运算和与运算(不考虑或运算和与运算的优先级),语句表达式和输出结果的几个实例如表 19-1 所示。

表 19-1 语句表达式和输出结果的几个实例

表达式	输出结果	表达式	输出结果
1 and 0	0	0 or 0	0
1 or 1	1	1 and 1 or 0	1
1 or 0	1	0 or 1 and 0	0
1 and 1	1	0 or 1 and 1 or 1	1
0 and 0	0	1 or 0 and 1 and 0 or 0	0

2. 某机器人控制程序包含一些简单的英文指令,其文法规则如下:

expression :: = direction action distance | composite
composite :: = expression 'and' expression
direction :: = 'up' | 'down' | 'left' | 'right'
action :: = 'move' | 'run'
distance :: = an integer   //一个整数值

如输入:up move 5,则输出"向上移动 5 个单位";输入:down run 10 and left move 20,则输出"向下快速移动 10 个单位再向左移动 20 个单位"。

现使用解释器模式来设计该程序并模拟实现。

3. 使用解释器模式设计一个简单的加法/减法解释器,可以对加法/减法表达式进行解释,要求提供输入和输出界面。

第20章

迭代器模式

视频讲解

本章导学

迭代器模式是一种使用频率非常高的设计模式，迭代器用于对一个聚合对象进行遍历。通过引入迭代器可以将数据的遍历功能从聚合对象中分离出来，聚合对象只负责存储数据，而遍历数据由迭代器来完成，简化了聚合对象的设计，更符合"单一职责原则"的要求。Java语言提供了对迭代器模式的完美支持，通常我们不需要自己定义新的迭代器，直接使用Java提供的迭代器即可。

本章将介绍迭代器模式的定义与结构，结合实例学习迭代器模式的实现和应用，并学习在Java语言中如何使用迭代器模式。

本章的难点在于理解迭代器与聚合对象的关系以及如何自定义迭代器类。

迭代器模式重要等级：★★★★★

迭代器模式难度等级：★★☆☆☆

20.1　迭代器模式动机与定义

聚合对象用于存储多个对象，在软件开发中应用广泛，为了更加方便地操作聚合对象，在很多编程语言中都提供了迭代器（Iterator），迭代器本身也是一个对象，它的工作就是遍历并获取聚合中的对象，而程序员不必关心该聚合的内部结构。本章将学习用于遍历聚合对象的迭代器模式。

20.1.1　模式动机

一个聚合对象，如一个列表（List）或者一个集合（Set），应该提供一种方法来让别人可以访问它的元素，而又不需要暴露它的内部结构，如同电视机遥控器，我们可以通过使用它来方便地切换频道，但是不需要知道这些频道在电视机中的存储方式。此外，针对不同的需要，可能还要以不同的方式遍历整个聚合对象，但是我们并不希望在聚合对象的抽象层接口中充斥着各种不同遍历的操作。怎样遍历一个聚合对象，又不需要了解聚合对象的内部结构，还能够提供多种不同的遍历方式，这就是迭代器模式所要解决的问题。

　　在迭代器模式中,提供一个外部的迭代器来对聚合对象进行访问和遍历,迭代器定义了一个访问该聚合元素的接口,并且可以跟踪当前遍历的元素,了解哪些元素已经遍历过而哪些没有。有了迭代器模式,我们会发现对一个复杂的聚合对象的操作会变得如此简单。

　　如果将电视机看成一个频道的集合,那么迭代器对应于电视机遥控器,可以使用遥控器对电视频道进行操作,如返回上一个频道、跳转到下一个频道或者转向指定的频道。使用遥控器可以方便人们对电视频道进行操作,而且不需要关心这些频道如何存储在电视机中。在这里,电视机对应于聚合对象,而遥控器对应于迭代器,如图 20-1 所示。

遍历频道

电视机遥控器

电视机
(电视频道的集合)

图 20-1　迭代器模式示意图

20.1.2　模式定义

　　迭代器模式(Iterator Pattern)定义:提供一种方法来访问聚合对象,而不用暴露这个对象的内部表示,其别名为游标(Cursor)。迭代器模式是一种对象行为型模式。

　　英文定义:"Provide a way to access the elements of an aggregate object sequentially without exposing its underlying representation."。

20.2　迭代器模式结构与分析

　　在迭代器模式结构中包含聚合和迭代器两个层次结构,下面将介绍并分析其模式结构。

20.2.1　模式结构

　　迭代器模式结构图如图 20-2 所示。

　　迭代器模式包含如下角色:

1. Iterator(抽象迭代器)

　　抽象迭代器定义了访问和遍历元素的接口,一般声明如下方法:用于获取第一个元素的 first(),用于访问下一个元素的 next(),用于判断是否还有下一个元素的 hasNext(),用于获取当前元素的 currentItem(),在其子类中将实现这些方法。

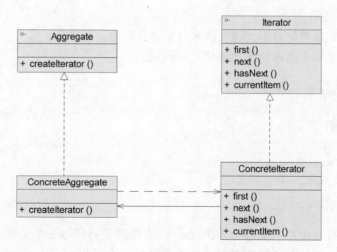

图 20-2　迭代器模式结构图

2. ConcreteIterator（具体迭代器）

具体迭代器实现了抽象迭代器接口，完成对聚合对象的遍历，同时在对聚合进行遍历时跟踪其当前位置。

3. Aggregate（抽象聚合类）

抽象聚合类用于存储对象，并定义创建相应迭代器对象的接口，声明一个 createIterator() 方法用于创建一个迭代器对象。

4. ConcreteAggregate（具体聚合类）

具体聚合类实现了创建相应迭代器的接口，实现了在聚合类中声明的 createIterator() 方法，该方法返回一个与该具体聚合对应的具体迭代器 ConcreteIterator 实例。

20.2.2　模式分析

根据"单一职责原则"，在面向对象设计时，对象承担的职责越少，则该对象的稳定性就越好，受到的约束也就越少，复用也就越方便。职责分离可以最大限度地减少彼此之间的耦合程度，从而建立一个松散耦合的对象网络，职责分离的要点是对被分离的职责进行封装，并以抽象的方式建立起彼此之间的关系

以聚合对象为例，聚合是一个管理和组织数据对象的数据结构。这就表明聚合首先应具备一个基本功能，即存储数据，这其中包含存储数据的类型、存储空间的大小、存储空间的分配，以及存储的方式和顺序。如果不具备这些特点，则该对象就不能称为聚合对象。也就是说，存储数据是聚合对象最基本的职责。然而，聚合对象除了能够存储数据外，还必须提供遍历访问其内部数据的方式，同时这些遍历方式可能会根据不同的情形提供不同的实现，如正向遍历或逆向遍历等。因此，聚合对象主要拥有两个职责：一是存储内部数据；二是遍历内部数据。但是前者是聚合对象的基本功能，而后者是可以分离的。因此，我们将遍历聚合对象中数据的行为提取出来，封装到一个迭代器中，通过专门的迭代器来遍历聚合对象的内部数据，这就是迭代器模式的本质。迭代器模式是"单一职责原则"的完美

体现。

下面通过一个简单的自定义迭代器来分析迭代器模式的结构。

首先需要定义一个简单的迭代器接口,代码如下:

```java
public interface MyIterator
{
    void first();
    void next();
    boolean isLast();
    Object currentItem();
}
```

在该迭代器接口中声明了四个方法,first()方法用于访问第一个元素,next()方法用于访问下一个元素,isLast()方法用于判断是否是最后一个元素,currentItem()方法用于获取当前元素。

然后需要定义一个聚合接口,代码如下:

```java
public interface MyCollection
{
    MyIterator createIterator();
}
```

在该接口中定义了一个 createIterator()方法用于返回一个 MyIterator 迭代器对象。

在定义好抽象层之后,我们需要定义抽象迭代器接口和抽象聚合接口的实现类,为了实现方便,一般将具体迭代器类作为具体聚合类的内部类,从而迭代器可以实现直接访问聚合类中的数据,代码如下:

```java
public class NewCollection implements MyCollection
{
    private Object[] obj = {"dog","pig","cat","monkey","pig"};
    public MyIterator createIterator()
    {
        return new NewIterator();
    }

    private class NewIterator implements MyIterator
    {
        private int currentIndex = 0;

        public void first()
        {
            currentIndex = 0;
        }
```

```
        public void next()
        {
            if(currentIndex < obj.length)
            {
                currentIndex++;
            }
        }

        public boolean isLast()
        {
            return currentIndex == obj.length;
        }

        public Object currentItem()
        {
            return obj[currentIndex];
        }

    }
}
```

NewCollection 类实现了 MyCollection 接口,实现了 createIterator()方法,同时在其中定义了一个 Object 类型的数组用于存储数据元素,在 NewCollection 类中定义了一个内部类 NewIterator,它实现了 MyIterator 接口,并定义了一个 int 类型的索引变量 currentIndex 用于保存所操作的数组元素的下标值,在 NewIterator 中实现了 MyIterator 接口中声明的四个方法,实现对聚合对象中数据元素的遍历。编写如下客户端代码进行测试:

```
public class Client
{
    public static void process(MyCollection collection)
    {
        MyIterator i = collection.createIterator();

        while(!i.isLast())
        {
            System.out.println(i.currentItem().toString());
            i.next();
        }
    }

    public static void main(String a[])
    {
        MyCollection collection = new NewCollection();
        process(collection);
    }
}
```

运行结果如下：

```
dog
pig
cat
monkey
pig
```

这与直接通过循环来遍历数组所获得的结果是一致的。

除了使用内部类实现之外，也可以使用常规的方式来实现迭代器，代码如下：

```java
public class ConcreteIterator implements Iterator
{
    private ConcreteAggregate objects;

    public ConcreteIterator(ConcreteAggregate objects)
    {
        this.objects = objects;
    }

    public void first()
    { ... }

    public void next()
    { ... }

    public boolean hasNext()
    { ... }

    public Object currentItem()
    { ... }
}

public class ConcreteAggregate implements Aggregate
{
     ⋮
    public Iterator createIterator()
    {
        return new ConcreteIterator(this);
    }
     ⋮
}
```

　　在迭代器模式中应用了工厂方法模式，聚合类充当工厂类，而迭代器充当产品类，由于定义了抽象层，系统的扩展性很好，在客户端可以针对抽象聚合类和抽象迭代器进行编程，如上面的客户类 Client 所示，只需要将具体的聚合类类名存放在配置文件中，通过 DOM 和反射来生成具体聚合类对象，可以在不修改源代码(包括客户端代码)的情况下增加或者更换具体聚合类。

由于很多编程语言的类库都已经实现了迭代器模式,因此在实际使用中我们很少自定义迭代器,只需要直接使用Java、C♯等语言中已定义好的迭代器即可,迭代器已经成为操作聚合对象的基本工具之一。

20.3 迭代器模式实例与解析

下面通过一个迭代器模式实现电视机遥控器的实例来进一步学习并理解迭代器模式。

1. 实例说明

电视机遥控器就是一个迭代器的实例,通过它可以实现对电视机频道集合的遍历操作,本实例将模拟电视机遥控器的实现。

2. 实例类图

通过分析,该实例类图如图20-3所示。

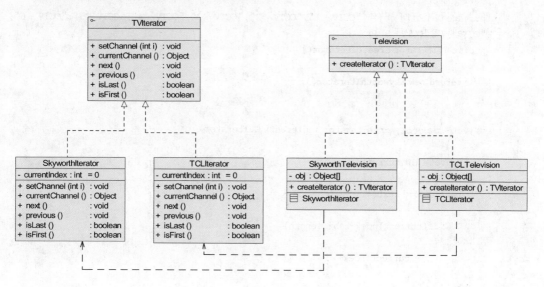

图 20-3 电视机遥控器类图

3. 实例代码及解释

(1) 抽象迭代器类 TVIterator(电视机遥控器类)

```
public interface TVIterator
{
    void setChannel(int i);
    void next();
    void previous();
    boolean isLast();
    Object currentChannel();
    boolean isFirst();
}
```

TVIterator 作为抽象迭代器类,在其中声明了迭代器所具有的方法,包括指针的移动方法与对象的获取方法等,以实现对集合对象的遍历。

(2) 抽象聚合类 Television(电视机类)

```
public interface Television
{
    TVIterator createIterator();
}
```

Television 是抽象聚合类,可以将电视机看成一个频道的集合,在电视机类中声明了用于创建遥控器对象的 createIterator()方法。

(3) 具体电视机类 SkyworthTelevision(创维电视机类)

```
public class SkyworthTelevision implements Television
{
    private Object[] obj = {"CCTV-1","CCTV-2","CCTV-3","CCTV-4","CCTV-5","CCTV-6",
    "CCTV-7","CCTV-8"};
    public TVIterator createIterator()
    {
        return new SkyworthIterator();
    }

    private class SkyworthIterator implements TVIterator
    {
        private int currentIndex = 0;

        public void next()
        {
            if(currentIndex < obj.length)
            {
                currentIndex++;
            }
        }

        public void previous()
        {
            if(currentIndex > 0)
            {
                currentIndex--;
            }
        }

        public void setChannel(int i)
        {
            currentIndex = i;
        }
```

```
            public Object currentChannel()
            {
                return obj[currentIndex];
            }

            public boolean isLast()
            {
                return currentIndex == obj.length;
            }

            public boolean isFirst()
            {
                return currentIndex == 0;
            }
        }
    }
```

SkyworthTelevision 是具体聚合类,在 SkyworthTelevision 中定义一个数组用于存储电视频道,具体迭代器类 SkyworthIterator 作为 SkyworthTelevision 的内部类,在 SkyworthIterator 中实现了在抽象迭代器中声明的用于遍历聚合对象的方法,而 SkyworthTelevision 作为抽象聚合类的子类实现了在抽象聚合类中声明的方法 createIterator(),用于返回一个具体迭代器对象。

(4) 具体电视机类 TCLTelevision(TCL 电视机类)

```
public class TCLTelevision implements Television
{
    private Object[] obj = {"湖南卫视","北京卫视","上海卫视","湖北卫视","黑龙江卫视"};
    public TVIterator createIterator()
    {
        return new TCLIterator();
    }

    class TCLIterator implements TVIterator
    {
        private int currentIndex = 0;

        public void next()
        {
            if(currentIndex < obj.length)
            {
                currentIndex++;
            }
        }

        public void previous()
        {
            if(currentIndex > 0)
            {
```

```
                currentIndex -- ;
            }
        }

        public void setChannel(int i)
        {
            currentIndex = i;
        }

        public Object currentChannel()
        {
            return obj[currentIndex];
        }

        public boolean isLast()
        {
            return currentIndex == obj.length;
        }

        public boolean isFirst()
        {
            return currentIndex == 0;
        }
    }
}
```

TCLTelevision 也是具体聚合类,实现了 createIterator()方法,它包含了内部类 TCLIterator,用于对聚合对象进行遍历。

4. 辅助代码

(1) XML 操作工具类 XMLUtil

参见 5.2.2 节工厂方法模式之模式分析。

(2) 配置文件 config.xml

本实例配置文件代码如下:

```
<?xml version = "1.0"?>
<config>
    <className>TCLTelevision</className>
</config>
```

(3) 客户端测试类 Client

```
public class Client
{
    public static void display(Television tv)
    {
        TVIterator i = tv.createIterator();
```

```
            System.out.println("电视机频道：");
            while(!i.isLast())
            {
                System.out.println(i.currentChannel().toString());
                i.next();
            }
    }

    public static void reverseDisplay(Television tv)
    {
        TVIterator i = tv.createIterator();
        i.setChannel(5);
        System.out.println("逆向遍历电视机频道：");
        while(!i.isFirst())
        {
            i.previous();
            System.out.println(i.currentChannel().toString());
        }
    }

    public static void main(String a[])
    {
        Television tv;
        tv = (Television)XMLUtil.getBean();
        display(tv);
        System.out.println("---------------------------");
        reverseDisplay(tv);
    }
}
```

在客户端需要针对抽象层进行编程，可以从配置文件中读取具体聚合类的类名，再通过反射生成相应的聚合对象，通过聚合对象的 createIterator()方法可以获得迭代器对象，再使用迭代器对象对聚合对象进行遍历。在本实例中客户端提供了两种遍历方式，display()方法用于正向遍历，reverseDisplay()方法用于逆向遍历。

5. 结果及分析

如果在配置文件中将< className >节点中的内容设置为 TCLTelevision，则输出结果如下：

```
电视机频道：
湖南卫视
北京卫视
上海卫视
湖北卫视
黑龙江卫视
---------------------------
逆向遍历电视机频道：
黑龙江卫视
```

湖北卫视
上海卫视
北京卫视
湖南卫视

如果在配置文件中将< className >节点中的内容设置为 SkyworthTelevision,则输出结果如下:

```
电视机频道：
CCTV - 1
CCTV - 2
CCTV - 3
CCTV - 4
CCTV - 5
CCTV - 6
CCTV - 7
CCTV - 8
---------------------------
逆向遍历电视机频道：
CCTV - 5
CCTV - 4
CCTV - 3
CCTV - 2
CCTV - 1
```

从输出结果可以得知,由于是针对抽象层编程,因此更换聚合类很方便,而且增加新的聚合类也不需要修改原有代码,只需要修改配置文件即可,符合"开闭原则"。

20.4 迭代器模式效果与应用

20.4.1 模式优缺点

1. 迭代器模式的优点

(1) 它支持以不同的方式遍历一个聚合对象。对于复杂的聚合对象可用多种方法来进行遍历,在迭代器模式中只需要用一个不同的迭代器来替换原有迭代器即可改变遍历算法,也可以自己定义迭代器的子类以支持新的遍历方式。

(2) 迭代器简化了聚合类。因为引入了迭代器,在原有的聚合对象中不需要再自行提供遍历等数据操作方法,这样可以简化聚合类的设计。

(3) 在同一个聚合上可以有多个遍历。由于每个迭代器都保持自己的遍历状态,因此可以同时对一个聚合对象进行多个遍历操作。

(4) 在迭代器模式中,增加新的聚合类和迭代器类都很方便,无须修改原有代码,满足"开闭原则"的要求。

2. 迭代器模式的缺点

由于迭代器模式将存储数据和遍历数据的职责分离,增加新的聚合类需要对应增加新的迭代器类,类的个数成对增加,这在一定程度上增加了系统的复杂性。

20.4.2　模式适用环境

在以下情况下可以使用迭代器模式:

(1) 访问一个聚合对象的内容而无须暴露它的内部表示。将聚合对象的访问与内部数据的存储分离,使得访问聚合对象时无须了解其内部实现细节。

(2) 需要为聚合对象提供多种遍历方式。

(3) 为遍历不同的聚合结构提供一个统一的接口。当需要扩展聚合结构或者给聚合结构增加新的遍历方式时可以使用迭代器模式,它提供了聚合结构和迭代器的抽象定义。

20.4.3　模式应用

JDK 1.2 引入了新的 Java 聚合框架 Collections,其基本接口层次结构如图 20-4 所示。

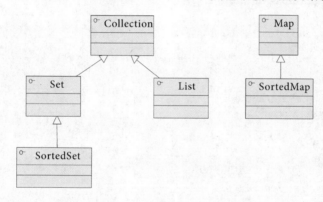

图 20-4　Java 聚合框架基本接口层次结构

Collection 是所有 Java 聚合类的根接口,它的主要方法如下:

```
boolean add(Object c);
boolean addAll(Collection c);
boolean remove(Object o);
boolean removeAll(Collection c);
boolean remainAll(Collection c);
Iterator iterator();
```

除了包含一些增加元素和删除元素的方法外,其最后一个方法是 iterator(),用于返回一个迭代器 Iterator 对象,以便遍历集合的所有元素。

在 JDK 类库中,Collection 的 iterator()方法返回一个 java. util. Iterator 类型的对象,而其子接口 java. util. List 的 listIterator()方法返回一个 java. util. ListIterator 类型的对象,ListIterator 是 Iterator 的子类。它们构成了 Java 语言对迭代器模式的支持,Java 语言的 java. util. Iterator 接口就是迭代器模式的应用。Collection 接口的 iterator()方法返回一

个抽象的迭代器对象,而在 Collection 的子类中返回具体的迭代器对象。在 Java 语言中,我们很少自定义迭代器,一般使用 JDK 内置的迭代器即可,下面的代码演示了如何使用 Java 内置的迭代器:

```java
import java.util.*;

public class IteratorDemo
{
    public static void process(Collection c)
    {
        Iterator i = c.iterator();

        while(i.hasNext())
        {
            System.out.println(i.next().toString());
        }
    }

    public static void main(String args[])
    {
        Collection list = new ArrayList();
        list.add("Cat");
        list.add("Dog");
        list.add("Pig");
        list.add("Dog");
        list.add("Monkey");

        process(list);
    }
}
```

如加粗代码所示,在静态方法 process()中使用迭代器 Iterator 对 Collection 对象进行处理,该代码运行结果如下:

```
Cat
Dog
Pig
Dog
Monkey
```

如果需要更换聚合类型,如将 List 改成 Set,则只需要将具体聚合类名更改即可,如将上例中的 ArrayList 改为 HashSet,则输出结果如下:

```
Cat
Dog
Pig
Monkey
```

在 Set 中合并了重复元素,其输出结果与 List 不相同。由此可见,使用迭代器模式,使得更换具体聚合类变得非常方便,而且还可以根据需要增加新的聚合类,新的聚合类只需要实现 Collection 接口,不需要修改原有类库代码。

20.5　迭代器模式扩展

下面来进一步学习 Java 迭代器的实现与使用。

在 JDK 中,Iterator 接口具有如下 3 个基本方法:

(1) Object next():通过反复调用 next()方法可以逐个访问聚合中的元素。

(2) boolean hasNext():hasNext()方法用于判断聚合对象中是否还存在下一个元素,为了不抛出异常,必须在调用 next()之前先调用 hasNext()。如果迭代对象仍然拥有可供访问的元素,那么 hasNext()返回 true。

(3) void remove():用于删除上次调用 next()时所返回的元素。

Java 迭代器可以理解为它工作在聚合对象的各个元素之间,每调用一次 next()方法,迭代器便越过下个元素,并且返回它刚越过的那个元素的地址引用。但是,它也有一些限制,如某些迭代器只能单向移动。在使用迭代器时,访问某个元素的唯一方法就是调用 next()。

如图 20-5 所示 Java 迭代器工作原理,在第一个 next()方法被调用时,迭代器由“元素 1”与“元素 2”之间移至“元素 2”与“元素 3”之间,跨越了“元素 2”,因此 next()方法将返回对“元素 2”的引用;在第二个 next()方法被调用时,迭代器由“元素 2”与“元素 3”之间移至“元素 3”和“元素 4”之间,next()方法将返回对“元素 3”的引用,如果此时调用 remove()方法,则可将“元素 3”删除。

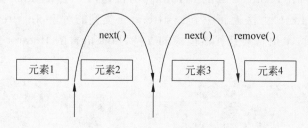

图 20-5　Java 迭代器示意图

如下代码片段用于通过迭代器来删除某个集合中的第一个元素:

```
Iterator iterator = collection.iterator();    //collection 是已实例化的集合对象
iterator.next();                              //跳过第一个元素
iterator.remove();                            //删除第一个元素
```

需要注意的是,在这里,next()方法与 remove()方法的调用是相互关联的。如果调用 remove()之前,没有先对 next()进行调用,那么将会抛出一个 IllegalStateException 异常,因为没有任何可供删除的元素。

如下代码片段用于删除两个相邻的元素:

```
iterator.remove();
iterator.next();                    //该语句不能去掉
iterator.remove();
```

在上面的代码片段中如果将代码"iterator.next();"去掉则程序运行抛异常,因为第二次删除时将找不到可供删除的元素。

20.6 本章小结

(1) 迭代器模式提供一种方法来访问聚合对象,而不用暴露这个对象的内部表示,其别名为游标。迭代器模式是一种对象行为型模式。

(2) 迭代器模式包含 4 个角色:抽象迭代器定义了访问和遍历元素的接口;具体迭代器实现了抽象迭代器接口,完成对聚合对象的遍历;抽象聚合类用于存储对象,并定义创建相应迭代器对象的接口;具体聚合类实现了创建相应迭代器的接口。

(3) 将遍历聚合对象中数据的行为提取出来,封装到一个迭代器中,通过专门的迭代器来遍历聚合对象的内部数据,这就是迭代器模式的本质。迭代器模式是"单一职责原则"的完美体现。

(4) 迭代器模式的主要优点在于它支持以不同的方式遍历一个聚合对象,还简化了聚合类,而且在同一个聚合上可以有多个遍历;其缺点在于增加新的聚合类需要对应增加新的迭代器类,类的个数成对增加,这在一定程度上增加了系统的复杂性。

(5) 迭代器模式适用情况包括:访问一个聚合对象的内容而无须暴露它的内部表示;需要为聚合对象提供多种遍历方式;为遍历不同的聚合结构提供一个统一的接口。

(6) 在 JDK 类库中,Collection 的 iterator()方法返回一个 Iterator 类型的对象,而其子接口 List 的 listIterator()方法返回一个 ListIterator 类型的对象,ListIterator 是 Iterator 的子类。它们构成了 Java 语言对迭代器模式的支持,Java 语言的 Iterator 接口就是迭代器模式的应用。

思考与练习

1. 某商品管理系统的商品名称存储在一个字符串数组中,现需要自定义一个双向迭代器(MyIterator)实现对该商品名称数组的双向(前向和后向)遍历。绘制类图并编程实现(设计方案必须符合 DIP)。

2. 某教务管理系统中一个班级(Class)包含多个学生(Student),使用 Java 内置迭代器实现对学生信息的遍历,要求按学生年龄由大到小的次序输出学生信息。用 Java 语言模拟实现该过程。

第21章

中介者模式

视频讲解

本章导学

对于那些对象之间存在复杂交互关系的系统,中介者模式提供了一种简化复杂交互的解决方案,它通过引入一个中介者,将原本对象之间的两两交互转化为每个对象与中介者之间的交互,中介者可以对对象之间的通信进行控制与协调,极大降低了原有系统的耦合度,使得系统更加灵活,也更易于扩展。

本章将介绍中介者模式的结构与特点,让读者理解引入中介者角色的目的及其作用,学会如何编程实现中介者模式以及如何通过中介者模式来简化对象之间的复杂交互关系。

本章的难点在于理解中介者模式中中介者类的作用以及如何编程实现中介者模式。

中介者模式重要等级:★★☆☆☆

中介者模式难度等级:★★★★☆

21.1 中介者模式动机与定义

如果两个人吵架,一种比较常见的解决方式就是通过一个协调人来劝架。就如同联合国一样,联合国实际上是一个协调组织,各个国家就一些共同问题经由联合国进行协调,它取代了原本各个成员国之间的直接相互交流,将成员国之间的强耦合关系转换成相对较为松散的耦合关系。在此,联合国扮演了一个中介者角色。在软件开发中,我们有时候也需要有类似联合国一样的中间对象来降低系统中类与类或对象与对象之间的耦合关系,而中介者模式就是实现松散耦合的常用方法之一。本章将深入学习这种用于协调类与类之间关系的中介者模式。

21.1.1 模式动机

我们首先来比较一下两种 QQ 聊天方式,第一种是用户与用户直接聊天,第二种是通过 QQ 群聊天,如图 21-1 所示。如果使用图 21-1 左侧所示方式,每一个用户如果要和别的用户聊天,则需要加其他用户为好友,用户与用户之间存在多对多的联系,一种极端的情况是系统中用户两两之间都有联系,这将导致系统中对象与对象之间的关系非常复杂,一个用户如果要将相同的信息发送给所有其他用户,必须一个一个发送,于是 QQ 群产生了,如果使用群聊天,一个用户可以向多个用户发送相同的信息而无须一一进行发送,只需要将信息发送到群中即可,群的作用就是将发送者所发送的信息转发给每一个接收者用户。通过引入群的机制,将极大减少系统中对象与对象之间的两两交互,对象与对象之间的通信可以通过群来实现。

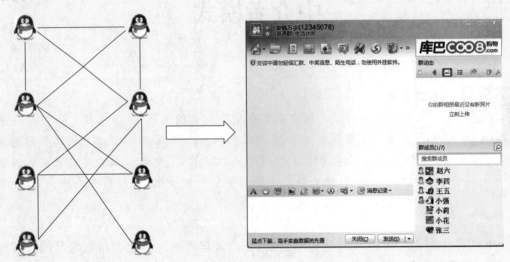

图 21-1   QQ 聊天示意图

在用户与用户直接聊天的设计方案中,用户对象之间存在很强的关联性,将导致系统出现如下问题:

(1) 系统结构复杂:对象之间存在大量的相互关联和调用,若有一个对象发生变化,则需要跟踪和该对象关联的其他所有对象,并进行适当处理。

(2) 对象可重用性差:由于一个对象和其他对象具有很强的关联,若没有其他对象的支持,一个对象很难被另一个系统或模块重用,这些对象表现出来更像一个不可分割的整体,职责较为混乱。

(3) 系统扩展性低:增加一个新的对象需要在原有相关对象上增加引用,增加新的引用关系也需要调整原有对象,系统耦合度很高,对象操作很不灵活,扩展性差。

在面向对象的软件设计与开发过程中,根据"单一职责原则",我们应该尽量将对象细化,使其只负责或呈现单一的职责。对于一个模块,可能由很多对象构成,而且这些对象之间可能存在相互的引用,为了减少对象两两之间复杂的引用关系,使之成为一个松耦合的系统,我们需要使用中介者模式,这就是中介者模式的模式动机。

21.1.2   模式定义

中介者模式(Mediator Pattern)定义:用一个中介对象来封装一系列的对象交互,中介者使各对象不需要显式地相互引用,从而使其耦合松散,而且可以独立地改变它们之间的交互。中介者模式又称为调停者模式,它是一种对象行为型模式。

英文定义："Define an object that encapsulates how a set of objects interact. Mediator promotes loose coupling by keeping objects from referring to each other explicitly, and it lets you vary their interaction independently."。

21.2 中介者模式结构与分析

在中介者模式中,包含中介者类和同事类两大部分,其核心是中介者类的设计,下面将学习并分析其模式结构。

21.2.1 模式结构

中介者模式结构图如图 21-2 所示。

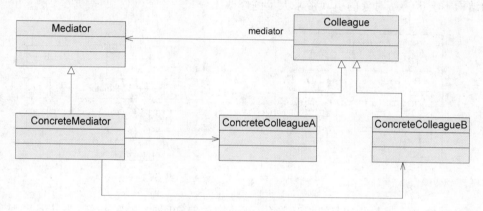

图 21-2 中介者模式结构图

中介者模式包含如下角色:

1. Mediator(抽象中介者)

抽象中介者用于定义一个接口,该接口用于与各同事对象之间的通信。

2. ConcreteMediator(具体中介者)

具体中介者是抽象中介者的子类,通过协调各个同事对象来实现协作行为,了解并维护它对各个同事对象的引用。在通用的中介者模式类图中,具体中介者与各个具体同事类之间有关联关系,在实现时为了保证系统的扩展性,可以根据需要将该引用关联关系建立在抽象层,即具体中介者中定义的是抽象同事角色。

3. Colleague(抽象同事类)

抽象同事类定义各同事的公有方法。

4. ConcreteColleague(具体同事类)

具体同事类是抽象同事类的子类,每一个同事对象都引用一个中介者对象;每一个同事对象在需要和其他同事对象通信时,先与中介者通信,通过中介者来间接完成与其他同事类的通信;在具体同事类中实现了在抽象同事类中声明的抽象方法。

21.2.2 模式分析

中介者模式可以使对象之间的关系数量急剧减少,如图 21-3 所示的对象之间的关系非常复杂。

在图 21-3 中有大量的对象,这些对象既会影响别的对象,也会被别的对象所影响。这些对象就是同事对象,它们之间通过彼此的相互作用完成系统的行为。从图 21-3 中可以看出,几乎每个对象都需要与其他对象发生相互作用,而这种相互作用表现为一个对象与另外一个对象的直接耦合,这是一个耦合度非常高的系统。

通过引入中介者对象,可以将系统的网状结构变成以中介者为中心的星状结构,如图 21-4 所示。在这个星状结构中,同事对象不再直接与另一个对象联系,它通过中介者对象与另一个对象发生相互作用。中介者对象的存在保证了对象结构上的稳定,也就是说,系统的结构不会因为新对象的引入带来大量的修改工作。

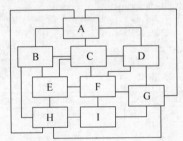

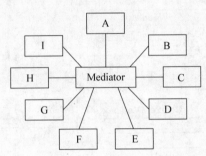

图 21-3 对象之间存在复杂关系的网状结构　　　　图 21-4 引入中介者对象的星状结构

如果对象之间存在多对多的相互关系,可以将对象之间的一些交互行为从各个对象中分离出来,并集中封装在一个中介者对象中,并由该中介者进行通信和协调,这样对象之间多对多的复杂关系就可以通过相对简单的多对一关系实现。通过引入中介者类简化对象之间的复杂交互,符合"迪米特法则",简化了系统的理解和实现。

在这里中介者承担了以下两方面的职责。

(1) 中转作用(结构性):通过中介者提供的中转作用,各个同事对象就不再需要显式引用其他同事,当需要和其他同事进行通信时,通过中介者即可。该中转作用属于中介者在结构上的支持。

(2) 协调作用(行为性):中介者可以更进一步对同事之间的关系进行封装,同事可以一致地和中介者进行交互,而不需要指明中介者需要具体怎么做,中介者根据封装在自身内部的协调逻辑,对同事的请求进行进一步处理,将同事成员之间的关系行为进行分离和封装。该协调作用属于中介者在行为上的支持。

在中介者模式中,典型的抽象中介者类代码如下:

```
public abstract class Mediator
{
    protected ArrayList colleagues;
    public void register(Colleague colleague)
    {
```

```
        colleagues.add(colleague);
    }

    public abstract void operation();
}
```

在抽象中介者中可以定义一个同事类的集合,用于存储同事类对象并提供注册方法,同时声明了具体中介者类所具有的方法。在具体中介者类中将实现这些抽象方法,典型的具体中介者类代码如下:

```
public class ConcreteMediator extends Mediator
{
    public void operation()
    {
        ⋮
        ((Colleague)(colleagues.get(0))).method1();
        ⋮
    }
}
```

在具体中介者类中将调用同事类的方法,调用时可以增加一些自己的业务代码对调用进行控制。

在抽象同事类中维持了一个抽象中介者的引用,用于调用中介者的方法,典型的抽象同事类代码如下:

```
public abstract class Colleague
{
    protected Mediator mediator;

    public Colleague(Mediator mediator)
    {
        this.mediator = mediator;
    }

    public abstract void method1();

    public abstract void method2();
}
```

在抽象同事类中声明了同事类的抽象方法,而在具体同事类中将实现这些方法,典型的具体同事类代码如下:

```
public class ConcreteColleague extends Colleague
{
    public ConcreteColleague(Mediator mediator)
    {
```

```
        super(mediator);
    }

    public void method1()
    {
        ⋮
    }

    public void method2()
    {
        mediator.operation1();
    }
}
```

在具体同事类 ConcreteColleague 中实现了在抽象同事类中声明的方法,其中方法 method1()是同事类的自身方法(Self-Method),用于处理自己的行为,而方法 method2()是依赖方法(Depend-Method),用于调用在中介者中定义的方法,依赖中介者来完成相应的行为,例如调用另一个同事类的相关方法。

21.3 中介者模式实例与解析

下面通过中介者模式实现虚拟聊天室的实例来进一步学习并理解中介者模式。

1. 实例说明

某论坛系统欲增加一个虚拟聊天室,允许论坛会员通过该聊天室进行信息交流,普通会员(CommonMember)可以给其他会员发送文本信息,钻石会员(DiamondMember)既可以给其他会员发送文本信息,还可以发送图片信息。该聊天室可以对不雅字符进行过滤,如"日"等字符;还可以对发送的图片大小进行控制。用中介者模式设计该虚拟聊天室。

2. 实例类图

通过分析,该实例类图如图 21-5 所示。

3. 实例代码及解释

(1) 抽象中介者类 AbstractChatroom(抽象聊天室类)

```
public abstract class AbstractChatroom
{
    public abstract void register(Member member);
    public abstract void sendText(String from,String to,String message);
    public abstract void sendImage(String from,String to,String image);
}
```

AbstractChatroom 作为抽象中介者类,它定义了注册同事对象的方法,还定义了用于同事类之间发送文本信息的 sendText()方法和发送图片信息的 sendImage()方法。

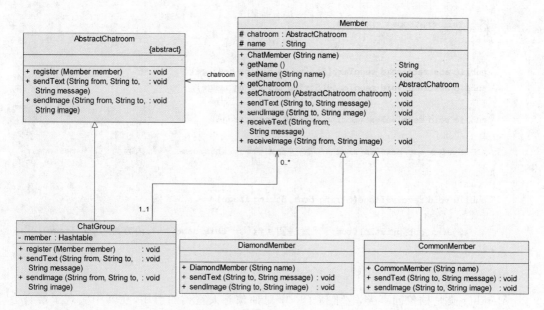

图 21-5 虚拟聊天室类图

（2）抽象同事类 Member（抽象会员类）

```java
public abstract class Member
{
    protected AbstractChatroom chatroom;
    protected String name;

    public Member(String name)
    {
        this.name = name;
    }

    public String getName()
    {
        return name;
    }

    public void setName(String name)
    {
        this.name = name;
    }

    public AbstractChatroom getChatroom()
    {
        return chatroom;
    }

    public void setChatroom(AbstractChatroom chatroom)
    {
```

```
        this.chatroom = chatroom;
    }

    public abstract void sendText(String to,String message);
    public abstract void sendImage(String to,String image);

    public void receiveText(String from,String message)
    {
        System.out.println(from + "发送文本给" + this.name + ",内容为:" + message);
    }

    public void receiveImage(String from,String image)
    {
        System.out.println(from + "发送图片给" + this.name + ",内容为:" + image);
    }
}
```

　　Member 类是抽象同事类,它维持了一个对抽象聊天室类的引用,在其中实现了所有会员类共有的方法,由于不同类型的会员发送文本信息和图片信息的方式有所区别,因此在 Member 类中还对这两个方法进行了抽象声明。

（3）具体中介者类 ChatGroup(具体聊天室类)

```
import java.util. * ;

public class ChatGroup extends AbstractChatroom
{
    private Hashtable members = new Hashtable();

    public void register(Member member)
    {
        if(!members.contains(member))
        {
            members.put(member.getName(),member);
            member.setChatroom(this);
        }
    }

    public void sendText(String from,String to,String message)
    {
        Member member = (Member)members.get(to);
        String newMessage = message;
        //模拟不雅字符过滤
        newMessage = message.replaceAll("日"," * ");
        member.receiveText(from,newMessage);
    }

    public void sendImage(String from,String to,String image)
    {
```

```
        Member member = (Member)members.get(to);
        //模拟图片大小判断
        if(image.length()>5)
        {
            System.out.println("图片太大,发送失败!");
        }
        else
        {
            member.receiveImage(from,image);
        }
    }
}
```

ChatGroup 类是具体中介者类,作为具体聊天室,它实现了在抽象聊天室中定义的方法。为了更好地说明中介者的作用,在实现 sendText()方法和 sendImage()方法时做了两件事情,第一件事是对信息进行协调处理,如在这里的不雅字符过滤和图片大小限制,第二件事是对信息进行转发,在 sendText()中调用会员的 receiveText()方法,在 sendImage()中调用会员的 receiveImage()方法,实现信息的传递。

在具体中介者类中定义了一个集合对象用于存储需要发生交互的同事对象,该集合对象针对抽象同事进行编程,因此增加新的具体同事类无须对中介者类进行任何修改,系统扩展性较好。

中介者类是中介者模式的核心,它对整个系统进行控制和协调,简化了对象之间的交互,还可以对对象间的交互进行进一步的控制。

(4) 具体同事类 CommonMember(普通会员类)

```java
public class CommonMember extends Member
{
    public CommonMember(String name)
    {
        super(name);
    }

    public void sendText(String to,String message)
    {
        System.out.println("普通会员发送信息: ");
        chatroom.sendText(name,to,message);          //发送文本
    }

    public void sendImage(String to,String image)
    {
        System.out.println("普通会员不能发送图片!");
    }
}
```

CommonMember 是具体同事类,它实现了在抽象会员类中定义的 sendText()方法和 sendImage()方法,在 sendImage()中普通会员不能发送图片。

（5）具体同事类 DiamondMember(钻石会员类)

```
public class DiamondMember extends Member
{
    public DiamondMember(String name)
    {
        super(name);
    }

    public void sendText(String to,String message)
    {
        System.out.println("钻石会员发送信息：");
        chatroom.sendText(name,to,message);      //发送文本
    }

    public void sendImage(String to,String image)
    {
        System.out.println("钻石会员发送图片：");
        chatroom.sendImage(name,to,image);      //发送图片
    }
}
```

DiamondMember 也是具体同事类，它实现了在抽象会员类中定义的 sendText()方法和 sendImage()方法，钻石会员既可以发送文本信息，又可以发送图片信息。

4. 辅助代码

客户端测试类 Client 如下：

```
public class Client
{
    public static void main(String args[])
    {
        AbstractChatroom happyChat = new ChatGroup();          //可以通过配置文件实现

        Member member1,member2,member3,member4,member5;
        member1 = new DiamondMember("张三");
        member2 = new DiamondMember("李四");
        member3 = new CommonMember("王五");
        member4 = new CommonMember("小芳");
        member5 = new CommonMember("小红");

        happyChat.register(member1);
        happyChat.register(member2);
        happyChat.register(member3);
        happyChat.register(member4);
        happyChat.register(member5);

        member1.sendText("李四","李四,你好!");
        member2.sendText("张三","张三,你好!");
```

```
        member1.sendText("李四","今天天气不错,有日!");
        member2.sendImage("张三","一个很大很大的太阳");
        member2.sendImage("张三","太阳");
        member3.sendText("小芳","还有问题吗?");
        member3.sendText("小红","还有问题吗?");
        member4.sendText("王五","没有了,谢谢!");
        member5.sendText("王五","我也没有了!");
        member5.sendImage("王五","谢谢");
    }
}
```

在客户端中,定义了一个抽象中介者类对象,将实例化的同事对象注册到中介者类的集合对象中,然后通过具体同事类发送信息,这些信息首先发送给中介者类,由中介者类对信息进行统一的处理,然后再转发给接收者。在这里,中介者充当了信息发送者与信息接收者之间的第三者,它在对信息进行过滤和判断后再对信息进行转发。

5. 结果及分析

编译并运行程序,输出结果如下:

```
钻石会员发送信息:
张三发送文本给李四,内容为: 李四,你好!
钻石会员发送信息:
李四发送文本给张三,内容为: 张三,你好!
钻石会员发送信息:
张三发送文本给李四,内容为: 今天天气不错,有 * !
钻石会员发送图片:
图片太大,发送失败!
钻石会员发送图片:
李四发送图片给张三,内容为: 太阳
普通会员发送信息:
王五发送文本给小芳,内容为: 还有问题吗?
普通会员发送信息:
王五发送文本给小红,内容为: 还有问题吗?
普通会员发送信息:
小芳发送文本给王五,内容为: 没有了,谢谢!
普通会员发送信息:
小红发送文本给王五,内容为: 我也没有了!
普通会员不能发送图片!
```

如果在系统中需要增加新的具体中介者类,只需要继承抽象中介者类并实现其中的方法即可,在新的具体中介者中可以对信息进行不同的处理,在客户端也只需要修改少许代码(如果使用配置文件的话可以不修改任何代码)就可以实现中介者的更换。

如果增加新的同事类,只需要继承抽象同事类并实现其中的方法即可,同事类之间无直接的引用关系,在本实例中,中介者对具体同事类的引用也建立在抽象层,因此只需要在客户端中实例化新增的同事类即可直接使用该对象。

对于通用的中介者模式,由于具体中介者与具体同事之间的引用建立在具体层,增加新的具体同事类可能需要修改具体中介者类的源代码,系统扩展性受到影响,因此,为了更好地支持"开闭原则",应该尽可能针对抽象同事类进行编程,即在具体中介者与抽象同事类之间建立关联关系。

21.4 中介者模式效果与应用

21.4.1 模式优缺点

1. 中介者模式的优点

(1) 简化了对象之间的交互。用中介者和同事的一对多交互代替了原来同事之间的多对多交互,一对多关系更容易理解、维护和扩展,将原本难以理解的网状结构转换成相对简单的星状结构。

(2) 将各同事解耦。中介者有利于各同事之间的松耦合,我们可以独立的改变和复用各同事和中介者,增加新的中介者和新的同事类都比较方便,更好地符合"开闭原则"。

(3) 减少子类生成。中介者将原本分布于多个对象间的行为集中在一起,改变这些行为只需生成新的中介者子类即可,这使各个同事类可被重用,无须对同事类进行扩展。

(4) 对于复杂的对象之间的交互,通过引入中介者,可以简化各同事类的设计和实现,但是当情况复杂时,中介者可能就会变得很复杂和难以维护,这时可以对中介者进行再分解,使其只对一种类型的同事适用,这样在中介者类中就不必包括很多的 if…else if 等语句,同时当新增加一种同事时,可以通过创建与该同事类对应的中介者类,而对于其他同事的中介者类影响较小,从而便于维护和扩展。

2. 中介者模式的缺点

在具体中介者类中包含了同事之间的交互细节,可能会导致具体中介者类非常复杂,使得系统难以维护。

21.4.2 模式适用环境

在以下情况下可以使用中介者模式:

(1) 系统中对象之间存在复杂的引用关系,产生的相互依赖关系结构混乱且难以理解。

(2) 一个对象由于引用了其他很多对象并且直接和这些对象通信,导致难以复用该对象。

(3) 想通过一个中间类来封装多个类中的行为,而又不想生成太多的子类。可以通过引入中介者类来实现,在中介者中定义对象交互的公共行为,如果需要改变行为则可以增加新的中介者类。

21.4.3 模式应用

(1) 中介者模式在事件驱动类软件中应用比较多,在设计 GUI 应用程序时,组件之间可能存在较为复杂的交互关系,一个组件的改变将影响与之相关的其他组件,此时可以使用中介者模式来对组件进行协调。例如在聊天室程序中,可以定义一个 MessageMediator 类,专门负责信息发送和接收任务之间的调节。

(2) MVC 是 Java EE 的一个基本模式,此时控制器 Controller 作为一种中介者,它负责控制视图对象 View 和模型对象 Model 之间的交互。如在 Struts 中,Action 就可以作为 JSP 页面与业务对象之间的中介者。

21.5 中介者模式扩展

1. 中介者模式与迪米特法则

迪米特法则要求"只与你直接的朋友们通信",即每一个对象与其他对象的相互作用均是短程的,而不是长程的;而且只要可能,朋友的数目越少越好。换言之,一个对象只需知道它的直接合作者接口即可。在中介者模式中,通过创造出一个中介者对象,将系统中有关的对象所引用的其他对象数目减少到最少,使得一个对象与其同事之间的相互作用被这个对象与中介者对象之间的相互作用所取代。因此,中介者模式就是迪米特法则的一个典型应用。

2. 中介者模式与 GUI 开发

中介者模式可以方便地应用于图形界面(GUI)开发中,在比较复杂的界面中可能存在多个界面组件之间的交互关系,如一个按钮对象可能改变一个文本框对象和一个菜单对象的状态,而一个文本框状态中文字的选中与否又将影响某些按钮的状态等。例如当文本框中的文字被选取时,则复制按钮与剪切按钮为可用,而没有文本被选取时,这些按钮可能都被禁用,在文字选取且复制按钮被选中时,粘贴按钮由禁用改为可用,此时菜单中相应的菜单项也将发生变化,等等。对于这些复杂的交互关系,有时可以引入一个中介者类,将这些交互的组件作为具体的同事类,将它们之间的引用和控制关系交由中介者负责,在一定程度上简化系统的交互,这也是中介者模式的常见应用之一。

21.6 本章小结

(1) 中介者模式用一个中介对象来封装一系列的对象交互,中介者使各对象不需要显式地相互引用,从而使其耦合松散,而且可以独立地改变它们之间的交互。中介者模式又称为调停者模式,它是一种对象行为型模式。

(2) 中介者模式包含四个角色:抽象中介者用于定义一个接口,该接口用于与各同事对象之间的通信;具体中介者是抽象中介者的子类,通过协调各个同事对象来实现协作行为,了解并维护它的各个同事对象的引用;抽象同事类定义各同事的公有方法;具体同事类是抽象同事类的子类,每一个同事对象都引用一个中介者对象;每一个同事对象在需要和其他同事对象通信时,先与中介者通信,通过中介者来间接完成与其他同事类的通信;在具体同事类中实现了在抽象同事类中声明的抽象方法。

(3) 通过引入中介者对象,可以将系统的网状结构变成以中介者为中心的星状结构,中介者承担了中转作用和协调作用。中介者类是中介者模式的核心,它对整个系统进行控制和协调,简化了对象之间的交互,还可以对对象间的交互进行进一步的控制。

(4) 中介者模式的主要优点在于简化了对象之间的交互,将各同事解耦,还可以减少子类生成,对于复杂的对象之间的交互,通过引入中介者,可以简化各同事类的设计和实现;中介者模式主要缺点在于具体中介者类中包含了同事之间的交互细节,可能会导致具体中介者类非常复杂,使得系统难以维护。

(5) 中介者模式适用情况包括:系统中对象之间存在复杂的引用关系,产生的相互依赖关系结构混乱且难以理解;一个对象由于引用了其他很多对象并且直接和这些对象通信,导致难以复用该对象;试图通过一个中间类来封装多个类中的行为,而又不想生成太多的子类。

思考与练习

1. 在"虚拟聊天室"实例中增加一个新的具体聊天室类和一个新的具体会员类,要求如下:

(1) 新的具体聊天室中发送的图片大小不得超过 20(模拟)。

(2) 新的具体聊天室中发送的文字信息的长度不得超过 100 个字符,提供更强大的不雅字符过滤功能(如可过滤 TMD、"操"等字符)。

(3) 新的具体会员类可以发送图片信息和文字信息。

(4) 新的具体会员类在发送文本信息时,可以在信息后加上发送时间,格式为:文本信息(发送时间)。

修改客户端测试类,注意原有系统类库代码和客户端代码的改变。

2. 使用中介者模式来说明联合国的作用,要求绘制相应的类图并分析每个类的作用(注:可以将联合国定义为抽象中介者类,联合国下属机构如 WTO、WFC、WHO 等作为具体中介者类,国家作为抽象同事类,而将中国、美国、日本、英国等国家作为具体同事类)。

第22章

备忘录模式

视频讲解

本章导学

备忘录模式是软件系统的"月光宝盒",它提供了一种对象状态的撤销实现机制,当系统中某个对象需要恢复到某一历史状态时可以使用备忘录模式来进行设计。备忘录模式中包含了专门用于存储对象状态的备忘录类以及专门用于管理备忘录的负责人类,通过这些类的协同工作,可以很方便地实现撤销操作。

本章主要介绍备忘录模式的定义与结构,以及如何使用Java语言实现备忘录模式,还将通过实例学习如何在软件项目中使用备忘录模式。

本章的难点在于理解备忘录模式中负责人类的作用以及备忘录中所包含的封装特性及其编程实现。

备忘录模式重要等级:★★☆☆☆

备忘录模式难度等级:★★★☆☆

22.1 备忘录模式动机与定义

人人都有后悔的时候,在软件的使用过程中难免会出现一些误操作,如不小心删除了某些文字或图片,为了使软件的使用更加人性化,对于这些误操作,需要提供一种类似"后悔药"的机制,让软件系统可以回到误操作前的状态,因此需要保存用户每一次操作时系统的状态,一旦出现误操作,可以把存储的历史状态取出即可回到之前的状态。现在大多数软件都有撤销的功能,快捷键一般都是 Ctrl+Z,目的就是为了解决这个后悔的问题。实际上,这里面便隐含了我们马上要学习的备忘录模式,通过对本模式的学习,可以掌握撤销功能的实现技术以及与该模式相关的应用。

22.1.1 模式动机

考虑如下场景:某系统可以发布征婚信息,用户输入对象年龄时原来输入的是"18 岁"以上,经过考虑后发现自己已过 30,还是找个 28 岁以上的靠谱,于是将"18 岁"改成"28岁"。又经过一番认真仔细的思考之后,还是觉得年轻好,于是又想改回"18 岁",如图 22-1

所示。此时,备忘录模式就提供了一个完美的解决方案,让用户可以轻松地撤销上一次操作,恢复到操作之前的状态。

在应用软件的开发过程中,很多时候我们都需要记录一个对象的内部状态。在具体实现时,为了允许用户取消不确定的操作或从错误中恢复过来,需要设置备份点并提供撤销机制,而要实现这些机制,必须事先将状态信息保存在某处,这样才能将对象恢复到它们原先的状态。备忘录模式是一种给我们的软件提供后悔药的机制,通过它可以使系统恢复到某一特定的历史状态,如图 22-2 所示。

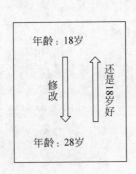
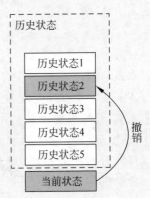

图 22-1 备忘录模式示意图一　　　　　图 22-2 备忘录模式示意图二

22.1.2　模式定义

备忘录模式(Memento Pattern)定义:在不破坏封装的前提下,捕获一个对象的内部状态,并在该对象之外保存这个状态,这样可以在以后将对象恢复到原先保存的状态。它是一种对象行为型模式,其别名为 Token。

英文定义:"Without violating encapsulation, capture and externalize an object's internal state so that the object can be restored to this state later."。

22.2　备忘录模式结构与分析

备忘录模式的核心在于备忘录类以及用于管理备忘录的负责人类的设计,下面将学习并分析其模式结构。

22.2.1　模式结构

备忘录模式结构图如图 22-3 所示。
备忘录模式包含如下角色。

1. Originator(原发器)
原发器可以创建一个备忘录,并存储它的当前内部状态,也可以使用备忘录来恢复其内部状态。一般将需要保存内部状态的类设计为原发器,如一个存储用户信息或商品信息的对象。

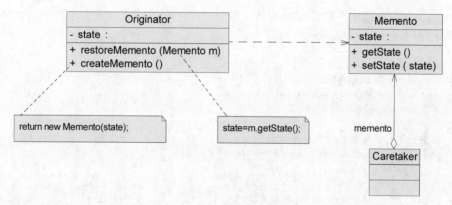

图 22-3 备忘录模式结构图

2. Memento（备忘录）

存储原发器的内部状态，根据原发器来决定保存哪些内部状态。备忘录的设计一般可以参考原发器的设计，根据实际需要确定备忘录类中的属性。需要注意的是，除了原发器本身与负责人类之外，备忘录对象不能直接供其他类使用，因此备忘录的设计在不同的编程语言中实现机制有所区别。在后面将详细学习如何在 Java 语言中实现备忘录类的设计。

3. Caretaker（负责人）

负责人又称为管理者，它负责保存备忘录，但是不能对备忘录的内容进行操作或检查。在负责人类中可以存储一个或多个备忘录对象，它只负责存储对象，而不能修改对象，也无须知道对象的实现细节。

22.2.2 模式分析

备忘录模式可以这样理解：我们在做一件事情时，为了使得在发生错误时有后悔药可吃，可以把前先做的结果进行备份，如果后面出了问题，从备份处把先前已经备份好的取出来即可。

理解备忘录模式并不难，但是关键在于如何设计备忘录类和负责人类。由于在备忘录中存储的是原发器的中间状态，因此需要防止原发器以外的其他对象访问备忘录。备忘录对象通常封装了原发器的部分或所有的状态信息，而且这些状态不能被其他对象访问，也就是说不能在备忘录对象之外保存原发器的状态，因为暴露其内部状态将违反封装的原则，可能有损系统的可靠性和可扩展性。

为了实现对备忘录对象的封装，需要对备忘录的调用进行控制。对于原发器而言，它可以调用备忘录的所有信息，允许原发器访问先前状态的所有数据；对于负责人而言，只负责备忘录的保存并将备忘录传递给其他对象；对于其他对象而言，只需要从负责人处取出备忘录对象并将原发器对象的状态恢复，而无须关心备忘录的保存细节。理想的情况是只允许生成该备忘录的那个原发器访问备忘录的内部状态。

下面通过简单代码来进一步理解备忘录模式。

在使用备忘录模式时，首先需要创建一个原发器类 Originator，在真实业务中，原发器类可以是一个具体的业务对象，它包含一些用于存储成员数据的属性，典型代码如下：

```
package dp. memento;
public class Originator {
    private String state;
    public Originator(){}
    //创建一个备忘录对象
    public Memento createMemento(){
        return new Memento(this);
    }
    //根据备忘录对象恢复原发器状态
    public void restoreMemento(Memento m){
        state = m. state;
    }
    public void setState(String state)
    {
        this. state = state;
    }
    public String getState()
    {
        return this. state;
    }
}
```

对于备忘录类 Memento 而言,它提供了与原发器相对应的属性用于存储原发器的状态,典型的备忘录类设计代码如下:

```
package dp. memento;
class Memento {
    private String state;
    public Memento(Originator o){
        state = o. state;
    }
    public void setState(String state)
    {
        this. state = state;
    }
    public String getState()
    {
        return this. state;
    }
}
```

在设计备忘录类时需要考虑其封装性,除了 Originator 类,不允许其他类来调用其构造函数与相关方法,如果不考虑封装性,允许其他类调用 setState()等方法,将导致在备忘录中保存的历史状态发生改变,通过撤销操作所恢复的状态就不再是真实的历史状态,备忘录模式也就失去了存在的意义。

在使用 Java 语言实现备忘录模式时,一般通过将 Memento 类与 Originator 类定义在同一个 package 中来实现封装,在 Java 中可使用默认访问标识符来定义 Memento 类,即保证其包内可见性。只有 Originator 类可以对其进行访问,而限制其他类对 Memento 的访问。在 Memento 中保存了 Originator 中的 state 值,如果 Originator 中 state 值改变的话,通过调用它的 restoreMemento()方法可以进行恢复。

对于负责人类 Caretaker，它用于保存备忘录对象，并提供 getMemento()方法用于向客户端返回备忘录对象，原发器通过使用备忘录对象可以回到某个历史状态。典型的负责人类的实现代码如下：

```
package dp.memento;
public class Caretaker
{
    private Memento memento;
    public Memento getMemento()
    {
        return memento;
    }
    public void setMemento(Memento memento)
    {
        this.memento = memento;
    }
}
```

在 Caretaker 类中也不应该直接调用 Memento 中的状态改变方法，它的作用仅仅用于存储备忘录对象。将原发器备份生成的备忘录对象存储在其中，当用户需要对原发器进行恢复时再将存储在其中的备忘录对象取出。

备忘录模式属于对象行为型模式，负责人向原发器请求一个备忘录，保留一段时间后，再根据需要将其送回给原发器，该模式顺序说明如图 22-4 所示。

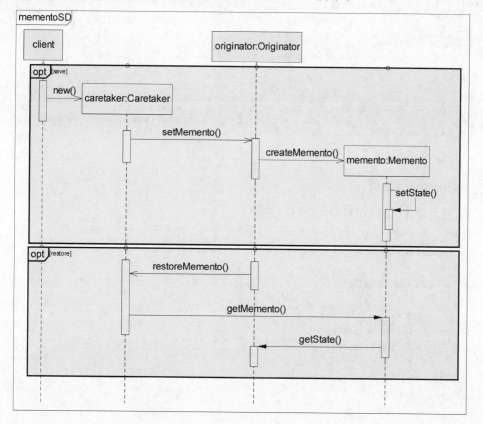

图 22-4 备忘录模式顺序图

22.3   备忘录模式实例与解析

下面通过一个实例来进一步学习并理解备忘录模式。

1．实例说明

某系统提供了用户信息操作模块，用户可以修改自己的各项信息。为了使操作过程更加人性化，现使用备忘录模式对系统进行改进，使得用户在进行了错误操作之后可以恢复到操作之前的状态。

2．实例类图

通过分析，该实例类图如图 22-5 所示。

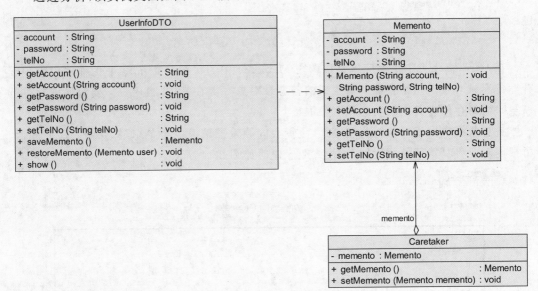

图 22-5   用户信息操作撤销实例类图

3．实例代码及解释

（1）原发器 UserInfoDTO（用户信息类）

```
package dp.memento;

public class UserInfoDTO
{
    private String account;
    private String password;
    private String telNo;

    public String getAccount()
    {
        return account;
```

```
    }

    public void setAccount(String account)
    {
        this.account = account;
    }

    public String getPassword()
    {
        return password;
    }

    public void setPassword(String password)
    {
        this.password = password;
    }

    public String getTelNo()
    {
        return telNo;
    }

    public void setTelNo(String telNo)
    {
        this.telNo = telNo;
    }

    public Memento saveMemento()
    {
        return new Memento(account, password, telNo);
    }

    public void restoreMemento(Memento memento)
    {
        this.account = memento.getAccount();
        this.password = memento.getPassword();
        this.telNo = memento.getTelNo();
    }

    public void show()
    {
        System.out.println("Account:" + this.account);
        System.out.println("Password:" + this.password);
        System.out.println("TelNo:" + this.telNo);
    }
}
```

UserInfoDTO类在此充当原发器类,与一般的类相比它增加了两个方法,一个是用于保存备忘录的方法 saveMemento(),一个是用于从备忘录中恢复状态的方法

restoreMemento()。为了更好地说明备忘录模式的封装性,我们将 UserInfoDTO 类放置在 dp.memento 包中。

（2）备忘录 Memento

```java
package dp.memento;

class Memento
{
    private String account;
    private String password;
    private String telNo;

    public Memento(String account,String password,String telNo)
    {
        this.account = account;
        this.password = password;
        this.telNo = telNo;
    }
    public String getAccount()
    {
        return account;
    }

    public void setAccount(String account)
    {
        this.account = account;
    }

    public String getPassword()
    {
        return password;
    }

    public void setPassword(String password)
    {
        this.password = password;
    }

    public String getTelNo()
    {
        return telNo;
    }

    public void setTelNo(String telNo)
    {
        this.telNo = telNo;
    }
}
```

Memento 类是备忘录,由于需要存储 UserInfoDTO 类相应的字段,因此它的成员属性及其 Getter 方法和 Setter 方法与 UserInfoDTO 类保持一致,且与 UserInfoDTO 一样都位于 dp. memento 包中,需要注意的是由于外部不能直接访问 Memento 类,因此该类必须定义为包内可见,不能定义为 public。

(3) 负责人 Caretaker

```
package dp. memento;

public class Caretaker
{
    private Memento memento;
    public Memento getMemento()
    {
        return memento;
    }
    public void setMemento(Memento memento)
    {
        this. memento = memento;
    }
}
```

Caretaker 类是负责人类,也定义在 dp. memento 中,且在外部可以直接访问,它负责保存备忘录,并提供 getMemento()方法用于获取存储在其中的备忘录,提供 setMemento()方法用于设置或添加新的备忘录。

4. 辅助代码

客户端测试类 Client 如下:

```
import dp. memento. UserInfoDTO;
import dp. memento. Caretaker;

public class Client
{
    public static void main(String a[])
    {
    UserInfoDTO user = new UserInfoDTO();
    Caretaker c = new Caretaker();              //创建负责人

    user. setAccount("zhangsan");
    user. setPassword("123456");
    user. setTelNo("13000000000");
    System. out. println("状态一: ");
    user. show();
    c. setMemento(user. saveMemento());          //保存备忘录
    System. out. println(" -------------------------- ");

    user. setPassword("111111");
```

```
        user.setTelNo("13100001111");
        System.out.println("状态二: ");
        user.show();
        System.out.println("------------------------- ");

        user.restoreMemento(c.getMemento());//从备忘录中恢复
        System.out.println("回到状态一: ");
        user.show();
        System.out.println("------------------------- ");
    }
}
```

在 Client 类中需要导入 dp.memento 包,在客户端代码中实例化了 UserInfoDTO 类并通过负责人保存 UserInfoDTO 对象的状态,在对状态进行修改之后又可以通过负责人取出先前保存的状态。

5. 结果及分析

编译并运行程序,输出结果如下:

```
状态一:
Account:zhangsan
Password:123456
TelNo:13000000000
-------------------------
状态二:
Account:zhangsan
Password:111111
TelNo:13100001111
-------------------------
回到状态一:
Account:zhangsan
Password:123456
TelNo:13000000000
-------------------------
```

从运行结果可以看出,第一次显示的是"状态一"的数据,在对 UserInfoDTO 进行修改后,第二次显示的是"状态二"的数据,在使用备忘录模式恢复对象状态之后,第三次又显示了"状态一"的数据。

22.4 备忘录模式效果与应用

22.4.1 模式优缺点

1. 备忘录模式的优点

(1) 提供了一种状态恢复的实现机制,使得用户可以方便地回到一个特定的历史步骤,当新的状态无效或者存在问题时,可以使用先前存储起来的备忘录将状态复原。

(2) 实现了信息的封装,一个备忘录对象是一种原发器对象的表示,不会被其他代码改动,这种模式简化了原发器对象,备忘录只保存原发器的状态,采用堆栈来存储备忘录对象可以实现多次撤销操作,可以通过在负责人中定义集合对象来存储多个备忘录。

2. 备忘录模式的缺点

资源消耗过大,如果类的成员变量太多,就不可避免占用大量的内存,而且每保存一次对象的状态都需要消耗内存资源,如果知道这一点大家就容易理解为什么一些提供了撤销功能的软件在运行时所需的内存和硬盘空间比较大了。

22.4.2　模式适用环境

在以下情况下可以使用备忘录模式:

(1) 保存一个对象在某一个时刻的状态或部分状态,这样以后需要时它能够恢复到先前的状态。

(2) 如果用一个接口来让其他对象得到这些状态,将会暴露对象的实现细节并破坏对象的封装性,一个对象不希望外界直接访问其内部状态,通过负责人可以间接访问其内部状态。

22.4.3　模式应用

(1) 几乎所有的文字或者图像编辑软件都提供了撤销(Ctrl+Z)的功能,即撤销操作,但是当软件关闭再打开后不能再进行撤销操作,也就是说不能再回到关闭软件前的状态,实际上这中间就用了备忘录模式,在编辑文件的同时可以保存一些内部状态,这些状态在软件关闭时从内存销毁,当然这些状态的保存次数也不是无限的,很多软件只提供有限次的撤销操作。

(2) 数据库管理系统 DBMS 所提供的事务管理应用了备忘录模式,当数据库某事务中一条数据操作语句执行失败时,整个事务将进行回滚操作,系统回到事务执行之前的状态。

22.5　备忘录模式扩展

1. 备忘录的封装性

为了确保备忘录的封装性,除了原发器外,其他类是不能也不应该访问备忘录类的,在实际开发中,原发器与备忘录之间的关系是非常特殊的,它们要分享信息而不让其他类知道,实现的方法因编程语言的不同而不同,C++可以用 friend 关键字,使原发器类和备忘录类成为友元类,互相之间可以访问对象的一些私有的属性;在 Java 语言中可以将两个类放在一个包中,使它们之间满足默认的包内可见性,也可以将备忘录类作为原发器类的内部类,使得只有原发器才可以访问备忘录中的数据,其他对象都无法使用备忘录中的数据。

2. 多备份实现

很多时候在负责人中保存的状态不止一个,不仅包括最后一次对象的状态,还包括一系列中间状态,即需要保存多个备份,因此需要在负责人中定义一个集合对象来存储多个状态,而且可以方便地返回到某一历史状态。在备份对象时可以做一些记号,这些记号称为检查点(Check Point)。如果使用 HashMap 等 Map 对象来实现多备份,则可以将检查点设置为 Key,而备忘录对象作为 Value,将这些 Key-Value 保存在 Map 中,根据 Key 值可以返回到指定的历史状态,Key 可以按序号或者时间等取值;也可以使用 ArrayList 等对象来实现多备份,此时可以通过下标序号来获取指定的历史状态,这些下标可以作为检查点;如果使用堆栈 Stack 等来实现多备份则更加简单,在 Java 语言中,Stack 类提供的 push()方法和pop()方法可以使用户很方便地向负责人中增加新的备忘录或从负责人中取出备忘录。

22.6　本章小结

(1) 备忘录模式可以实现在不破坏封装的前提下,捕获一个对象的内部状态,并在该对象之外保存这个状态,这样可以在以后将对象恢复到原先保存的状态。它是一种对象行为型模式,其别名为 Token。

(2) 备忘录模式包含三个角色:原发器可以创建一个备忘录,并存储它的当前内部状态,也可以使用备忘录来恢复其内部状态;备忘录存储原发器的内部状态,根据原发器来决定保存哪些内部状态;负责人负责保存备忘录,但是不能对备忘录的内容进行操作或检查。

(3) 备忘录对象通常封装了原发器的部分或所有的状态信息,而且这些状态不能被其他对象访问,也就是说不能在该对象之外保存其状态,因为暴露其内部状态将违反封装的原则,可能有损系统的可靠性和可扩展性。

(4) 备忘录模式的主要优点在于它提供了一种状态恢复的实现机制,使得用户可以方便地回到一个特定的历史步骤,还简化了原发器对象,备忘录只保存原发器的状态,采用堆栈来存储备忘录对象可以实现多次撤销操作,可以通过在负责人中定义集合对象来存储多个备忘录;备忘录模式的主要缺点在于资源消耗过大,因为每一个历史状态的保存都需要一个备忘录对象。

(5) 备忘录模式适用情况包括:保存一个对象在某一个时刻的状态或部分状态,这样以后需要时它能够恢复到先前的状态;如果用一个接口来让其他对象得到这些状态,将会暴露对象的实现细节并破坏对象的封装性。

思考与练习

1. 改进"用户信息操作撤销"实例,使得系统可以实现多次撤销操作(可以使用集合对象如 HashMap、ArrayList 等来实现)。

2. 比较备忘录模式与命令模式在实现撤销操作时的异同。

3. 某软件公司正在开发一款 RPG 网游,为了给玩家提供更多方便,在游戏过程中可以设置一个恢复点,用于保存当前的游戏场景,如果在后续游戏过程中玩家角色"不幸牺牲",可以返回到先前保存的场景,从所设恢复点开始重新游戏。试使用备忘录模式设计该功能,要求绘制相应的类图并使用 Java 语言编程模拟实现。

第23章

观察者模式

视频讲解

本章导学

　　观察者模式是一种经常使用的设计模式。在软件系统中对象并不是孤立存在的,一个对象行为的改变可能会导致一个或者多个其他与之存在依赖关系的对象行为发生改变,观察者模式用于描述对象之间的依赖关系,它引入了观察者和观察目标两类不同的角色,由于提供了抽象层,它使得增加新的观察者和观察目标都很方便。观察者模式广泛应用于各种编程语言的事件处理模型中,Java 语言也提供了对观察者模式的全面支持。

　　本章将介绍观察者模式的定义与结构,分析观察者模式的实现原理与作用,通过实例学习如何编程实现观察者模式并且学习如何通过观察者模式创建自定义控件,以及 Java 语言对观察者模式的支持。

　　本章的难点在于理解 Java 事件处理模型中观察者模式的应用以及观察者模式中目标角色和观察者角色的职责与实现。

　　观察者模式重要等级：★★★★★
　　观察者模式难度等级：★★★☆☆

23.1　观察者模式动机与定义

　　无论是在现实世界中还是在软件系统中,人们常常会遇到这样一类问题,一个对象的状态改变会引发其他对象的状态改变,如十字路口的交通信号灯,红灯亮则汽车停,绿灯亮则汽车行,再如点击软件中一个按钮,则会弹出一个窗口。这些对象之间存在一种依赖关系,一个对象的行为会导致依赖它的其他对象发生反应,为了更好地描述这种对象之间的依赖关系,我们需要学习一种新的行为型设计模式,即观察者模式,它是软件设计与开发中使用频率最高的设计模式之一。

23.1.1　模式动机

　　在很多情况下,对象并不是孤立存在的,如在 Java AWT/Swing 编程中,单击一个按钮或者改变一个文本框的内容,可能会引发一个对话框的弹出。这样的实例在现实世界中也到处存在,如股票的变化,倘若某支股票上涨,购买该股票的股民就会兴奋;否则就会失望悲伤,更为严重者就会撞墙跳楼。于是专家提示"股市有风险,入市需慎重"。

从这两个例子中,我们不难分离出两类角色,一类我们称之为观察者,如事件处理程序、股民,另一类就是被这些观察者所观察的目标,如按钮或文本框、股票。如果观察目标有某个动作发生,观察者就会有响应。在设计模式中与这一过程对应的模式就是观察者模式,该模式在当前的软件开发中应用相当广泛,几乎所有的 GUI 事件处理模型中都运用了观察者模式。

在当前流行的 MVC(Model/View/Controller,模型/视图/控制器)架构中也应用了观察者模式,如图 23-1 所示。

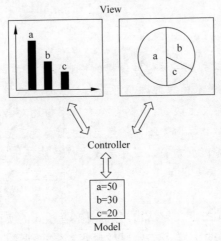

图 23-1　MVC 示意图

在图 23-1 中,模型层 Model 提供的数据是视图层 View 所观察的对象,在视图层中包含了两个数据显示图表对象,一个是柱状图,一个是饼状图,同样的数据可能有不同的图表显示方式,如果模型层的数据发生改变,则两个图表对象将跟随着发生改变,这意味着图表对象依赖模型层提供的数据对象,因此数据对象的任何状态改变都应立即通知它们。但是这两个图表之间相互独立,不存在任何联系,而且图表对象的个数没有任何限制,用户可以根据需要再增加新的图表对象,如折线图。也就是说,相同的数据可以对应任意多个图表对象,而且还可以根据需要增加新的图表对象,增加新的图表对象时,对原有系统几乎没有任何影响,满足"开闭原则"的要求。

建立一种对象与对象之间的依赖关系,一个对象发生改变时将自动通知其他对象,其他对象将相应做出反应。在此,发生改变的对象称为观察目标,而被通知的对象称为观察者,一个观察目标可以对应多个观察者,而且这些观察者之间没有相互联系,可以根据需要增加和删除观察者,使得系统更易于扩展,这就是观察者模式的模式动机。

23.1.2　模式定义

观察者模式(Observer Pattern)定义:定义对象间的一种一对多依赖关系,使得每当一个对象状态发生改变时,其相关依赖对象皆得到通知并被自动更新。观察者模式又叫做发布-订阅(Publish/Subscribe)模式、模型-视图(Model/View)模式、源-监听器(Source/

Listener)模式或从属者(Dependents)模式。观察者模式是一种对象行为型模式。

英文定义："Define a one-to-many dependency between objects so that when one object changes state，all its dependents are notified and updated automatically."。

23.2　观察者模式结构与分析

观察者模式结构较为复杂，它包括观察目标和观察者两个层次结构，下面将学习并分析其模式结构。

23.2.1　模式结构

观察者模式结构图如图 23-2 所示。

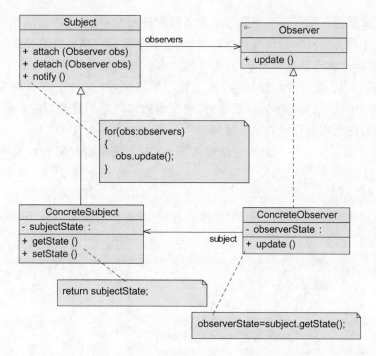

图 23-2　观察者模式结构图

观察者模式包含如下角色。

1. Subject(目标)

目标又称为主题，它是指被观察的对象。在目标中定义了一个观察者集合，它可以存储任意数量的观察者对象，它提供一个接口来增加和删除观察者对象，同时它定义了的通知方法 notify()。目标类可以是接口，也可以是抽象类或实现类。

2. ConcreteSubject(具体目标)

具体目标是目标类的子类，通常它包含经常发生改变的数据，当它的状态发生改变时，向它的各个观察者发出通知。同时它还实现了在目标类中定义的抽象业务逻辑方法(如果有的话)。

3. Observer(观察者)

观察者将对观察目标的改变做出反应,观察者一般定义为接口,该接口声明了更新数据的方法 update(),因此又称为抽象观察者。

4. ConcreteObserver(具体观察者)

在具体观察者中维护一个指向具体目标对象的引用,它存储具体观察者的有关状态,这些状态需要和具体目标的状态保持一致;它实现了在抽象观察者 Observer 中定义的 update()方法。通常在实现时,可以调用具体目标类的 attach()方法将自己添加到目标类的观察者集合中或通过 detach()方法将自己从目标类的观察者集合中删除。

23.2.2 模式分析

观察者模式描述了如何建立对象与对象之间的依赖关系,如何构造满足这种需求的系统。这一模式中的关键对象是观察目标和观察者,一个目标可以有任意多个与之相依赖的观察者,一旦目标的状态发生改变,所有的观察者都将得到通知。作为对这个通知的响应,每个观察者都将即时更新自己的状态,以与目标状态同步,这种交互也称为发布—订阅(publish-subscribe)。目标是通知的发布者,它发出通知时并不需要知道谁是它的观察者,可以有任意数目的观察者订阅并接收通知。

观察者模式定义了一种一对多的依赖关系,让多个观察者对象同时监听某一个目标对象,当这个目标对象的状态发生变化时,会通知所有观察者对象,使它们能够自动更新。

下面通过示例代码对该模式进行分析。首先定义一个抽象目标 Subject,典型代码如下:

```java
import java.util. * ;
public abstract class Subject
{
    protected ArrayList observers = new ArrayList();
    public abstract void attach(Observer observer);
    public abstract void detach(Observer observer);
    public abstract void notify();
}
```

在抽象目标类中定义了观察者集合 observers,同时声明了三个抽象方法,其中 attach()方法用于增加一个观察者对象,detach()方法用于删除一个观察者对象,notify()方法用于通知各个观察者对象并调用它们的 update()更新方法。

具体目标类 ConcreteSubject 是实现了抽象目标类 Subject 的一个具体子类,它实现了上述 3 个方法,其典型代码如下:

```java
public class ConcreteSubject extends Subject
{
```

```
    public void attach(Observer observer)
    {
        observers.add(observer);
    }

    public void detach(Observer observer)
    {
        observers.remove(observer);
    }

    public void notify()
    {
        for(Object obs:observers)
        {
            ((Observer)obs).update();
        }
    }
}
```

抽象观察者角色一般定义为一个接口,其中只声明了一个 update()方法,为不同观察者的更新行为定义相同的接口。这个方法在其子类中实现,不同的观察者具有不同的更新响应方法。抽象观察者 Observer 典型代码如下:

```
public interface Observer
{
    public void update();
}
```

在具体观察者 ConcreteObserver 中实现了 update()方法,其典型代码如下:

```
public class ConcreteObserver implements Observer
{
    public void update()
    {
        //具体更新代码
    }
}
```

在使用时,客户端首先创建具体目标对象以及具体观察者对象。然后,调用目标对象的 attach()方法,将这个观察者对象在目标对象中登记,也就是将它加入到目标对象的观察者集合中去。代码片段如下:

```
Subject subject = new ConcreteSubject();
Observer observer = new ConcreteObserver();
subject.attach(observer);
subject.notify();
```

　　客户端在调用目标对象的 notify()方法时,将调用在其观察者集合中注册的观察者对象的 update()方法,该过程顺序图如图 23-3 所示。

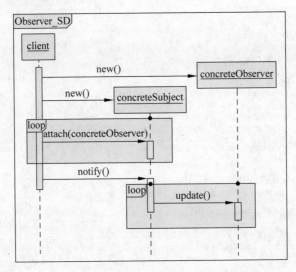

图 23-3　观察者模式顺序图

　　在有些更加复杂的情况下,具体观察者类 ConcreteObserver 的 update()方法在执行时需要使用到具体目标类 ConcreteSubject 中的状态(属性),如前面的数据和图表,图表作为具体观察者,它在更新时需要用到新的数据,因此在 ConcreteObserver 与 ConcreteSubject 之间有时候还存在关联关系,在 ConcreteObserver 中定义一个 ConcreteSubject 实例,通过该实例获取存储在 ConcreteSubject 中的状态。如果 ConcreteObserver 的 update()方法不需要使用到 ConcreteSubject 中的状态属性,则可以对观察者模式的标准结构进行简化,在具体观察者 ConcreteObserver 和具体目标 ConcreteSubject 之间无须维持对象引用。如果在具体层具有关联关系,系统的扩展性将受到一定的影响,增加新的具体目标类有时候需要修改原有观察者的代码,在一定程度上违反了"开闭原则",但是如果原有观察者类无须关联新增的具体目标,则系统扩展性不受影响。

23.3　观察者模式实例与解析

　　下面通过两个实例来进一步学习并理解观察者模式。

23.3.1　观察者模式实例之猫、狗与老鼠

1. 实例说明

　　假设猫是老鼠和狗的观察目标,老鼠和狗是观察者,猫叫老鼠跑,狗也跟着叫,使用观察者模式描述该过程。

2. 实例类图

　　通过分析,该实例类图如图 23-4 所示。

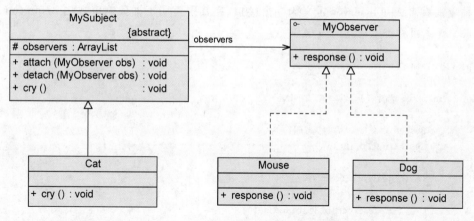

图 23-4 猫、狗和老鼠实例类图

3. 实例代码及解释

（1）抽象目标类 MySubject

```java
import java.util. * ;
public abstract class MySubject
{
    protected ArrayList observers = new ArrayList();

    //注册方法
    public void attach(MyObserver observer)
    {
        observers.add(observer);
    }

    //注销方法
    public void detach(MyObserver observer)
    {
        observers.remove(observer);
    }

    public abstract void cry();        //抽象通知方法
}
```

　　MySubject 是抽象目标类，在其中定义了一个 ArrayList 类型的集合 observers，用于存储观察者对象，并定义了注册方法 attach()和注销方法 detach()，同时声明了抽象的通知方法 cry()。需要注意的是 attach()方法和 detach()方法都必须针对抽象观察者进行编程，任何抽象观察者的子类对象都可以注册或注销。

　　（2）抽象观察者类 MyObserver

```java
public interface MyObserver
{
    void response();        //抽象响应方法
}
```

抽象观察者 MyObserver 定义为一个接口,在其中声明了抽象响应方法 response()。

(3) 具体目标类 Cat(猫类)

```java
public class Cat extends MySubject
{
    public void cry()
    {
        System.out.println("猫叫!");
        System.out.println(" --------------------------- ");

        for(Object obs:observers)
        {
            ((MyObserver)obs).response();
        }

    }
}
```

Cat 是目标类 MySubject 的子类,它实现了抽象方法 cry(),在 cry()中遍历了观察者集合,调用每一个观察者对象的 response()响应方法。

(4) 具体观察者类 Mouse(老鼠类)

```java
public class Mouse implements MyObserver
{
    public void response()
    {
        System.out.println("老鼠努力逃跑!");
    }
}
```

Mouse 是具体观察者类,它实现了在抽象观察者中定义的响应方法 response()。

(5) 具体观察者类 Dog(狗类)

```java
public class Dog implements MyObserver
{
    public void response()
    {
        System.out.println("狗跟着叫!");
    }
}
```

Dog 也是具体观察者类,它实现了在抽象观察者中定义的响应方法 response()。

4. 辅助代码

客户端测试类 Client 如下:

```java
public class Client
{
```

```
    public static void main(String a[])
    {
        MySubject subject = new Cat();

        MyObserver obs1,obs2,obs3;
        obs1 = new Mouse();
        obs2 = new Mouse();
        obs3 = new Dog();

        subject.attach(obs1);
        subject.attach(obs2);
        subject.attach(obs3);

        subject.cry();
    }
}
```

在客户端代码中需要实例化具体目标类和具体观察者类,先调用目标对象的 attach()方法来注册观察者,再调用目标对象的 cry()方法,在 cry()方法的内部将调用观察者对象的响应方法。

5. 结果及分析

编译并运行程序,输出结果如下:

```
猫叫!
----------------------------
老鼠努力逃跑!
老鼠努力逃跑!
狗跟着叫!
```

观察者模式很好地体现了面向对象设计原则中的"开闭原则",如果需要增加一个观察者,如猪也作为猫的观察者,但是猫叫猪无须有任何反应,只需要增加一个新的具体观察者类 Pig,而对原有的类库无须做任何改动,这对于系统的扩展性和灵活性有很大提高。新增的具体观察者类 Pig 的代码如下:

```
public class Pig implements MyObserver
{
    public void response()
    {
        System.out.println("猪没有反应!");
    }
}
```

在客户端代码中可以定义一个 Pig 实例,再将它注册到目标对象的观察者集合中,则需要增加如下代码:

```
MyObserver obs4;
```

```
obs4 = new Pig();
subject.attach(obs4);
```

重新编译并运行程序,输出结果如下:

```
猫叫!
----------------------------
老鼠努力逃跑!
老鼠努力逃跑!
狗跟着叫!
猪没有反应!
```

从本实例可以看出增加新的具体观察者很容易,原有类库代码无须进行任何修改。在实际使用时,还需要注意以下几个问题:

(1) 在客户端尽量针对抽象目标和抽象观察者编程,可以将具体观察者类的类名存储在配置文件中,如果需要更换或增加具体观察者对象只需要修改配置文件即可。如果目标对象和观察者对象之间是一对一关系,则实现过程比较简单,但是如果目标和观察者是一对多关系,则实现过程相对较为复杂。

(2) 在本实例中,由于具体观察者与具体目标类之间没有关联关系,因此增加新的具体目标类也非常方便,只需要扩展抽象目标类即可,而且也可以通过配置文件来存储具体目标类的类名,提高系统的灵活性和可扩展性。

(3) 如果具体观察者与具体目标类之间存在关联关系,则增加新的具体目标类会比较复杂,如果原有观察者类需要访问新增加的具体目标类中的状态,需要修改原有观察者类的源代码,系统的扩展性受到一定影响,不符合"开闭原则"的要求。

23.3.2 观察者模式实例之自定义登录控件

1. 实例说明

Java 事件处理模型中应用了观察者模式,下面通过一个实例来学习如何自定义 Java 控件,并给该控件增加相应的事件。该实例基于 Java Swing/AWT 控件,在 Swing/AWT 的相关类中封装了对事件的底层处理。在本实例中,我们将自定义一个登录控件,用户可以在多个系统中重用该登录控件,该登录控件充当观察目标,而处理登录事件的类充当观察者。在 Java 事件处理中,事件处理对象又被称为事件监听对象,它在监听所包含的登录控件是否有事件发生,如果有事件发生则调用相应的事件处理程序来处理该事件。事件处理对象通过登录控件提供的注册方法将其注册为登录控件的监听对象,即它在监听登录控件的行为,如果控件的行为有所变化(如被鼠标点击),则将调用事件处理对象的相应处理方法。在这里,登录控件对象类似上一个实例中的"猫",而事件处理对象类似上一个实例中的"老鼠",如果登录控件的相关事件被用户激活,类似"猫叫",则会调用事件处理对象中的事件处理方法,类似"老鼠跑"。

2. 实例类图

通过分析,该实例类图如图 23-5 所示(在类图中省略了界面组件)。

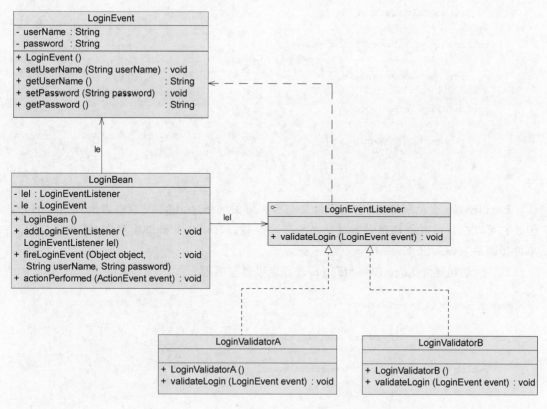

图 23-5 自定义登录控件类图

3. 实例代码及解释

（1）事件类 LoginEvent

```
import java.util.EventObject;

public class LoginEvent extends EventObject
{
    private String userName;
    private String password;
    public LoginEvent(Object source,String userName,String password)
    {
        super(source);
        this.userName = userName;
        this.password = password;
    }
    public void setUserName(String userName)
    {
        this.userName = userName;
    }
    public String getUserName()
    {
```

```
            return this.userName;
        }
        public void setPassword(String password)
        {
            this.password = password;
        }
        public String getPassword()
        {
            return this.password;
        }
    }
```

LoginEvent 表示事件类,它用于封装与事件有关的信息,它不是观察者模式的一部分,但是它可以在目标对象和观察者对象之间传递数据。在 AWT 事件模型中,所有的自定义事件类都是 java.util.EventObject 的子类。

（2）抽象观察者 LoginEventListener(登录事件监听器)

```
import java.util.EventListener;

public interface LoginEventListener extends EventListener
{
    public void validateLogin(LoginEvent event);    //声明响应方法
}
```

LoginEventListener 充当抽象观察者,它声明了事件响应方法 validateLogin(),用于处理事件,该方法也称为事件处理方法,validateLogin()方法将一个 LoginEvent 类型的事件对象作为参数,用于传输与事件相关的数据,在其子类中实现该方法,实现具体的事件处理。该接口在 Java 事件模型中称为事件监听接口或事件监听器。

（3）具体目标类 LoginBean(登录控件类)

```
import javax.swing. * ;
import java.awt.event. * ;
import java.awt. * ;

public class LoginBean extends JPanel implements ActionListener
{
    JLabel labUserName,labPassword;
    JTextField txtUserName;
    JPasswordField txtPassword;
    JButton btnLogin,btnClear;

    LoginEventListener lel;          //定义一个抽象观察者对象

    LoginEvent le;                   //定义一个事件对象用于传输数据

    public LoginBean()
    {
```

```
        this.setLayout(new GridLayout(3,2));
        labUserName = new JLabel("User Name:");
        add(labUserName);

        txtUserName = new JTextField(20);
        add(txtUserName);

        labPassword = new JLabel("Password:");
        add(labPassword);

        txtPassword = new JPasswordField(20);
        add(txtPassword);

        btnLogin = new JButton("Login");
        add(btnLogin);

        btnClear = new JButton("Clear");
        add(btnClear);

        btnClear.addActionListener(this);
        btnLogin.addActionListener(this);
    }

    //实现注册方法
    public void addLoginEventListener(LoginEventListener lel)
    {
        this.lel = lel;
    }

    //实现通知方法
    private void fireLoginEvent(Object object,String userName,String password)
    {
        le = new LoginEvent(btnLogin,userName,password);
        lel.validateLogin(le);
    }

    public void actionPerformed(ActionEvent event)
    {
        if(btnLogin == event.getSource())
        {
            String userName = this.txtUserName.getText();
            String password = this.txtPassword.getText();

            fireLoginEvent(btnLogin,userName,password);
        }
        if(btnClear == event.getSource())
        {
            this.txtUserName.setText("");
            this.txtPassword.setText("");
        }
    }
}
```

LoginBean 充当具体目标类,在这里没有定义抽象目标类,对观察者模式进行了一定的简化。在 LoginBean 中定义了抽象观察者 LoginEventListener 类型的对象 lel 和事件对象 LoginEvent,提供了注册方法 addLoginEventListener()用于添加观察者,在 Java 事件处理中,使用的是一对一的观察者模式,而不是一对多的观察者模式,也就是说,一个观察目标中只定义一个观察者对象,而不是提供一个观察者对象的集合。在 LoginBean 中还定义了通知方法 fireLoginEvent(),该方法在 Java 事件处理模型中称为"点火方法",在该方法内部实例化了一个事件对象 LoginEvent,将用户输入的信息传给观察者对象,并且调用了观察者对象的响应方法 validateLogin()。

注意: 由于在 LoginBean 中包含按钮控件,因此对于按钮控件而言,LoginBean 又可以看成是具体观察者,按钮 JButton 可以看成是具体目标,而监听器接口 ActionListener 可以看成是抽象观察者,在 JButton 中也定义了注册方法和"点火方法",在"点火方法"中调用实现 ActionListener 接口的子类对象的 actionPerformed()方法,actionPerformed()方法即响应方法,由于 LoginBean 实现了 ActionListener 接口,因此需要实现 actionPerformed()方法,在该方法内部编写按钮事件处理程序,且在 LoginBean 中实例化具体目标 JButton,并调用 JButton 的 addActionListener()方法进行注册,由于是将当前对象注册为具体观察者,因此该方法的实参为 this。JDK 底层封装了对鼠标、键盘等输入设备的操作,当鼠标被点击或者键盘被按下时将自动调用 JButton 按钮的"点火方法",而在"点火方法"中将调用在 LoginBean 中实现的 actionPerformed()方法,即调用事件处理程序。

(4) 具体观察者类 LoginValidatorA(登录界面类)

```java
import javax.swing. * ;
import java.awt. * ;

public class LoginValidatorA extends JFrame implements LoginEventListener
{
    private JPanel p;
    private LoginBean lb;                    //定义具体目标
    private JLabel lblLogo;
    public LoginValidatorA()
    {
        super("Bank of China");
        p = new JPanel();
        this.getContentPane().add(p);
        lb = new LoginBean();
        lb.addLoginEventListener(this);      //调用目标对象的注册方法

        Font f = new Font("Times New Roman",Font.BOLD,30);
        lblLogo = new JLabel("Bank of China");
        lblLogo.setFont(f);
        lblLogo.setForeground(Color.red);

        p.setLayout(new GridLayout(2,1));
        p.add(lblLogo);
        p.add(lb);
```

```
        p.setBackground(Color.pink);
        this.setSize(600,200);
        this.setVisible(true);
    }

    //实现在抽象观察者中声明的响应方法
    public void validateLogin(LoginEvent event)
    {
        String userName = event.getUserName();
        String password = event.getPassword();

        if(0 == userName.trim().length()||0 == password.trim().length())
        {
            JOptionPane.showMessageDialog(this,new String("Username or Password is
            empty!"),"alert",JOptionPane.ERROR_MESSAGE);
        }
        else
        {
            JOptionPane.showMessageDialog(this,new String("Valid Login Info!"),"alert",
            JOptionPane.INFORMATION_MESSAGE);
        }
    }
    public static void main(String args[])
    {
        new LoginValidatorA().setVisible(true);
    }
}
```

    LoginValidatorA 作为具体观察者类,它实现了事件监听接口 LoginEventListener,并创建了一个具体目标类 LoginBean 类型的对象 lb,通过 lb 对象调用具体目标类的注册方法,即 lb.addLoginEventListener(this),注册当前对象为观察者。LoginValidatorA 实现了在 LoginEventListener 接口中定义的 validateLogin()方法用于实现事件处理,该方法带一个事件对象 LoginEvent 类型的参数。

    在 LoginValidatorA 的事件处理方法,即观察者响应方法 validateLogin()中,判断用户名和密码是否为空,如果为空则提示错误信息。

    (5) 具体观察者类 LoginValidatorB(登录界面类)

```
import javax.swing.*;
import java.awt.*;

public class LoginValidatorB extends JFrame implements LoginEventListener
{
    private JPanel p;
    private LoginBean lb;
    private JLabel lblLogo;

    public LoginValidatorB()
```

```
{
    super("China Mobile");
    p = new JPanel();
    this.getContentPane().add(p);
    lb = new LoginBean();
    lb.addLoginEventListener(this);

    Font f = new Font("Times New Roman",Font.BOLD,30);
    lblLogo = new JLabel("China Mobile");
    lblLogo.setFont(f);
    lblLogo.setForeground(Color.blue);

    p.setLayout(new GridLayout(2,1));
    p.add(lblLogo);
    p.add(lb);
    p.setBackground(new Color(163,185,255));
    this.setSize(600,200);
    this.setVisible(true);
}

public void validateLogin(LoginEvent event)
{
    String userName = event.getUserName();
    String password = event.getPassword();

    if(userName.equals(password))
    {
        JOptionPane.showMessageDialog(this,new String("Username must be different from
        password!"),"alert",JOptionPane.ERROR_MESSAGE);
    }
    else
    {
        JOptionPane.showMessageDialog(this, new String("Rigth details!"),"alert",
        JOptionPane.INFORMATION_MESSAGE);
    }
}

public static void main(String args[])
{
    new LoginValidatorB().setVisible(true);
}
}
```

LoginValidatorB 是另一个具体观察者类,它的实现过程与 LoginValidatorA 相似,但是其事件处理方法有所不同,在 LoginValidatorB 的 validateLogin()方法中,判断用户名和密码是否相同,如果相同则提示错误信息。

4. 结果及分析

编译并运行 LoginValidatorA,输出结果如图 23-6 所示。

图 23-6 LoginValidatorA 运行效果图

编译并运行 LoginValidatorB，输出结果如图 23-7 所示。

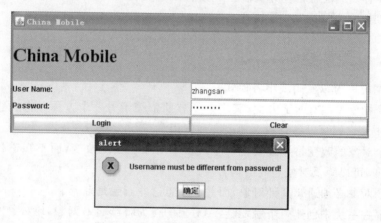

图 23-7 LoginValidatorB 运行效果图

同一个登录控件可以应用于多个不同的项目，就像按钮控件、文本框控件一样，使用该控件的开发人员只需要在界面代码中创建一个登录控件对象，并将当前界面对象注册为观察者，同时实现事件监听接口中的事件处理方法即可，重用性和扩展性都非常好，Java 事件处理模型是观察者模式的经典应用之一。

23.4 观察者模式效果与应用

23.4.1 模式优缺点

1. 观察者模式的优点

（1）观察者模式可以实现表示层和数据逻辑层的分离，并定义了稳定的消息更新传递机制，抽象了更新接口，使得可以有各种各样不同的表示层作为具体观察者角色。

（2）观察者模式在观察目标和观察者之间建立一个抽象的耦合。观察目标只需要维持一个抽象观察者的集合,每一个具体观察者都符合抽象观察者的定义。观察目标不需要了解其具体观察者,只需知道它们都有一个共同的接口即可。由于观察目标和观察者没有紧密地耦合在一起,因此它们可以属于不同的抽象化层次。

(3) 观察者模式支持广播通信,观察目标会向所有注册的观察者发出通知,简化了一对多系统设计的难度。

(4) 观察者模式符合"开闭原则"的要求,增加新的具体观察者无须修改原有系统代码,在具体观察者与观察目标之间不存在关联关系的情况下,增加新的观察目标也很方便。

2.观察者模式的缺点

(1) 如果一个观察目标对象有很多直接和间接的观察者的话,将所有的观察者都通知到会花费很多时间。

(2) 如果在观察者和观察目标之间有循环依赖的话,观察目标会触发它们之间进行循环调用,可能导致系统崩溃。

(3) 观察者模式没有相应的机制让观察者知道所观察的目标对象是怎么发生变化的,而仅仅只是知道观察目标发生了变化。

23.4.2　模式适用环境

在以下情况下可以使用观察者模式:

(1) 一个抽象模型有两个方面,其中一个方面依赖于另一个方面。将这些方面封装在独立的对象中使它们可以各自独立地改变和复用。

(2) 一个对象的改变将导致其他一个或多个对象也发生改变,而不知道具体有多少对象将发生改变,可以降低对象之间的耦合度。

(3) 一个对象必须通知其他对象,而并不知道这些对象是谁。

(4) 需要在系统中创建一个触发链,A 对象的行为将影响 B 对象,B 对象的行为将影响 C 对象……可以使用观察者模式创建一种链式触发机制。

23.4.3　模式应用

(1) JDK 1.0 及更早的 AWT 事件模型基于职责链模式,但是这种模型不适用于复杂的系统,因此在 JDK 1.1 版本及以后的各个版本中,事件处理模型采用基于观察者模式的委派事件模型(Delegation Event Model, DEM)。

在 DEM 模型里面,目标角色(Subject)负责发布事件,而观察者角色(Observer)可以向目标订阅它所感兴趣的事件。当一个具体目标产生一个事件时,它将通知所有订阅者。在 DEM 中,事件的发布者称为事件源(Event Source),而订阅者叫做事件监听器(Event Listener),在这个过程中还可以通过事件对象(Event Object)来传递与事件相关的信息,可以在事件监听者的实现类中实现事件处理,因此事件监听对象又可以称为事件处理对象。事件源对象、事件监听对象(事件处理对象)和事件对象构成了 Java 事件处理模型的三要素。

(2) 除了 AWT 中的事件处理之外,Java 语言解析 XML 的技术 SAX2 以及 Servlet 技术的事件处理机制都基于 DEM,它们都是观察者模式的应用。

（3）观察者模式在软件开发中应用非常广泛，如某电子商务网站可以在执行发送操作时给多个用户发送商品打折信息，某团队战斗游戏中队友牺牲将给所有成员提示等，凡是涉及一对一或者一对多的对象交互场景都可以使用观察者模式。

23.5　观察者模式扩展

1. Java 语言提供的对观察者模式的支持

观察者模式在 Java 语言中的地位非常重要。在 JDK 的 java.util 包中，提供了 Observable 类以及 Observer 接口，它们构成了 Java 语言对观察者模式的支持，如图 23-8 所示。

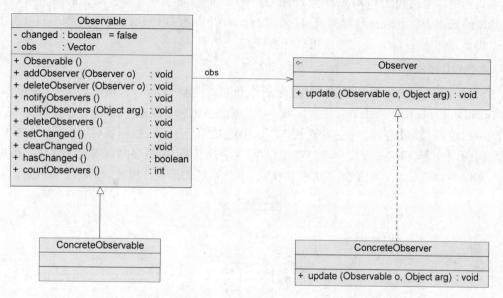

图 23-8　Java 语言中的观察者类

（1）Observer 接口

java.util.Observer 接口只定义一个方法，它充当抽象观察者，其方法定义代码如下：

```
void update(Observable o, Object arg);
```

当观察目标的状态发生变化时，该方法将会被调用，在 Observer 的实现子类中实现该 update()方法，即具体观察者可以根据需要具有不同的更新行为。当调用观察目标类 Observable 的 notifyObservers()方法时，将调用观察者类中的 update()方法。

（2）Observable 类

java.util.Observable 类充当观察目标类，在 Observable 中定义了一个向量 Vector 来存储观察者对象。它的方法包括：

- Observable()：构造函数，实例化 Vector 向量。
- addObserver(Observer o)：用于注册新的观察者对象到向量中。

- deleteObserver（Observer o）：用于删除向量中的某一个观察者对象。
- notifyObservers()、notifyObservers(Object arg)：通知方法，在方法内部循环调用向量中每一个观察者的 update()方法。
- deleteObservers：该方法用于清空向量，即删除向量中所有观察者对象。
- setChanged()：该方法被调用后会将一个 boolean 类型的内部标记变量 changed 的值设置为 true，表示观察目标对象的状态发生了变化。
- clearChanged()：该方法用于将 changed 变量的值设为 false，表示对象状态不再发生改变或者已经通知了所有的观察者对象，调用了它们的 update()方法。
- hasChanged()：该方法用于测试对象状态是否改变。
- countObservers()：该方法用于返回向量中观察者的数量。

我们可以直接使用 Observer 接口和 Observable 类来作为观察者模式的抽象层，自定义具体的观察者类和观察目标类，通过使用 Java API 中的 Observer 接口和 Observable 类，可以更加方便地在 Java 语言中使用观察者模式。

2. MVC 模式

MVC 模式是一种架构模式，它包含三个角色：模型（Model）、视图（View）和控制器（Controller）。观察者模式可以用来实现 MVC 模式，观察者模式中的观察目标就是 MVC 模式中的模型（Model），而观察者就是 MVC 中的视图（View），控制器（Controller）充当两者之间的中介者（Mediator）。当模型层的数据发生改变时，视图层将自动改变其显示内容。

实际上，MVC 模式中蕴涵了观察者模式、中介者模式等设计模式，如图 23-9 所示。

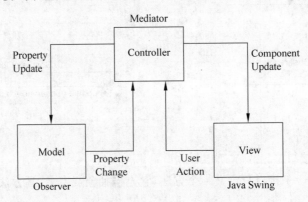

图 23-9　MVC 模式示意图

大家可以查询相关资料对 MVC 模式进行深入的了解和学习。如 Oracle 公司提供的技术文档"Java SE Application Design With MVC"，参考网址：http://www.oracle.com/technetwork/ articles/ javase/index-142890.html。

23.6　本章小结

（1）观察者模式定义对象间的一种一对多依赖关系，使得每当一个对象状态发生改变时，其相关依赖对象皆得到通知并被自动更新。观察者模式又叫做发布-订阅模式、模型-视图模式、源-监听器模式或从属者模式。观察者模式是一种对象行为型模式。

（2）观察者模式包含四个角色：目标又称为主题，它是指被观察的对象；具体目标是目标类的子类，通常它包含有经常发生改变的数据，当它的状态发生改变时，向它的各个观察者发出通知；观察者将对观察目标的改变做出反应；在具体观察者中维护一个指向具体目标对象的引用，它存储具体观察者的有关状态，这些状态需要和具体目标的状态保持一致。

（3）观察者模式定义了一种一对多的依赖关系，让多个观察者对象同时监听某一个目标对象，当这个目标对象的状态发生变化时，会通知所有观察者对象，使它们能够自动更新。

（4）观察者模式的主要优点在于可以实现表示层和数据逻辑层的分离，并在观察目标和观察者之间建立一个抽象的耦合，支持广播通信；其主要缺点在于如果一个观察目标对象有很多直接和间接的观察者的话，将所有的观察者都通知到会花费很多时间，而且如果在观察者和观察目标之间有循环依赖的话，观察目标会触发它们之间进行循环调用，可能导致系统崩溃。

（5）观察者模式适用情况包括：一个抽象模型有两个方面，其中一个方面依赖于另一个方面；一个对象的改变将导致其他一个或多个对象也发生改变，而不知道具体有多少对象将发生改变；一个对象必须通知其他对象，而并不知道这些对象是谁；需要在系统中创建一个触发链。

（6）在 JDK 的 java.util 包中，提供了 Observable 类以及 Observer 接口，它们构成了 Java 语言对观察者模式的支持。

思考与练习

1. 某在线股票软件需要提供如下功能：当股票购买者所购买的某支股票价格变化幅度达到 5％时，系统将自动发送通知（包括新价格）给购买该股票的股民。现使用观察者模式设计该系统，绘制类图并编程实现。

2. 某高校教学管理系统需要实现如下功能，如果某个系的系名发生改变，则该系所有教师和学生的所属系名称也将发生改变。使用 Java 语言提供的观察者类和观察目标类实现该功能，绘制类图并编程实现。

3. 使用 Java AWT/Swing 自定义一个信息查询控件，该控件包括一个文本框和一个查询按钮。要求创建查询事件对象（SearchEvent）、查询事件监听接口（SearchListener）、查询控件（SearchBean），并在界面中使用该控件。

第24章

状态模式

视频讲解

本章导学

　　状态模式是一种较为复杂的设计模式，它用于解决系统中复杂对象的状态转换以及不同状态下行为的封装问题。当系统中某个对象存在多个状态，这些状态之间可以进行转换，而且对象在不同状态下行为不相同时可以使用状态模式。状态模式将一个对象的状态从该对象中分离出来，使得其状态可以灵活变化，且对于客户端来说，用户无须关心对象状态的转换以及对象所处的当前状态，无论对于何种状态的对象，客户端都可以一致处理。

　　本章将介绍状态模式的定义与结构，分析状态模式的特点，并结合实例学习状态模式的实现过程，学会如何在实际软件项目开发中应用状态模式。

　　本章的难点在于理解环境类的作用，以及如何将状态类从环境类中分离出来并实现状态的转换。

　　状态模式重要等级：★★★☆☆
　　状态模式难度等级：★★★★☆

24.1　状态模式动机与定义

　　在面向对象软件系统中，有些对象拥有多种状态，这些状态可以相互转换，而且对象状态不同时，其行为也有所差异。对于这种类型的对象，可以通过状态模式对其进行设计，使得对象可以灵活地切换状态且用户在使用过程中无须关心对象状态及其切换细节。在本章我们将学习关注于对象状态及其转换的状态模式。

24.1.1　模式动机

　　在很多情况下，一个对象的行为取决于一个或多个动态变化的属性，这样的属性叫做状态，这样的对象叫做有状态的(stateful)对象，这些对象状态是从事先定义好的一系列值中取出的。当一个这样的对象与外部事件产生互动时，其内部状态就会改变，从而使得系统的行为也随之发生变化。在 UML 中可以使用状态图来描述对象状态的变化。假设人作为一个对象根据心情不同具有两种状态：开心和伤心，这两种状态可以相互转换。如开心的人可以因为失恋而伤心，伤心的人可以因为中奖而开心，而且在不同状态下行为也不相同，如有些人开心的时候喜欢唱歌、请客吃饭，有些人伤心的时候喜欢疯狂购物，当然也有人选择一个极端的方式发泄自己的伤心情绪——撞墙。如果用状态图来描述该过程，如图 24-1所示。

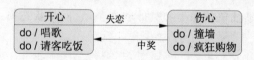

图 24-1　人的情绪状态图

在软件系统中也大量存在类似的情况，如考虑某酒店订房系统，可以将酒店房间设计为一个类，酒店房间对象将会存在已预订、空闲、已入住等状态，这些状态之间可以相互转换，对于客户而言，这些状态的转换细节无须知道。不同状态的对象还可能具有不同的行为，如已预订或有客人入住的房间就不能再接受其他顾客的预订，而空闲的房间可以接受预订。在通常情况下，可以用复杂的条件判断（如if...else...）来进行状态的判断和转换操作，这会导致代码的可维护性和灵活性下降，特别是出现新的状态时，代码的扩展性很差，客户端代码也需要进行相应的修改，违反了"开闭原则"原则。为了解决状态的转换问题，并使得客户端代码与对象状态之间的耦合度降低，状态模式是一个更为合理的解决方案。

在状态模式中，可以将对象状态从包含该状态的类中分离出来，做成一个个单独的状态类，如人的两种情绪可以设计成两个状态类，如图 24-2 所示。

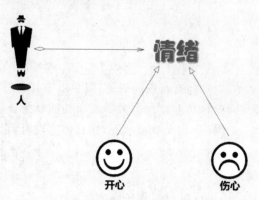

图 24-2　人的情绪状态结构图

在图 24-2 中，将"开心"与"伤心"两种情绪从类"人"中分离出来，从而避免在"人"中进行状态的判断和转换，将拥有状态的对象和状态对应的行为分离，这就是状态模式的动机。

24.1.2　模式定义

状态模式（State Pattern）定义：允许一个对象在其内部状态改变时改变它的行为，对象看起来似乎修改了它的类。其别名为状态对象（Objects for States），状态模式是一种对象行为型模式。

英文定义："Allow an object to alter its behavior when its internal state changes. The object will appear to change its class."。

24.2　状态模式结构与分析

在状态模式中引入了抽象状态类和具体状态类,它们是状态模式的核心,下面将学习并分析其模式结构。

24.2.1　模式结构

状态模式结构图如图 24-3 所示。

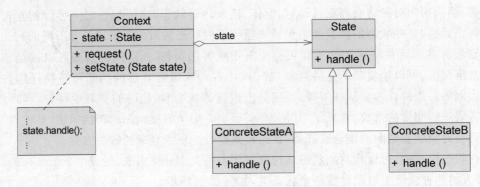

图 24-3　状态模式结构图

状态模式包含如下角色:

1. Context(环境类)

环境类又称为上下文类,它是拥有状态的对象,但是由于其状态存在多样性且在不同状态下对象的行为有所不同,因此将状态独立出去形成单独的状态类。在环境类中维护一个抽象状态类 State 的实例,这个实例定义当前状态,在具体实现时,它是一个 State 子类的对象,可以定义初始状态。

2. State(抽象状态类)

抽象状态类用于定义一个接口以封装与环境类的一个特定状态相关的行为,在抽象状态类中声明了各种不同状态对应的方法,而在其子类中实现了这些方法,由于不同状态下对象的行为可能不同,因此在不同子类中方法的实现可能存在不同,相同的方法可以写在抽象状态类中。

3. ConcreteState(具体状态类)

具体状态类是抽象状态类的子类,每一个子类实现一个与环境类的一个状态相关的行为,每一个具体状态类对应环境的一个具体状态,不同的具体状态类其行为有所不同。

24.2.2　模式分析

在实际开发中我们经常会使用类似 if…else if…else…进行状态切换,如果这些针对状态的判断切换反复出现,我们就要考虑是否可以采取状态模式。状态模式描述了对象状态的变化以及对象如何在每一种状态下表现出不同的行为。它在实际应用中很常见,非常适合设计那些存在各种状态切换的对象。状态模式的关键是引入了一个抽象类来专门表示对象的状态,这个类我们叫做抽象状态类,而对象的每一种具体状态类都继承了该类,并在不同具体状态类中实现了不同状态的行为,包括各种状态之间的转换。

考虑前面所提到的酒店订房系统中的酒店房间,为其绘制 UML 状态图,如图 24-4 所示。

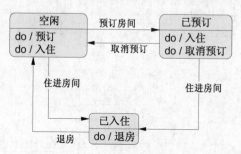

图 24-4　酒店订房系统中房间类状态图

如果不使用状态模式,在环境类房间中可能存在如下示例代码片段:

```
if(state == "空闲")
{
    if(预订房间)
    {
        预订操作;
        state = "已预订";
    }
    else if(住进房间)
    {
        入住操作;
        state = "已入住";
    }
}
else if(state == "已预订")
{
    if(住进房间)
    {
        入住操作;
        state = "已入住";
    }
    else if(取消预订)
    {
        取消操作;
        state = "空闲";
    }
}
```

在上述代码中,我们将发现在房间类中需要做复杂的判断进行状态切换操作,而且房间类的状态不同时其操作也有所差异,因此代码非常冗长,可维护性很差。因此需要考虑将房间类的状态从房间类中抽取出来,将与每种状态有关的操作封装在独立的状态类中。将状态类从房间类中抽取出来后可以得到如图 24-5 所示的结构图。

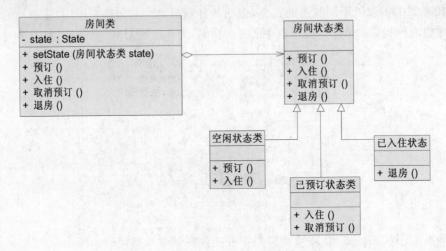

图 24-5　房间类状态模式结构图

根据图 24-5 所示结构,将以上代码进行重构,可以将与每一种状态相关的代码写在单独的类中,示例代码如下:

```
//重构之后的"空闲状态类"示例代码
  ⋮
if(预订房间)
{
    预订操作;
    context.setState(new 已预订状态类());
}
else if(住进房间)
{
    入住操作;
    context.setState(new 已入住状态类());
}
  ⋮
```

在如上示例代码中,我们将与空闲状态相关的操作封装到一个单独的空闲状态类中,其他状态也如此封装。在环境类 Context 中提供一个 setState()方法用于设置当前房间状态,同时将状态转换代码从环境类中抽取出来,封装到单独的状态类中,更加符合"单一职责原则"的要求。

虽然在状态模式结构图中环境类 Context 与抽象状态类 State 之间存在单向的关联关系,在 Context 中定义了一个 State 对象,然而在具体实现时,它们之间存在更为复杂的关系,State 与 Context 之间可能也存在依赖或者双向关联关系。

在状态模式结构中需要理解环境类与抽象状态类的作用：

（1）环境类实际上就是拥有状态的对象，如航空订票系统中的订单拥有多种状态则订单是环境类，酒店订房系统中的房间拥有多种状态则房间是环境类。环境类有时候可以充当状态管理器（State Manager）的角色，可以在环境类中对状态进行切换操作。

（2）抽象状态类可以是抽象类，也可以是接口，不同状态类就是继承这个父类的不同子类，状态类的产生是由于环境类存在多个状态，同时还满足两个条件：这些状态经常需要切换，在不同的状态下对象的行为不同。因此可以将不同状态下的行为单独提取出来封装在具体的状态类中，使得环境类对象在其内部状态改变时可以改变它的行为，对象看起来似乎修改了它的类，而实际上是由于切换到不同的具体状态类实现的。由于环境类可以设置为任一具体状态类，因此它针对抽象状态类进行编程，在程序运行时可以将任一具体状态类的对象设置到环境类中，从而使得环境类可以改变内部状态，并且改变行为。

24.3　状态模式实例与解析

下面通过两个实例来进一步学习并理解状态模式。

24.3.1　状态模式实例之论坛用户等级

1. 实例说明

在某论坛系统中，用户可以发表留言，发表留言将增加积分；用户也可以回复留言，回复留言也将增加积分；用户还可以下载文件，下载文件将扣除积分。该系统用户分为三个等级，分别是新手、高手和专家，这三个等级对应三种不同的状态，这三种状态分别定义如下：

（1）如果积分小于100分，则为新手状态，用户可以发表留言、回复留言，但是不能下载文件。如果积分大于等于1000分，则转换为专家状态；如果积分大于等于100分，则转换为高手状态。

（2）如果积分大于等于100分但小于1000分，则为高手状态，用户可以发表留言、回复留言，还可以下载文件，而且用户在发表留言时可以获取双倍积分。如果积分小于100分，则转换为新手状态；如果积分大于等于1000分，则转换为专家状态；如果下载文件后积分小于0，则不能下载该文件。

（3）如果积分大于等于1000分，则为专家状态，用户可以发表留言、回复留言和下载文件，用户除了在发表留言时可以获取双倍积分外，下载文件只扣除所需积分的一半。如果积分小于100分，则转换为新手状态；如果积分小于1000分，但大于等于100，则转换为高手状态；如果下载文件后积分小于0，则不能下载该文件。

2. 实例类图

通过分析，该实例类图如图24-6所示。

3. 实例代码及解释

（1）环境类ForumAccount（论坛账号类）

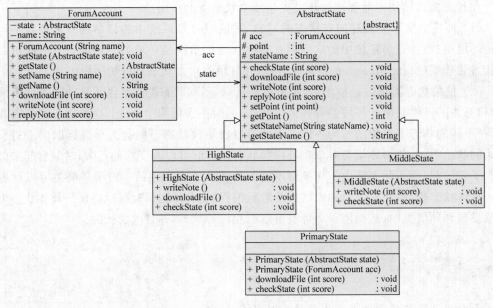

图 24-6 论坛用户等级类图

```java
public class ForumAccount
{
    private AbstractState state;
    private String name;
    public ForumAccount(String name)
    {
        this.name = name;
        this.state = new PrimaryState(this);
        System.out.println(this.name + "注册成功!");
        System.out.println("-------------------------------------------------- ");
    }

    public void setState(AbstractState state)
    {
        this.state = state;
    }

    public AbstractState getState()
    {
        return this.state;
    }

    public String getName()
    {
        return this.name;
    }

    public void downloadFile(int score)
```

```
    {
        state.downloadFile(score);
    }

    public void writeNote(int score)
    {
        state.writeNote(score);
    }

    public void replyNote(int score)
    {
        state.replyNote(score);
    }
}
```

ForumAccount 类是一个环境类，它是拥有状态的对象，它维持了一个抽象状态的引用，并且可以通过其 setState()方法设置状态。在 ForumAccount 类的构造函数中定义了初始状态，在其业务方法中可以调用定义在状态类中的业务方法，如 downloadFile()、writeNote()和 replyNote()等。

（2）抽象状态类 AbstractState(账号状态类)

```
public abstract class AbstractState
{
    protected ForumAccount acc;
    protected int point;
    protected String stateName;
    public abstract void checkState(int score);

    public void downloadFile(int score)
    {
        System.out.println(acc.getName() + "下载文件,扣除" + score + "积分。");
        this.point - = score;
        checkState(score);
        System.out.println("剩余积分为: " + this.point + ",当前级别为: " + acc.getState().
        stateName + "。");
    }

    public void writeNote(int score)
    {
        System.out.println(acc.getName() + "发布留言" + ",增加" + score + "积分。");
        this.point + = score;
        checkState(score);
        System.out.println("剩余积分为: " + this.point + ",当前级别为: " + acc.getState().
        stateName + "。");
    }

    public void replyNote(int score)
    {
```

```
        System.out.println(acc.getName() + "回复留言,增加" + score + "积分。");
        this.point + = score;
        checkState(score);
        System.out.println("剩余积分为: " + this.point + ",当前级别为: " + acc.getState().
        stateName + "。");
    }

    public void setPoint(int point) {
        this.point = point;
    }

    public int getPoint() {
        return (this.point);
    }

    public void setStateName(String stateName) {
        this.stateName = stateName;
    }

    public String getStateName() {
        return (this.stateName);
    }
}
```

　　AbstractState 类是抽象状态类,它与环境类有一个双向的关联关系,在 AbstractState 类中定义了一个 ForumAccount 对象,用于在具体状态类内部通过 ForumAccount 对象的 setState()方法来进行状态的转换。在 AbstractState 中定义了业务方法的通用实现,在没有状态子类覆盖的情况下,默认调用 AbstractState 类中定义的业务方法。

　　(3) 具体状态类 PrimaryState(新手状态类)

```
public class PrimaryState extends AbstractState
{
    public PrimaryState(AbstractState state)
    {
        this.acc = state.acc;
        this.point = state.getPoint();
        this.stateName = "新手";
    }

    public PrimaryState(ForumAccount acc)
    {
        this.point = 0;
        this.acc = acc;
        this.stateName = "新手";
    }

    public void downloadFile(int score)
    {
```

```
        System.out.println("对不起," + acc.getName() + ",您没有下载文件的权限!");
    }

    public void checkState(int score)
    {
        if(point >= 1000)
        {
            acc.setState(new HighState(this));
        }
        else if(point >= 100)
        {
            acc.setState(new MiddleState(this));
        }
    }
}
```

PrimaryState 是抽象状态类 AbstractState 的子类,是具体状态类之一,在其中覆盖了 downloadFile()方法,实现了抽象方法 checkState(),在 checkState()方法中实现了状态的转换逻辑。

(4) 具体状态类 MiddleState(高手状态类)

```
public class MiddleState extends AbstractState
{
    public MiddleState(AbstractState state)
    {
        this.acc = state.acc;
        this.point = state.getPoint();
        this.stateName = "高手";
    }

    public void writeNote(int score)
    {
        System.out.println(acc.getName() + "发布留言" + ",增加" + score + "*2个
        积分。");
        this.point += score * 2;
        checkState(score);
        System.out.println("剩余积分为:" + this.point + ",当前级别为:" + acc.getState().
        stateName + "。");
    }

    public void checkState(int score)
    {
        if(point >= 1000)
        {
            acc.setState(new HighState(this));
        }
        else if(point < 0)
        {
```

```
                System.out.println("余额不足,文件下载失败!");
                this.point + = score;
        }
        else if(point < = 100)
        {
                acc.setState(new PrimaryState(this));
        }
    }
}
```

MiddleState 是抽象状态类 AbstractState 的子类,也是具体状态类之一,在其中覆盖了 writeNote()方法,实现了抽象方法 checkState(),在 checkState()方法中实现了状态的转换逻辑。

(5) 具体状态类 HighState(专家状态类)

```
public class HighState extends AbstractState
{
    public HighState(AbstractState state)
    {
        this.acc = state.acc;
        this.point = state.getPoint();
        this.stateName = "专家";
    }

    public void writeNote(int score)
    {
        System.out.println(acc.getName() + "发布留言" + ",增加" + score + " * 2 个
        积分。");
        this.point + = score * 2;
        checkState(score);
        System.out.println("剩余积分为:" + this.point + ",当前级别为:" + acc.getState().
        stateName + "。");
    }

    public void downloadFile(int score)
    {
        System.out.println(acc.getName() + "下载文件,扣除" + score + "/2 积分。");
        this.point - = score/2;
        checkState(score);
        System.out.println("剩余积分为:" + this.point + ",当前级别为:" + acc.getState().
        stateName + "。");    }

    public void checkState(int score)
    {
        if(point < 0)
        {
                System.out.println("余额不足,文件下载失败!");
                this.point + = score;
```

```
        }
        else if(point <= 100)
        {
            acc.setState(new PrimaryState(this));
        }
        else if(point <= 1000)
        {
            acc.setState(new MiddleState(this));
        }
    }
}
```

HighState 是抽象状态类 AbstractState 的子类，也是具体状态类之一，在其中覆盖了 writeNote()方法和 downloadFile()方法，并且实现了抽象方法 checkState()，在 checkState()方法中实现了状态的转换逻辑。

4. 辅助代码

客户端测试类 Client 如下：

```
public class Client
{
    public static void main(String args[])
    {
        ForumAccount account = new ForumAccount("张三");
        account.writeNote(20);
        System.out.println("-------------------------------------------");
        account.downloadFile(20);
        System.out.println("-------------------------------------------");
        account.replyNote(100);
        System.out.println("-------------------------------------------");
        account.writeNote(40);
        System.out.println("-------------------------------------------");
        account.downloadFile(80);
        System.out.println("-------------------------------------------");
        account.downloadFile(150);
        System.out.println("-------------------------------------------");
        account.writeNote(1000);
        System.out.println("-------------------------------------------");
        account.downloadFile(80);
        System.out.println("-------------------------------------------");
    }
}
```

在客户端代码中，定义了一个 ForumAccount 类型的对象 account，然后通过调用其方法来实现业务操作，而无须关心其内部状态的转换。由于在不同状态下系统的行为有所不同，因此随着状态的变化，执行相同方法可能会出现完全不同的结果，如四次调用 downloadFile()方法的结果就都不相同。

5. 结果及分析

编译并运行程序,输出结果如下:

```
张三注册成功!
------------------------------------------------
张三发布留言,增加 20 积分。
剩余积分为:20,当前级别为:新手。
------------------------------------------------
对不起,张三,您没有下载文件的权限!
------------------------------------------------
张三回复留言,增加 100 积分。
剩余积分为:120,当前级别为:高手。
------------------------------------------------
张三发布留言,增加 40 * 2 个积分。
剩余积分为:200,当前级别为:高手。
------------------------------------------------
张三下载文件,扣除 80 积分。
剩余积分为:120,当前级别为:高手。
------------------------------------------------
张三下载文件,扣除 150 积分。
余额不足,文件下载失败!
剩余积分为:120,当前级别为:高手。
------------------------------------------------
张三发布留言,增加 1000 * 2 个积分。
剩余积分为:2120,当前级别为:专家。
------------------------------------------------
张三下载文件,扣除 80/2 积分。
剩余积分为:2080,当前级别为:专家。
------------------------------------------------
```

注意加粗部分对应客户端代码中四次调用 downloadFile()方法的输出结果,由于对象状态不一样,因此这四次输出结果均不相同。如果是"新手"状态,则没有下载文件的权限;如果是"高手"状态,则可以下载文件,但是如果文件所需积分大于所剩积分则下载失败;如果是"专家"状态,则只需扣除所需积分的一半。这体现了对象在不同状态下具有不同的行为,而且对象的转换是自动的,客户端无须关心其转换细节。

24.3.2　状态模式实例之银行账户

1. 实例说明

某银行系统定义的账户有三种状态:

(1) 如果账户(Account)中余额(balance)大于等于 0,此时账户的状态为绿色(GreenState),即正常状态,表示既可以向该账户存款(deposit)也可以从该账户取款(withdraw)。

(2) 如果账户中余额小于 0,并且大于等于−1000,则账户的状态为黄色(YellowState),即欠费状态,此时既可以向该账户存款也可以从该账户取款。

（3）如果账户中余额小于－1000，那么账户的状态为红色（RedState），即透支状态，此时用户只能向该账户存款，不能再从中取款。

现用状态模式来实现状态的转化问题，用户只需要执行简单的存款和取款操作，系统根据余额数量自动转换到相应的状态。

2．实例类图

通过分析，该实例类图如图 24-7 所示。

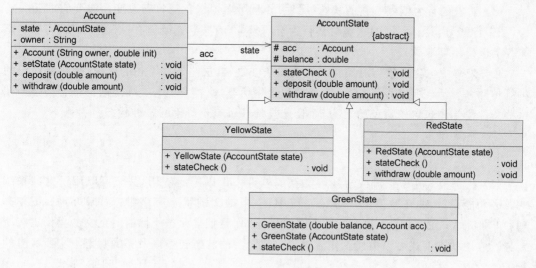

图 24-7　银行账户类图

该实例的代码解释与结果分析略。

24.4　状态模式效果与应用

24.4.1　模式优缺点

1．状态模式的优点

（1）封装了转换规则。在状态模式中无须使用冗长的条件语句来进行状态的判断和转移，将不同状态之间的转换封装在状态类中，提高了代码的可维护性。

（2）枚举可能的状态，在枚举状态之前需要确定状态种类。

（3）将所有与某个状态有关的行为放到一个类中，并且可以方便地增加新的状态，只需要改变对象状态即可改变对象的行为。

（4）允许状态转换逻辑与状态对象合成一体，而不是一个巨大的条件语句块。

（5）可以让多个环境对象共享一个状态对象，从而减少系统中对象的个数。

2．状态模式的缺点

（1）状态模式的使用必然会增加系统类和对象的个数。

（2）状态模式的结构与实现都较为复杂，如果使用不当将导致程序结构和代码混乱。

（3）状态模式对"开闭原则"的支持并不太好，对于可以切换状态的状态模式，增加新的状态类需要修改那些负责状态转换的源代码，否则无法切换到新增状态；而且修改某个状态类的行为也需修改对应类的源代码。

24.4.2　模式适用环境

在以下情况下可以使用状态模式：

（1）对象的行为依赖于它的状态（属性）并且可以根据它的状态改变而改变它的相关行为，如银行账号，具有不同的状态时其行为有所差异（有些状态既能存款又能取款，有些状态能存款但是不能取款）。

（2）代码中包含大量与对象状态有关的条件语句，这些条件语句的出现，会导致代码的可维护性和灵活性变差，不能方便地增加和删除状态，使客户类与类库之间的耦合增强。在这些条件语句中包含了对象的行为，而且这些条件对应于对象的各种状态。

24.4.3　模式应用

（1）状态模式在工作流或游戏等类型的软件中得以广泛使用，甚至可以用于这些系统的核心功能设计，如在政府 OA 办公系统中，一个批文的状态有多种：尚未办理；正在办理；正在批示；正在审核；已经完成等各种状态，而且批文状态不同时对批文的操作也有所差异。使用状态模式可以描述工作流对象（如批文）的状态转换以及不同状态下它所具有的行为。

（2）在目前主流的 RPG（Role Play Game，角色扮演游戏）中，使用状态模式可以对游戏角色进行控制，游戏角色的升级伴随着其状态的变化和行为的变化。对于游戏程序本身也可以通过状态模式进行总控，一个游戏活动包括开始、运行、结束等状态，通过对状态的控制可以控制系统的行为，决定游戏的各个方面，因此可以使用状态模式对整个游戏的架构进行设计与实现。

24.5　状态模式扩展

1. 共享状态

在有些情况下多个环境对象需要共享同一个状态，如果希望在系统中实现多个环境对象实例共享一个或多个状态对象，那么需要将这些状态对象定义为环境的静态成员对象。

下面通过一个简单实例来说明如何实现共享状态：如果某系统要求两个开关对象要么都处于开的状态，要么都处于关的状态，在使用时它们的状态必须保持一致，开关可以由开切换到关，也可以由关切换到开，代码如下：

```java
public class Switch
{
    private static State state,onState,offState;
    private String name;
```

```
        public Switch(String name)
        {
            this.name = name;
            onState = new OnState();
            offState = new OffState();
            state = onState;
        }

        public void setState(State state)
        {
            this.state = state;
        }

        //打开开关
        public void on()
        {
            System.out.print(name);
            state.on(this);
        }

        //关闭开关
        public void off()
        {
            System.out.print(name);
            state.off(this);
        }

        public static State getState(String type)
        {
            if(type.equalsIgnoreCase("on"))
            {
                return onState;
            }
            else
            {
                return offState;
            }
        }
    }
```

抽象状态类代码如下：

```
public abstract class State
{
    public abstract void on(Switch s);
    public abstract void off(Switch s);
}
```

两个具体状态类代码如下：

```java
//打开状态
public class OnState extends State
{
    public void on(Switch s)
    {
        System.out.println("已经打开!");
    }

    public void off(Switch s)
    {
        System.out.println("关闭!");
        s.setState(Switch.getState("off"));

    }
}

//关闭状态
public class OffState extends State
{
    public void on(Switch s)
    {
        System.out.println("打开!");
        s.setState(Switch.getState("on"));
    }

    public void off(Switch s)
    {
        System.out.println("已经关闭!");
    }
}
```

编写如下客户端代码进行测试：

```java
public class Client
{
    public static void main(String args[])
    {
        Switch s1,s2;
        s1 = new Switch("开关1");
        s2 = new Switch("开关2");

        s1.on();
        s2.on();
        s1.off();
        s2.off();
        s2.on();
        s1.on();
    }
}
```

输出结果如下：

```
开关 1 已经打开！
开关 2 已经打开！
开关 1 关闭！
开关 2 已经关闭！
开关 2 打开！
开关 1 已经打开！
```

从输出结果可以得知两个开关共享相同的状态，如果第一个开关关闭，则第二个开关也将关闭，再次关闭时将输出"已经关闭"；打开时与之类似。

2．简单状态模式与可切换状态的状态模式

（1）简单状态模式

简单状态模式是指状态都相互独立，状态之间无须进行转换的状态模式，这是最简单的一种状态模式。对于这种状态模式，每个状态类都封装与状态相关的操作，而无须关心状态的切换，可以在客户端直接实例化状态类，然后将状态对象设置到环境类中。如果是这种简单的状态模式，它遵循"开闭原则"，在客户端可以针对抽象状态类进行编程，而将具体状态类写到配置文件中，同时增加新的状态类对原有系统也不造成任何影响。

但是在大部分状态模式中，状态之间是可以进行相互转换的，简单状态模式出现的几率并不高。

（2）可切换状态的状态模式

大多数的状态模式都是可以切换状态的状态模式，在实现状态切换时，在具体状态类内部需要调用环境类 Context 的 setState()方法进行状态的转换操作，在具体状态类中可以调用到环境类的方法，因此状态类与环境类之间通常还存在关联关系或者依赖关系。通过在状态类中引用环境类对象来回调环境类的 setState()方法实现状态的切换。

在这种可以切换状态的状态模式中，增加新的状态类可能需要修改其他某些状态类甚至环境类的源代码，否则系统无法切换到新增状态。但是对于客户端来说，无须直接关心状态类，可以为环境类设置默认的状态类，而将状态的转换工作交给具体的状态类来完成，对客户端而言是透明的。

24.6　本章小结

（1）状态模式允许一个对象在其内部状态改变时改变它的行为，对象看起来似乎修改了它的类。其别名为状态对象，状态模式是一种对象行为型模式。

（2）状态模式包含三个角色：环境类又称为上下文类，它是拥有状态的对象，在环境类中维护一个抽象状态类 State 的实例，这个实例定义当前状态，在具体实现时，它是一个 State 子类的对象，可以定义初始状态；抽象状态类用于定义一个接口以封装与环境类的一个特定状态相关的行为；具体状态类是抽象状态类的子类，每一个子类实现一个与环境类的一个状态相关的行为，每一个具体状态类对应环境的一个具体状态，不同的具体状态类其行为有所不同。

（3）状态模式描述了对象状态的变化以及对象如何在每一种状态下表现出不同的行为。

（4）状态模式的主要优点在于封装了转换规则，并枚举可能的状态，它将所有与某个状态有关的行为放到一个类中，并且可以方便地增加新的状态，只需要改变对象状态即可改变对象的行为，还可以让多个环境对象共享一个状态对象，从而减少系统中对象的个数；其缺点在于使用状态模式会增加系统类和对象的个数，且状态模式的结构与实现都较为复杂，如果使用不当将导致程序结构和代码的混乱，对于可以切换状态的状态模式不满足"开闭原则"的要求。

（5）状态模式适用情况包括：对象的行为依赖于它的状态（属性）并且可以根据它的状态改变而改变它的相关行为；代码中包含大量与对象状态有关的条件语句，这些条件语句的出现，会导致代码的可维护性和灵活性变差，不能方便地增加和删除状态，使客户类与类库之间的耦合增强。

思考与练习

1. 用Java代码模拟实现"银行账户"实例，要求编写客户端测试代码模拟用户存款和取款，注意账户对象状态和行为的变化。

2. 某纸牌游戏软件中，人物角色具有入门级（Primary）、熟练级（Secondary）、高手级（Professional）和骨灰级（Final）四种等级，角色的等级与其积分相对应，游戏胜利将增加积分，失败则扣除积分。入门级具有最基本的游戏功能 play()，熟练级增加了游戏胜利积分加倍功能 doubleScore()，高手级在熟练级基础上再增加换牌功能 changeCards()，骨灰级在高手级基础上再增加偷看他人的牌功能 peekCards()。现使用状态模式来设计该系统，绘制类图并编程实现。

3. 某软件需要提供如下放大镜功能：用户单击"放大镜"按钮之后界面中的文字大小将放大一倍，再单击一次"放大镜"按钮文字大小再放大一倍，第三次单击后界面文字大小将还原到默认大小。请问该功能是否可以使用状态模式进行设计，如果可以的话请分析实现原理并绘制相应的类图，如果不可以则请说明原因。

第25章

策略模式

视频讲解

本章导学

　　策略模式用于算法的自由切换和扩展,它是使用较为广泛的设计模式之一。策略模式对应于解决某一问题的一个算法族,允许用户从该算法族中任选一个算法解决某一问题,同时可以方便地更换算法或者增加新的算法。它将每一个算法封装在一个称为具体策略类的类中,同时为其提供统一的抽象策略类,而使用这些算法完成某一业务功能的类称为环境类。策略模式实现了算法定义和算法使用的分离,它通过继承和多态的机制实现对算法族的使用和管理,是一种简单易用的模式。

　　本章将介绍策略模式的定义及结构,结合实例学习如何在软件开发中使用策略模式,并理解策略模式的优缺点,了解策略模式的应用。

　　本章的难点在于理解策略模式中环境类和抽象策略类的作用。

　　策略模式重要等级:★★★★☆

　　策略模式难度等级:★★☆☆☆

25.1　策略模式动机与定义

　　完成一项任务往往可以有多种不同的方式,每一种方式称为一个策略,我们可以根据环境或者条件的不同选择不同的策略来完成该项任务。在软件开发中也常常遇到类似的情况,实现某一个功能有多个途径,此时可以使用一种设计模式来使得系统可以灵活地选择解决途径,也能够方便地增加新的解决途径。本章将学习一种为了适应算法灵活性而产生的模式——策略模式。

25.1.1　模式动机

　　在很多情况下,实现某个目标的途径不止一条。例如,人们外出旅游时可以选择多种不同的出行方式(旅游出行策略),可以骑自行车、坐汽车、坐火车或者乘飞机,可以根据环境的不同选择不同的策略。制订旅行计划时,如果旅游点很远、假期短、钱也足够多,我们可以选择坐飞机去旅游;如果旅游点远、假期长、钱不够多,当然也可以选择坐火车或汽车去旅游;

如果从健康和环保的角度出发,而且有足够的毅力,自行车自驾游也是个不错的选择,如图 25-1 所示。

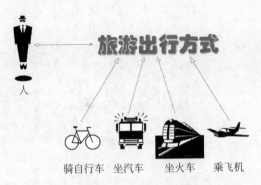

骑自行车　坐汽车　坐火车　乘飞机

图 25-1　旅游出行方式示意图

在软件系统中,有许多算法可以实现某一功能,如查找、排序等,一种常用的方法是硬编码(Hard Coding)。在一个类中,如需要提供多种查找算法,可以将这些算法写到一个类中,在该类中提供多个方法,每一个方法对应一个具体的查找算法;当然也可以将这些查找算法封装在一个统一的方法中,通过 if…else…等条件判断语句来进行选择。这两种实现方法都可以称为硬编码,如果需要增加一种新的查找算法,需要修改封装算法类的源代码;更换查找算法,也需要修改客户端调用代码。在这个算法类中封装了大量查找算法,该类代码将较复杂,维护较为困难。

除了提供专门的查找算法类之外,还可以在客户端程序中直接包含算法代码,这种做法更不可取,将导致客户端程序庞大而且难以维护,如果存在大量可供选择的算法,问题将变得更加严重。

为了解决这些问题,可以定义一些独立的类来封装不同的算法,每一个类封装一个具体的算法,在这里,每一个封装算法的类都可以称为策略(Strategy),为了保证这些策略的一致性,一般会用一个抽象的策略类来做算法的定义,而具体每种算法则对应于一个具体策略类。

25.1.2　模式定义

策略模式(Strategy Pattern)定义:定义一系列算法,将每一个算法封装起来,并让它们可以相互替换。策略模式让算法独立于使用它的客户而变化,也称为政策模式(Policy)。策略模式是一种对象行为型模式。

英文定义:"Define a family of algorithms, encapsulate each one, and make them interchangeable. Strategy lets the algorithm vary independently from clients that use it."。

25.2　策略模式结构与分析

策略模式结构并不复杂,但是需要理解其中的环境类的作用,下面将学习并分析其模式结构。

25.2.1 模式结构

策略模式结构图如图 25-2 所示。

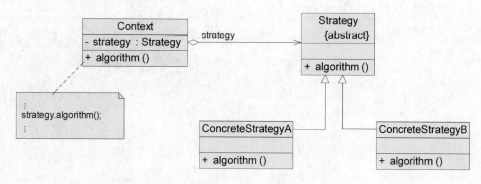

图 25-2 策略模式结构图

策略模式包含如下角色。

1. Context（环境类）

环境类是使用算法的角色，它在解决某个问题（即实现某个方法）时可以采用多种策略。在环境类中维护一个对抽象策略类的引用实例，用于定义所采用的策略。

2. Strategy（抽象策略类）

抽象策略类为所支持的算法声明了抽象方法，是所有策略类的父类，它可以是抽象类，也可以是接口。环境类使用在其中声明的方法调用在具体策略类中实现的算法。

3. ConcreteStrategy（具体策略类）

具体策略类实现了在抽象策略类中定义的算法，在运行时，具体策略类将覆盖在环境类中定义的抽象策略类对象，使用一种具体的算法实现某个业务处理。

25.2.2 模式分析

策略模式是一个比较容易理解和使用的设计模式。策略模式是对算法的封装，它把算法的责任和算法本身分割开，委派给不同的对象管理。策略模式通常把一个系列的算法封装到一系列的策略类里面，作为一个抽象策略类的子类。用一句话来说，就是"准备一组算法，并将每一个算法封装起来，使得它们可以互换"。

在策略模式中，对环境类和抽象策略类的理解非常重要，环境类是需要使用算法的对象。在不使用策略模式时，环境类中可能存在如下代码：

```
public class Context
{
    ⋮
    public void algorithm(String type)
    {
        ⋮
```

```
            if(type == "strategyA")
            {
                //算法 A
            }
            else if(type == "strategyB")
            {
                //算法 B
            }
            else if(type == "strategyC")
            {
                //算法 C
            }
            ⋮
        }
        ⋮
}
```

在上述代码中,客户端在调用 Context 类的 algorithm()方法时,需要根据所传入的参数来选择具体的算法,在代码中将出现复杂的 if...else...或者 switch...case...,这将导致 algorithm()方法非常庞大,不利于维护和测试。在代码中,将算法的使用和算法的定义放在一起,即在环境类中定义了算法,除了代码冗长之外,还有一个很大的问题就是增加新的算法或者修改算法时需要修改环境类的源代码,违反了"开闭原则",如增加一种新算法必须修改 Context 类的源代码。

导致这些问题的原因主要在于环境类的职责过重,将算法的定义与使用融合在一起,违背了"单一职责原则",而策略模式很好地解决了这一问题。策略模式的目的是将算法的定义与使用分开,也就是将算法的行为和环境分开,将算法的定义放在专门的策略类中,每一个策略类封装了一种实现算法;同时为了扩展更为方便,引入了抽象策略类,在抽象策略类中定义了抽象算法,环境类针对抽象策略类进行编程,符合"依赖倒转原则"。在出现新的算法时,只需要增加一个新的实现了抽象策略类的具体策略类。

如上述代码可以使用策略模式进行如下重构:

首先将不同的算法从 Context 类中提取出来,创建一个抽象策略类,其典型代码如下:

```
public abstract class AbstractStrategy
{
    public abstract void algorithm();
}
```

再将每一种具体算法作为该抽象策略类的子类,如具体策略 A 代码如下:

```
public class ConcreteStrategyA extends AbstractStrategy
{
    public void algorithm()
    {
        //算法 A
    }
}
```

其他具体策略类与之类似，对于 Context 类来说，在它与抽象策略类之间建立一个关联关系，其典型代码如下：

```
public class Context
{
    private AbstractStrategy strategy;
    public void setStrategy(AbstractStrategy strategy)
    {
        this.strategy = strategy;
    }
    public void algorithm()
    {
        strategy.algorithm();
    }
}
```

在 Context 类中定义一个 AbstractStrategy 类型的对象 strategy，通过注入的方式在客户端传入一个具体策略对象，客户端代码片段如下：

```
Context context = new Context();
AbstractStrategy strategy;
strategy = new ConcreteStrategyA();
context.setStrategy(strategy);
context.algorithm();
```

在客户端代码中只须注入一个具体策略对象即可，可以将具体策略类类名存储在配置文件中，通过反射来创建具体策略对象，从而使得用户可以灵活地更换具体策略类，增加新的具体策略类也很方便。策略模式相当于"可插入式(Pluggable)的算法"。

策略模式并不负责做"为什么不能从策略模式中看出哪一个具体策略适用于哪一种情况呢？"这个决定。换言之，应当由客户端自己决定在什么情况下使用哪个具体策略角色。策略模式仅仅封装算法，提供新算法插入到已有系统中，以及老算法从系统中"退休"的方便，策略模式并不决定在何时使用何种算法，算法的选择由客户端来决定。这在一定程度上提高了系统的灵活性，但是客户端需要理解所有具体策略类之间的区别，以便选择合适的算法，这也是策略模式的缺点之一，在一定程度上增加了客户端的使用难度。

25.3 策略模式实例与解析

下面通过两个实例来进一步学习并理解策略模式。

25.3.1 策略模式实例之排序策略

1. 实例说明

某系统提供了一个用于对数组数据进行操作的类，该类封装了对数组的常见操作，如查找数组元素、对数组元素进行排序等。现以排序操作为例，使用策略模式设计该数组操作类,使得客户端可以动态地更换排序算法,可以根据需要选择冒泡排序、选择排序或插入排序,也能够灵活地增加新的排序算法。

2. 实例类图

通过分析,该实例类图如图 25-3 所示。

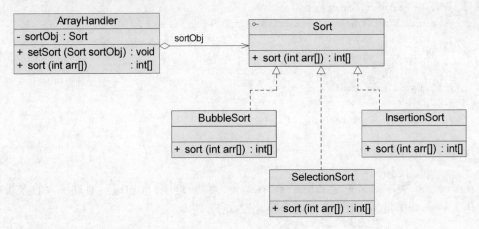

图 25-3　排序策略类图

3. 实例代码及解释

(1) 抽象策略类 Sort(抽象排序类)

```java
public interface Sort
{
    public int[] sort(int arr[]);
}
```

Sort 作为抽象策略类,它定义了算法的抽象定义,而在其子类中实现具体算法。

(2) 具体策略类 BubbleSort(冒泡排序类)

```java
public class BubbleSort implements Sort
{
    public int[] sort(int arr[])
    {
        int len = arr.length;
        for(int i = 0;i < len;i++)
        {
            for(int j = i + 1;j < len;j++)
            {
                int temp;
                if(arr[i]> arr[j])
                {
                    temp = arr[j];
                    arr[j] = arr[i];
                    arr[i] = temp;
                }
```

```
        }
    }
    System.out.println("冒泡排序");
    return arr;
    }
}
```

BubbleSort 作为 Sort 的子类,是一种具体策略类,实现了冒泡排序。

(3) 具体策略类 SelectionSort(选择排序类)

```
public class SelectionSort implements Sort
{
    public int[] sort(int arr[])
    {
        int len = arr.length;
        int temp;
        for(int i = 0; i < len; i++)
        {
            temp = arr[i];
            int j;
            int samllestLocation = i;
            for(j = i + 1; j < len; j++)
            {
                if(arr[j] < temp)
                {
                    temp = arr[j];
                    samllestLocation = j;
                }
            }
            arr[samllestLocation] = arr[i];
            arr[i] = temp;
        }
        System.out.println("选择排序");
        return arr;
    }
}
```

SelectionSort 作为 Sort 的子类,也是一种具体策略类,实现了选择排序。

(4) 具体策略类 InsertionSort(插入排序类)

```
public class InsertionSort implements Sort
{
    public int[] sort(int arr[])
    {
        int len = arr.length;
        for(int i = 1; i < len; i++)
        {
            int j;
```

```
        int temp = arr[i];
        for(j = i;j > 0;j -- )
        {
            if(arr[j - 1]> temp)
            {
                    arr[j] = arr[j - 1];

            }else
                    break;
        }
        arr[j] = temp;
    }
    System.out.println("插入排序");
    return arr;
    }
}
```

InsertionSort 作为 Sort 的子类,也是一种具体策略类,实现了插入排序。

(5) 环境类 ArrayHandler(数组处理类)

```
public class ArrayHandler
{
    private Sort sortObj;

    public int[] sort(int arr[])
    {
        sortObj.sort(arr);
        return arr;
    }

    public void setSortObj(Sort sortObj) {
        this.sortObj = sortObj;
    }
}
```

ArrayHandler 类是环境类,它定义并维持了对抽象策略类 Sort 的一个引用,通过其方法 setSortObj()可以在运行时设置一种具体的策略,并在其方法 sort()中调用策略类提供的算法完成相应的业务处理。

4. 辅助代码

(1) XML 操作工具类 XMLUtil

参见 5.2.2 节工厂方法模式之模式分析。

(2) 配置文件 config.xml

本实例配置文件代码如下:

```
<?xml version = "1.0"?>
<config>
```

```
    <className>SelectionSort</className>
</config>
```

在配置文件中设置了具体策略类的类名,通过 XMLUtil 类读取该类名。

(3) 客户端测试类 Client

```
public class Client
{
    public static void main(String args[])
    {
        int arr[] = {1,4,6,2,5,3,7,10,9};
        int result[];
        ArrayHandler ah = new ArrayHandler();

        Sort sort;
        sort = (Sort)XMLUtil.getBean();

        ah.setSortObj(sort);          //设置具体策略
        result = ah.sort(arr);

        for(int i = 0;i < result.length;i++)
        {
                System.out.print(result[i] + ",");
        }
    }
}
```

对于客户端来说,首先需要定义环境类对象,由于环境类的 setSortObj()方法是针对抽象策略类进行编程,因此可以根据需要设置一种具体策略类,可以直接在代码中实例化具体策略类,但是考虑到系统的扩展性,一般将具体策略类的类名存储在配置文件中,再通过 DOM 和反射技术来读取配置文件并生成具体策略对象。

注意代码中的加粗部分,在客户端编程时需要针对抽象策略类进行编程,而无论是直接实例化具体策略类还是通过配置文件设置具体策略类,客户端都必须知道具体策略类的类名,否则无法使用这些具体策略。

5. 结果及分析

如果在配置文件中将< className >节点中的内容设置为 SelectionSort,则输出结果如下:

```
选择排序
1,2,3,4,5,6,7,9,10,
```

如果在配置文件中将< className >节点中的内容设置为 BubbleSort,则输出结果如下:

```
冒泡排序
1,2,3,4,5,6,7,9,10,
```

更换一种排序算法无须修改任何源代码,只需要在配置文件中更换一个具体策略类的类名即可。

如果增加一种新的排序算法,如快速排序,新的排序算法代码如下:

```java
public class QuickSort implements Sort
{
    public int[] sort(int arr[])
    {
        System.out.println("快速排序");
        sort(arr,0,arr.length-1);
        return arr;
    }

    public void sort(int arr[],int p, int r)
    {
        int q = 0;
        if(p<r)
        {
            q = partition(arr,p,r);
            sort(arr,p,q-1);
            sort(arr,q+1,r);
        }
    }

    public int partition(int[] a, int p, int r)
    {
        int x = a[r];
        int j = p-1;
        for(int i = p;i<=r-1;i++)
        {
            if(a[i]<=x)
            {
                j++;
                swap(a,j,i);
            }
        }
        swap(a,j+1,r);
        return j+1;
    }

    public void swap(int[] a, int i, int j)
    {
        int t = a[i];
        a[i] = a[j];
        a[j] = t;
    }
}
```

在配置文件中将<className>节点中的内容设置为 QuickSort,输出结果如下:

```
快速排序
1,2,3,4,5,6,7,9,10,
```

新排序算法的引入对系统无任何影响,只需要对应增加一个新的具体策略类,在该策略类中封装新的算法,然后修改配置文件、应用该策略类即可。策略模式保证在不修改原有系统的基础上扩展原有系统的功能,完全符合"开闭原则"。

25.3.2　策略模式实例之旅游出行策略

1. 实例说明

旅游出行方式可以有多种,如可以乘坐飞机旅游,也可以乘火车旅游,如果有兴趣,自行车游也是一种极具乐趣的出行方式。不同的旅游出行方式有不同的实现过程,客户可以根据自己的需要选择一种合适的旅游方式。在本实例中我们用策略模式来模拟这一过程。

2. 实例类图

通过分析,该实例类图如图 25-4 所示。

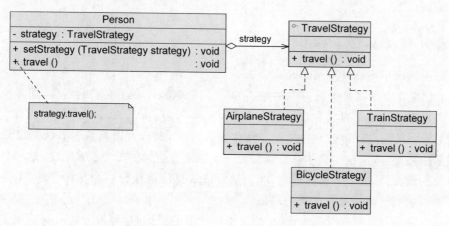

图 25-4　旅游出行策略类图

该实例的代码解释与结果分析略。

25.4　策略模式效果与应用

25.4.1　模式优缺点

1. 策略模式的优点

(1) 策略模式提供了对"开闭原则"的完美支持,用户可以在不修改原有系统的基础上选择算法或行为,也可以灵活地增加新的算法或行为。

(2) 策略模式提供了管理相关的算法族的办法。策略类的等级结构定义了一个算法或行为族,恰当使用继承可以把公共的代码移到父类里面,从而避免重复的代码。

（3）策略模式提供了可以替换继承关系的办法。继承可以处理多种算法或行为,如果不使用策略模式,那么使用算法或行为的环境类就可能会有一些子类,每一个子类提供一个不同的算法或行为。但是,这样一来算法或行为的使用就和算法或行为本身混在一起,不符合"单一职责原则",决定使用哪一种算法或采取哪一种行为的逻辑就和算法或行为本身的逻辑混合在一起,从而不可能再独立演化,而且使用继承无法实现算法或行为的动态改变。

（4）使用策略模式可以避免使用多重条件转移语句。多重转移语句不易维护,它把采取哪一种算法或采取哪一种行为的逻辑与算法或行为的逻辑混合在一起,统统列在一个多重条件转移语句里面,比使用继承的办法还要原始和落后。

2. 策略模式的缺点

（1）客户端必须知道所有的策略类,并自行决定使用哪一个策略类。这就意味着客户端必须理解这些算法的区别,以便适时选择恰当的算法类。换言之,策略模式只适用于客户端知道所有的算法或行为的情况。

（2）策略模式将造成产生很多策略类和对象,可以通过使用享元模式在一定程度上减少对象的数量。

25.4.2　模式适用环境

在以下情况下可以使用策略模式。

（1）如果在一个系统里面有许多类,它们之间的区别仅在于它们的行为,那么使用策略模式可以动态地让一个对象在许多行为中选择一种行为。

（2）一个系统需要动态地在几种算法中选择一种,那么可以将这些算法封装到一个个的具体算法类里面,而这些具体算法类都是一个抽象算法类的子类。换言之,这些具体算法类均有统一的接口,由于多态性原则,客户端可以选择使用任何一个具体算法类,并只需要维持一个数据类型是抽象算法类的对象。

（3）如果一个对象有很多的行为,如果不用恰当的模式,这些行为就只好使用多重的条件选择语句来实现。此时,使用策略模式,把这些行为转移到相应的具体策略类里面,就可以避免使用难以维护的多重条件选择语句,并且体现面向对象设计思想。

（4）不希望客户端知道复杂的、与算法相关的数据结构,在具体策略类中封装算法和相关的数据结构,提高算法的保密性与安全性。

25.4.3　模式应用

策略模式实用性强、扩展性好,在软件开发中得以广泛使用,只要某一问题涉及多种解决方案时都可以使用策略模式。下面举两个应用实例。

（1）Java SE 的容器布局管理就是策略模式应用的一个经典实例,其结构如图 25-5所示。

在 Java SE 开发中,用户需要对容器 Container 对象中的成员对象如按钮、文本框等GUI 控件进行布局,java.awt 类库需要在运行期间动态地由客户端决定一个 Container 对象怎样对其 GUI 控件进行布局(Layout),Java 语言在 JDK 中提供了几种不同的排列方式,

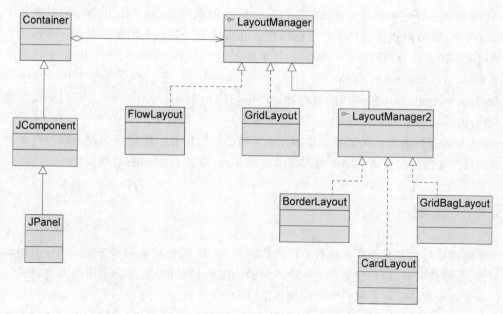

图 25-5　Java SE 布局管理结构示意图

封装在不同的类中，如 BorderLayout、FlowLayout、GridLayout、GridBagLayout 和 CardLayout。其结构示意图如图 25-5 所示，在这里 Container 类是环境角色 Context，而 LayoutManager 作为所有布局类的父类扮演了抽象策略角色，它给出所有具体 Layout 类所需的接口，而具体的策略类是 LayoutManager 的子类，也就是各种具体的布局类，它们封装了不同的布局方式。

任何人都可以设计实现自己的 Layout 类，只需要将自己设计的新的 Layout 类作为 LayoutManager 的子类，比如 Borland 公司曾经在 JBuilder 中提供了一种新的布局方式——XYLayout，作为对 JDK 提供的 Layout 类的补充，无须对原有 JDK 类库做任何修改。对于客户端代码而言，只需要使用 Container 类提供的 setLayout() 方法来设置具体布局方式即可，无须关心该布局的具体实现。在 JDK 中，Container 类的代码片段如下：

```
public class Container extends Component {
    ⋮
    LayoutManager layoutMgr;
    ⋮
    public void setLayout(LayoutManager mgr) {
    layoutMgr = mgr;
    ⋮
    }
    ⋮
}
```

从代码中可以看出，Container 作为环境类，针对抽象策略类 LayoutManager 进行编程，用户在使用时，根据"里氏代换原则"，只需要在 setLayout() 方法中带入一个具体策略对象即可，无须关心其具体实现方法。

（2）作为一个经典的设计模式，除了基于 Java 的系统外，在使用其他面向对象技术开发的软件中，策略模式也得到了广泛的应用。在微软公司提供的演示项目 PetShop 4.0 中就使用策略模式来处理同步订单和异步订单的问题。在 PetShop 4.0 的 BLL 子项目中有一个 OrderAsynchronous 类和一个 OrderSynchronous 类，它们都继承自 IOrderStrategy。OrderSynchronous 以一种同步的方式处理订单，而 OrderAsynchronous 先将订单放在队列里，然后再对队列里的订单进行处理，以一种异步方式对订单进行处理。而在 BLL 中的 Order 类里通过反射机制从配置文件中读取策略的配置信息以决定到底使用哪种订单处理方式。只需要修改配置文件即可更改订单处理方式，提高了系统的灵活性。

25.5　策略模式扩展

策略模式与很多其他模式都有着广泛的联系，其中，策略模式与状态模式由于其结构的相似性，很容易混淆，但它们却是为解决不同的问题而设计的，是完全不同的两种模式。如何区分策略模式还是状态模式？其区别如下。

（1）如果环境角色存在多种状态，而且这些状态之间还可以进行转换，则应该使用状态模式；在状态模式中，环境类在生命周期中，会有几个不同的状态对象被创建和使用；如果环境角色只有一个状态，那么就应当使用策略模式，因为一旦环境角色选择了一个具体策略类，那么在整个环境类的声明周期里它都不会改变这个具体的策略类。可以通过环境类状态的个数来决定是使用策略模式还是状态模式。

（2）策略模式的环境类自己选择一个具体策略类，具体策略类无须关心环境类；而状态模式的环境类由于外在因素需要放进一个具体状态中，以便通过其方法实现状态的切换，因此环境类和状态类之间存在一种双向的关联关系。

（3）使用策略模式时，客户端需要知道所选的具体策略是哪一个，而使用状态模式时，客户端无须关心具体状态，环境类的状态会根据用户的操作自动转换。

（4）如果系统中某个类的对象存在多种状态，不同状态下行为有差异，而且这些状态之间可以发生转换时使用状态模式；如果系统中某个类的某一行为存在多种实现方式，而且这些实现方式可以互换时使用策略模式。

25.6　本章小结

（1）在策略模式中定义了一系列算法，将每一个算法封装起来，并让它们可以相互替换。策略模式让算法独立于使用它的客户而变化，也称为政策模式。策略模式是一种对象行为型模式。

（2）策略模式包含三个角色：环境类在解决某个问题时可以采用多种策略，在环境类中维护一个对抽象策略类的引用实例；抽象策略类为所支持的算法声明了抽象方法，是所有策略类的父类；具体策略类实现了在抽象策略类中定义的算法。

（3）策略模式是对算法的封装，它把算法的责任和算法本身分割开，委派给不同的对象管理。策略模式通常把一个系列的算法封装到一系列的策略类里面，作为一个抽象策略类的子类。

(4) 策略模式主要优点在于对"开闭原则"的完美支持,在不修改原有系统的基础上可以更换算法或者增加新的算法,它很好地管理算法族,提高了代码的复用性,是一种替换继承,避免多重条件转移语句的实现方式;其缺点在于客户端必须知道所有的策略类,并理解其区别,同时在一定程度上增加了系统中类的个数,可能会存在很多策略类。

(5) 策略模式适用情况包括:在一个系统里面有许多类,它们之间的区别仅在于它们的行为,使用策略模式可以动态地让一个对象在许多行为中选择一种行为;一个系统需要动态地在几种算法中选择一种;避免使用难以维护的多重条件选择语句;希望在具体策略类中封装算法和相关的数据结构。

思考与练习

1. 用 Java 代码模拟实现"旅游出行策略"实例,要求使用配置文件存储具体策略类的类名。在此基础上再增加一种新的旅游出行方式,如徒步旅行(WalkStrategy),修改原有类图及代码,注意系统的变化。

2. 设计一个网上书店,该系统中所有的计算机类图书(ComputerBook)每本都有 10% 的折扣,所有的语言类图书(LanguageBook)每本都有 2 元的折扣,小说类图书(NovelBook)每 100 元有 10 元的折扣。现使用策略模式来设计该系统,绘制类图并编程实现。

3. 某系统需要对重要数据(如用户密码)进行加密,并提供了几种加密方案(如凯撒加密、DES 加密等),对该加密模块进行设计,使得用户可以动态选择加密方式。要求绘制类图并提供相应的实现代码。

第26章

模板方法模式

视频讲解

本章导学

模板方法模式是结构最简单的行为型设计模式,它是一种类行为模式,在其结构中只存在父类与子类之间的继承关系。通过使用模板方法模式,可以将一些复杂流程的实现步骤封装在一系列基本方法中,在抽象父类中提供一个称之为模板方法的方法来定义这些基本方法的执行次序,而通过其子类来覆盖某些步骤,从而使得相同的算法框架可以有不同的执行结果。它提供了具体的模板方法来定义算法结构,而具体步骤的实现可以在其子类中完成。

本章将介绍模板方法模式的定义与结构,学习模板方法模式中包括的几类不同的方法,并通过实例来学习模板方法模式的应用,学会如何在实际软件项目开发中合理使用模板方法模式。

本章的难点在于理解模板方法模式中模板方法的作用、几类不同方法的特点以及钩子方法的使用,同时需要理解模板方法模式中子类对父类反向控制的实现。

模板方法模式重要等级:★★★☆☆

模板方法模式难度等级:★★☆☆☆

26.1 模板方法模式动机与定义

模板方法模式是结构最简单的行为型模式,在其抽象类中定义了一个称为模板方法的方法,在这个方法中定义了其他基本方法的执行步骤,而基本方法的实现可以放在抽象类中,也可以放在其子类中。本章将学习这种结构最简单的行为型设计模式——模板方法模式。

26.1.1 模式动机

在现实生活中很多事情的完成过程都包含几个基本步骤,例如请客吃饭,无论吃什么,一般都包含点单、吃东西、买单几个步骤,到底吃什么则具体情况具体分析,在实际环境中再由用户动态决定。既然这几个步骤的次序是固定的,于是我们又创建了一个新的方法叫"请客",在其中调用了点单、吃东西和买单,同时又指定了它们的执行次序:点单→吃东西→买单,我们称这个"请客"为模板方法。何谓模板,就是不管请客吃什么,请客的次序是固定的,只是吃的东西再根据实际情况来决定,如图 26-1 所示。

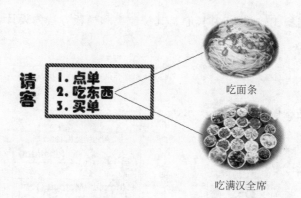

吃面条

吃满汉全席

图 26-1　模板方法示意图

在图 26-1 中,方法"请客"定义了其他三个方法的执行次序,它称为模板方法,而"点单""吃东西""买单"都是"请客"过程中的一个步骤,它们称为基本方法。其中"吃东西"可以有多种吃法,如吃面条和吃满汉全席就大不相同,因此需要提供不同的"吃东西"方法的实现。在面向对象系统设计中,就可以使用模板方法模式对其进行设计。

模板方法模式是基于继承的代码复用基本技术,模板方法模式的结构和用法也是面向对象设计的核心之一。在模板方法模式中,可以将相同的代码放在父类中,如模板方法"请客"的定义,假设"点单"和"买单"过程相同,则都可以放在父类中,而将不同的方法实现放在不同的子类中,如"吃东西"方法的实现就可以放在两个子类中,一个提供"吃面条"的实现,一个提供"吃满汉全席"的实现。这样一方面提高了代码的复用性,同时还可以利用面向对象的多态性,在运行时选择一种具体子类,从而实现完整的"请客"方法。

模板方法模式实际上是所有模式中最为常见的几个模式之一,而且很多人可能使用过模板方法模式而并没有意识到自己已经使用了这个模式。在模板方法模式中,我们需要准备一个抽象类,将部分逻辑以具体方法以及构造函数的形式实现,然后声明一些抽象方法来让子类实现剩余的逻辑。不同的子类可以以不同的方式实现这些抽象方法,从而对剩余的逻辑有不同的实现,这就是模板方法模式的用意。模板方法模式体现了面向对象的诸多重要思想,是一种有较高使用率的模式。

26.1.2　模式定义

模板方法模式(Template Method Pattern)定义:定义一个操作中算法的骨架,而将一些步骤延迟到子类中,模板方法使得子类可以不改变一个算法的结构即可重定义该算法的某些特定步骤。模板方法模式是一种类行为型模式。

英文定义:"Define the skeleton of an algorithm in an operation, deferring some steps to subclasses. Template Method lets subclasses redefine certain steps of an algorithm without changing the algorithm's structure."

26.2 模板方法模式结构与分析

模板方法模式结构比较简单,其核心是其抽象类和模板方法的设计,下面将介绍并分析其模式结构。

26.2.1 模式结构

模板方法模式结构图如图 26-2 所示。

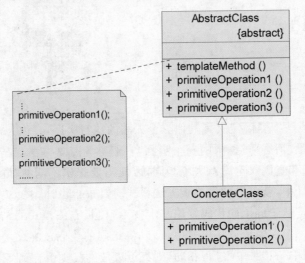

图 26-2 模板方法模式结构图

模板方法模式包含如下角色:

1. AbstractClass(抽象类)

在抽象类中定义一系列基本操作(Primitive Operations),这些基本操作可以是具体的,也可以是抽象的,每一个基本操作对应算法的一个步骤,在其子类中可以重定义并实现一个算法的各个步骤。同时,在抽象类中实现了一个模板方法,用于定义一个算法的骨架,此模板方法不仅可以调用基本操作,还可以调用在抽象类中声明而在其子类中实现的抽象方法,当然也可以调用其他对象中的方法。

2. ConcreteClass(具体子类)

具体子类是抽象类的子类,用于实现在父类中定义的抽象基本操作以完成子类特定算法的步骤,也可以覆盖在父类中实现的具体基本操作。

26.2.2 模式分析

模板方法模式是一种类的行为型模式,在它的结构图中只有类之间的继承关系,没有对象关联关系。模板方法模式在软件开发中应用较为广泛,例如对数据库的操作,我们可以定义一个模板方法,在其中定义数据库操作的步骤:连接数据库、打开数据库、操作数据库和关闭数据库,而对于不同的数据库(如 SQL Server 和 Oracle),它们之间的差异主要是连接方式有所区别,当然对于同样的数据库也可以使用不同的连接方式,如 Java 连接数据库可以采用 JDBC-ODBC 桥接、厂商驱动或者数据库连接池等方式。

除了连接数据库过程有所不同外,数据库的打开、操作和关闭过程几乎是相同的,而且这些操作的次序也是相对固定的,连接数据库肯定是第一步,而最后一定是关闭数据库,这个次序不能乱。于是可以使用模板方法模式,先在抽象类的模板方法中指定数据库操作的执行步骤,将相同步骤对应的方法在抽象父类中实现,而不同的步骤则在抽象父类中只进行声明,在其子类中根据具体情况实现不同的数据库连接方法。

在模板方法模式的使用过程中,要求开发抽象类和开发具体子类的设计师之间进行协作。一个设计师负责给出一个算法的轮廓和骨架,另一些设计师则负责给出这个算法的各个逻辑步骤。实现这些具体逻辑步骤的方法称为基本方法(Primitive Method),而将这些基本方法汇总起来的方法称为模板方法(Template Method),模板方法模式的名字从此而来。下面将详细介绍模板方法和基本方法。

1. 模板方法

一个模板方法是定义在抽象类中的、把基本操作方法组合在一起形成一个总算法或一个总行为的方法。这个模板方法一般会在抽象类中定义,并由子类不加以修改地完全继承下来。模板方法是一个具体方法,它给出了一个顶级逻辑的骨架,而逻辑的组成步骤可以是具体方法,也可以是抽象方法。由于模板方法是具体方法,因此模板方法模式中的抽象层只能是抽象类,而不是接口。

2. 基本方法

基本方法是实现算法各个步骤的方法,是模板方法的组成部分。基本方法又可以分为三种:抽象方法(Abstract Method)、具体方法(Concrete Method)和钩子方法(Hook Method)。

(1) 抽象方法:一个抽象方法由抽象类声明,由其具体子类实现。在 Java 语言里一个抽象方法以 abstract 关键字标识。

(2) 具体方法:一个具体方法由一个抽象类或具体类声明并实现,其子类可以进行覆盖也可以直接继承。在 Java 语言中,一个具体方法没有 abstract 关键字。

(3) 钩子方法:一个钩子方法由一个抽象类或具体类声明并实现,而其子类可能会加以扩展。通常在父类中给出的实现是一个空实现,并以该空实现作为方法的默认实现,当然钩子方法也可以提供一个非空的默认实现。在模板方法模式中,钩子方法有两类:第一类钩子方法可以与一些具体步骤"挂钩",以确定在不同条件下执行模板方法中的不同步骤,这类钩子方法的返回类型通常是 boolean 类型的,这类方法名一般为 isXXX(),用于对某个条件进行判断,如果条件满足则执行某一步骤,否则某一步骤不执行,代码如下:

```
public void template()
{
    open();
    display();
    if(isPrint())
```

```
        {
            print();
        }
    }

    public boolean isPrint()
    {
        return true;
    }
```

在代码中 isPrint()方法即是钩子方法,它可以决定 print()方法是否执行,一般情况下,钩子方法的返回值为 true,如果不希望某方法执行,可以在其子类中覆盖钩子方法,将其返回值改为 false 即可,这种类型的钩子方法可以控制方法的执行,对一个算法进行约束。

还有一类钩子方法就是实现体为空的具体方法,子类可以根据需要覆盖或者继承这些钩子方法,与抽象方法相比,钩子方法的好处在于如果没有覆盖父类中定义的钩子方法,编译可以通过,但是如果没有覆盖父类中定义的抽象方法,编译将报错。

模板方法模式抽象类的典型代码如下:

```
public abstract class AbstractClass
{
    public void templateMethod()              //模板方法
    {
        primitiveOperation1();
        primitiveOperation2();
        primitiveOperation3();
    }
    public void primitiveOperation1()          //基本方法—具体方法
    {
        //实现代码
    }
    public abstract void primitiveOperation2();//基本方法—抽象方法
    public void primitiveOperation3()           //基本方法—钩子方法
    {
    }
}
```

在抽象类中模板方法 templateMethod()定义了算法的框架,在其中调用基本方法以实现完整的算法,每一个基本方法如 primitiveOperation1()、primitiveOperation2()等实现算法的一部分,对于所有子类都相同的基本方法在父类实现,如 primitiveOperation1(),否则在父类声明为抽象方法或钩子方法,由不同的子类提供不同的实现,如 primitiveOperation2()和 primitiveOperation3()。

在抽象类的子类中提供抽象步骤的实现,具体子类的典型代码如下:

```
public class ConcreteClass extends AbstractClass
{
    public void primitiveOperation2()
```

```
    {
        //实现代码
    }
    public void primitiveOperation3()
    {
        //实现代码
    }
}
```

在具体子类中覆盖了抽象类中声明的抽象方法和钩子方法,实现了算法的某些步骤。

在模板方法模式中,由于面向对象的多态性,子类对象在运行时将覆盖父类对象,子类中定义的方法也将覆盖父类中定义的方法,因此程序在运行时,具体子类的基本方法将覆盖父类中定义的基本方法,子类的钩子方法也将覆盖父类的钩子方法,从而可以通过在子类中实现的钩子方法对父类方法的执行进行约束,实现子类对父类行为的反向控制。

26.3　模板方法模式实例与解析

下面通过两个实例来进一步学习并理解模板方法模式。

26.3.1　模板方法模式实例之银行业务办理流程

1.实例说明

在银行办理业务时,一般都包含几个基本步骤,首先需要取号排队,然后办理具体业务,最后需要对银行工作人员进行评分。无论具体业务是取款、存款还是转账,其基本流程都一样。现使用模板方法模式模拟银行业务办理流程。

2.实例类图

通过分析,该实例类图如图 26-3 所示。

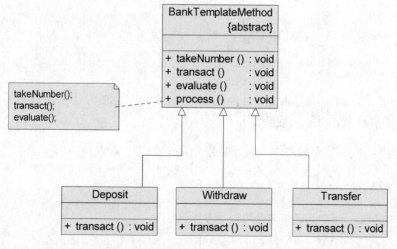

图 26-3　银行业务办理流程类图

3. 实例代码及解释

（1）抽象类 BankTemplateMethod（银行业务办理流程类）

```java
public abstract class BankTemplateMethod
{
    public void takeNumber()
    {
        System.out.println("取号排队。");
    }

    public abstract void transact();

    public void evaluate()
    {
        System.out.println("反馈评分。");
    }

    public void process()
    {
        this.takeNumber();
        this.transact();
        this.evaluate();
    }
}
```

在 BankTemplateMethod 类中，定义了模板方法 process()用于指定其他方法的执行步骤，并且实现了基本方法 takeNumber()和 evaluate()，而将 transact()方法定义为抽象方法，在其具体子类中实现具体的业务操作。

（2）具体子类 Deposit（存款类）

```java
public class Deposit extends BankTemplateMethod
{
    public void transact()
    {
        System.out.println("存款");
    }
}
```

Deposit 是 BankTemplateMethod 的具体子类，实现了抽象方法 transact()。

（3）具体子类 Withdraw（取款类）

```java
public class Withdraw extends BankTemplateMethod
{
    public void transact()
    {
        System.out.println("取款");
    }
}
```

Withdraw 是 BankTemplateMethod 的具体子类,实现了抽象方法 transact()。

（4）具体子类 Transfer(转账类)

```java
public class Transfer extends BankTemplateMethod
{
    public void transact()
    {
        System.out.println("转账");
    }
}
```

Transfer 是 BankTemplateMethod 的具体子类,实现了抽象方法 transact()。

4. 辅助代码

（1）XML 操作工具类 XMLUtil

参见 5.2.2 节工厂方法模式之模式分析。

（2）配置文件 config.xml

本实例配置文件代码如下：

```xml
<?xml version = "1.0"?>
<config>
    <className>Deposit</className>
</config>
```

（3）客户端测试类 Client

```java
public class Client
{
    public static void main(String a[])
    {
        BankTemplateMethod bank;
        bank = (BankTemplateMethod)XMLUtil.getBean();
        bank.process();
        System.out.println(" ----------------------------------------- ");
    }
}
```

注意加粗的三句代码,在定义对象时需要采用抽象类定义,通过 XMLUtil 类读取配置文件并生成所需对象。

5. 结果及分析

如果在配置文件中将<className>节点中的内容设置为 Deposit,则输出结果如下：

```
取号排队。
存款
反馈评分。
```

如果在配置文件中将<className>节点中的内容设置为 Transfer,则输出结果如下：

取号排队。
转账
反馈评分。

如果某一步骤有新的实现方法(如增加一种新的具体银行业务),只需增加一个新的具体子类然后修改配置文件即可,对已有类无须做任何改动,完全符合"开闭原则"。

26.3.2 模板方法模式实例之数据库操作模板

1. 实例说明

对数据库的操作一般包括连接、打开、使用、关闭等步骤,在数据库操作模板类中我们定义了 connDB()、openDB()、useDB()、closeDB()四个方法分别对应这四个步骤。对于不同类型的数据库(如 SQL Server 和 Oracle),其操作步骤都一致,只是连接数据库 connDB()方法有所区别,现使用模板方法模式对其进行设计。

2. 实例类图

通过分析,该实例类图如图 26-4 所示。

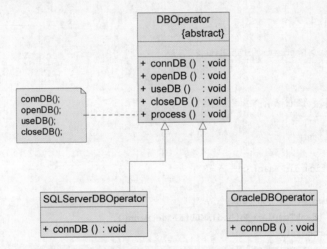

图 26-4 数据库操作模板类图

该实例的代码解释与结果分析略。

26.4 模板方法模式效果与应用

26.4.1 模式优缺点

1. 模板方法模式的优点

(1) 模板方法模式在一个类中形式化地定义算法,而由它的子类实现细节的处理。模板方法模式的优势是在子类定义详细的处理算法时不会改变算法的结构。

(2) 模板方法模式是一种代码复用的基本技术,它在类库设计中尤为重要,它提取了类库中的公共行为,将公共行为放在父类中,而通过其子类来实现不同的行为。

（3）模板方法模式提供了一种反向的控制结构,通过一个父类调用其子类的操作,通过对子类的扩展增加新的行为,符合"开闭原则"。

2. 模板方法模式的缺点

每个不同的实现都需要定义一个子类,这会导致类的个数增加,系统更加庞大,设计也更加抽象,但是更加符合"单一职责原则",使得类的内聚性得以提高。

26.4.2　模式适用环境

在以下情况下可以使用模板方法模式:

（1）一次性实现一个算法的不变部分,并将可变行为留给子类来实现。

（2）各子类中公共的行为应被提取出来并集中到一个公共父类中以避免代码重复。首先需要识别现有代码中的不同之处,并且将不同之处分离为新的操作;然后,用一个调用这些新的操作的模板方法来替换这些不同的代码。

（3）对一些复杂的算法进行分割,将其算法中固定不变的部分设计为模板方法和父类具体方法,而一些可以改变的细节由其子类来实现。

（4）控制子类的扩展。模板方法只在特定点调用钩子方法,这样就只允许在这些点进行扩展,也就是说对于某些方法,可以通过钩子方法来进行扩展,而对于不能进行扩展的方法可以将其定义为 final 方法,对算法的扩展进行有效的控制和约束。

26.4.3　模式应用

（1）模板方法模式广泛应用于框架设计(如 Spring,Struts 等)中,以确保父类控制处理流程的逻辑顺序(如框架的初始化)。

（2）在目前最为流行的 Java 单元测试工具 JUnit 中,TestCase 类以及它的子类就是一个模板方法模式的应用实例。在抽象类 TestCase 中将整个测试的流程设置好,比如先执行 setUp()方法初始化测试环境,然后执行测试方法,最后再通过 tearDown()方法来释放相关资源。但具体在这些方法中做什么,在 TestCase 类中都没有实现,这些步骤的具体实现都延迟到子类中去,也就是我们自己实现的测试类中。代码片段如下:

```
public void runBare() throws Throwable {
    setUp();

    try {
        runTest();
    }

    finally {
        tearDown();
    }
}
```

26.5　模板方法模式扩展

1. 关于继承的讨论

在学习面向对象设计原则之"合成复用原则"时我们已经知道继承复用存在的问题,在之后的设计模式学习过程中,我们也在尽量使用关联关系取代继承关系。很多模式只是在扩展抽象层时使用了继承,比如适配器模式、组合模式、桥接模式、状态模式等,而涉及具体类之间的复用以及抽象层之间的相互调用时都使用的是关联关系。

但模板方法模式鼓励我们恰当使用继承,此模式可以用来改写一些拥有相同功能的相关类,将可复用的一般性的行为代码移到父类里面,而将特殊化的行为代码移到子类里面。这也进一步说明,虽然继承复用存在一些问题,但是在某些情况下还是可以给开发人员带来方便,模板方法模式就是体现继承优势的模式之一。

2. 好莱坞原则

在模板方法模式中,子类不显式调用父类的方法,而是通过覆盖父类的方法来实现某些具体的业务逻辑,父类控制对子类的调用,这种机制被称为好莱坞原则(Hollywood Principle),好莱坞原则的定义为:"不要给我们打电话,我们会给你打电话(Don't call us, we'll call you)"。因为在好莱坞,当艺人把简历递交给好莱坞娱乐公司后,所能做的工作只有等待,整个过程由娱乐公司控制,演员只能被动地服从安排,在需要的时候再完成某些具体环节的演出。在软件开发中,我们可以将 call 翻译为"调用",好莱坞原则变为"不要调用我,我将调用你"。在模板方法模式中,好莱坞原则体现在:子类不需要调用父类,而通过父类来调用子类,将某些步骤的实现写在子类中,由父类来控制整个过程。

3. 钩子方法的使用

在对模板方法模式的学习中我们已经知道该模式不仅在父类中提供了一个定义算法骨架的模板方法,还提供了一系列抽象方法、具体方法和钩子方法,其中钩子方法的引入使得子类可以控制父类的行为。最简单的钩子方法就是空方法,代码如下:

```
public void display() {    }
```

当然也可以在钩子方法中定义一个默认的实现,如果子类不覆盖钩子方法,则执行父类的默认实现代码。

比较复杂一点的钩子方法可以对其他方法进行约束,这种钩子方法通常返回一个boolean 类型,即返回 true 或 false,用来判断是否执行某一个基本方法,下面通过一个实例来说明这种钩子方法的使用。

在某系统中需要提供一个数据图表显示功能,该过程一般分为如下几个步骤:从数据源获取数据、对数据进行转换、以某种图表显示数据。假定数据转换操作是公共的,而数据源可以有多种,图表显示方式也有多种,由于该过程的三个步骤次序是固定的,存在公共的代码,满足模板方法模式的适用条件,可以使用模板方法模式对其进行设计。但是因为数据获取方式不一样,有些获取的数据无须进行转换可以直接通过图表进行显示,因此在具体使用时可能只有两步，而无须数据转换的步骤。为了解决这个问题，可以定义一个钩子方法如 isValid()来对数据转换方法进行控制，演示代码如下：

```java
public abstract class HookDemo
{
    //获取数据
    public abstract void getData();

    //转换数据
    public void convertData()
    {
        System.out.println("通用的数据转换操作。");
    }

    //显示数据
    public abstract void displayData();

    //模板方法
    public void process()
    {
        getData();
        if(isValid())
        {
            convertData();
        }
        displayData();
    }

    public boolean isValid()
    {
        return true;
    }
}
```

在上面的代码中，引入了一个新的钩子方法 isValid()，其返回类型为 boolean 类型，且在模板方法中通过它来对数据转换方法 convertData()进行约束，该钩子方法默认返回值为true，在其子类中可以根据实际情况覆盖该方法，具体子类代码如下：

```java
public class SubHookDemo extends HookDemo
{
    public void getData()
    {
        System.out.println("从 XML 配置文件中获取数据。");
    }

    public void displayData()
    {
        System.out.println("以柱状图显示数据。");
    }
```

```
    public boolean isValid()
    {
        return false;
    }
}
```

在抽象类 HookDemo 的具体子类 SubHookDemo 中覆盖了钩子方法 isValid(),返回
false,在客户端调用时将不会执行数据转换方法 convertData(),客户端代码如下:

```
public class Client
{
    public static void main(String a[])
    {
        HookDemo hd;

        hd = new SubHookDemo();
        hd.process();
    }
}
```

该程序运行结果如下:

```
从 XML 配置文件中获取数据。
以柱状图显示数据。
```

26.6　本章小结

(1) 在模板方法模式中,定义一个操作中算法的骨架,而将一些步骤延迟到子类中,模
板方法使得子类可以不改变一个算法的结构即可重定义该算法的某些特定步骤。模板方法
模式是一种类行为型模式。

(2) 模板方法模式包含两个角色:在抽象类中定义一系列基本操作,这些基本操作可
以是具体的,也可以是抽象的,同时,在抽象类中实现了一个模板方法,用于定义一个算法的
骨架;具体子类是抽象类的子类,用于实现在父类中定义的抽象基本操作以完成子类特定
算法的步骤,也可以覆盖在父类中实现的具体基本操作。

(3) 在模板方法模式中,方法可以分为模板方法和基本方法,其中基本方法又可以分为
抽象方法、具体方法和钩子方法,钩子方法根据其特点又分为空方法和与实现算法步骤的基
本方法"挂钩"的方法。

(4) 模板方法模式的优点在于在子类定义详细的处理算法时不会改变算法的结构,实
现了代码的复用,通过对子类的扩展可以增加新的行为,符合"开闭原则";其缺点在于需要
为每个不同的实现都定义一个子类,这会导致类的个数增加,系统更加庞大,设计也更加
抽象。

(5) 模板方法模式适用情况包括:一次性实现一个算法的不变部分,并将可变行为留
给子类来实现;各子类中公共的行为应被提取出来并集中到一个公共父类中以避免代码重

复；对一些复杂的算法进行分割,将其算法中固定不变的部分设计为模板方法,而一些可以改变的细节由其子类来实现;通过模板方法模式还可以控制子类的扩展。

思考与练习

1. 用 Java 代码模拟实现"数据库操作模板"实例。

2. 某银行软件的利息计算流程如下:系统根据账号查询用户信息;根据用户信息判断用户类型;不同类型的用户使用不同的利息计算方式计算利息(如活期账户 CurrentAccount 和定期账户 SavingAccount 具有不同的利息计算方式);显示利息。现使用模板方法模式来设计该系统,绘制类图并编程实现。

第27章

访问者模式

视频讲解

本章导学

　　访问者模式是一种较为复杂的行为型设计模式,它包含访问者和被访问元素两个主要组成部分,这些被访问的元素具有不同的类型,且不同的访问者可以对其进行不同的访问操作。访问者模式使得用户可以在不修改现有系统的情况下扩展系统的功能,为这些不同类型的元素增加新的操作。

　　本章将介绍访问者模式的定义与结构,理解访问者模式中对象结构的作用以及如何编程实现访问者模式,并掌握元素类和访问者类的设计原理及实现过程。

　　本章的难点在于访问者模式的编程实现,理解访问者类与元素类之间的关系、双重分派技术的实现以及访问者模式中"开闭原则"的倾斜性。

　　访问者模式重要等级:★☆☆☆☆

　　访问者模式难度等级:★★★★☆

27.1　访问者模式动机与定义

　　在有些集合对象中可能存在多种不同类型的元素,而且不同的调用者在使用这些元素时也有所区别,这些调用者称为访问者,此时,可以使用访问者模式来进行系统设计。访问者模式为多个访问者访问集合对象中的多种元素提供了一种解决方案,用户可以根据需要给元素对象增加新的访问方式而无须修改现有系统。

27.1.1　模式动机

　　对于系统中的某些对象,它们存储在同一个集合中,且具有不同的类型,而且对于该集合中的对象,可以接受一类称为访问者的对象来访问,不同的访问者其访问方式有所不同,访问者模式为解决这类问题而诞生。

　　在现实世界中也存在类似的情况,如医院里面的药单(处方单),可以将其看成是药品信息的集合,这些药品的类型并不相同,划价人员拿到药单之后根据药品名称和数量计算总价,药房工作人员根据药品名称和数量准备药品,不同类型的工作人员对于同一个集合对象可以有不同的操作,而且可能还会增加新的类型的工作人员操作药单。在这里,药单是集合对象,而里面的药品信息是一个个需要访问的元素,工作人员是访问者,他们需要访问存储在药单中的元素信息,如图 27-1 所示。

划价人员

药房工作人员

图 27-1　访问者模式示意图

在 Java 等面向对象语言中都提供了大量用于存储多个元素的集合对象(聚合对象),在一般情况下这些集合中存储的都是同一类型的对象,在集合上采取的操作也都是一些针对相同类型对象的同类操作。但是有时候保存在一个集合对象中的元素对象类型并不相同,它们可能只是具有公共的父类型,如果需要针对一个包含不同类型元素的集合采取某种操作,而操作的细节根据元素的类型不同而有所不同时,就会出现大量对元素对象进行类型判断的条件转移语句,将导致代码复杂度增大。

在实际使用时,对同一集合对象的操作并不是唯一的,对相同的元素对象可能存在多种不同的操作方式,如上面所述的药单,而且这些操作方式并不稳定,可能还需要增加新的操作,以满足新的业务需求。此时,访问者模式就是一个值得考虑的解决方案。访问者模式的目的是封装一些施加于某种数据结构元素之上的操作,一旦这些操作需要修改的话,接受这个操作的数据结构可以保持不变。为不同类型的元素提供多种访问操作方式,且可以在不修改原有系统的情况下增加新的操作方式,这就是访问者模式的模式动机。

27.1.2　模式定义

访问者模式(Visitor Pattern)定义:表示一个作用于某对象结构中的各元素的操作,它使我们可以在不改变各元素的类的前提下定义作用于这些元素的新操作。访问者模式是一种对象行为型模式。

英文定义:"Represent an operation to be performed on the elements of an object structure. Visitor lets you define a new operation without changing the classes of the elements on which it operates."。

27.2　访问者模式结构与分析

访问者模式结构较为复杂,下面将学习并分析其模式结构。

27.2.1 模式结构

访问者模式结构图如图 27-2 所示。

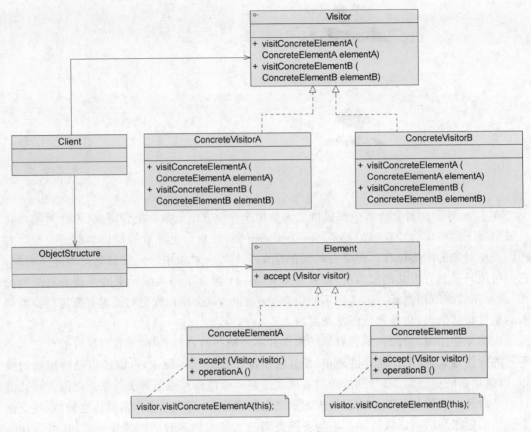

图 27-2 访问者模式结构图

访问者模式包含如下角色:

1. Visitor(抽象访问者)

抽象访问者为对象结构类中每一个具体元素类 ConcreteElement 声明一个访问操作,从这个操作的名称或参数类型可以清楚知道需要访问的具体元素的类型,具体访问者需要实现这些操作方法,定义对这些元素的访问操作。

2. ConcreteVisitor(具体访问者)

具体访问者实现了每个由抽象访问者声明的操作,每一个操作用于访问对象结构中一种类型的元素。

3. Element(抽象元素)

抽象元素一般是抽象类或者接口,它定义一个 accept()方法,该方法以一个抽象访问者作为参数。

4. ConcreteElement（具体元素）

具体元素实现了 accept()方法，在其 accept()中调用访问者的访问方法以便完成对一个元素的操作。

5. ObjectStructure（对象结构）

对象结构是一个元素的集合，它用于存放元素对象，并且提供了遍历其内部元素的方法。它可以结合组合模式来实现，也可以是一个简单的集合对象，如一个 List 对象或一个 Set 对象。

27.2.2 模式分析

访问者模式中对象结构存储了不同类型的元素对象，以供不同访问者访问。访问者模式包括两个层次结构，一个是访问者层次结构，提供了抽象访问者和具体访问者，一个是元素层次结构，提供了抽象元素和具体元素。相同的访问者可以以不同的方式访问不同的元素，相同的元素可以接受不同访问者以不同访问方式访问。在访问者模式中，增加新的访问者无须修改原有系统，系统具有较好的可扩展性。

在访问者模式中，抽象访问者声明了访问元素对象的方法，通常为每一种类型的元素对象都提供一个访问方法，而具体访问者可以实现这些访问方法。这些访问方法的设计有两种方式，一种是直接在方法名中标明待访问元素对象的类型，如 visitElementA(ElementA elementA)，还有一种是统一取名为 visit()，通过参数类型的不同来定义一系列重载的 visit()方法。当然，如果所有的访问者对某一类型的元素的访问操作都相同，则可以将操作代码移到抽象访问者类中，其典型代码如下：

```
public abstract class Visitor
{
    public abstract void visit(ConcreteElementA elementA);
    public abstract void visit(ConcreteElementB elementB);
    public void visit(ConcreteElementC elementC)
    {
        //元素 ConcreteElementC 操作代码
    }
}
```

在这里使用了重载 visit()方法的方式来定义多个方法用于操作不同类型的元素对象。在抽象访问者 Visitor 类的子类 ConcreteVisitor 中实现了抽象的访问方法，用于定义对不同类型元素对象的操作，具体访问者类典型代码如下：

```
public class ConcreteVisitor extends Visitor
{
    public void visit(ConcreteElementA elementA)
    {
        //元素 ConcreteElementA 操作代码
```

```
    }
    public void visit(ConcreteElementB elementB)
    {
        //元素 ConcreteElementB 操作代码
    }
}
```

对于抽象元素类而言,在其中一般都声明了一个 accept()方法,用于接受访问者的访问,典型的抽象元素类代码如下:

```
public interface Element
{
    public void accept(Visitor visitor);
}
```

需要注意的是该方法传入了一个抽象访问者 Visitor 类型的参数,即针对抽象访问者进行编程,而不是具体访问者。在程序运行时再确定具体访问者的类型,并调用具体访问者对象的 visit()方法实现对元素对象的操作。在抽象元素类 Element 的子类中实现了 accept()方法,用于接受访问者的访问,在具体元素类中还可以定义不同类型的元素所特有的业务方法,其典型代码如下:

```
public class ConcreteElementA implements Element
{
    public void accept(Visitor visitor)
    {
        visitor.visit(this);
    }

    public void operationA()
    {
        //业务方法
    }
}
```

在具体元素类 ConcreteElementA 的 accept()方法中,通过调用 Visitor 类的 visit()方法实现对元素的访问,并以当前对象作为 visit()方法的参数。其具体执行过程如下:

(1) 调用具体元素类的 accept()方法,并将已经实例化好的 Visitor 子类对象作为参数。

(2) 在 accept()方法内部调用 Visitor 对象的 visit()方法,将当前具体元素类对象作为参数。

(3) 执行 Visitor 对象的 visit()方法,在其中也可以调用具体元素类对象的业务方法。

这种调用机制也称为"双重分派",正因为使用了双重分派技术,使得增加新的访问者无须修改现有类库代码,只需将新的访问者对象传入具体元素对象的 accept()方法即可,程序运行时将回调在新增 Visitor 类中定义的 visit() 方法，从而实现不同形式的访问。

在访问者模式中，对象结构是一个集合，它用于存储元素对象并接受访问者的访问，其典型代码如下：

```java
public class ObjectStructure
{
    private ArrayList list = new ArrayList();

    public void accept(Visitor visitor)
    {
        Iterator i = list.iterator();

        while(i.hasNext())
        {
            ((Element)i.next()).accept(visitor);
        }
    }

    public void addElement(Element element)
    {
        list.add(element);
    }

    public void removeElement(Element element)
    {
        list.remove(element);
    }
}
```

在对象结构中可以使用迭代器对存储在集合中的元素对象进行遍历，并逐个调用每一个对象的 accept() 方法，实现对元素对象的访问操作。

27.3　访问者模式实例与解析

下面通过两个实例来进一步学习并理解访问者模式。

27.3.1　访问者模式实例之购物车

1. 实例说明

顾客在超市中将选择的商品，如苹果、图书等放在购物车中，然后到收银员处付款。在购物过程中，顾客需要对这些商品进行访问，以便确认这些商品的质量，之后收银员计算价格时也需要访问购物车内顾客所选择的商品。此时，购物车作为一个 ObjectStructure（对象结构）用于存储各种类型的商品，而顾客和收银员作为访问这些商品的访问者，他们需要对商品进行检查和计价。不同类型的商品其访问形式也可能不同，如苹果需要过秤之后再计价,而图书不需要。使用访问者模式来设计该购物过程。

2. 实例类图

通过分析,该实例类图如图 27-3 所示。

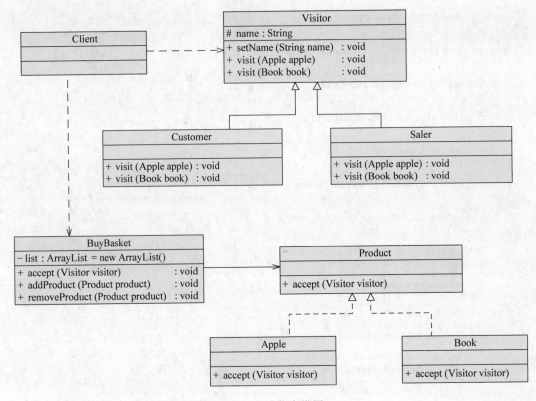

图 27-3 购物车类图

3. 实例代码及解释

(1) 抽象访问者类 Visitor(访问者类)

```
public abstract class Visitor
{
    protected String name;

    public void setName(String name)
    {
        this.name = name;
    }

    public abstract void visit(Apple apple);

    public abstract void visit(Book book);
}
```

Visitor 类作为抽象访问者,在此是一个抽象类,定义了业务方法 setName()用于设置访问者的名字,并声明了抽象访问方法 visit(Apple apple)和 visit(Book book),用于访问两种不同类型的元素。

(2) 具体访问者类 Customer(顾客类)

```java
public class Customer extends Visitor
{
    public void visit(Apple apple)
    {
        System.out.println("顾客" + name + "选苹果。");
    }

    public void visit(Book book)
    {
        System.out.println("顾客" + name + "买书。");
    }
}
```

Customer 类是具体访问者类,它实现了在抽象访问者类中声明的抽象访问方法,对于两种不同类型的元素对象,如 Apple 和 Book,其实现方式有所不同。

(3) 具体访问者类 Saler(收银员类)

```java
public class Saler extends Visitor
{
    public void visit(Apple apple)
    {
        System.out.println("收银员" + name + "给苹果过秤,然后计算其价格。");
    }

    public void visit(Book book)
    {
        System.out.println("收银员" + name + "直接计算书的价格。");
    }
}
```

Saler 类也是具体访问者类,实现了在抽象访问者类中声明的抽象访问方法。

(4) 抽象元素类 Product(商品类)

```java
public interface Product
{
    void accept(Visitor visitor);
}
```

Product 是抽象元素类,它声明了一个抽象方法 accept(Visitor visitor),用于接受访问者的访问。

（5）具体元素类 Apple(苹果类)

```java
public class Apple implements Product
{
    public void accept(Visitor visitor)
    {
        visitor.visit(this);
    }
}
```

Apple 类实现了 Product 接口,它是具体元素类之一,实现了在 Product 接口中声明的 accept(Visitor visitor)方法,在实现过程中调用 visitor 对象的 visit()方法来实现对元素对象的访问。

（6）具体元素类 Book(书籍类)

```java
public class Book implements Product
{
    public void accept(Visitor visitor)
    {
        visitor.visit(this);
    }
}
```

Book 类也实现了 Product 接口,它也是具体元素类之一。

（7）对象结构 BuyBasket(购物车类)

```java
import java.util.*;

public class BuyBasket
{
    private ArrayList list = new ArrayList();

    public void accept(Visitor visitor)
    {
        Iterator i = list.iterator();

        while(i.hasNext())
        {
            ((Product)i.next()).accept(visitor);
        }
    }

    public void addProduct(Product product)
    {
        list.add(product);
    }
```

```
    public void removeProduct(Product product)
    {
        list.remove(product);
    }
}
```

BuyBasket 是存储元素对象的对象结构类,它定义了一个 ArrayList 类型的集合对象 list,并提供了增加元素对象的方法 addProduct()和删除元素对象的方法 removeProduct(),此外,它还提供了一个 accept()方法,在该方法中循环调用集合中每一个元素对象的 accept() 方法,以实现对每一个元素对象的访问。

4. 辅助代码

(1) XML 操作工具类 XMLUtil

参见 5.2.2 节工厂方法模式之模式分析。

(2) 配置文件 config. xml

本实例配置文件代码如下:

```
<?xml version = "1.0"?>
<config>
    <className>Customer</className>
</config>
```

(3) 客户端测试类 Client

```
public class Client
{
    public static void main(String a[])
    {
        Product b1 = new Book();
        Product b2 = new Book();
        Product a1 = new Apple();
        Visitor visitor;

        BuyBasket basket = new BuyBasket();
        basket.addProduct(b1);
        basket.addProduct(b2);
        basket.addProduct(a1);

        visitor = (Visitor)XMLUtil.getBean();
        visitor.setName("张三");
        basket.accept(visitor);
    }
}
```

在客户端代码中针对抽象访问者 Visitor 进行编程，需要先实例化一个购物车 BuyBasket 类型的对象 basket 作为存储元素对象的对象结构，将创建好的元素对象增加到购物车对象中，再调用 basket 对象的 accept()方法来接受访问者对象的访问。具体的访问者类型通过配置文件来确定，在 BuyBasket 类的 accept()方法中，将循环调用添加到集合中的每一个元素对象的 accept()方法，从而实现对整个对象结构的访问。

5. 结果及分析

如果在配置文件中将< className >节点中的内容设置为 Customer，则输出结果如下：

```
顾客张三买书。
顾客张三买书。
顾客张三选苹果
```

如果在配置文件中将< className >节点中的内容设置为 Saler，则输出结果如下：

```
收银员张三直接计算书的价格。
收银员张三直接计算书的价格。
收银员张三给苹果过秤，然后计算其价格。
```

在该系统中如果需要增加一个新的类型的访问者，只需要增加一个新的类继承抽象访问者类 Visitor，然后实现其中声明的抽象访问方法即可，在实现抽象访问方法时可以定义新的元素对象访问方式，修改配置文件即可使用新的访问者。增加新的访问者无须修改现有类库代码，符合"开闭原则"。

但是在系统中如果需要增加新的类型的具体元素类，则需要修改访问者类的代码，包括抽象访问者代码，需要为新的具体元素类定义新的访问方法，因此，增加新的具体元素类必须修改现有类库代码，从这个角度来看违背了"开闭原则"。

综上所述，访问者模式对"开闭原则"的支持存在倾斜性，增加新的访问者方便，但是增加新的元素很麻烦。

27.3.2 访问者模式实例之奖励审批系统

1. 实例说明

某高校奖励审批系统可以实现教师奖励和学生奖励的审批（AwardCheck），如果教师发表论文数超过 10 篇或者学生论文超过 2 篇可以评选科研奖，如果教师教学反馈分大于等于 90 分或者学生平均成绩大于等于 90 分可以评选成绩优秀奖，使用访问者模式设计该系统，以判断候选人集合中的教师或学生是否符合某种获奖要求。

2. 实例说明

通过分析，该实例类图如图 27-4 所示。

该实例的代码解释与结果分析略。

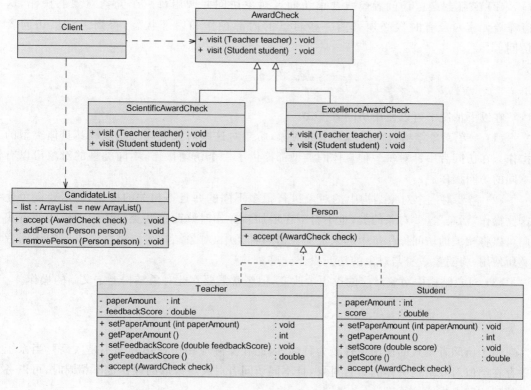

图 27-4 奖励审批系统类图

27.4 访问者模式效果与应用

27.4.1 模式优缺点

1．访问者模式的优点

（1）使得增加新的访问操作变得很容易。使用访问者模式，增加新的访问操作就意味着增加一个新的访问者类，无须修改现有类库代码，符合"开闭原则"的要求。

（2）将有关元素对象的访问行为集中到一个访问者对象中，而不是分散到一个个的元素类中。类的职责更加清晰，有利于对象结构中元素对象的复用，相同的对象结构可以供多个不同的访问者访问。

（3）可以跨过类的等级结构访问属于不同的等级结构的元素类。

（4）让用户能够在不修改现有类层次结构的情况下，定义该类层次结构的新操作。

2．访问者模式的缺点

（1）增加新的元素类很困难。在访问者模式中，每增加一个新的元素类都意味着要在抽象访问者角色中增加一个新的抽象操作，并在每一个具体访问者类中增加相应的具体操作，违背了"开闭原则"的要求。

（2）破坏封装。访问者模式要求访问者对象访问并调用每一个元素对象的操作，这意味着元素对象有时候必须暴露一些自己的内部操作和内部状态，否则无法供访问者访问。

27.4.2 模式适用环境

在以下情况下可以使用访问者模式：

（1）一个对象结构包含很多类型的对象，希望对这些对象实施一些依赖其具体类型的操作。在访问者中针对每一种具体的类型都提供了一个访问操作，不同类型的对象可以有不同的访问操作。

（2）需要对一个对象结构中的对象进行很多不同的并且不相关的操作，而需要避免让这些操作"污染"这些对象的类，也不希望在增加新操作时修改这些类。访问者模式使得我们可以将相关的访问操作集中起来定义在访问者类中，对象结构可以被多个不同的访问者类所使用，将对象本身与对象的访问操作分离。

（3）对象结构中对象对应的类很少改变，但经常需要在此对象结构上定义新的操作。

27.4.3 模式应用

由于访问者模式的使用条件较为苛刻，因此在实际应用中使用频率不是太高。当系统中存在类似对象结构一样的集合对象，且不同访问者对其所采取的操作也不相同时，可以考虑使用访问者模式进行设计。

（1）在一些编译器的设计中运用了访问者模式，程序代码是被访问的对象，它包括变量定义、变量赋值、逻辑运算、算术运算等语句，编译器需要对代码进行分析，如检查变量是否定义、变量是否赋值、算术运算是否合法等，可以将不同的操作封装在不同的类中，如检查变量定义的类、检查变量赋值的类、检查算术运算是否合法的类，这些类就是具体访问者，可以访问程序代码中不同类型的语句。在编译过程中除了代码分析外，还包含代码优化、空间分配和代码生成等部分，也可以将每一个不同编译阶段的操作封装到了跟该阶段有关的一个访问者类中。

（2）在常用的 Java XML 处理技术 DOM4J 中，可以通过访问者模式的方式来读取并解析 XML 文档，VisitorSupport 是 DOM4J 提供的 Visitor 接口的默认适配器，具体访问者只需继承 VisitorSupport 类即可，代码如下：

```java
public class MyVisitor extends VisitorSupport
{
    public void visit(Element element)
    {
        System.out.println(element.getName());
    }
    public void visit(Attribute attr)
    {
        System.out.println(attr.getName());
    }
}
```

在 Visitor 接口中提供多个重载的 visit()方法，根据 XML 文档中不同的对象，将采用不同的方式来访问，上述代码给出了元素 Element 和属性 Attribute 的简单实现，这是最常用的两个对象。VisitorSupport 是 DOM4J 提供的默认适配器，它实现了 Visitor 接口，在 VisitorSupport 中给出了各种 visit()方法的空实现，以便简化代码。

27.5 访问者模式扩展

1. 与其他模式联用

由于访问者模式需要对对象结构进行操作，而对象结构本身是一个元素对象的集合，因此访问者模式经常需要与迭代器模式联用，在对象结构中使用迭代器来遍历元素对象。

在访问者模式中，元素对象可能存在容器对象和叶子对象，因此可以结合组合模式来进行设计。

2. 倾斜的"开闭原则"

与抽象工厂模式一样，访问者模式对"开闭原则"的支持也具有倾斜性，访问者模式只有在被访问的元素类结构稳定的情况下才能使用，也就是说尽量不要出现增加新元素的情况。在访问者模式中，增加新的元素需要在每一个访问者包括抽象访问者中增加对应的元素访问方法，将对系统进行较大的修改，这将违背"开闭原则"。但是在访问者模式中对元素增加新的操作很方便，只需要增加一个新的访问者即可，将新的操作封装在新增访问者类中，无须对原有系统进行任何修改，这符合"开闭原则"的要求。因此，访问者模式以一种倾斜的方式支持"开闭原则"，增加新的访问者方便，但是增加新的元素很困难。

27.6 本章小结

(1) 访问者模式表示一个作用于某对象结构中的各元素的操作，它使我们可以在不改变各元素的类的前提下定义作用于这些元素的新操作。访问者模式是一种对象行为型模式。

(2) 访问者模式包含五个角色：抽象访问者为对象结构类中每一个抽象元素类声明一个访问操作；具体访问者实现了每个由抽象访问者声明的操作，每一个操作用于访问对象结构中一种类型的元素；抽象元素一般是抽象类或者接口，它定义一个 accept()方法，该方法以一个抽象访问者作为参数；具体元素实现了 accept()方法，在其 accept()中调用访问者的访问方法以便完成对一个元素的操作；对象结构是一个元素的集合，它用于存放元素对象，并且提供了遍历其内部元素的方法。

(3) 访问者模式中对象结构存储了不同类型的元素对象，以供不同访问者访问。访问者模式包括两个层次结构，一个是访问者层次结构，提供了抽象访问者和具体访问者，一个是元素层次结构，提供了抽象元素和具体元素。相同的访问者可以以不同的方式访问不同的元素，相同的元素可以接受不同访问者以不同访问方式访问。在访问者模式中，增加新的访问者无须修改原有系统，系统具有较好的可扩展性。

(4) 访问者模式的主要优点在于使得增加新的访问操作变得很容易，将有关元素对象的访问行为集中到一个访问者对象中,而不是分散到一个个的元素类中,还可以跨过类的等级结构访问属于不同的等级结构的元素类,让用户能够在不修改现有类层次结构的情况下,定义该类层次结构的操作;其主要缺点在于增加新的元素类很困难,而且在一定程度上破坏系统的封装性。

(5) 访问者模式适用情况包括:一个对象结构包含很多类型的对象,希望对这些对象实施一些依赖其具体类型的操作;需要对一个对象结构中的对象进行很多不同的并且不相关的操作,而需要避免让这些操作"污染"这些对象的类,也不希望在增加新操作时修改这些类;对象结构中对象对应的类很少改变,但经常需要在此对象结构上定义新的操作。

思考与练习

1. 用 Java 代码模拟实现"奖励审批系统"实例,并编写客户端代码进行测试。

2. 使用访问者模式,设计一个权限管理系统,绘制相应的类图并使用 Java 语言模拟实现。

3. 某公司 OA 系统中包含一个员工信息管理子系统,该公司员工包括正式员工和临时工,每周人力资源部和财务部等部门需要对员工数据进行汇总,汇总数据包括员工工作时间、员工工资等。该公司基本制度如下:

(1) 正式员工每周工作时间为 40 小时,不同级别、不同部门的员工每周基本工资不同;如果超过 40 小时,超出部分按照 100 元/小时作为加班费;如果少于 40 小时,所缺时间按照请假处理,请假所扣工资以 80 元/小时计算,直到基本工资扣除到零为止。除了记录实际工作时间外,人力资源部需记录加班时长或请假时长,作为员工平时表现的一项依据。

(2) 临时工每周工作时间不固定,基本工资按小时计算,不同岗位的临时工小时工资不同。人力资源部只需记录实际工作时间。

人力资源部和财务部工作人员可以根据各自的需要对员工数据进行汇总处理,人力资源部负责汇总每周员工工作时间,而财务部负责计算每周员工工资。

试使用访问者模式设计该系统,绘制类图并编程模拟实现。

参 考 文 献

[1] (美)Grady Booch, James Rumbaugh, Ivar Jacobson. UML 用户指南(第 2 版)[M]. 邵维忠,麻志毅, 等译. 北京：人民邮电出版社,2006.

[2] (美)Grady Booch, Ivar Jacobson, James Rumbaugh. UML 参考手册(第 2 版)[M]. UMLChina,译. 北京：机械工业出版社,2005.

[3] (美)Martin Fowler. UML 精粹：标准对象建模语言简明指南(第 3 版)[M]. 徐家福,译. 北京：清华大学出版社,2005.

[4] (美)Craig Larman. UML 和模式应用(原书第 3 版)[M]. 李洋,郑龑,译. 北京：机械工业出版社,2006.

[5] 邵维忠,杨芙清. 面向对象的系统分析.2 版[M]. 北京：清华大学出版社,2006.

[6] (美)Andrew Hunt, David Thomas. 程序员修炼之道——从小工到专家[M]. 马维达,译. 北京：电子工业出版社,2004.

[7] (美)William J Brown, Raphael C Malveau, Hays W McCormick, et al. 反模式：危机中软件、架构和项目的重构[M]. 宋锐,等译. 北京：人民邮电出版社,2008.

[8] (美)Martin Fowler. 重构：改善既有代码的设计[M]. 侯捷, 熊节,译. 北京：中国电力出版社,2003.

[9] (美)Erich Gamma, Richard Helm, Ralph Johnson, et al. 设计模式：可复用面向对象软件的基础[M]. 李英军,马晓星,蔡敏,等译. 北京：机械工业出版社,2004.

[10] (美)Elisabeth Freeman, Eric Freeman, Kathy Sierra, et al. 深入浅出设计模式[M]. O'Reilly Taiwan 公司,译. 北京：中国电力出版社,2007.

[11] 阎宏. Java 与模式[M]. 北京：电子工业出版社,2004.

[12] 秦小波. 设计模式之禅[M]. 北京：机械工业出版社,2010.

[13] 莫勇腾. 深入浅出设计模式(C#/Java)[M]. 北京：清华大学出版社,2006.

[14] (美)Steven John Metsker, William C Wake. Java 设计模式[M]. 龚波,赵彩琳,陈蓓,译. 北京：人民邮电出版社,2007.

[15] (美)Partha Kuchana. Java 软件体系结构设计模式标准指南[M]. 王卫军,楚宁志,等译. 北京：电子工业出版社,2006.

[16] (美)Steven John Metsker. 设计模式 Java 手册[M]. 龚波,冯军,程群梅,等译. 北京：机械工业出版社,2006.

[17] (美)Alan Shalloway, James R Trott. 设计模式精解[M]. 熊节,译. 北京：清华大学出版社,2004.

[18] 程杰. 大话设计模式[M]. 北京：清华大学出版社,2008.

[19] 耿祥义,张跃平. Java 设计模式[M]. 北京：清华大学出版社,2009.

[20] (美)Dale Skrien. 面向对象设计原理与模式(Java 版)[M]. 腾灵灵,仲婷,译. 北京：清华大学出版社,2009.

[21] 徐宏喆,侯迪. 实用软件设计模式教程[M]. 北京：清华大学出版社,2009.

[22] (美)John Vlissides. 设计模式沉思录[M]. 葛子昂,译. 北京：人民邮电出版社,2010.

[23] 杨帆,王钧玉,孙更新. 设计模式从入门到精通[M]. 北京：电子工业出版社,2010.

[24] 郭志学. 易学设计模式[M]. 北京：人民邮电出版社,2009.

[25] 刘中兵 Java 研究室. Java 高手真经(系统架构卷)：Java Web 系统设计与架构(UML 建模＋设计模式＋面向服务架构)[M]. 北京：电子工业出版社,2009.

[26] http://www.dofactory.net